防空反导指挥信息系统信息处理

贺正洪　刘昌云　王　刚
姚小强　付　强　编著

国防工業出版社
·北京·

内容简介

本书围绕防空反导指挥信息系统的信息需求,以信息的获取、处理和利用为主线,构建信息处理的完整框架和流程,突出防空反导信息处理的特点、基本原理与主要技术。全书共分为7章,内容包括雷达信息一次、二次、三次处理和数据预处理,以及弹道目标信息处理和指挥决策信息处理等内容。本书在各章的最后附有思考题,便于读者加深理解。

本书可作为高等院校指挥信息系统工程、雷达工程、电子信息工程、电子科学与技术及相关专业本科生、研究生和任职培训的教材或参考书,也可供相关领域的科研和工程技术人员参考。

图书在版编目(CIP)数据

防空反导指挥信息系统信息处理 / 贺正洪等编著.
—北京:国防工业出版社,2025.1 重印
ISBN 978-7-118-12822-2

Ⅰ. ①防… Ⅱ. ①贺… Ⅲ. ①防空导弹-反导弹导弹-指挥控制系统-信息处理 Ⅳ. ①TJ761.1

中国国家版本馆 CIP 数据核字(2023)第 167320 号

※

国防工業出版社 出版发行
(北京市海淀区紫竹院南路 23 号 邮政编码 100048)
北京虎彩文化传播有限公司印刷
新华书店经售

*

开本 787×1092 1/16 **印张** 15½ **字数** 356 千字
2025 年 1 月第 1 版第 2 次印刷 **印数** 1001—1500 册 **定价** 89.00 元

国防书店:(010)88540777 书店传真:(010)88540776
发行业务:(010)88540717 发行传真:(010)88540762

前　言

科学技术的蓬勃发展，改变了传统的战争方式，突破了传统的战争空间和时间观念。进入信息时代，战争的出现形态和指挥方式发生了重大变革，指挥信息系统成为未来战争制胜的关键因素。指挥信息系统的建设作为军队现代化建设的一个重要方面，在世界上已有半个多世纪的发展历程。指挥信息系统已成为军队重要的武器装备，是国防威慑的重要力量，是军队现代化的基本标志。

指挥信息系统一直处于飞速发展和变革的过程中，其含义、概念或定义的说法众多，称谓也一直在变化，从最初的“指挥自动化系统”，再到“综合电子信息系统”，直到现在常用的“指挥信息系统”，但其内涵并未发生实质性变化。指挥信息系统本质上是一个军事信息处理系统，它的主要任务是实现信息采集、传递和处理自动化，为相应的指挥机构提供准确、实时、完整的态势信息，辅助指挥员进行科学决策，保障指挥机构对部队和武器系统实施高效指挥控制。

防空反导指挥信息系统是一类重要的指挥信息系统，它担负着空天目标的预警探测、信息融合、指挥决策和武器控制等重要任务。面对新的空天威胁，传统的防空正向防空与反导并重转变，防空反导指挥信息系统也向着一体化、网络化和智能化的方向发展。

本书以防空反导指挥信息系统的信息需求为基础，以信息的获取、处理及利用为主线，构建信息处理的完整框架和流程，突出防空反导作战指挥中信息处理的主要特点、基本原理与关键技术。本书在介绍防空反导指挥信息系统信息处理过程和特点的基础上，重点探讨了雷达信息的一次、二次、三次处理和数据预处理，简要介绍了弹道目标信息处理，以及目标识别、威胁估计和目标分配等指挥信息的处理。

全书分为7章：第1章为概述；第2章介绍目标检测与坐标测定等雷达信息一次处理方法；第3章介绍航迹外推滤波与目标跟踪等雷达信息二次处理过程与方法；第4章介绍时间统一和坐标变换等数据预处理方法；第5章介绍多雷达信息三次处理的过程与方法；第6章介绍弹道目标信息处理的基本原理与方法；第7章介绍指挥决策信息处理的基本原理与主要方法。

本书作者长期从事指挥信息系统和信息融合领域的教学、科研和学术研究，为本书的顺利编写奠定了良好的基础。本书由贺正洪负责统稿，并编写第2、3、5章及第1、4、7章的主要内容，刘昌云编写第6章，王刚参与了第1、7章编写，姚小强参与了第4章编写，付强参与了第7章编写。

本书既是作者多年教学实践和科研工作的总结,同时也参考或直接引用了大量学术论文和著作,在此向这些论文和著作的作者表示感谢。本书的出版得到了空军工程大学、防空反导学院两级领导和机关的大力支持。在此,作者对给本书提供过支持和帮助的所有人表示真诚的感谢。

由于作者水平有限,本书难免存在不妥与错误之处,恳请广大读者提出批评指正。

作 者

2021 年 1 月

目　录

第1章 概 述

科学技术的蓬勃发展,改变了传统的战争方式,突破了传统的战争空间和时间观念。进入信息时代,战争的出现形态和指挥方式发生了重大变革,指挥信息系统已成为未来战争制胜的关键因素。本章在介绍指挥信息系统、作战指挥与指挥控制等概念的基础上,分别探讨了信息融合模型与结构、防空反导的信息处理、指挥信息系统工作模式与战技指标,最后简要介绍了指挥信息系统的现状与发展。

1.1 指挥信息系统

指挥信息系统的建设作为军队现代化建设的一个重要方面,已经经历了几十年的发展历程。为了提高我军在高技术条件下的联合作战指挥能力和信息作战能力,我国也必须对指挥信息系统进行全面规划、研究,发展与建设综合一体、功能完备、技术先进、协调配套、稳定可靠、安全保密的指挥信息系统。

1.1.1 指挥信息系统的概念

指挥信息系统处于飞速发展和变革的过程中,其含义、概念或定义的说法很多,尚无统一的定义与认识,而且称谓也一直在变化。我军在20世纪70年代末到21世纪初,最常用的称谓是“指挥自动化系统”;我国有关工业部门则常称其为“综合电子信息系统”。2003年之后,逐渐使用“指挥信息系统”的称谓,几年后正式用“指挥信息系统”取代“指挥自动化系统”,但其内涵并未发生实质性变化。

根据指挥信息系统的本质和内涵,综合有关辞书,这里给出一个定义(或描述):指挥信息系统是在军队指挥体系中运用以计算机为核心的各种技术设备,集指挥控制、情报侦察、预警探测、通信传输、信息对抗和其他信息保障于一体,实现信息获取、传递、处理与分发的自动化,用于保障对部队和武器实施科学高效指挥控制的军事信息系统。

指挥信息系统与美军现阶段使用的C^4ISR系统相似,C^4ISR是Command(指挥)、Control(控制)、Communications(通信)、Computers(计算机)、Intelligence(情报)、Surveillance(监视)、Reconnaissance(侦察)英文单词的缩写。C^4ISR概念的形成经历了一个漫长的过程,出现了多个类似的概念,如C^3I、C^4I等。从20世纪50年代起,曾先后出现过下列概念或术语:

C^2——Command and Control,指挥与控制(20世纪50年代);

C^3——C^2+Communication,指挥、控制和通信(20世纪60年代);

C^3I——C^3+Intelligence,指挥、控制、通信和情报(20世纪70年代);

C^4I——C^3I+Computer,指挥、控制、通信、计算机和情报(20世纪80年代);

C^4I-FTW——C^4I For The Warrior,武士C^4I(20世纪90年代);

C^4ISR——C^4I+Surveillance Reconnaissance，指挥、控制、通信、计算机、情报、监视和侦察(20世纪90年代)。

从本质上讲，上述术语代表的意思是相似的，指挥控制(C^2)是核心、是目的，但它离不开通信和情报，通信是实现指挥控制的手段，情报是实现指挥控制的基础，计算机是系统中的核心技术设备，而将监视、侦察与C^4I并列，体现了系统的综合集成，强调各组成要素的一体化。术语上的差别仅反映在细节上，是时代的印记。

苏联不用C^3I和C^4I等术语，而称为Автоматизированная Система Управления Войсками，简称为АСУв，译为军队指挥自动化系统。苏联认为，军队指挥自动化系统是一种保证自动收集和处理最佳化军队指挥所必需的情报信息，以便最有效地使用军队的人-机系统，由计算分系统、信息显示和人机联系分系统、通信分系统3个部分组成。

总之，指挥信息系统作为作战指挥的重要手段，其目的是实现信息采集、传递、处理自动化和决策方法科学化，以保障对部队和武器实施高效指挥控制，是军队指挥手段现代化的重要标志。指挥信息系统涵盖一切支持各级各类军事指挥机构实时获取信息、处理信息、传输信息，进行态势分析、威胁估计、决策，然后实施有效指挥和控制，以夺取军事优势的复杂而庞大的人-机系统，其主体是信息系统。随着科学技术和武器系统的发展，指挥信息系统也在不断地发展变化和更新提高。原则上说，指挥信息系统的发展建设是没有定势和止境的，是不可能完全重复的。

1.1.2 指挥信息系统的组成与功能

指挥信息系统的主要任务是实现信息采集、数据传递和处理自动化，为相应的指挥机构提供准确、实时、完整的态势信息，辅助指挥员进行科学决策，保障指挥机构对部队和武器系统实施高效指挥。

为完成其主要任务，指挥信息系统应具有图1-1所示的基本组成，即主要由信息获取分系统、信息处理分系统、指挥决策分系统和武器控制分系统以及各分系统之间的信息传输(通信)分系统组成。从信息的角度看，其中指挥决策是信息的再生过程，武器控制是信息的施效过程。此外，为了保障系统正常运行，还应该有相应的供电、空调设备和技术保障分系统(由系统监控设备与软件系统等构成)。需要特别强调的是，这些分系统都是由相应的硬件、软件和接口形成的有机组织，应用相应的接口、系统软件与应用软件以及一定的工作程序将各个分系统组织起来，就构成了指挥信息系统。

指挥信息系统实现信息获取、信息传输、信息处理等多项功能，其主要功能如下。

1. 信息获取

信息获取是指系统运用在空间适当配置和运行的各类传感器(感测系统)和专设情报系统，全面地获取受控系统的实时态势信息，对获取的信息进行单传感器级的信息处理(如检测、分类、识别、状态估计等)。常见的信息类型包括敌情、我情、友情、气象、天文、地理、社情等，常见的信息载体包括数据、文件、话音、图像和图形等。对信息获取的基本要求是力图使获取的信息是完备、真实、准确和实时的。

及时可靠的情报是指挥员进行决策的依据，为使所获情报互相补充、彼此印证，需通过各种可能途径、手段收集情报。在现代战争中，获取情报的手段主要有电磁侦察、航空侦察、卫星侦察和人员侦察等。其中前3种属于技术侦察，所获情报具有多样性和广泛性的特点，如采用自动化设备并与自动化系统相衔接，就能提高情报的时效性和准确性。

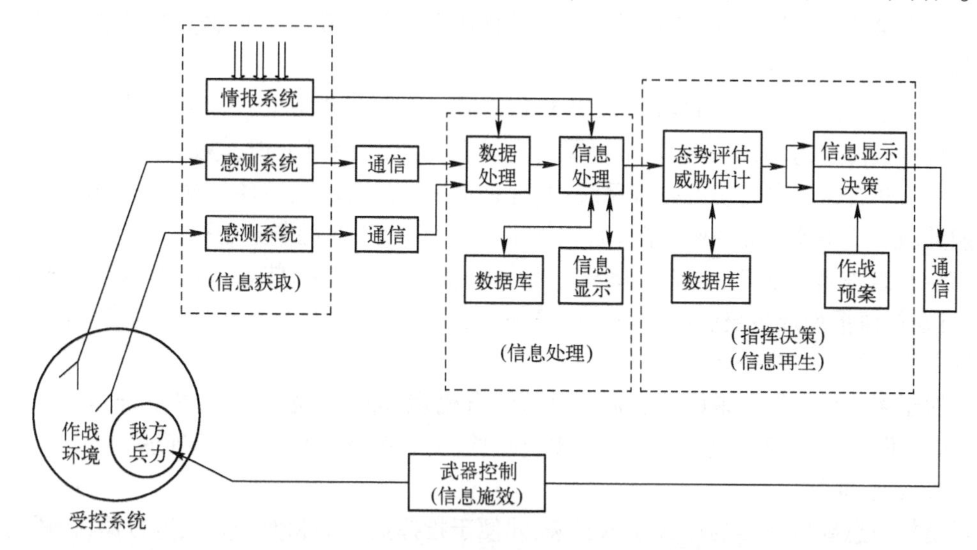

图1-1 指挥信息系统基本组成与功能模型

航空侦察和卫星侦察可通过雷达、遥感器和光学装置，获取全球性的战略情报和大范围的战役战术情报。例如，卫星侦察可以监视导弹发射场、军港、机场等大型军事设施，并能将所获信息立即发回地面站；航空侦察也是把侦察到的情报发往指挥所，而不是待飞机着陆后再提供照片。实时传回的空中侦察情报需经指挥信息系统的汇集、处理、判读和显示，方可提供使用。

电磁侦察主要的目的是获取敌人电磁信号和有形活动的情报。通过自动化设备对电磁信号的探测和分析，可以了解敌方通信、雷达、导航等设备的技术参数和部署、活动情况，还可以破译其使用的密码等。

人员侦察在现代条件下仍占有重要地位，其所获情报也可通过自动化传递、处理和显示，及时提供使用。

指挥信息系统可以和各种探测、侦察设备连接，组成一个多手段、全方位的情报网，并能自动地收集大量的实时情报，这是人工指挥系统无法与之相比的。

2. 信息传输

运用适当的通信系统和设备，可以实现指挥信息系统的各个分系统、各组成单元之间的信息交换与传输。为了有效传输多种信息，应当采取适当的信息处理技术和设备，在发端将传输信息进行编码、存储、打包、转发等处理，而在收端进行对应的逆处理。信息传输的基本要求是无差错、近零时延、抗干扰、防窃取和连续、稳健。

迅速准确、保密和不间断地传递情报，是保证适时、连续和隐蔽指挥的前提。指挥信息系统拥有高质量的通信网和各种功能的终端设备，为迅速、准确传递信息创造有利条件，更重要的是，它采用数字通信方式，便于应用计算机等自动化设备，使多种通信业务高速、自动完成。

3. 信息处理

信息处理是指挥信息系统的一项基本功能和任务，它存在于系统的各分系统和组成单元之中,渗透到系统工作过程的每一个环节。信息处理的目的是以最优的形式为各级指挥员提供关于受控对象的态势信息,辅助指挥员科学决策。对信息处理的基本要求是近零时延、最优化和稳健。

为了全面及时地了解战场情况,指挥员及其指挥机关总是希望增加收集情报的手段和加快情报传递速度,但是大量情报涌向指挥机关,如不及时处理,势必造成积压,这与情报缺乏同样有害。在传统的指挥系统中,处理情报是最薄弱的一环。据统计,用普通手段只能处理所获得情报的30%,指挥官在做出决策时,由于时间紧迫,只能使用已处理情报的30%来组织指挥战斗,这无疑降低了指挥质量。采用指挥信息系统可以解决这个矛盾,自动化情报处理系统能够迅速处理情报,满足作战指挥要求。针对不同类型的情况,系统采用的处理方式是不同的。

对于多个传感器获取的信息需要进行综合处理,即信息融合。信息融合是一种多层次、多方面的处理过程,包括对多源数据进行检测、相关、组合和估计等处理。

4. 信息显示

情报信息要以适当的形式显示出来,才便于指挥员了解和使用。在这方面,指挥信息系统具有许多独到的优点:不仅显示速度快、精度高,而且能以多种形式进行显示;除文字、符号外,还能显示图形、图像。图形、图像显示具有直观、形象、真实等特点,这对执行单位透彻地理解上级意图和准确地执行命令非常重要,是其他形式无法相比的。

图形、图像信息主要是用平面显示器、大屏幕显示器和绘图仪等设备显示。这些设备能根据需要显示整幅画面,也可对其中一部分加以放大,还可同时显示不同形式的信息,如图形、符号、文字、表格等,以便决策者分析比较、综合研究。因为组成图形、图像的信息量很大,所以传递和处理这些信息时的工作量也很大,而且需要占用较多的通道和大量的存储空间。这就需要采用先进的通信手段和扩大计算机的容量。

5. 辅助决策

辅助决策是指各级指挥控制中心的指挥机构根据信息处理生成的态势信息和作战意图,运用先进的辅助决策手段,分析受控对象的态势,评估我方和友方受敌方威胁和可能受损程度,预测各种作战方案的效能、得益和代价,排定最优作战方案序列,辅助指挥员实现决策科学化。

辅助决策是指挥信息系统的核心任务和功能,辅助决策的水平是指挥信息系统先进性和有效性的主要标志,是现代高技术条件下作战指挥迫切需要解决的关键问题。指挥信息系统是一种复杂的人-机系统,辅助决策是指挥信息系统的一个难题,必须综合多学科理论,在先进技术与装备的支持下才可能有效地解决。

决策是指挥员的创造性劳动,对那些不能量化而对战斗结局又有重大影响的因素,如敌我作战人员的军政素质、心理状态、敌军的特点等,都要求指挥员充分发挥自己的聪明才智,去实施准确的判断和灵活的指挥,这是任何自动化指挥工具都不能代替的。在有多个决心方案时,指挥员单凭经验不易取舍,这时,便可借助指挥信息系统对各个方案进行推算,对比优劣、权衡利弊,从中选取最佳方案。但是必须指出,战斗决策与其他领域的决策不同的地方是战斗行动前无法在极为相似的条件下对战斗决策的质量进行检验。上述推演结果的准确程度,根据想定的具体条件不同,可能有很大差异,最后仍然需要指挥员靠经验、智慧和责任感来决策。这说明,即使有了指挥信息系统,决策仍然是指挥员创造性劳动的产物。系统本身只为指挥员制定决策、充分发挥其指挥艺术提供了更有利的条件,绝不是代替指挥员的创造性劳动。

6. 作战指挥与兵力控制

作战指挥的任务是根据选定的作战方案或作战方案序列,将有关的指令和信息按照适当方式下达给作战部队或武器控制系统,对战斗行动实施指挥引导、进程监视、趋势预测,必要时调整作战方案或行动计划,实时地指导各战斗诸元协同行动,达到预定的作战目的。

从系统-信息论的观点来看,可以把作战指挥与兵力控制归结为“信息施效”过程,由指令传输、指令解释、信息变换、武器控制和信息反馈等基本环节构成。随着各种先进武器的不断出现和作战打击力不断提高,可以借助于武器控制自动化系统实现武器指挥控制自动化,如导弹制导系统、飞机作战指挥引导系统、火炮控制自动化系统等。

7. 武器控制

武器控制是指挥信息系统的另一重要功能,其目的是充分发挥己方武器的威力,削弱敌方武器的威胁。现代武器不仅威力强、速度快,而且控制复杂,往往要求在几秒内确定或修改指挥控制方案,因此,必须有完善的武器控制功能,并提高指挥控制的速度和质量。武器控制是军队指挥信息系统发展较早、较成熟的功能之一。武器控制系统自身也往往是一种指挥信息系统,包括信息获取、信息处理、信息传输、作战方案选择、指挥决策和引导控制等环节,构成一个相对独立的指挥信息系统,嵌套在上级指挥信息系统之中。

武器控制是由人-技术设备-武器所形成的自动化控制。自动化武器控制的主要特点是:人的主导作用体现在决策上,一切技术性的处理工作均由技术设备自动(或在人的部分干预下)完成,武器则在指令控制下发射并摧毁目标。要实现武器控制的自动化,必须有一个自动化武器控制系统与之配合。自动化武器控制系统需要具有目标搜索与识别、威胁估计、目标分配与指示、目标跟踪、射击诸元解算与制导控制等功能。

8. 其他功能

(1) 数据库管理和文电处理。数据库是现代指挥信息系统各级指挥控制中心的重要分系统。按既定原则从各类情报系统获得的各种历史的、实时的和预测的相关信息,从上级、下级、友邻中心获得的各种相关信息和指令、计划与报告等有关资料存入数据库;及时更新和修改数据库;在态势分析与评估、决策、兵力分配与控制时,从数据库检索和提取出与态势状态有关的数据和信息进行相关和融合处理。这些就是数据库管理任务的主要内容。在上下级指挥机构之间,在友邻部队之间,在与国家某些非军事部门(气象、民航、民防、安全等)之间以及指挥所与所属部队之间,一些实时指令、情报等有关信息是通过文电传送的,指挥信息系统应以适当的方式实时地接收、处理和转发这些信息。

(2) 后勤支援和保障。在信息时代,信息和信息技术在军队后勤上的应用使现代后勤从物力型转变成信息型。各种后勤指挥和管理信息系统与相应的指挥信息系统互连、互通,构成完整的、一体化的指挥信息系统。指挥信息系统通过后勤指挥和管理信息系统实时掌握可支持作战行动的后勤物质基础的储备、配置、流通的有关情况,为指挥决策和作战方案选定提供基础条件,又将实施作战行动对后勤支援与保障的要求传送给后勤指挥和管理信息系统,使后勤单元和作战单元的行动协调一致,力争以最小的人力和物力代价获得最优作战效能。

(3) 系统模拟和训练。运用系统建模和系统仿真的理论与方法,可以在系统中模拟典型作战模式的态势生成、信息获取与处理、指挥决策和作战行动效能评估,直至方案选择和行动实施的全过程,用于战例研究、系统调试和系统维护,也可模拟作战过程的局部环节或系统工作流程的局部环节。

全过程和局部环节的模拟、系统过去的典型工作实例与历史的记录和重放等系统功能,还用于人员培训、指挥员和参谋人员的战术技术能力培训、系统管理技术人员培训和系统操作人员培训。

1.1.3 指挥信息系统的分类与结构

1. 指挥信息系统的分类

指挥信息系统是为军队服务的信息系统,与军队的作战使命任务、编制体制、作战编成和指挥关系有着密切的关联。因此,对指挥信息系统的分类,可以从军种、任务级别、功能用途等不同角度进行,常见的有以下几种分类方法。

(1) 按军种分类,可分为陆军指挥信息系统、空军指挥信息系统、海军指挥信息系统、火箭军指挥信息系统等。

(2) 按作战任务级别分类,可分为战略级指挥信息系统、战役级指挥信息系统、战术级指挥信息系统。

(3) 按功能与用途分类,可分为情报处理指挥信息系统、作战指挥信息系统、武器控制指挥信息系统、装备保障指挥信息系统、后勤保障指挥信息系统等。

这些分类都是研制或使用部门从各自不同的角度出发而划分和命名的,不具备严密的系统科学性。某些系统之间可能互相包含或互相渗透。例如,情报处理指挥信息系统会被纳入相应一级的作战指挥信息系统,而作战指挥信息系统的某些信息又将送入情报处理指挥信息系统中存档或转作其他系统的信息源。又如,军事指挥体系及其相应的指挥信息系统是分级、分层次的;战略指挥信息系统中包括战役指挥信息系统和战术指挥信息系统;下级指挥信息系统向上级指挥信息系统报告某些信息,又从上级指挥信息系统接受指令信息,获取某些情报信息。

2. 指挥信息系统的结构特征

指挥信息系统是服务于军事斗争的一类复杂的人-机系统,系统的组织结构应与军队指挥体系、军队编成、现代作战指挥模式以及系统主要任务类型相适应,还要考虑到信息系统总体性能优化的可实现途径。根据理论分析和系统实践经验,归纳出指挥信息系统的基本组织形式应是分层与分布式相结合的系统结构,具有很强的互通能力和自适应重组能力,以适应一体化作战的发展趋势,适应“集中决策,分散指挥控制,协调作战行动”的现代作战指挥模式。

军队分军兵种的编制体制和军队指挥体系的等级结构,首先决定了指挥信息系统是一种树状的层次结构,从上往下依次为战略级、战役级、战术级指挥信息系统,战略级包括全军及陆军、空军、海军等军兵种指挥信息系统,战役级指挥信息系统分布在各战区及所属的军级部队,战术级指挥信息系统则配属在师、旅、团及以下的各级部队。需要着重说明的是,随着科学技术和武器系统的不断发展,军事冲突事件的空间范围不断扩大,冲突进程的演化速度不断提高,冲突事件包含的复杂程度、维数和不确定性等因素日益增加,而指挥人员能实时、有效处理的事务或进行的活动数量是很有限的，所以，军事指挥的高度集中主要体现在指挥决策要由授权的高级或最高指挥员来完成(制定)，而指挥控制只能是以分层次、分散的方式进行。各级指挥信息系统相应的指挥机构完成下级上报信息的处理和态势评估，完成上级下达的指令任务，并与同级的友邻指挥信息系统协同工作。各级、各业务领域的指挥信息系统不尽相同，但它们的基本组成和功能模型都符合图1-1所示模型，即每一级是一相对独立和完整的指挥信息系统。

由此可见，指挥信息系统具有分层、分布式的混合结构特征。在系统运行进程中，上级密切关注并指挥下级，下级实时向上级报告有关信息并接受指令，同级系统间互通情报和互相协调，这是系统工作的基本原则。因此，在指挥信息系统实际用于作战指挥时，每一级的指挥信息系统原则上都不能孤立地工作，各级系统之间实际上构成了一种嵌套与协同的结构形式和相互关系，如图1-2所示。在上下不同层级之间、同级各系统之间互为信源和信宿，互相响应，呈现出复杂系统的结构特征。

(1) 指挥信息系统具有嵌套式层状结构，下级指挥信息系统是上级指挥信息系统的子系统。

(2) 每一层的指挥信息系统都是由功能不同的多个分系统组成的复杂系统，或者说，子系统也和主系统一样具有复杂系统的结构特征。

(3) 系统与子系统、子系统与子系统都互相协同、互相响应、互相依存，不可分离。

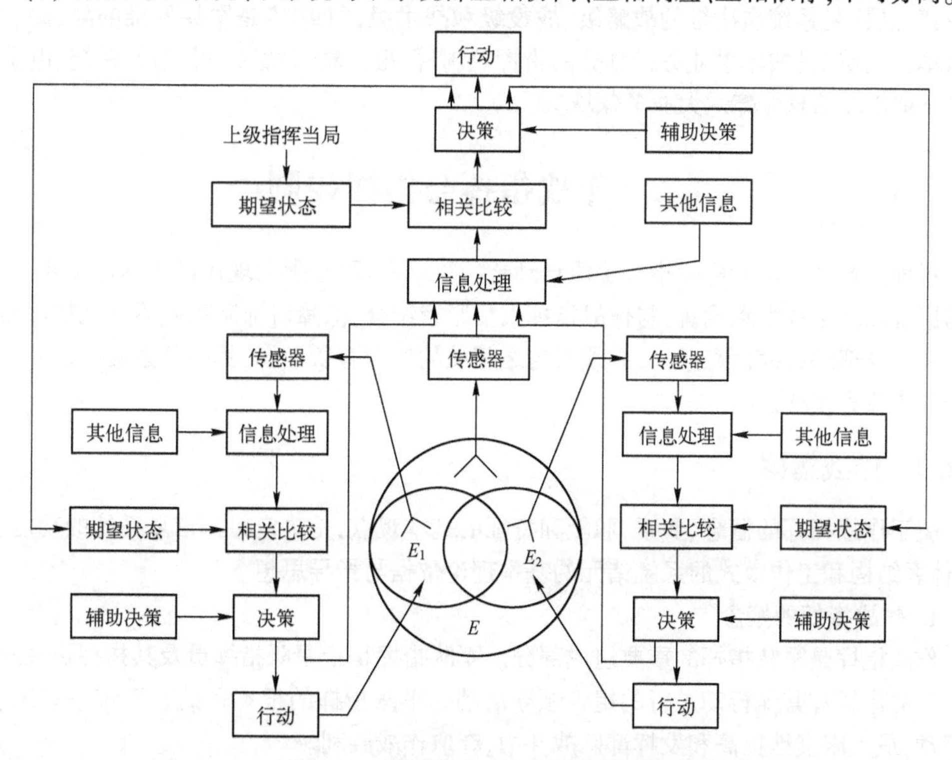

图1-2 指挥信息系统的嵌套与协同

上述关于指挥信息系统的分层、分布式结构特征反映了军队的编制体制与指挥体系，而嵌套与协同的结构特征则说明了不同指挥信息系统之间的相互关系。还有一种直观反映指挥信息系统结构的三维结构模型,它按照系统层次、军事业务和军兵种这三维构建一个立体模型,如图 1-3 所示。

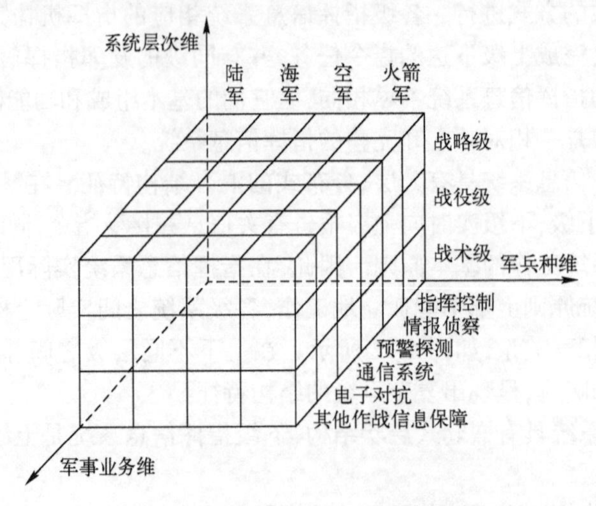

图 1-3 指挥信息系统三维结构模型

该结构称为“三层、四类、六域”结构模型,经常用来表示指挥信息系统的整体结构。其中,“三层”是系统层次维的战略级、战役级和战术级,“四类”是军兵种维的陆、海、空、火箭军,“六域”是按军事业务维划分的指挥控制、情报侦察、预警探测、通信系统、电子对抗和其他作战信息保障六大业务领域。

1.2 作战指挥与指挥控制

指挥信息系统作为作战指挥手段自动化的技术实现,必须在现代作战理论指导下,综合运用现代电子技术和设备,与作战指挥人员紧密结合,保障对部队和武器实施指挥与控制。要准确理解指挥信息系统,必须对与之相关的概念有所了解,其中关系最密切的概念有作战指挥和指挥控制。

1.2.1 作战指挥

关于作战指挥的概念、要素、职能和特征的基本观点,是决定指挥信息系统的功能、性能、体系结构和工作模式的系统诸元的基本理论依据与指导思想。

1. 作战指挥的概念

作战指挥是军队指挥的重要组成部分。军队指挥是指军队指挥员及其指挥机关对所属部队的作战和其他行动进行的组织领导活动。军队指挥的根本目的在于统一意志、统一行动,最大限度地提高和发挥部队战斗力,夺取作战胜利。

对军队作战行动的指挥简称作战指挥,即作战指挥是指挥员及其指挥机关对所属部队的作战准备与实施所进行的组织领导活动。它既包括指挥者(指挥员及其指挥机关)的指挥思维活动,又包括指挥者的指挥行为活动,是指挥者一系列指挥思维活动和指挥行为活动的总和。

作战指挥就是指挥者为达成一定作战目的,对所属部队作战行动进行的运筹决策、计划组织、协调控制活动,可从3个方面对其进行理解。

(1) 作战指挥的主体是指挥员及其指挥机关,作战指挥的客体是下级指挥员及其所属部队。

(2) 作战指挥是一种主动的有目的的统御行为,其直接目的是提高部队整体效能,其间接目的是夺取作战胜利。指挥者通过巧妙地调动部队、周密地组织协同、灵活地运用战法、不间断地实施调控,使部队统一思想、统一行动,最大限度地发挥战斗力,将指挥者的意图变为现实。

(3) 作战指挥是一个过程,由一系列活动组成。指挥者的活动贯穿在作战活动各个阶段、各个环节之中。决策的制定、实现和作战行动的有序进行,有赖于指挥者不间断的协调与控制。

为进一步理解作战指挥的含义和实质,下面简要介绍作战指挥的要素、职能和特征等。

2. 作战指挥的要素

构成作战指挥必不可少的条件称为作战指挥要素。作战指挥的要素主要有指挥者、指挥对象、指挥手段和指挥信息。这些要素相互作用、相互影响,对作战指挥活动的进程和结局产生影响,推动着作战指挥活动的发展演变。

(1) 指挥者。在现代条件下,指挥者是包括指挥员及其指挥机关成员在内的指挥群体。指挥者是作战指挥的主体。指挥者的主要活动包括运筹、决策、计划、组织、协调、控制等。

指挥员是指挥群体的核心。指挥机关是指挥员的智囊和助手,指挥机关的一切活动,都是为了实现指挥员的意图。指挥者在作战指挥系统中起决定作用,其组织结构和素质制约着作战指挥效能的发挥。

(2) 指挥对象。指挥对象是接受指挥者指挥的下级指挥员、指挥机关及所属部队。它是作战指挥的客体,是命令、指示、计划的执行者和传递者,是指挥者意图的实践者和最终作用对象。

指挥者与指挥对象是作战指挥的两个基本要素,二者相互依存、相互作用,缺一不可。

(3) 指挥手段。指挥手段是指挥者在作战指挥活动中运用各种指挥器材进行作战指挥的方式和方法。它是指沟通指挥者与指挥对象之间联系的手段,是二者联系的中间媒介,是实施高效、稳定和不间断指挥的基础,是提高作战指挥效能的关键因素。

(4) 指挥信息。指挥信息是指保障作战指挥活动正常运作的各种信息。它主要包括3个方面的内容:供指挥者决策用的各种情报信息;体现指挥者决心意图的各种作战指令;反映作战行动状况的各种反馈信息。作战指挥是通过信息的转换和传递来实现的,信息是维持指挥活动进行的必备条件,离开指挥信息,指挥活动便不能启动与运行。在作战指挥活动中,指挥信息和指挥手段一起,构成了指挥者与指挥对象联系的纽带,使其成为作战指挥活动的基本要素之一。

以上诸要素构成了作战指挥的基础。其中指挥者与指挥对象构成指挥关系的主体和客体,指挥手段是沟通指挥者与指挥对象的中介,指挥信息是指挥活动的基础。

3. 作战指挥的职能

作战指挥的职能是作战指挥所具有的基本职责与功能，主要包括察情、决策、组织和控制四大职能。

（1）察情职能。察情职能是指挥者组织和运用各种情报信息获取力量，采用各种方法手段获取和察明情报信息，并对情报信息进行处理的职能，它对于其他职能的发挥具有基础、前提和启动作用。

（2）决策职能。决策职能是定下作战决心、优选作战方案、确定兵力分配的职能，是作战指挥最基本、最核心的职能。影响决策职能发挥的主要因素是：指挥者的素质、指挥群体的整体效能、科学决策的方法与技术手段。

（3）组织职能。组织职能是作战指挥的组织计划功能和作用。组织活动与计划工作，既是作战指挥的一项功能，也是作战指挥的存在形式。作战指挥总是通过一系列组织活动和计划工作来体现的。

（4）控制职能。控制职能是指挥员和指挥机关对贯彻落实作战决策的各种活动实施监督指导，对作战行动实施强制影响，驾驭其向着有利于达成作战目的方向发展的一种职能。决定作战指挥控制效能高低的基本因素是指挥人员的素质和指挥控制设备的先进程度。

作战指挥的察情职能、决策职能、组织职能和控制职能之间，既有区别，又有联系。一方面，它们都有各自的内涵、功能与作用，互相不能代替；另一方面，这些职能在发挥作用的过程中又是相互依赖、相互渗透的。

4. 作战指挥的特征

作战指挥是在情况紧急、充满危险、敌对双方激烈对抗的条件下进行的。它具有区别于一般组织领导活动的特点，可概括归纳如下：

（1）对抗性。对抗性是由于作战目的坚决性和指挥活动的针对性决定的，具体表现有以下两方面：一是在作战指挥中，敌对双方的指挥者都力求最大限度地消灭对方、最有效地保存自己，指挥活动始终在激烈的对抗中进行；二是在作战指挥过程中，双方的指挥都以对方作为自己行动的根据，此方的行动必然引起彼方的反行动，而彼方的反行动又必然引起此方的再行动，每一次较量都具有鲜明的针对性和强烈的对抗性，并使双方的力量发生此消彼长的互逆变化。

（2）强制性。强制性是作战指挥的各种指令都具有必须执行而不可违背的特性。强制性特征表现在两个方面：其一，指挥者对下属的指挥多以强制手段——命令、指示的形式完成，指挥者与指挥对象表现为命令与服从的关系；其二，作战命令、指示的内容具有极大的权威性和强制性，受命者必须坚决贯彻、绝对服从，不得讨价还价，更不得违抗命令、擅自行动。

（3）风险性。作战行动的突然性和不确定性决定着作战指挥存在特有的风险性。作战中一切行动追求的都是可能的结果而不是肯定的结局。指挥员做出的每一个决定，都要冒一定的风险。指挥失利甚至失败的风险和责任比其他活动都大。

（4）动态性。动态性指的是作战指挥活动是一个发展变化着的活动过程。作战指挥的动态性来源于战争、战场环境的不确定性和作战行动的可变性。指挥者必须不间断地了解和掌握战场不断变化的情况，并根据变化了的新情况，不断修正、完善作战决心，以掌握主动,最终实现作战目的。

(5) 时效性。时效性是作战指挥工作必须与作战指挥所拥有的时间相适应的特征。“时间就是军队”“时间就是胜利”,时效性是作战指挥区别于其他组织领导活动的重要特征。高技术条件下,作战力量的流动性进一步增大,作战节奏明显加快,战场信息量急剧膨胀,作战准备时间缩短,对作战指挥时效性要求更高。

1.2.2 指挥控制

指挥控制(C^2)是C^4ISR系统的核心和目的,它作为一个概念对理解指挥信息系统具有重要意义。

1. 指挥控制概念

“指挥控制”一词,已广泛应用于社会与军事领域,不同领域有不同的理解。

一般意义上,指挥控制是指个体或组织基于最终目的,通过对各种要素进行收集与评估并做出决策,实现资源、任务和责任的分配,并根据需要进行调整,最终实现预定目的。“指挥控制”中的“指挥”与“控制”,既是有着不同含义的两个方面,又是一个有机统一的整体。指挥体现、表达和传递意图,通过控制达到目的;控制是达到目的的手段,只有接受了指挥命令控制才有意义;达到控制目标只是完成了某种控制任务,只有最终满足指挥意图才算完成了指挥控制。

在军事领域,指挥控制是指指挥人员为达成作战企图,依托指挥手段,围绕所属部队的作战行动而展开的拟制作战计划、下达指挥命令、控制协同部队行动等一系列活动。军事领域的指挥与控制两个要素中,指挥主要指战斗准备阶段的判断情况并定下决心、制定作战方案、拟制作战计划、下达作战命令等活动,主要目的是进行决策并使部队理解作战企图与指挥意图;控制主要指战斗实施阶段,根据实际情况对部队的作战行动进行调整、协调等控制行为,使部队的作战行动收敛于作战企图。

指挥与控制作为一个整体出现,是社会发展与技术进步的产物,是工程领域的控制技术与战争中的指挥艺术相结合的结果。美军非常重视指挥控制理论的研究,把它作为军事理论的核心,美国国防部下设“指挥与控制研究计划(CCRP)”等研究机构专门研究C^2理论,而且还吸引政府机构、学术机构甚至企业参与C^2理论研究,对信息时代的指挥控制,指挥控制方法、建模和效能评估,网络中心战条件下的指挥控制等问题进行深入研究,取得了大量研究成果。

2. 指挥控制模型

指挥信息系统的主要作用就是提高整个作战指挥过程的效能。具体地说,一是提高指挥质量,二是缩短反应时间。作战指挥过程可用一些经典的指挥控制模型描述,这些经典的指挥控制模型中最有代表性的是OODA(Observe-Orient-Decide-Act)模型、Lawson(劳森-摩斯环)模型。

OODA模型把指挥控制过程描述为“观察-判断-决策-行动”的闭环,如图1-4所示。观察是从所在的战场态势搜集信息和数据,判断是对战场态势进行评估,并对与当前态势有关的数据进行处理,决策是制定并选择一个行动方案,行动是实施选中的行动方案。

Lawson 模型是一种基于控制过程的指挥控制模型。该模型认为,指挥人员会对环境进行“感知”和“比较”,然后将解决方案转换成所期望的状态并影响战场环境,它将指挥控制过程分为感知、处理、比较、决策和行动 5 个步骤,如图 1-5 所示。

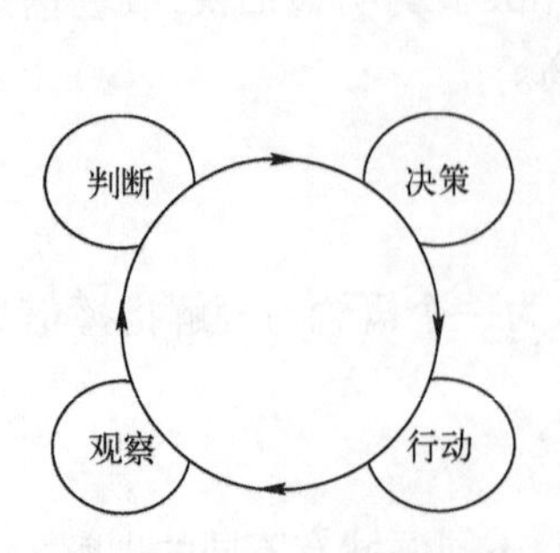

图 1-4 OODA 指挥控制模型

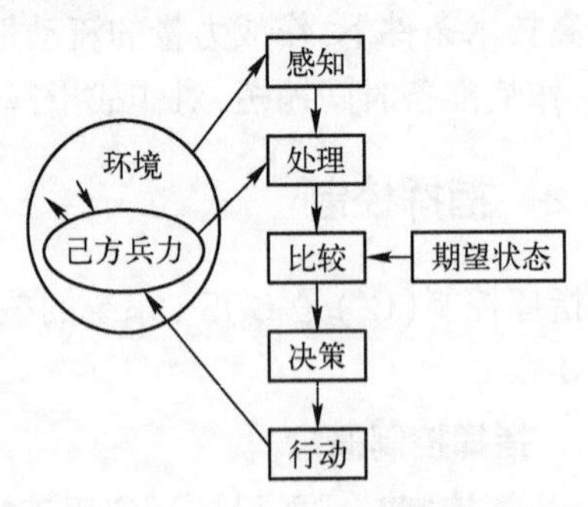

图 1-5 Lawson 指挥控制模型

与 OODA 模型相比较,Lawson 模型将“观察”划分为“感知”和“处理”两个阶段,“感知”是利用传感器获取战场情报,“处理”是将多个传感器获取的情报数据进行融合处理;“比较”是参照期望状态检查当前环境状况,作为指挥员决策的依据;“决策”和“行动”阶段的作用与 OODA 模型相同。

不论是 OODA 模型还是 Lawson 模型,其指挥控制过程中各环节消耗的时间之和构成一个指挥周期,指挥周期是衡量指挥效能的重要指标。为作战指挥服务的指挥信息系统,是缩短指挥控制各个环节反应时间并提高其有效性的技术保障。

3. 指挥控制系统

指挥控制系统是用于保障指挥员和指挥机关对所属部队和武器系统实施指挥控制的信息系统。也就是说,指挥控制系统是支持指挥控制功能的信息系统,是实现指挥控制的手段。对指挥控制系统可以从广义和狭义两个层面进行理解。狭义的指挥控制系统,是指辅助指挥或作战人员进行信息处理、信息利用并实施指挥与控制的系统,是指挥信息系统的核心组成部分。广义的指挥控制系统是包括指挥人员在内的对部队和武器系统进行指挥与控制的“人-机”系统。

随着科学技术的发展,特别是现代信息技术的发展,出现了大量先进的武器装备,特别是复杂的信息化装备,使现代战争的空间范围扩大、时间进程加快、作战样式多变。仅仅依靠指挥员的指挥艺术是难以驾驭现代战场的,必须利用先进的控制技术实现对部队和武器装备的精准控制,才能达成最终作战目标。用控制论来理解指挥控制系统是很有必要的。

广义的指挥控制系统可以看成是一个有人参与的控制系统,其理论模型如图 1-6 所示。其中,“受控系统”泛指该指挥控制系统所管辖和处理的所有事物(人员、装备及作战过程)的集合体,如包含敌、我、友三方作战诸元及其状态的战争体系和对抗过程。指挥控制系统必须应用有效的手段、方法和技术,获取受控系统的实时状态信息并进行处理,以获得准确的态势信息。依据作战目标并参考其他相关信息,对态势信息进行评估和预测,为指挥员决策提供依据。“决策指挥”是为达成作战目标而制定作战方案、兵力分配方案和定下作战决心,由指挥员和辅助指挥员进行决策的辅助决策系统完成。“控制”则是将决策和作战指令下达给受控系统中的行动诸元,监督其执行,并根据执行情况实时进行调控,实现指挥控制系统的既定目标。

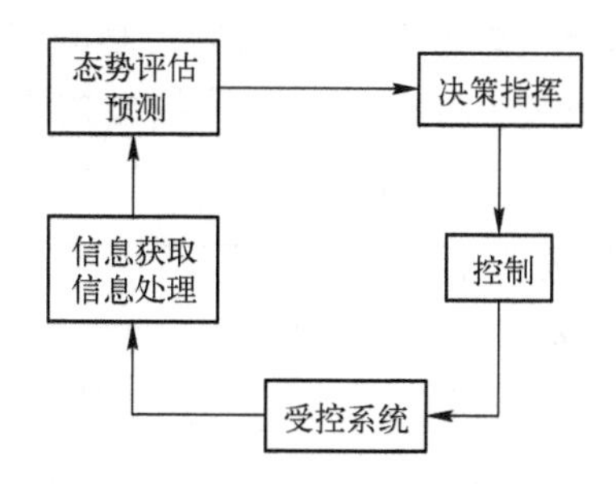

图1-6 指挥控制系统的理论模型

由此可见,指挥控制是基于实际指挥控制系统而实现的系统行为。科学、有效指挥的基础是指挥员和指挥机构全面、准确、实时地掌握受控系统的实时态势信息、预测态势演化趋势。指挥的目的是控制和调整受控系统中有关诸元与状态,使之按照指挥员的决策意图往既定目标演化并最终实现确定的目标。

指挥控制过程是一个有人参与的闭环过程,上级进行决策,并下达各种指挥命令(正向传达),下级把命令的执行情况又随时传送回来(反馈)。这样就给上级提供了实时变化的概貌,从而实现决策优化。指挥控制系统能使指挥员和参谋人员从大量的烦琐的技术性事务工作中解脱出来,有更多的时间和精力从事创造性的指挥活动,并且能够逾越人体的限制,完成某些人们无法直接完成的任务。它能提高军队指挥的效能,更好地发挥武器装备的作用,提高部队的战备水平,充分地发挥军队的总体力量,保障作战的胜利。

需要指出,指挥控制系统并不是用先进的设备与系统"自动"地去指挥部队,而是对指挥活动中那些费时、费力或重复性的工作,加以自动化处理,它标志着指挥手段由手工作业阶段发展到用现代技术装备起来的自动化阶段。在军队指挥的全过程中,决定的因素是人,指挥控制系统只是一种指挥工具和手段,只能完成那些可事先编出程序的重复性、事务性和技术性的工作,不能代替人的主观能动性和指挥员的创造性劳动。指挥员和参谋人员在指挥控制过程中处于主导和核心地位,整个指挥控制系统都是为他们服务的。

1.3 指挥信息系统信息处理

信息处理是指挥信息系统的一项基本功能和主要任务,它存在于系统的各组成部分并渗透到系统工作的每个环节。为获取准确、实时、完整的战场态势信息,指挥信息系统需要利用多种多样的传感器来获取信息并进行综合处理,即进行信息融合。信息融合技术是指挥信息系统的关键技术之一。

1.3.1 信息融合模型与结构

信息融合是对多个传感器获取的信息进行综合处理的过程,它是一种多层次、多方面的处理过程,包括对多源数据进行检测、相关、组合和估计等处理。

1. 信息融合的功能模型

关于信息融合的功能模型历史上曾出现过不同观点，迄今已有多种信息融合功能模型，其中JDL信息融合模型是使用最为广泛、认可度最高的模型，由美国国防部联合指挥实验室（JDL）的数据融合工作小组（DFS）提出。该模型按照信息处理的抽象级别，将信息融合功能划分为L_0~L_4等几个级别及支持数据库，如图1-7所示。

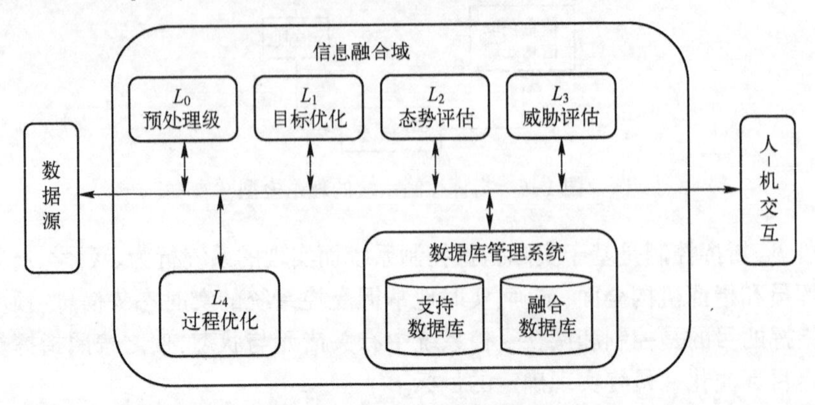

图1-7 JDL信息融合模型

第0级处理L_0为预处理级，它进行信号级优化，基于像素/信号级数据关联和特征提取，估计或预测信号和目标的可测状态。

第1级处理L_1为目标优化，主要功能包括数据配准、数据关联、目标位置和运动学参数估计，以及属性参数估计、身份估计等，其结果为更高级别的融合过程提供辅助决策信息。

第2级处理L_2为态势评估，是对整个态势的抽象和评定。其中，态势抽象就是根据不完整的数据集构造一个综合的态势表示，从而产生实体之间一个相互联系的解释。态势评定则关系到对产生观测数据和事态的表示与理解。

第3级处理L_3为威胁评估，它将当前态势映射到未来，对参与者设想或预测行为的影响进行评估；在军事上是一种多层视图处理过程，用以解释对武器效能的估计，以及有效地扼制敌人进攻的风险程度。

第4级处理L_4为过程优化，是一个更高级的处理阶段。通过建立一定的优化指标，对整个融合过程进行实时监控与评价，从而实现多传感器自适应信息获取和处理，以及资源的最优分配，以支持特定的任务目标，并最终提高整个实时系统的性能。

目前，研究较为成熟的主要集中在第1级处理，第2级处理及以上的研究领域远未成熟。

2. 信息融合的级别

多源信息融合按照数据抽象的层次，可划分为3个级别：数据级融合、特征级融合、决策级融合。

1）数据级融合

数据级融合是最低层次的融合，直接对传感器观测数据进行融合处理，然后基于融合后的结果进行特征提取和判断决策，其处理结构如图1-8所示。这种融合处理方法的优点是：只有较少数据量的损失，并能提供其他融合层次所不能提供的其他细微信息，所以精度最高。这种融合处理方法的缺点是:要处理的数据量大,处理代价高,数据通信量大,抗干扰能力差,要求融合时有较高的纠错处理能力。

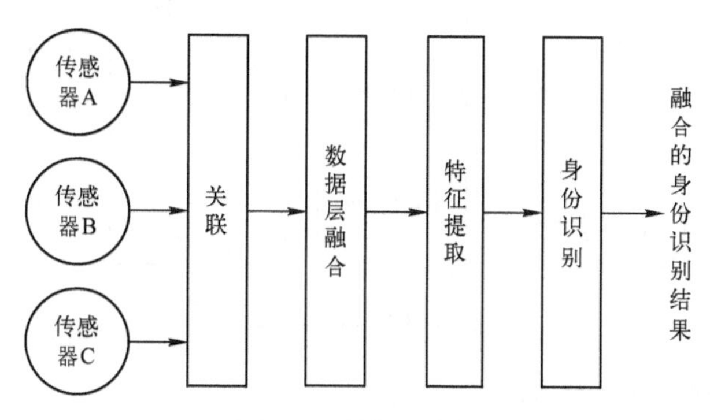

图 1-8　数据级融合

2) 特征级融合

特征级融合属于中间层次的融合,先从每个传感器中提取特征向量,再完成特征向量的融合处理,其处理结构如图 1-9 所示。其优点在于实现了可观的数据压缩,降低对通信带宽的要求,有利于实时处理,但由于损失了一部分有用信息,使得融合性能有所降低。特征级融合可划分为目标状态信息融合和目标特征信息融合两大类。其中:目标状态信息融合主要用于多传感器目标跟踪领域,首先对多传感器数据进行处理以完成数据配准,然后进行数据关联与状态估计;目标特征信息融合实际属于模式识别问题,即依据观测获得的属性把一类事物与其他类型事物区分开来。

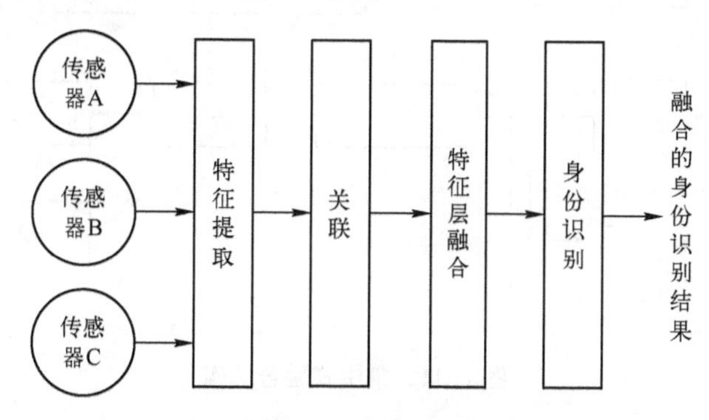

图 1-9　特征级融合

3) 决策级融合

决策级融合是一种高层次融合,先由每个传感器基于自己的数据做出决策,然后完成局部决策的融合处理,其处理结构如图 1-10 所示。决策级融合是三级融合的最终结果,是直接针对具体决策目标的,融合结果直接影响决策水平。这种处理方法数据损失最大,因而,相对来说精度最低,但具有通信量小、抗干扰能力强、对传感器依赖小、融合处理中心的代价低等优点。

数据级融合要求传感器是同类型的,而特征级和决策级融合没有此限制。

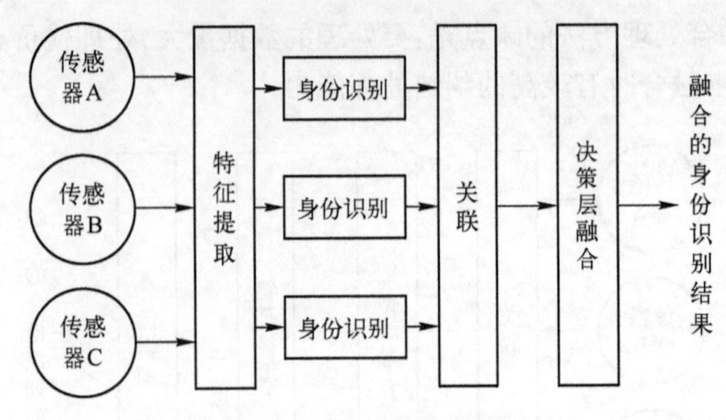

图 1-10　决策级融合

3. 信息融合的通用处理结构

在整个融合处理流程中,依照实现融合处理的场合不同,通常采用 3 种通用处理结构:集中式、分布式和混合式。不同的处理结构针对不同的加工对象。

1) 集中式融合结构

集中式融合结构表示的是原始观测数据的融合,各个传感器录取的检测报告直接送到融合中心,在融合中心进行数据配准、点迹相关、数据互连、航迹滤波、预测与跟踪,其结构如图 1-11 所示。这种结构的特点是信息损失小,处理精度高,对通信系统的要求较高,融合中心计算负担重,系统的生存能力也较差。

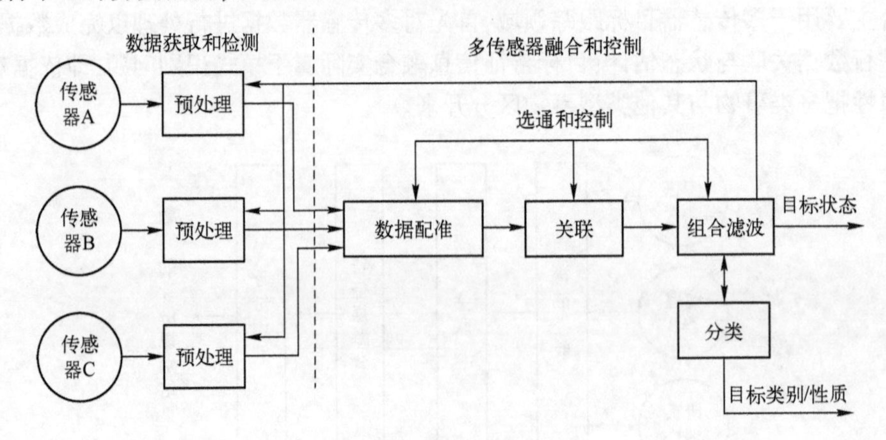

图 1-11　集中式融合结构

2) 分布式融合结构

分布式融合结构与集中式的区别是:每个传感器的检测报告在进入融合中心以前,先由它自己的数据处理器产生局部多目标跟踪航迹,然后把处理过的信息送至融合中心,融合中心根据各传感器的航迹数据完成航迹关联和航迹融合,形成全局估计,其结构如图 1-12 所示。这种结构的特点是传送到融合中心的数据量小,对通信带宽需求低,处理中心的计算速度快。相对于集中式结构,分布式结构具有造价低、生存能力强、可靠性高等优点。

3) 混合式融合结构

混合式融合结构同时传输检测报告和经过传感器局部处理后的航迹信息,如图 1-13 所示。混合式融合结构保留了前两种结构的优点,具有较强的适应能力,稳定性强,但在通信和计算上要付出较昂贵的代价。

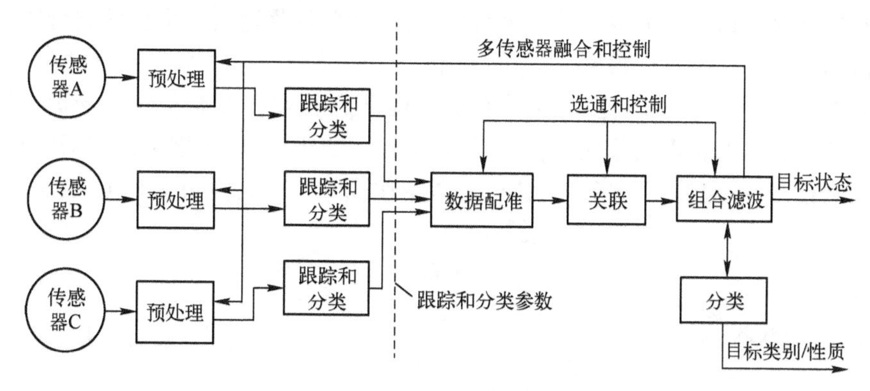

图1-12 分布式融合结构

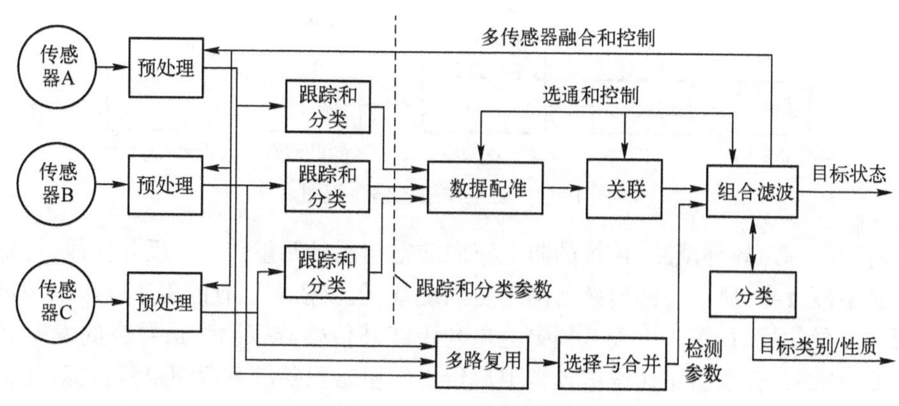

图1-13 混合式融合结构

1.3.2 防空反导信息处理

防空反导指挥信息系统是一类重要的指挥信息系统,具有一般指挥信息系统的共性,但也有其自身的特点。

1. 防空反导指挥信息系统的特点

首先,防空反导部队装备的是各种截击机、地空导弹、高炮等武器系统,要对付的是各种飞机、弹道导弹、巡航导弹等敌空天袭击兵器。随着高技术的应用,各种空天袭击兵器的速度越来越快、空袭密度越来越大、低空突防的高度越来越低,导致防空反导作战突发性大、作战时机短暂。这就要求防空反导指挥信息系统的时效性强,要在敌方空天进攻行动对己构成威胁前,即能发出预警信息和作出反应。

其次,对空天目标的探测需要利用各种传感器,现阶段主要使用的是各种雷达,建立一个完善的多传感器网,特别是雷达情报网,及时获取全面而准确的空天目标情报,是实现防空反导作战指挥自动化的基础。

最后,防空反导部队的主要武器——地空导弹,是先进的高技术兵器,为最大限度地发挥其作用,必须实现武器控制的自动化。

2. 防空反导作战工作流程与基本信息流

以对付各种飞机为主的传统防空系统中，主要利各种雷达对空中目标进行探测，并利用多部雷达建立一个雷达情报网，以及时获取全面而准确的空中情报。通过对雷达情报的多级处理，形成统一的综合态势，为指挥决策提供情报保障；指挥员综合分析各种信息，并参考计算机提供的辅助决策建议，形成目标分配等决策结果；依据决策结果形成对下属部队的控制指令，并监控控制指令的执行。防空作战的工作流程如图 1-14 所示。

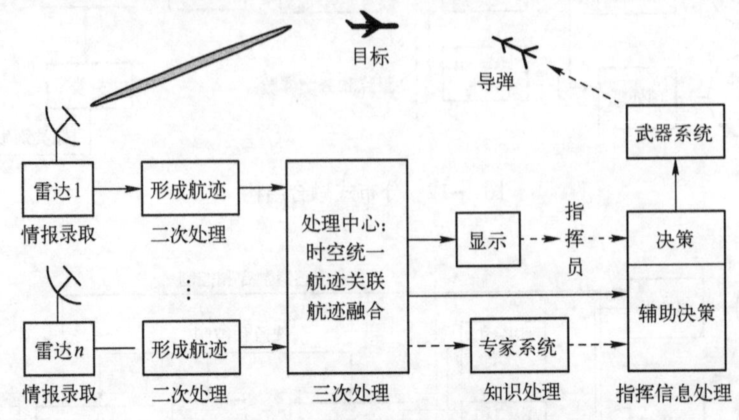

图 1-14　防空作战工作流程图

面对新的弹道导弹威胁，传统的防空正向防空与反导并重转变。反导作战，特别是末段高层和中段反导，所需要的传感器网络更加复杂，仅仅依靠已有的雷达网难以满足反导的需要。反导作战时，首先由天基预警卫星利用红外传感器探测弹道导弹的发射并发出早期预警，地面远程预警雷达根据预警卫星给出的粗略预警信息探测跟踪目标，并将目标信息提供给地面跟踪识别雷达，后者对目标进行精确跟踪、预测和识别，有关信息指示给末段高层反导武器的跟踪制导雷达，由跟踪制导雷达控制拦截弹的发射，并引导拦截弹飞向目标。典型的末段高层反导作战工程流程如图 1-15 所示。

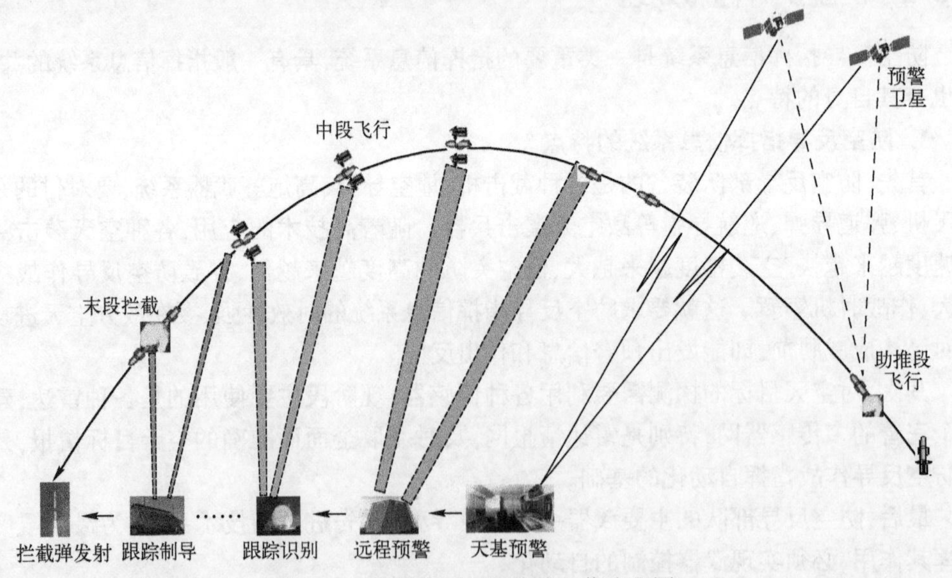

图 1-15　末段高层反导作战工作流程图

反导与传统防空相比,所需传感器种类、组网方式都存在明显差异,但指挥信息系统本质上是一个军事信息处理系统,防空与反导作战都是建立在特定信息流的基础之上。根据所含情报信息的特征,可以把防空反导指挥信息系统中的基本信息流分为以下4类,如图1-16所示。

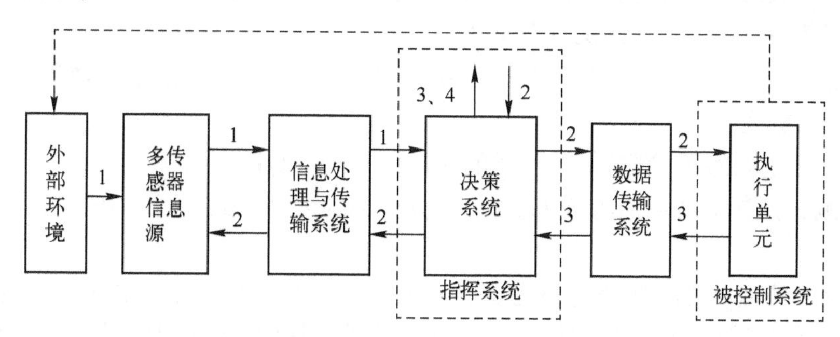

图1-16 防空反导指挥信息系统中的基本信息流

(1) 侦察(探测)信息流。侦察信息源包括作战范围的空中情况、目标特性等情报。雷达站等各类传感器作为侦察信息源,可以发现目标,确定目标坐标和特性。原始的传感器信息流包括大量多余、虚假的情报,这是由于信号不稳定所引起的,需要进行预处理。

(2) 指挥信息流。指挥信息流是决策信息的总和。指挥信息流由指挥系统指向被控制系统(自上而下),它是系统内部产生的,因而是稳定的。

(3) 报告信息流。自下而上的报告信息流是各种各样的报告,它们来自系统的执行单元。这些信息包括自己的飞机和导弹的不同准备等级、已经发射和剩余导弹数等情况。这些信息由系统内部产生,不需要进行专门的处理。

(4) 静态信息。手册与报表性质的信息是静态信息,由一些综述性信息组成,如气象条件、自己人员和装备的损失、材料和技术设备的储备情况等。这些不需要进行预处理。

所有在指挥信息系统中传送的信息,只有雷达等多传感器信息需要经过预处理。因此,本书中将以较大的篇幅讨论这种信息的处理。对雷达信息有以下要求。

(1) 获取雷达信息的及时性,以保证在确定的界限内消灭目标。雷达信息应该快速处理,并以最小的延迟时间传送到用户。

(2) 雷达信息的充分性。信息应该包括区域内的全部空中目标,此外,每个目标都有所要求的信息组成部分(速度、目标类型等)。

(3) 雷达信息的高可靠性。

(4) 足够高的雷达信息精度,它在很大程度上决定了指挥系统的功效。

3. 防空反导的信息处理过程

在防空反导指挥信息系统中,利用各种雷达组网,构成一个多雷达系统。多雷达系统中各个雷达站获得的信息都要向雷达情报处理中心(或指挥中心)传送。雷达信息的处理,分别在雷达站和雷达情报处理中心进行,可将其分为3个阶段。

(1) 一次处理。一次处理是单雷达站单个扫描周期内的雷达信息处理。在信息融合的模型中,一次处理处于最底层,是检测/判决融合。一次处理的任务如下。

① 在雷达接收机输出信号中,从杂波干扰背景中检测出有用目标的回波,判定目标的存在。

② 录取目标的坐标(方位、距离、高度)。

③ 录取目标的其他参数,如目标大小、架数、国籍、发现时间,并对目标进行编号。

(2) 二次处理。二次处理是对单个雷达站几个扫描周期内所获得信息的处理,属于位置与运动参数的估计环节,它完成单雷达传感器的多目标跟踪与状态估计,也就是完成时间上的信息融合。二次处理的任务如下。

① 按照一次处理提供的数据,对运动目标建立航迹,计算并存储运动参数,必要时,对目标进行坐标变换。

② 对目标进行跟踪,判断每次扫描的回波信号是否是同一目标。

③ 预测并判断运动目标的未来状况,计算目标的运动参数,如目标的航向、运动速度和加速度等。

(3) 三次处理。三次处理也称为综合处理,是对来自几个雷达站的信息进行处理。它对来自多个雷达站的目标状态估计进行航迹关联,对来自同一目标的航迹估计进行航迹融合,即实现目标航迹间的空间融合。

在多雷达系统中,包括多部雷达,分布在不同的地点,需要将各雷达站的雷达信息传递汇集到雷达情报处理中心,各雷达站的雷达信息虽然经过两次处理,但汇集到雷达情报中心之后,不能直接使用,需要进行三次处理。三次处理的任务如下。

首先,将目标的坐标和运动参数统一于同一坐标系和时间系统。这是因为一次和二次处理都是按各雷达站的坐标系统进行的,各雷达站的工作在时间上是不同步的,因此,将这些雷达站的数据汇集起来以后,先要统一坐标和时间的标准。

其次,将各雷达站的点迹数据(包括目标的坐标、运动参数以及其他各种特征参数)加以识别,归入相同的目标航迹数据中。这是因为有的目标同时被几个雷达站探测,它们各自将数据集中到雷达情报处理中心,由于各雷达站的测量精度不同,数据计算和传递过程中所引入的误差也不同。因此,由不同雷达传送来的目标数据在坐标系和计时系统被统一后,还要解决目标归并问题。因此,在多目标情况下,就需要制定一种准则,以区分哪些数据是属于同一目标的,哪些数据是属于另外目标的,辨认出同一目标的各种数据之后,还要规定一种标准,将这个目标的不同数据归并为一个点迹。

在以上两步处理的基础上,计算目标的运动参数,建立统一的航迹,实施统一的跟踪和其他处理。

雷达情报经过三次处理后,获得关于目标的综合航迹信息,这些信息被送到防空反导指挥信息系统的指挥决策功能模块。在指挥决策模块进行指挥信息的处理,首先根据综合的航迹信息和敌我双方其他情报以及地理、环境等因素,形成战场综合态势图;然后完成目标识别、威胁估计、诸元计算、目标分配等决策任务。决策结果作为指挥信息流送往下级单位,最终实现对截击机的引导和对地空导弹等武器系统的控制。

(1) 目标识别。目标识别的任务是对发现的空中目标的敌我属性和机型等进行判别。目标识别的第一步常在雷达站内进行,即在进行雷达信息处理的同时判明目标的属性,也就是在数据级和特征级进行目标识别;第二步是根据综合后的航迹信息对目标进行二次识别,即在决策级进行目标识别,主要是对一次识别中判为不明物的目标进行识别。

(2) 威胁估计。威胁估计也称为威胁判断,其主要任务是查明或预测敌机可能攻击的目标、到达的时间,以及各批敌机威胁程度的高低,为合理地分配兵力兵器提供基本的依据。威胁估计是在态势估计的基础上进行的,它们都属于信息融合的较高层级。

(3) 目标分配。目标分配是对多批空中目标分别选择有效的防空兵器和数量进行拦截,形成最佳兵力兵器的使用方案。目标分配属于决策级融合的决策制定环节。在进行目标分配之前,还必须计算目标的飞行诸元和火力单元的射击诸元。计算机可根据目标的数量、威胁等级、飞行诸元,己方防空兵器的数量、配置、火力范围、对各种敌机的作战效能,以及指挥人员的预先决心,运用最优数学规划模型或人工智能的专家系统模型,对作战信息进行处理,提供若干种兵力兵器的分配方案,同时给出各种方案的拦截预案、拦截点和拦截时间,供指挥人员选定,或由计算机按规则自动选择最优方案。

最终,目标分配结果送到武器系统,通过武器控制系统完成对地空导弹等武器的控制,或由引导系统实现对截击机的引导。

1.4 指挥信息系统工作模式与战技指标

1.4.1 工作模式

指挥信息系统有3种工作模式:战争状态的作战指挥模式、非战争状态的监视工作模式、模拟训练模式。

1. 作战指挥模式

作战指挥模式是指挥信息系统的基本工作模式。在此工作模式下,系统实施完整的工作流程以有效支持相应的指挥机构完成作战任务,达到预定作战目标和效果。为此,传感器网将实时地获取责任区内敌人行为状态信息,将此信息处理后传送至相应的指挥控制中心。同时,各种情报系统将搜集、侦察相关的敌方政治、军事、社会以及地理、气象等信息,经分析处理后分发或传报给相应的指挥机构或指挥员。在指挥控制中心,情报处理军官按照预定原则运用现代信息处理设备与技术,进一步分析、辨识这些情报,提取有用信息,将其变换成指挥决策机构所要求的信息形式。指挥决策机构是指挥员、作战参谋和辅助决策专家系统的集合体,它根据传感器网获取的实时态势信息、情报处理席位送来的相关情报以及从数据库中检索到的历史信息和背景信息,进行作战责任区态势分析、敌方行动意图和威胁度估计,对于那些基本符合预计的威胁模式和预计可行作战方案逐一进行效果预测,然后按照优选序列进行排队供指挥员进行决策,确定作战方案。对于不确定度很大的态势和威胁状态,应以指挥员和作战参谋为主进行态势分析、威胁估计,制定相应的作战方案。一旦做出决策和作战计划,指挥信息系统中的作战指挥席位将作战计划、作战兵力分配和作战方案行动指令等分发给有关的作战单元,实施作战行动,使责任区内的态势状态产生微分增量,并不间断地循环进行信息获取、信息传输、信息处理、指挥决策和实施作战行动,调整作战方案,形成一个完整的闭环控制系统。

2. 监视工作模式

监视工作模式是指在非战争状态,即对敌方没有显著的对抗、打击和破坏行为期间,系统对责任区态势和敌方政治、军事、社会以及地理、气象等状态保持连续不断的信息获取、信息传输、信息处理和态势分析与预测的工作状态和工作过程。与作战指挥模式相比,此工作过程不包含指挥决策、武器(兵力)控制和环境态势调整等环节,是一个非闭合的系统流程。环境处于正常态势,按正常趋势演化。

3. 模拟训练工作模式

模拟训练工作模式是一般复杂系统,特别是复杂人-机系统必须具有的辅助工作模式。在这种工作模式下,系统可以完成以下不同领域的工作任务。

(1) 作战指挥模拟演练和研究。运用系统建模与仿真理论以及计算机模拟技术,模拟生成态势想定、作战方案想定与作战行动仿真,或者重演记录的战史、战例和实战结果,研究作战理论和战法与战术,为未来可能的战争冲突寻求最优化作战方案。

(2) 系统仿真研究。运用系统建模与仿真理论和技术,模拟生成各种极限态势和典型态势,运行系统的各分系统和整个工作流程,研究指挥信息系统硬件、软件和关键支撑技术对系统功能的影响,为现有系统改进和新系统建设提供可靠的理论与实验论证。

(3) 人员培训。设置专门的培训工作模式和程序,对系统技术管理和维修人员、操作人员、作战参谋和指挥员进行综合的或分科的培训,提高他们维护系统正常运行的能力和运行系统实现既定目标的战术技术素养。

1.4.2 主要战术技术指标

指挥信息系统与一般工程系统的核心差异是:前者以不确定性为处理对象,系统实际上是一类复杂的人-机系统,其工作过程不能像一般自动化系统那样全程自动化。所谓指挥信息系统,不是各分系统的简单组合和集成,而是组织机构(各级指挥员、参谋人员和作战部队)在信息系统(含技术分系统、接口、系统软件和应用软件等)支持下实施工作程序(信息获取、信息处理、信息传输、信息存储与管理、决策和控制)的有机体系。系统对事件不确定性的获取能力、处理能力、识别能力和对不确定性时间的正确实时的响应能力,是决定指挥信息系统技术性能水平和战术运用能力的关键因素。又因为指挥信息系统包含的主要技术分系统和设备等分属于不同的技术学科范畴,可共享的性能指标极少,但它们的性能指标又在不同的方面和不同的层次上决定或影响着系统总体战术技术指标。因此,指挥信息系统的战术技术指标不是各分系统性能指标的简单组合和罗列,各分系统的战术技术指标也不是系统战术技术指标的简单重复和分解。

指挥信息系统是一类复杂系统,是开放系统,它与环境之间相互依存、相互作用、相互影响。系统经过环境(战场态势等)而闭合,而环境状态的动态演化、不可观性、不可控性,导致目标状态的时变不确定性。系统在各分系统(包括决策指挥机构)的支持下,依据经科学组织的工作流程,实现对时变不确定性目标状态的调整与控制,实现系统的任务与目标要求。

1. 系统层的战术技术指标

系统层的战术技术指标,表征系统对环境的感知、识别能力和调整、控制能力,是根据系统任务和目的而提出的。

1) 系统层的主要战术指标

(1) 系统任务类型。系统任务是根据部队军(兵)种(陆军、海军、空军、火箭军)作战指挥和系统层次而提出的,如空军指挥信息系统、防空反导指挥信息系统、攻防作战一体化的作战指挥信息系统、战区级作战指挥信息系统、海防指挥信息系统、反潜作战指挥信息系统等。系统任务类型就是系统要处理的事件类型。

(2) 系统责任的时间-空间范围。它表征系统能连续性作用的空间范围,即能感知和识别多大空间范围的事件状态,能控制和调整多大空间范围的事件状态,是连续作用还是周期、间断作用。对于洲际导弹作战指挥信息系统,其责任空间范围是一个小扇区内的立体空间,是上半球形立体空间的一小部分。一些战术作战指挥信息系统,其责任空间范围往往用高度范围和水平覆盖范围描述,水平范围是以给定系统中心为圆心的一个圆周域。

(3) 指挥与控制的对象。对于作战指挥信息系统,要明确我们自己用什么样的兵力与武器对抗敌方什么样的兵力与武器的威胁和作战。要给出敌我双方所用兵器类型、型号、性能,掌握敌我双方参战部队的作战能力和特征等。例如,在防空反导指挥信息系统中,敌方运用侦察机、轰炸机、强击机、战术导弹对我防区进行侦察和攻击,我方将采用歼击机、高炮、地空导弹来防卫敌方武器的威胁和攻击。

对于后勤管理指挥信息系统,则要监视战场实时态势,根据作战要求,指挥与控制仓储管理系统与运输系统实施后勤支援和行动。

(4) 系统指挥与控制能力。该指标表征系统能同时指挥与控制的对象规模。根据系统任务类型不同,对处理能力的具体表达方式不同。例如,对于防空反导指挥信息系统,系统处理能力表述为:同时监视和跟踪的空天目标数;能同时打击(抵抗)的入侵空天目标数。

(5) 系统响应时间。该指标是指系统从感知对象状态到对其实施相应的控制和调整行为之间的时间延迟。要根据系统的具体战术要求和作战指挥要求来确定系统的响应时间。

(6) 系统的生存能力。该指标包括系统在电子对抗、信息对抗和硬杀伤等系统环境与工作条件下,系统保持既定功能和性能的能力,系统局部失效后的重新组织能力,系统对于武器、科学技术和战略战术发展变化的适应能力,友邻系统、新旧交替系统之间的互通能力等。

(7) 系统的有效度。该指标是指系统处于有效完成既定功能的可用状态的程度,常用百分比表述。

2) 系统层的技术指标

系统层的技术指标是为了保证达到要求的战术指标,系统应具有的总体技术性能。系统层技术指标是由各分系统技术性能和系统组织结构的硬件与软件性能综合保障的。不同的指挥信息系统,其战术指标不同,相应的技术指标项目与要求也不一样。对于作战指挥信息系统,系统层的主要技术指标有以下几种。

(1) 传感器网的监视空间范围。现代作战指挥信息系统,要适应海、陆、空诸军兵种协同和空、天、地、海战场立体交叉以及攻防一体化的作战要求,需在空间、空中、地面、海面、水下分别配置相应的传感器系统,构成立体分布的异类传感器网络。要求传感器网能监视空间范围略大于系统的责任空间范围。

(2) 获取信息的类型。该指标是指传感器网和相关的情报系统获得的受控对象状态和属性的信息类别与信息形式。常见信息类型有目标位置数据、目标属性代码、目标外形图像、行为意图和计划的文件报告等。按信息的物理特征主要有电学、光学、声学类信息和文字与图表信息等形式。

(3) 系统处理能力。该指标是系统在单位时间内能获取、传输、处理的数据和事件数,能接收、处理和分发的文件数以及系统存储容量等性能的综合表述。系统的信息、事件和文件处理能力,要适应系统的指挥控制能力和系统响应时间等战术指标要求。

(4) 系统处理时延。它是指从责任区对象事件发生起,到系统响应并开始对受控事件实施调整与控制之间的时延。它包括下述主要工作环节的时延。

① 信息获取时延 t_a。从对象时间发生时起,到传感器网终端输出相应的状态信息之间的时延。

② 信息传输时延 t_c。各指挥控制中心、各分系统之间经过远程通信线路或通信网络传输信息所产生的时延。在同一指挥控制中心的本地局域网内实现的各分系统之间的信息传输时延不包含在传输时延 t_c 之中,而归入信息处理时延。

③ 信息处理时延 t_p。各级指挥控制中心从获得输入信息到输出相应信息之间的时延。它可能包含本地信息处理时延,局域网时延,态势评估、威胁估计、决策和作战方案选择的时延。

④ 武器控制时延 t_w。从武器系统或作战部队收到作战命令起,经作战准备、系统运行和部队运动过程,开始对受控事件实施作战行动之间的延时。

考虑到各环节之间的接口和某些不可估计因素的影响,系统处理时延为

$$t_d = K(t_a + t_c + t_p + t_w)$$

式中:$K>1$(如 $K=1.2\sim1.5$)。

系统处理时延应小于系统响应时间这一战术指标的数值。

(5) 支持作战指挥和控制能力。该指标表征系统能支持哪一级别和多大规模的作战指挥与控制能力,即系统属于全国级、战区级或军级,是战略作战指挥还是战役或战术作战指挥的信息系统,能指挥和控制的部队规模与武器类型,能同时指挥与控制各类武器对多少目标事件实施控制或打击行为,能支持进攻或防御作战等。

这一系统技术指标是综合性能指标,它决定于前述 4 项技术性能和各主要分系统的技术性能,又必须适应(1)~(5)项系统层战术指标的要求。

(6) 防护、安全保密与重组能力。这是为适应系统生存能力的战术指标要求,在系统中采用相应的技术手段而实现的系统技术性能。

系统的防护能力是防止外界干扰或非法操作影响系统正常工作的能力,包括抗电磁干扰、防误操作、防计算机病毒或“黑客”攻击,防敌人侦听、截取、跟踪和监视等。

系统的安全保密主要包括防电磁泄漏、信息保密编码与传输、防反辐射导弹的攻击等方面的性能。系统重组能力是系统出现故障、局部失效或受到外来攻击破坏时系统恢复并维持基本功能的能力以及自适应组织能力和结构重建能力等。

(7) 系统可靠性和可维修性。系统的可靠性是指系统在规定的条件下和规定的时间内,完成既定功能和任务的能力。常用可靠性指标是系统平均故障间隔时间(Mean Time Between Failures,MTBF),是系统相继两次故障之间的时间间隔的统计平均值。MTBF 越大,系统的可靠性越好。

系统的可维修性是指系统发生故障后在规定的条件下应用规定的维修手段,在规定的时间内修复系统的可能性。常用可维修性指标是系统平均修复时间(Mean Time To Restore,MTTR),它是系统发生故障后使系统返回到正常工作状态而进行规范维修所需时间的统计平均值。MTTR 越小,系统可维修就越好。

系统可靠性和可维修性保证了系统有效度这一战术指标的要求。实际上,系统的有效度 A 定义为

$$A=\mathrm{MTBF}/(\mathrm{MTBF}+\mathrm{MTTR})$$

显然,$0<A<1$。

2. 分系统层的主要性能指标

根据系统层的战术技术指标要求,确定各分系统应具有的功能和应达到的技术性能指标,它们是各分系统设计和工程实现应达到的目标。

1) 信息获取分系统

(1) 信息获取设备的种类、数量、任务划分与协同。信息获取分系统主要有各种情报系统和传感器网两大类。传感器网由雷达、红外跟踪、激光雷达、声呐、卫星侦察与探测等设备组合而成,在责任区内的目标探测、跟踪、成像、识别等任务上适当分工和协调互补,以在给定时间内获得实时、完整和正确的对象事件之态势信息。在满足系统功能要求和战术指标要求的前提下,系统所用传感器类型和数量越少,则信息获取分系统的性能越好。

(2) 传感器配置和覆盖空间的重叠度。通常,单传感器的探测空间范围远小于系统的责任空间范围,单传感器具有发现概率小于1、虚警概率大于0的特性,用不同类传感器可以获得不同的目标状态或属性信息。因此,系统总是用多个传感器在空间分布配置,使传感器网的覆盖范围合并大于责任空间范围,而且在一些重要空间区域,要求多个传感器的覆盖范围重叠或交叠,以保证对目标事件的状态进行连续的监视和跟踪,不发生丢失现象。有的系统中,还用多传感器实现信息互补,以提高目标探测概率和目标状态估计精度。

(3) 信息获取速度。该指标系指单位时间内获取和输出的数据量。例如,单位时间内对给定空域的扫描次数和能监视的目标事件数,单位时间内能处理的目标批数、数据点数,单位时间内输出的目标数据点数或字节数等。

(4) 信息获取的可信度。其表征信息获取系统工作的可靠性和正确性的综合量。对于雷达、声呐、红外搜索与跟踪等探测系统,常用发现概率和虚警概率表示信息获取的可信度;对于情报系统,则应用信息的准确性、完备性和实时性来描述信息的可信度。

(5) 信息获取系统环境适应能力。该性能系指系统的机动性、展开和撤收时间、抗干扰能力、抗气象杂波和地物杂波的能力等。

(6) 信息获取系统的可靠性。其用 MTBF 和 MTTR 以及有效度 A 等指标表示系统的可靠性性能。

(7) 信息获取系统的安全防护性能。该性能主要包括防电磁泄漏、抗物理攻击(抗轰炸、防反辐射导弹的攻击)等技术措施和能力。

2) 信息传输分系统

(1) 信息传输系统类别、组网方式和信道冗余度。

(2) 通信容量。该指标系指信息传输系统单位时间内输入输出的信息量,以 b/s(比特每秒)、B/s(字节每秒)度量。

(3) 信息传输质量。其衡量信息传输过程中可能产生某种差错而导致信息失效的程度,用差错率表征,如误码率、误字符率、误码组率。对于数字传输系统,误码率定义为

$$误码(字符、码组)率=\frac{接收端出现差错的比特(字符、码组)数}{总发送比特(字符、码组)数}\times100\%$$

(4) 传输系统畅通率。该指标系指系统工作期内,信道有效传输时间与总信息传输时间的比率。

(5) 系统时延。

(6) 信息传输的安全与保密。

3) 信息处理分系统

(1) 信息融合能力。该性能系指系统对多种信息源提供的信息进行提取、识别、分析、关联及信息融合处理的能力,主要包括能同时接收和处理的输入信息路数,信息融合处理的级别、精度和复杂度,对不同属性信息的融合能力等。

(2) 信息处理容量。其主要包括系统存储容量和单位时间内处理的数据(信息)量或目标事件数量。

(3) 信息处理时延。这里的信息处理时延只包括系统中各级指挥控制中心的时延,不包括信息获取分系统、信息传输分系统和武器控制分系统中相应信息处理的时延。由于各级指挥控制中心的功能、系统复杂度不一样,相应的信息时延也不一样。每一中心的信息处理延时包括输入信息处理、信息融合处理、显示处理、态势评估与威胁估计、决策以及局域网处理等环节所引起的时延。信息处理时延是系统工作流程中所含各指挥控制中心的时延之和。

4) 辅助决策分系统

(1) 辅助决策层次与水平。其主要指在哪一级别,应用什么样的辅助决策模式和辅助决策手段的技术水平。例如,是战区还是军级实现辅助决策,辅助决策手段是(参谋)人员或图表或计算机程序,还是基于人工智能的专家系统。

(2) 支持决策的信息质量。其指决策所需信息的完备性、时效性和可信度。

(3) 人-机交互的手段与模式。在指挥决策过程中,人-机交互的手段、人-机交互协同的模式与水平是支持决策有效性和适应性的基本因素。

(4) 决策科学化水平。用决策模型的准确性、对信息不确定性处理的有效性、决策效能的预测能力和决策响应速度等测度表征决策的科学化水平。

5) 武器控制分系统

(1) 控制方式。其代表武器控制系统的水平,如人工控制、机械化控制、自动化控制和智能控制。

(2) 控制能力。其表示能指挥和控制的武器系统的类型、数量和性能水平及能支持的作战模式。

(3) 控制准确度。该指标表示系统能以多高的准确度控制武器系统进入作战位置,

以有效地实施作战行动。

(4) 响应时间。该指标表示从接到作战指令和行动方案到武器系统开始实施作战行动的时间间隔。

以上内容简要叙述了指挥信息系统的主要战术技术指标体系。对于一个具体的指挥信息系统,应在上述指标体系框架内,根据系统的任务与功能给出具体而明确的战术指标和技术指标要求,然后在系统的设计和工程实现过程中,运用适当的技术设备、系统组织结构和算法、接口与软件系统等手段,保证系统能达到要求的战术技术性能。

1.5 指挥信息系统现状与发展

科学技术的发展,使战争规模和形态发生了巨大的变化,也对军队的组织指挥提出了新的要求。现代通信技术和计算机技术的进步孕育了军队指挥方式的变革,其结果是指挥信息系统于20世纪50年代诞生了。指挥信息系统这个新鲜事物一出现,就引起了世界各国军队的高度重视,经历了初建、发展、完善等多个阶段,现已进入一个全面更新发展的新阶段。

1.5.1 指挥信息系统的发展历史与现状

指挥信息系统的建设工作,首先是从防空 C^3I 系统开始的。美国空军于1949年成立了防空系统工程委员会,20世纪50年代末建成美国本土的半自动化防空指挥控制系统——赛其(SAGE)系统。几乎在同一时期,苏联也建成了用于国土防空的“天空”1号半自动化防空指挥控制系统。经过几十年的发展历程,目前,美、俄等国都建立起了比较完整的现代化的指挥信息系统,基本上可以满足国家军事指挥当局的需要。外军指挥信息系统的发展大体上可划分为以下几个阶段。

第一阶段是20世纪50年代的初建阶段。这个阶段由于技术条件的限制和经验不足,所发展的一些系统自动化程度不高,各部门各自为政,局限于本机构系统的建设,系统间的协同问题考虑不够。这阶段的建设除构成了半自动化 C^3I 系统外,主要为 C^3I 系统的进一步发展摸索经验,奠定了理论基础和技术基础。

第二阶段是20世纪60年代至70年代中期的全面发展阶段。这一时期是外国军用 C^3I 系统建设取得重大成果的时期,美军和苏军研制了一系列现代化 C^3I 系统,如空中预警系统、空中指挥所系统、地下指挥所系统、战略空军及机动型战术空军的 C^3I 系统以及三军的联合战术信息分发系统、全球军事指挥控制系统等。一些北约国家和日本也相继研制部署了与SAGE系统类似的防空 C^3I 系统。经过这一发展阶段,美国和苏联的各类、各级 C^3I 系统已基本上配成了较完整而统一的体系,具有较先进的技术水平,各类各级系统之间的互通性已基本实现,能满足不同环境中执行不同任务的需要。相应的领导机构和管理体制也日趋完善。

第三阶段是20世纪70年代末至90年代前后的更新发展阶段。在这一时期内,国外对20世纪70年代以前研制、装备的军事 C^3I 系统不断改进、完善和逐步更新换代,并为2000年以后发展新系统打基础、做准备。例如,美国提出战略 C^3I 现代化计划并组织实施,对全球军事指挥控制系统进行多方面改进;发展战术 C^3I 系统,特别是美国陆军战术指挥控制系统，不断更新改进空军预警机，更新并改进各种分布式 C^3I 系统、空基监视系统、新的战场信息管理系统以及空间对抗的 C^3I 系统等更高层次的 C^3I 系统计划。在这一时期内，对发展 C^3I 系统的指导思想与管理方式也在演化，新形成的"信息系统"将雷达、计算机、通信、显示等系统综合为一体，并且视信息系统为特种武器系统，与飞机、导弹等武器一样具有战斗力。

第四阶段是 20 世纪 90 年代以来的综合一体化发展阶段。以前美军的 C^4I 都是由各军兵种独立开发的，各系统之间不能互连互通，形成了一个一个的"烟囱"，严重影响了整体效能的发挥，在 1991 年的海湾战争中充分暴露了这一点。此后，美军采取了多项措施解决这些问题，先后提出了"武士" C^4I、"国防信息基础设施"（Defense Information Infrastructure，DII）等计划，并将侦察与监视融入 C^4I 中，形成了 C^4ISR 系统，意在建设综合一体的 C^4ISR 系统。

1997 年，美国海军作战部长提出了"网络中心战"概念，从此，"网络中心战"理论成为美军信息化作战的基本理论。网络中心战是指利用计算机信息网络体系，将地理上分布的各种传感器探测系统、指挥控制系统、火力打击系统等，连成一个高度统一的一体化网络体系，使各级作战人员能够利用该网络共享战场态势、共享情报信息、共享火力平台，实施快速、高效、同步的作战行动。网络中心战是相对于平台中心战而言的，平台中心战是指主要依靠武器平台自身的探测装备和火力形成战斗力的作战方式。

为实现美军网络中心战思想，1999 年，美国国防部提出了建设全球信息栅格（Global Information Grid，GIG）的战略构想。GIG 由全球互连的端到端的信息系统以及与之有关的人员和程序组成，可根据作战人员、决策人员和支持人员的需要，收集、处理、存储、分发和管理信息。GIG 主要加强了高速宽带通信系统、可信任的服务体系、态势感知能力的建设，提供了面向服务的系统综合集成手段。GIG 的建设，标志着美军 C^4ISR 系统的发展进入了一个全新的一体化建设阶段。

我军指挥信息系统的形成和发展与美军 C^4ISR 系统的发展历程相似，也是由防空指挥自动化系统建设起步的。

1959 年，我军开始了防空自动化技术准备工作；20 世纪 60 年代至 70 年代，开展了雷达情报处理系统和引导歼击机拦截作战指挥引导系统的研究与试验工作；20 世纪 70 年代末开始了各军兵种指挥自动化系统的建设工作，到 80 年代中期有了一个新的飞跃，全军计算机联网并进入实用阶段；20 世纪 90 年代中期开展了区域性综合电子信息系统立项研制，目前，在诸军兵种各自独立发展指挥信息系统的基础上，通过逐步发展完善，我军已进入全军一体化的指挥信息系统发展阶段。

1.5.2 指挥信息系统的发展趋势

建设一体化的指挥信息系统，实现系统内各组成部分的综合集成、各组成要素的一体化是指挥信息系统的发展趋势。

进入 21 世纪后，美军在总结其指挥信息系统发展经验教训的基础上，围绕军事转型，实施了"信息基础设施"和"能力转化"两大战略举措。其中，"信息基础设施"建设是以《2010 联合构想》《2020 联合构想》为指南，以获取基于信息优势和空间优势的网络中心战优势为目的，积极实施以 DII 为基础，包括全球指挥控制系统（GCCS）、国防信息系统网络(DISN)、GIG 等在内的骨干计划项目,带动美军信息系统全面发展的战略举措。“能力转化”是美军通过先期技术演示验证、先进概念技术演示验证、联合作战实验 3 种机制,确保将系统创新概念和优势技术转化为联合作战能力的战略举措。

目前,指挥信息系统正逐步演进为信息作战武器、信息功能系统、信息基础设施 3 个层次。其中:信息作战武器主要包括诸军兵种的信息化主战武器、信息战武器、数据链系统;信息功能系统主要包括各级各类指挥控制、情报侦察、预警探测、通信导航、电子对抗、综合保障等功能系统;信息基础设施是支持诸军兵种各种信息功能系统和信息作战武器系统综合集成的平台和基础设施、基础软件与基础数据、系统仿真支持平台等。在完善已有功能系统的基础上,指挥信息系统正在向“两头”发展:一是注重与“主战武器信息化、信息装备武器化”的发展相协调;二是更注重信息基础设施的建设工作。在 3 个层次中,信息基础设施是保证系统综合集成的基础,它包括独立存在的装备技术设施以及分散在各种功能信息系统和主战武器之中的综合集成接入设施。

作为指挥信息系统核心组成部分的指挥控制系统,其发展趋势主要体现在一体化、网络化、智能化等方面。

1. 指挥控制系统一体化

指挥控制系统一体化是实现一体化联合作战的基础。指挥控制系统一体化主要内容包括:战略、战役和战术信息系统一体化,以战役、战术为主;全军指挥信息系统一体化,建设信息栅格服务;指控系统与武器平台一体化,实现从传感器到射手的快速打击。

伴随着信息技术的飞速发展,指挥控制系统和信息化武器装备一体化程度的不断提升,使得遂行军事行动的作战能力也不断加强,具体表现在陆、海、空、天、电一体化,军兵种一体化,从传感器到射手的一体化以及信息获取、处理、存储、分发和管理的一体化。这样,在信息主导和融合下,指挥控制系统的整体作战效能更加强大,从而实现体系作战能力整体水平的提升。

2. 指挥控制系统网络化

充分利用信息栅格技术、计算机网络技术和数据库技术的最新成果,建设按需进行信息分发,按需提供信息服务、强化信息安全和支持即插即用的信息栅格,支持一体化指控系统的建设和应用,实现由以武器平台为中心向以网络为中心的转变,提高系统整体作战能力。通过网络中心化将陆上、海上和空中力量整合成一支网络化部队,将地理上分散的传感器、指控系统、武器平台连在一起,并以网络为中心协同各军兵种的联合作战。逐步把所有武器装备系统、部队和指挥机关整合进入信息栅格,使所有作战单元集成为一个具有一体化互通能力的网络化的有机整体,从而建成一体化联合作战技术体系结构。

3. 指挥控制系统智能化

错综复杂的电子对抗和信息对抗环境,迫使军事电子信息装备朝着智能化方向发展。随着新型高能计算机、专家系统、人工智能技术、智能结构技术、智能材料技术等的出现和广泛应用,指挥控制系统智能化将成为现实。指挥控制系统智能化主要表现在以下几方面:态势感知透明化,增强对战场态势的感知能力;指挥决策智能化,提高决策的正确性和指控的准确性、灵活性,提高作战效能;作战协同网络化,实现作战活动自我同步,提高兵力协同和武器装备协同作战能力。

思　考　题

1. 简述指挥信息系统的基本概念。
2. 简述指挥信息系统的基本组成与功能。
3. 如何理解指挥信息系统的结构特征？
4. 简述作战指挥的特征、职能和要素。
5. 简述指挥控制的概念与模型。
6. 如何理解指挥控制系统的理论模型？
7. 简述信息融合的模型与结构。
8. 简述防空反导的信息处理过程。
9. 测试某指挥信息系统的可靠性，总共统计了1800h，期间出现3次故障，花费的修复时间总计为6h，试计算该系统的MTBF、MTTR和有效度A。
10. 简述指挥信息系统的发展趋势。

参考文献

[1] 贺正洪，吕辉，王睿．防空指挥自动化信息处理[M]．西安：西北工业大学出版社，2006.
[2] 曹雷等．指挥信息系统[M]．2版．北京：国防工业出版社，2016.
[3] 韩崇昭，朱洪艳，段战胜．多源信息融合[M]．2版．北京：清华大学出版社，2010.
[4] 彭冬亮，文成林，薛安克．多传感器多源信息融合理论及应用[M]．北京：科学出版社，2010.
[5] 秦继荣．指挥与控制概论[M]．北京：国防工业出版社，2012.
[6] 魏天柱，李风英．中国军事通信百科全书[M]．北京：中国大百科全书出版社，2009.
[7] 刘健，别晓峰，李为民，等．反导作战运筹分析[M]．北京：解放军出版社，2013.
[8] 童志鹏，刘兴．综合电子信息系统[M]．2版．北京：国防工业出版社，2008.
[9] 竺南直，朱德成．指挥自动化系统工程[M]．北京：电子工业出版社，2001.
[10] 王光宙．作战指挥学[M]．2版．北京：解放军出版社，2000.

第2章　雷达信息一次处理

利用多种传感器获取全面、准确的实时情报信息，是指挥信息系统工作的前提和基础。在防空反导指挥信息系统中，使用雷达、红外和电视探测跟踪设备等多种传感器对空中进行探测，首先需要完成目标检测、坐标测定等任务。雷达是防空反导指挥信息系统中最常用、最主要的信息源。本章在介绍多传感器信息源和统计检测原理的基础上，探讨雷达信号检测和目标坐标测定的方法，并介绍雷达数据的录取方法。这些都属于雷达信息一次处理的内容。

2.1　多传感器信息源

自然界中人和动物利用眼、耳、鼻等多种感觉器官获取外界信息，通过大脑的综合处理来了解外部世界，并做出决策及反应；在工程技术领域也利用各种人造传感器获取环境信息，通过信息融合获得周围环境的综合态势，并做出反应。在军事领域应用的传感器种类繁多，主要包括雷达、光电系统、声传感器、磁传感器、震动传感器等。防空反导领域广泛使用红外传感器和雷达作为信息源，本节对这两类传感器作简要介绍。

2.1.1　红外传感器与预警卫星

1. 红外传感器

红外传感器(IR)是无源传感器，它所接收的信号是目标的热辐射信号，只能测向而不能测距。IR 传感器主要用于目标的探测、跟踪和识别。其工作方式主要有两种：一种是扫描工作方式；另一种是凝视工作方式。从目标特点看，远距离目标所接收的信号属于点源信号，近距离所接收的信号属于图像信号，因此在信号处理方面是不同的。

尽管 IR 只能测向而不能测距，但由于红外线波长非常短，故有非常高的方位分辨率，其测向精度可达毫弧度级。如果要对观测目标定位，就要利用多站信息，至少两站信息来进行定位。利用的信息越多，定位的精度越高，但多到一定程度，精度的提高就不那么明显了。当然，随着科学技术的发展和红外器件水平的提高，无论是测向精度、定位精度和探测距离，均会得到进一步提高。

与雷达相比，红外传感器的探测距离较近，因此，一般都用在近距离探测、跟踪和识别领域。为了进一步提高红外传感器的探测距离，除了提高器件的灵敏度之外，还可在红外传感器前加装斯密特透镜，这可大范围地提高可探测距离。许多卫星上的红外传感器都属于此类设备。

2. 预警卫星

预警卫星主要通过星载用红外探测器和可见光电视摄像机等遥感装置，探测导弹发射后喷出的羽状尾焰中的红外辐射,发现敌方弹道导弹发射和飞行方向,并在其发射后不久即发出报警信号,从而使己方对来袭的洲际弹道导弹和潜射弹道导弹可分别赢得25~30min和10~15min的预警时间,以便采取有效措施予以反击。

由于预警卫星是用于监视发现和跟踪敌方弹道导弹发射的,因此也称为导弹预警卫星。导弹预警卫星,主要是采用一种“凝视”型红外探测器,这种探测器含有几百万个敏感元件,各自负责凝视盯住地球表面的某个地区。只要某地区有导弹发射,快速飞行的导弹尾部喷出的猛烈火舌便会被卫星上某一部位的敏感元件感测到,于是,立刻就可以预先报警了。它还具有排除非导弹的自然火光和飞机尾部的热辐射,降低虚警率和测算出导弹的轨迹、飞行速度及弹着点等高度敏感精确信息的功能。

预警卫星通常运行在同步静止轨道或大椭圆轨道上,主要是用来为国家军事指挥部门提供有关洲际导弹、潜射导弹和部分轨道轰炸武器的发射警报以及核爆炸探测,防止突然袭击。在战争时期,预警卫星主要用于监视敌方弹道导弹的发射与运行情况,及时发现敌方战略突袭征兆,为己方战略防御提供准备时间,引导反导系统做出拦截反应,并通报战略进攻力量根据命令实施战略反击。在和平时期,则用于监视世界各国的导弹发射试验和航天发射活动,了解战略武器的发展动向,便于适时采取相应对策。

与警戒雷达等其他预警手段相比,预警卫星有许多特有的优点。

(1)监视区域大。预警卫星采用高轨道运行,距地球30000~40000km,如果沿赤道120°间隔放置3颗同步卫星,那么,地球低纬度的绝大多数地区都可在预警卫星的监视之下。

(2)预警时间长。由于预警卫星部署在外层空间,受地球曲率影响小,能提供比远程雷达长得多的预警时间,对射程8000~13000 km的弹道导弹的预警时间为25min。

(3)反应灵敏。预警卫星的遥感装置可在90s内探测到目标并报警。

(4)不易受干扰。预警卫星在外层空间,不易受到来自地面的干扰。

(5)生存能力强。目前,在外层空间预警卫星受到攻击的机会较少。

但是,预警卫星也存在着一些尚未解决的问题:卫星目前仅能探测到处于主动段的导弹和进行粗略跟踪;虚警、漏报问题尚未彻底解决;大型地面终端极易遭到攻击;不能实现连续覆盖,瞬发事件可能漏掉。

预警卫星在技术上的发展趋势是:加强中、短程导弹的探测、识别和跟踪能力,重点是提高星上信息处理能力,缩短信息传输时间,提高对飞行时间短的战术导弹的敏感性,获得更快的探测速度。未来的先进预警卫星系统将缩短对所观测地区目标的反应时间,延长预警时间,扩展跟踪范围,提高卫星预警的时效,在保持对战略导弹预警能力的基础上,增强对中、短程导弹的探测、识别和跟踪能力。

2.1.2 雷达的分类

雷达利用无线电方法发现目标并测定它们的位置,是使用最广泛的信息源,能探测目标的距离、方位和速度,并且探测距离远、精度高,可以昼夜全天候探测飞机、舰船、车辆、导弹等各种目标,已经成为现代战争中不可缺少的探测、侦察、监视和预警设备。为了满足多种不同用途的要求,雷达的种类很多。防空反导领域配备的雷达按功用分为警戒雷达、搜索雷达、引导雷达、火控雷达、制导雷达等,这些雷达类型之间可能存在一定的交叉。

随着雷达技术的发展,同时能担负多种任务的雷达不断出现,在功用上交叉的现象会日益明显。

(1) 警戒雷达。警戒雷达主要用来发现远距离的敌机或导弹,并测量其坐标,以便及早发出警报,为防空反导作战提供预警信息。目前,一般的警戒雷达探测距离为300~500km,先进的超远程警戒雷达的探测距离可达4000km。对警戒雷达测定坐标的精度和分辨力要求不高,测量的距离误差一般为几千米,方位误差一般为1°~2°。

(2) 搜索雷达。搜索雷达的主要任务是发现来袭的飞机与导弹,一般作用距离在400km以上,有的可达600km。对于测定坐标的精确度和分辨率要求不高,要求具有方位上360°的搜索空域。由于制导雷达的作用距离较短,搜索能力较弱,因此,防空导弹武器系统一般配有相应的搜索雷达完成目标指示任务。

(3) 引导雷达。引导雷达用来引导己方作战飞机进入指定的作战区域,并对空中作战进行指挥。因此,要求引导雷达能精确测定目标的距离、方位和高度,并能进行必要的引导计算。引导雷达的作用距离比较远,一般在200km以上。为充分发挥雷达的作用,目前,有些引导雷达和警戒雷达在使用上往往不做严格区分。对引导雷达的特殊要求是可同时检测多批目标,并能以较高精度测定目标的坐标。预警机上装备的雷达即属于预警引导雷达的范畴。

(4) 火控雷达。火控雷达用来控制火炮(或导弹)对目标进行自动跟踪,并和指挥仪配合对空中目标进行瞄准射击。炮瞄雷达是典型的火控雷达。对炮瞄雷达的要求是能够连续、快速、准确地测定目标的坐标,并迅速将射击数据传递给火炮(或导弹)。火控雷达的作用距离较小,一般只有几十千米,但对测量的精度要求很高。

(5) 制导雷达。制导雷达和火控雷达一样,也属精密跟踪雷达。制导雷达的任务是控制己方导弹攻击目标。在导弹飞向目标的过程中,制导雷达要对目标进行连续的测定并进行跟踪,同时要不断测定己方导弹的位置,并控制导弹按理想弹道飞向目标。现代的制导雷达可同时跟踪多个目标,对目标信息进行分析、处理,并可同时制导多发导弹攻击多个目标。

(6) 引信雷达。引信雷达是装在导弹或炮弹上的小型雷达,用于控制战斗部或炮弹的起爆时间。当导弹或炮弹距目标的距离小于战斗部或炮弹的杀伤半径时,适时引爆导弹战斗部或炮弹,有效毁伤目标,提高射击命中概率。

按雷达信号形式可将雷达分为脉冲雷达和连续波雷达,其中脉冲雷达按其工作特点又可分为常规脉冲雷达、脉冲压缩雷达、脉冲多普勒雷达等类型。

(1) 常规脉冲雷达。脉冲雷达发射信号的调制波形为矩形脉冲,并按一定的重复周期工作,脉冲雷达是目前使用最广泛的雷达体制。脉冲雷达在不发射脉冲的间歇期间,接收目标的回波脉冲,利用回波脉冲相对于发射脉冲的间隔时间,测定目标的距离。

(2) 脉冲压缩雷达。脉冲压缩雷达采用宽脉冲发射以提高发射的平均功率,保证足够的最大作用距离;在接收时,则采用相应的脉冲压缩法获得窄脉冲,以提高距离分辨率。脉冲压缩体制有效地解决了距离分辨率和作用距离之间的矛盾,20世纪70年代以后研制的新型雷达绝大部分采用脉冲压缩体制。目前,实现脉冲压缩的方式主要有两种,即线性调频脉冲压缩和相位编码脉冲压缩。脉冲压缩体制最显著的特点:一是平均功率较高,扩大了雷达的探测范围;二是具有良好的距离分辨率;三是有利于提高系统的抗干扰能力。

(3) 脉冲多普勒雷达。脉冲多普勒雷达是一种利用多普勒效应检测运动目标的脉冲雷达,是在动目标显示雷达的基础上发展起来的一种新型雷达。它集脉冲雷达和连续波雷达的优点于一体,同时具有脉冲雷达的距离分辨率和连续波雷达的速度分辨率,因此,具有更强的杂波抑制能力,能在强杂波背景中提取出运动目标。

(4) 连续波雷达。连续波雷达发射连续的正弦波,主要用来测定目标的速度。由于连续波雷达不能采用发、收时分工作,不能共用天线,所以发、收各用一个天线。如果还要同时测定目标的距离,则需要对信号进行频率或相位调制。假如对连续的正弦信号进行周期的频率调制,则称该雷达为连续波调频雷达。连续波雷达与脉冲雷达相比,具有较好的反侦察能力,同时还具有较好的距离和速度分辨能力。

2.1.3 雷达测量的基本原理

雷达利用目标对电磁波的反射现象发现目标并测定其位置,现以典型的单基地脉冲雷达为例说明雷达测量的基本工作原理。图 2-1 为雷达基本组成示意图,它由一个发射机及发射天线(用来发射电磁波)、一个接收天线及能量检测装置(接收机)组成。发射的电磁波中一部分能量被雷达目标所接收,并且在各个方向上产生二次散射。雷达接收天线收集散射的能量并送至接收机对回波信号进行处理,从而发现目标的存在,并提取目标位置和目标速度等信息。实际的脉冲雷达发射和接收共用一个天线,以使结构简化,体积重量减少。

脉冲雷达采用的波形通常是高频脉冲串,其重复周期是一定的。它是由窄脉冲调制正弦波产生的,调制脉冲的形状一般为矩形,也可以采用其他形状。目标离开雷达站的斜距由雷达信号往返于目标与雷达之间的时间确定;目标的角位置决定了二次散射波前到达的方向;当目标对雷达站有相对运动时,雷达所接收的二次散射波的载波频率会发生偏移,即一般称为多普勒频移,测量载频偏移就可以由此求出目标的相对速度,并且可以从固定目标中区别出运动目标。这就是雷达测距、测角、测速的物理基础。

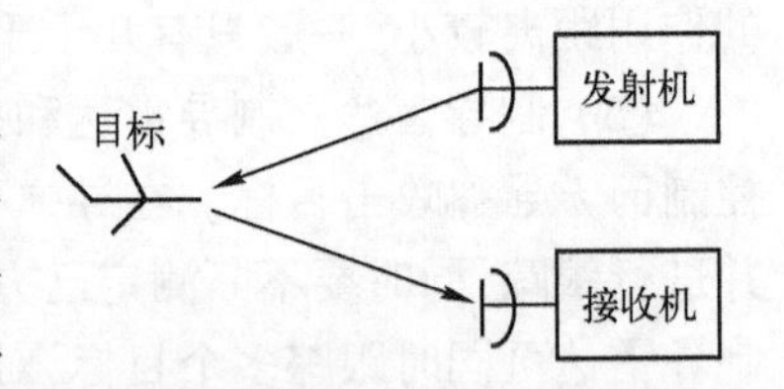

图 2-1 雷达基本组成示意图

雷达接收机多为超外差式,由高频放大、混频、中频放大、检波、视频放大等电路组成。接收机的首要任务是把微弱的回波信号放大到足以进行信号处理的电平,同时接收机内部的噪声应尽量小,以保证接收机的高灵敏度。一般在接收机中也进行部分信号处理。通常情况下,接收机中放输出后经检波器取出脉冲调制波形,由视频放大器放大后送到终端设备。雷达站终端设备可能是显示器或数据自动录取设备,其中显示器是最简单的终端设备。

雷达接收机输出端的电压如图 2-2 所示,除了有用的目标回波信号以外,还伴有噪声(接收机内部噪声和各种外部干扰)。在某些情况下,噪声尖头信号与有用回波信号的幅度差不多,噪声是时间上的随机函数,它使有用的目标回波信号产生失真;此外,回波信号本身也是起伏的(由媒质的非一致性、目标振动而引起的信号衰落)。因此,首先应从噪声背景中检测回波信号,然后从中提取关于探测目标的有用信息(确定目标坐标和特性),该处理过程属于雷达信息的一次处理。

对雷达信息进行一次处理时,应完成的基本任务是检测空中目标的回波信号,测定探测到的目标坐标。其辅助任务是进行目标的坐标编码、目标的初次编号、目标坐标的存储。

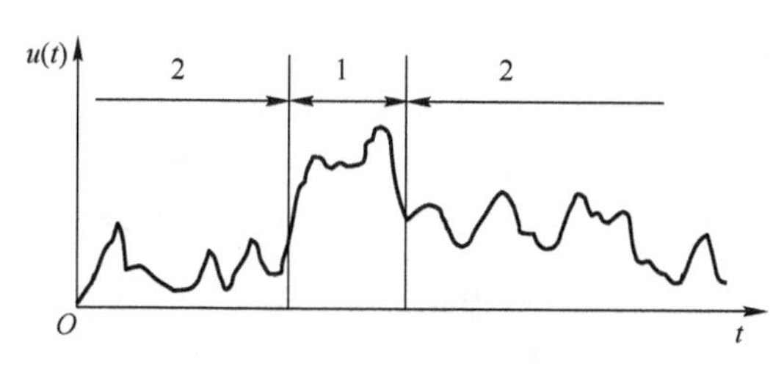

图 2-2　雷达接收机输出端的电压

1—目标反射信号区;2—干预区。

2.2　统计检测基本原理

有用回波信号的检测是通过对叠加有随机噪声的信号进行分析来实现的。雷达信息的处理是统计学意义上的,该任务的最佳解决方法是以统计检测理论为基础,根据观测结果寻找最优解。下面以发现目标为例介绍统计检测的基本原理,这些原理也广泛用于后面将要讨论的其他问题。

2.2.1　统计检测假设与判决

信号检测时作两种假设:

H_1——被观测信号对应于存在目标的情况;

H_0——被观测信号对应于不存在目标的情况。

探测目标的任务可表述成:寻找一种选择某一假设的准则,使所选的假设最适合于实际情况。

对所观察的实际事件所做的假设,有时会出现错误的判决。下面介绍两种常见的错误判决。

(1) 当 H_0 为真时,拒绝接受假设 H_0。这个判决用条件概率表示为

$$P(H_1^* \mid H_0)$$

式中:星号(*)表示接受该假设的事件。该错误判决在统计检测原理中称为第一类错误或虚警,即

$$P(H_1^* \mid H_0) = P_f$$

为了确定第一类错误的无条件概率,需要知道真实假设 H_0 的先验概率 $P(H_0)$。

根据概率相乘的定理,无条件概率可表示为

$$P(H_1^*, H_0) = P(H_0)P(H_1^* \mid H_0)$$

(2) 当 H_1 为真时,拒绝接受假设 H_1;即存在目标,而做出无目标判决。这种错误判决称为第二类错误或漏报,漏报的条件概率表示为

$$P(H_0^* \mid H_1) = P_1$$

第二类错误的无条件概率表达式为

$$P(H_0^*,H_1)=P(H_1)P(H_0^*\mid H_1)$$

此外,还有两种正确判决的情况。

(1) 正确发现目标(称为检测概率)。其对应的条件概率和无条件概率表达式分别为

$$P(H_1^*\mid H_1)=P_{\mathrm{d}}$$

$$P(H_1^*,H_1)=P(H_1)P(H_1^*\mid H_1)$$

(2) 正确的不发现目标。其对应的条件概率和无条件概率表达式分别为

$$P(H_0^*\mid H_0)=P_{\mathrm{an}}$$

$$P(H_0^*,H_0)=P(H_0)P(H_0^*\mid H_0)$$

所有关于发现目标的可能判决情况和判决的特征列于表 2-1。

表 2-1 发现目标的可能判决情况和判决的特征

实际事件	做出的判断	判决的特征	
		条件概率	无条件概率
H_1	H_1^*	$P_{\mathrm{d}}=P(H_1^*\mid H_1)$	$P(H_1)P_{\mathrm{d}}$
H_1	H_0^*	$P_1=P(H_0^*\mid H_1)$	$P(H_1)P_1$
H_0	H_0^*	$P_{\mathrm{an}}=P(H_0^*\mid H_0)$	$P(H_0)P_{\mathrm{an}}$
H_0	H_1^*	$P_{\mathrm{f}}=P(H_1^*\mid H_0)$	$P(H_0)P_{\mathrm{f}}$

对统计数据的分析显示,当有目标回波信号时,接收机的输出电压峰值比无回波信号时大。这样就可合理地假设,当出现高电平信号时证明有目标。那么,最简单的假设选择规则就是,把接收信号与一定的电平(门限)进行比较,当信号高于 u_0 时,选择假设 H_1;当信号低于 u_0 时,选择假设 H_0。现在的问题是电平 u_0 的选取。

由图 2-3 可知,随门限 u_0 的升高(如 u_0'),P_1、P_{an} 也增大,而 P_{f} 和 P_{d} 会减少。同样,当门限 u_0 降低时(如 u_0''),P_{f} 和 P_{d} 会增大,而 P_1、P_{an} 会减少。因此,门限 u_0 的选择就是寻找合适的折中值。此时,求出的解在某种规则下是最佳的,比如最大正确发现概率规则或最小虚警规则。根据使用条件和要求不同,可以有各种不同的最佳准则及其对应的判决规则。

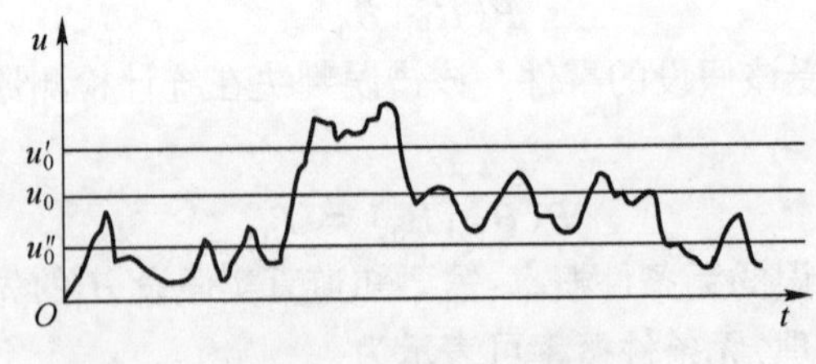

图 2-3 门限 u_0 的选择

2.2.2 最佳检测准则

目前,最常用的最佳检测准则有 5 种:最小平均代价(风险)准则,即贝叶斯准则;最

小错误概率准则(理想观察者准则);给定虚警条件下的最小漏报准则(奈曼-皮尔逊准则);最大似然准则;序列假设检验。

下面分别介绍上述准则的实质。

1. 最小平均代价(风险)准则(贝叶斯准则)

正如前所述,探测目标的过程中会有以下情况出现。

(1) 虚警。不存在目标时,判定为有目标。其无条件概率为 $P_fP(H_0)$。

(2) 漏报。存在目标时,判定为无目标。其无条件概率为 $P_1P(H_1)$。

(3) 正确发现目标。存在目标时,判定为有目标。其无条件概率为 $P_dP(H_1)$。

(4) 正确的不发现目标。不存在目标时,判定为无目标,其无条件概率为 $P_{an}P(H_0)$。

很明显,它们之间存在着关系式

$$\begin{cases} P_f+P_{an}=1 \\ P_d+P_1=1 \end{cases}$$

对以上每一种情况都引入代价的概念。代价的大小根据错误的严重性和出现频率决定。漏报是比虚警更严重的错误,所以漏报的代价就更大。正确发现和正确不发现是真实的判决,所以它们的代价为 0。

第 i 种情况的代价标记为 r_i,所有情况的加权平均代价(平均风险)用数学期望 $\bar{r}$ 确定,即

$$\bar{r} = \sum_{i=1}^{n} r_i P_i$$

式中:n 为不同情况的个数;P_i为第 i 种情况的出现概率。

平均风险准则是选择一种判决,保证 $\bar{r}$ 值为最小。我们在此要寻找的平均风险值为

$$\bar{r}=r_fP_fP(H_0)+r_1P_1P(H_1) \tag{2-1}$$

式中:r_f为虚警的代价;r_1为漏报的代价。

已知 P_f、P_1取决于选择的门限电平值及信号与噪声的统计特性。通常使用幅度或相位的概率密度表述纯噪声和信号加噪声的统计特性。下面只使用幅度的概率密度分布表示它们的统计特性。

用 $W_N(u)$表示噪声幅度的概率密度分布,用 $W_{SN}(u)$表示信号加噪声的概率密度分布,其分布如图 2-4 所示。

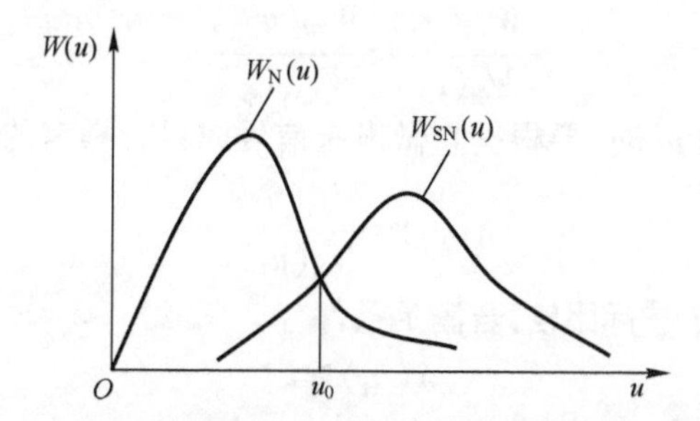

图 2-4　概率密度 $W_N(u)$和 $W_{SN}(u)$的分布

知道 $W_N(u)$ 和 $W_{SN}(u)$ 的分布规律,可以求出 P_f 和 P_1。现在给出门限电平值 u_0,则

$$\begin{cases} P_f = \int_{u_0}^{\infty} W_N(u)\mathrm{d}u \\ P_1 = \int_0^{u_0} W_{SN}(u)\mathrm{d}u = 1 - \int_{u_0}^{\infty} W_{SN}(u)\mathrm{d}u \end{cases} \tag{2-2}$$

同理,可以确定

$$\begin{cases} P_d = \int_{u_0}^{\infty} W_{SN}(u)\mathrm{d}u \\ P_{an} = \int_0^{u_0} W_N(u)\mathrm{d}u \end{cases}$$

把式(2-2)代入式(2-1),得

$$\begin{aligned} \bar{r} &= r_f P(H_0)\int_{u_0}^{\infty} W_N(u)\mathrm{d}u + r_1 P(H_1) - r_1 P(H_1)\int_{u_0}^{\infty} W_{SN}(u)\mathrm{d}u \\ &= r_1 P(H_1) + \int_{u_0}^{\infty}[r_f P(H_0)W_N(u) - r_1 P(H_1)W_{SN}(u)]\mathrm{d}u \end{aligned} \tag{2-3}$$

为了找到一个门限值 u_0,使平均风险 $\bar{r}$ 有极小值,可求式(2-3)的极值。对 u_0 求导,令导数为零,并考虑到对积分下限求导的导数等于被积函数,而符号相反,得

$$\frac{\mathrm{d}\bar{r}}{\mathrm{d}u_0} = [-r_f P(H_0)W_N(u_0) + r_1 P(H_1)W_{SN}(u_0)]\big|_{u_0=u_{opt}} = 0$$

由此可得

$$\frac{W_{SN}(u_{opt})}{W_N(u_{opt})} = \frac{r_f P(H_0)}{r_1 P(H_1)}$$

$W_{SN}(u)/W_N(u)$ 称为似然比,它表征了出现信号这一假设的可能性,用 λ 表示。当 $u=u_{opt}$ 时,似然比为

$$\lambda = \frac{W_{SN}(u_{opt})}{W_N(u_{opt})}$$

它等于门限值,即

$$l = \frac{P(H_0)r_f}{P(H_1)r_1}$$

从图 2-5 可知,当 $u_1 > u_{opt}$(检测到信号的情况)时,有

$$\frac{W_{SN}(u_1)}{W_N(u_1)} > \frac{W_{SN}(u_{opt})}{W_N(u_{opt})}$$

因此,当获得取样值 u_i 时,要根据它做出有信号或只有噪声的判决,必须求出似然比

$$\lambda(u_i) = \frac{W_{SN}(u_i)}{W_N(u_i)}$$

用此似然比与门限 l 进行比较,若满足条件

$$\lambda(u_i) \geqslant l \tag{2-4}$$

则作出有信号的判决,否则,做出无信号的判决。

2. 最小错误概率准则(理想观察者准则)

认为已知假设的先验概率 $P(H_1)$ 和 $P(H_0)$,寻找某种判决规则,保证无条件概率的

和(总的错误概率)P_e为最小,即

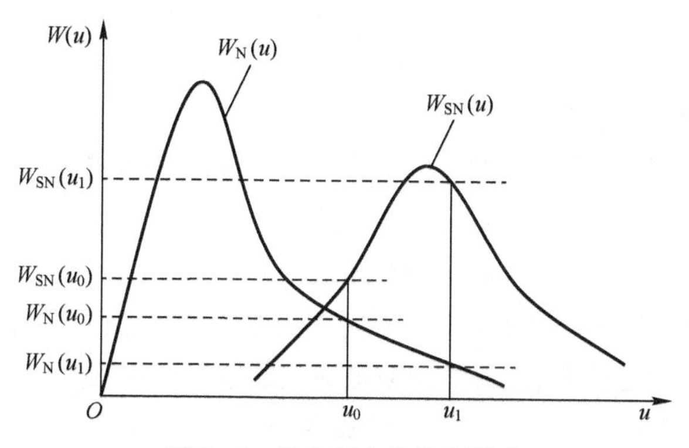

图 2-5 做出判决的条件说明

$$P_e=P_fP(H_0)+P_1P(H_1) \tag{2-5}$$

为最小。该准则是当 $r_f=r_1=1$ 时,最小平均风险准则的特例。因此,做出判决的条件同式(2-4)一样,但此时,有

$$l=\frac{P(H_0)}{P(H_1)}$$

最小平均风险准则和最小错误概率准则的主要不足之处如下。

(1) 先验概率 $P(H_1)$ 和 $P(H_0)$ 是未知的,实际上,很难确定在雷达扫描扇区内是否出现目标。通常取 $P(H_0)=P(H_1)=0.5$。

(2) 错误代价的选择是很主观的。实际上,怎样评价漏报的代价,它会带来什么样的破坏呢?再说怎样去评价人们的惊慌失措和牺牲等代价呢?

3. 奈曼-皮尔逊准则

奈曼-皮尔逊准则的实质是:当给定虚警概率 P_f 不大于某一值 ε 时,使漏报概率 P_1 最小(即发现概率最大),表示为

$$\begin{cases} P_1=\min \\ P_f\leqslant\varepsilon=\text{const} \end{cases}$$

此时,不需要知道先验概率。

P_f 已给出,门限值 u_0 从表达式

$$P_f=\varepsilon=\int_{u_0}^{\infty}W_N(u)\,\mathrm{d}u$$

推出。对 u_0 求解得

$$u_0=u_0(\varepsilon)$$

判决条件有式(2-4)的形式。

门限 l 将与给定值 $P_f=\varepsilon$ 有关,即

$$l(\varepsilon)=\frac{W_{SN}[u_0(\varepsilon)]}{W_N[u_0(\varepsilon)]}$$

当 $\lambda(u)\geqslant l(\varepsilon)$ 时,接受有信号的判决;当 $\lambda(u)<l(\varepsilon)$ 时,则判决无信号。

4. 最大似然准则

有实际应用价值的方法是不需知道先验分布的。最大似然准则的基础是似然函数。

该方法的实质是寻找一种假设,使似然函数有最大值。例如,若 $W_{SN}(u_i) \geqslant W_N(u_i)$,即

$$\frac{W_{SN}(u_i)}{W_N(u_i)} \geqslant 1$$

则认为有目标;反之,认为无目标。

上面所有关于信号检测的准则可以写成下面的通用表达式:

$$\begin{cases}\lambda(u_i) \geqslant l, \text{有信号(目标)} \\ \lambda(u_i) < l, \text{无信号}\end{cases} \tag{2-6}$$

如果存在多个假设,进行判决前应确定所有的似然函数:$L(H_1), L(H_2), \cdots, L(H_j), \cdots, L(H_m)$,然后用它们相互比较,选似然函数值最大的假设作为判决。

最大似然函数准则更广泛地用于各种参数的确定(参数估计)。用该方法既可进行单个参数的估计,也可进行多个参数的估计。设取抽样值(测量结果)为 $\boldsymbol{X}=(x_1, x_2, \cdots, x_n)$,要由它确定一个或几个参数 $a_1, a_2, \cdots, a_m$。该方法的实质是:获得的参数估计值要保证似然函数 $L(\boldsymbol{X} \mid a_1, a_2, \cdots, a_m)$ 取最大值。

对一个未知的参数 a,为求出其估计值 $\bar{a}$,需要解关于估计值的似然方程式:

$$\left.\frac{\partial L(\boldsymbol{X} \mid a)}{\partial a}\right|_{a=\bar{a}} = 0$$

对多个未知的参数的情况,需要解方程组:

$$\begin{cases}\left.\dfrac{\partial L}{\partial a_1}\right|_{a_1=\bar{a}_1} = 0 \\ \left.\dfrac{\partial L}{\partial a_2}\right|_{a_2=\bar{a}_2} = 0 \\ \vdots \\ \left.\dfrac{\partial L}{\partial a_m}\right|_{a_m=\bar{a}_m} = 0\end{cases}$$

5. 序列假设检验

前面讨论的所有信号检测准则有一个共同的缺点,即当似然比等于门限值时,判决是不确定的。

如果是由操作员发现目标,他就用下面的方法:当出现不确定的情况,时间来得及时,他就等待下一个信号的到来;只有当他能肯定时,他才做出“有目标”或“无目标”的判定。

显然,自动检测系统也可引入同样的方法:根据某一参数 u 的值判断是否发现目标,但这里用于比较的电平不是一个,而是两个(图 2-6)。此时,如果信号大于 u_0',则取假设 H_1;如果信号小于 u_0'',则取假设 H_0;如果信号大于 u_0'',而小于 u_0',则继续进行分析。这种连续分析的方法称为序列假设检验。

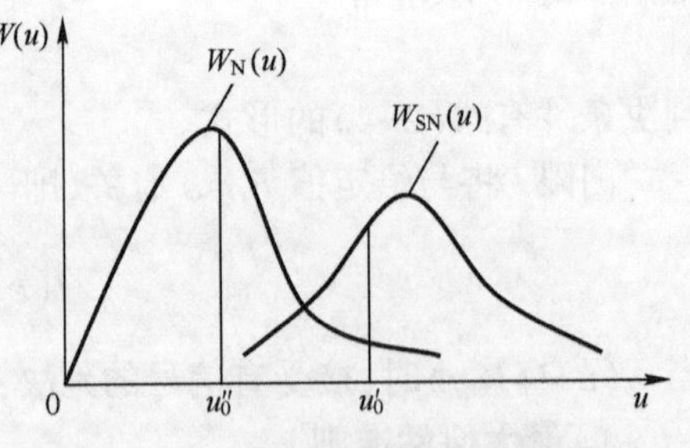

图 2-6 序列假设检验的图解说明

在最佳检测的过程中,用似然比 $\lambda(u)$ 与门

限 l 比较。连续分析时,相应的门限也应选另外两个值:A 和 B。其中,A 对应于 u_0' 的门限值,B 对应于 u_0'' 的门限值。

检测方法分为以下 3 种情况。

(1) 若 $\frac{W_{SN}(u)}{W_N(u)} \geqslant A$,则接受假设 H_1 的条件。

(2) 若 $\frac{W_{SN}(u)}{W_N(u)} \leqslant B$,则接受假设 H_0 的条件。

(3) 若 $B < \frac{W_{SN}(u)}{W_N(u)} < A$,则接受继续分析的条件。

值 A 与 B 用下面的方法求取。

对第(1)种情况,在 $u_0' \sim \infty$ 范围内积分;对第(2)种情况,在 $0 \sim u_0''$ 范围内积分,可得

$$\int_{u_0'}^{\infty} W_{SN}(u)\,\mathrm{d}u \geqslant A\int_{u_0'}^{\infty} W_N(u)\,\mathrm{d}u$$

$$\int_{0}^{u_0''} W_{SN}(u)\,\mathrm{d}u \leqslant B\int_{0}^{u_0''} W_N(u)\,\mathrm{d}u$$

显然,上面两式可写成

$$1-P_1(u_0') \geqslant AP_f(u_0')$$

$$P_1(u_0'') \leqslant B[1-P_f(u_0'')]$$

求出系数为

$$A \leqslant \frac{1-P_1(u_0')}{p_f(u_0')}$$

$$B \geqslant \frac{P_1(u_0'')}{1-p_f(u_0'')}$$

选择 A、B 时,取上两式为等号时的边界值。

因此,用连续分析法时,必须给出 $P_f(u_0')$ 和 $P_1(u_0'')$ 的表达式。$P_1(u_0'')$ 越小,界值 $B(u_0'')$ 越低;相反,$P_f(u_0')$ 减小,界值 $A(u_0')$ 增加。但是随着这些概率的减小,会增加做出判决的平均时间,甚至大到不能容忍的地步。因而,在对 $P_f(u_0')$ 和 $P_1(u_0'')$ 选择时,必须考虑这个时间。通常给定一个概率后,另一个概率根据允许时间确定。

如果对 n 个信号进行固定抽样,并保证相同的错误判决概率,则用连续分析法检测的平均判决时间比最佳检测法短。

有时采用截短的连续分析法,其分析时间受到限制。如果分析时间超过了允许值,则用前面所述准则之一进行判决,即用一个固定门限。

2.3 雷达信号检测

通常,在雷达的目标回波信号中总是混杂着各类噪声和干扰,要在噪声和杂波干扰背景中发现目标,就需要对雷达信号进行检测。这一过程称为雷达信号检测。

2.3.1 信号与噪声的统计特性

雷达信号的详细特性请参阅有关文献。下面只介绍在一次处理中直接用到的信号和噪声的特性。

下面所讨论的一次处理是指非相干处理(检波以后的处理)。一次处理系统的输入信号是取自雷达接收机输出端的,检波器去掉所获得振荡的高频部分,获得包络信号。判断有无目标的反射信号是以接收机的输出电压值为基础的,该电压正比于幅度包络在检波器负载上的分量。这个电压的统计特性是设计雷达信息一次处理最佳接收机的基础。

1. 噪声的统计特性

在雷达信号最佳检测方法中,考虑实际噪声过程中广泛存在的起伏噪声(高斯白噪声)。产生上述噪声的主要噪声源有 4 种:雷达接收设备的内部噪声,消极干扰,积极噪声干扰,以及由大气层和宇宙空间等产生的、进入天线接收机的电磁振荡。

由于起伏噪声的影响,在雷达接收机包络检波器负载上获得一个电压,其概率密度的瞬时值服从瑞利分布,即

$$W_{\mathrm{N}}(u)=\frac{u}{\sigma^2}\mathrm{e}^{-\frac{u^2}{2\sigma^2}} \tag{2-7}$$

式中:u 为包络检波器输出电压的瞬时值;σ^2 为起伏噪声的方差。

以下在讨论雷达信号检测问题时,噪声模型都用式(2-7)表示。

2. 信号的统计特性

这里所说的信号是指目标回波与噪声的混合包络,它是包络检波器负载上获得的。通常认为目标回波有恒定或者快速起伏的幅度。

当回波信号的幅度是恒定的时,包络检波器输出端电压瞬时值的概率密度服从广义瑞利分布,即

$$W_{\mathrm{SN}}(u)=\frac{u}{\sigma^2}\mathrm{e}^{-\frac{u^2+u_{\mathrm{s}}^2}{2\sigma^2}}\mathrm{I}_0\left(\frac{uu_{\mathrm{s}}}{\sigma^2}\right) \tag{2-8}$$

式中:u 为目标回波与噪声在混合包络检波器输出端的电压;u_{s} 为目标回波信号的幅度;$\mathrm{I}_0(z)$为第一类零阶贝赛尔函数($z=uu_{\mathrm{s}}/\sigma^2$)。

贝赛尔函数 $\mathrm{I}_0(z)$ 如图 2-7 所示。图 2-8 给出了对应于式(2-8)的概率密度分布曲线。对 $u_{\mathrm{s}}/\sigma=0$,即无目标回波的情况,$\mathrm{I}_0(uu_{\mathrm{s}}/\sigma^2)=1$,式(2-8)成为式(2-7)所示的瑞利分布。$u_{\mathrm{s}}/\sigma$ 值越大,曲线越向右偏,并趋向正态分布。

当目标回波快速起伏时,回波信号与噪声在混合包络检波器输出端的电压服从瑞利分布。

$$W_{\mathrm{SN}}(u)=\frac{u}{\sigma^2+\sigma_{\mathrm{s}}^2}\mathrm{e}^{-\frac{u^2}{2(\sigma^2+\sigma_{\mathrm{s}}^2)}} \tag{2-9}$$

式中:σ_{s}^2 为信号幅度平方的均值。

因此,对所选包络值的一维概率密度分别用式(2-7)和式(2-9)表示。

通常有必要写出 n 个被选值的联合概率密度(如由 n 个脉冲组成的串)。对互不相关的一组值,其联合密度可以写成

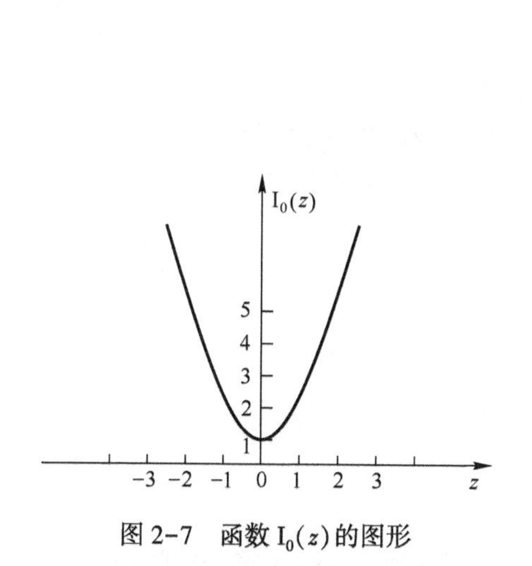

图2-7　函数 $I_0(z)$ 的图形

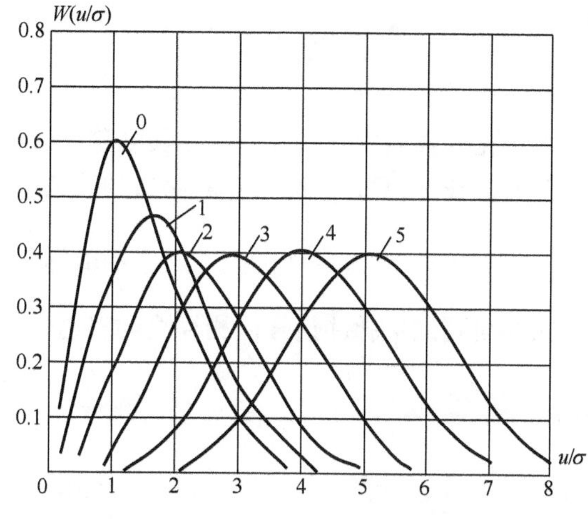

图2-8　不同 u_s/σ 值的概率密度分布

$$W(u_1,u_2,\cdots,u_n)=W(u_1)\times W(u_2)\cdots W(u_n)=\prod_{i=1}^{n}W(u_i)$$

2.3.2　单脉冲的最佳检测

在对单个信号进行最佳检测时，需要确定似然比，同时根据式(2-6)与门限值进行比较。为完成该任务，需要知道一次处理系统输入端信号与噪声的概率密度。把噪声概率密度表达式(2-7)转换成无量纲的形式(进行归一化)，即

$$x=\frac{u}{\sigma}$$

$$du=\sigma dx$$

转换成变量 x 时，需使每个概率单元都相等，即

$$W(u)du=W(x)dx \tag{2-10}$$

由此可得

$$W(x)=W(u)\frac{du}{dx}$$

把相应的值代入式(2-10)，最终得到

$$W_N(x)=xe^{-\frac{x^2}{2}} \tag{2-11}$$

同样，把广义瑞利分布转换成无量纲(归一化)的形式，得到

$$W_{SN}(x)=xe^{-\frac{x^2+a^2}{2}}I_0(ax) \tag{2-12}$$

其中

$$a=u_s/\sigma$$

为寻找噪声中单个脉冲信号的最佳检测算法，需要根据所选的准则计算似然比并与门限 l 进行比较：

$$\lambda(x_i)=\frac{W_{SN}(x_i)}{W_N(x_i)}=\frac{x_i e^{-\frac{x_i^2+a_i^2}{2}}I_0(a_i x_i)}{x_i e^{-\frac{x_i^2}{2}}}\geqslant l$$

即

$$\lambda(x_i)=\mathrm{e}^{-\frac{a_i^2}{2}}\mathrm{I}_0(a_ix_i)\geqslant l \tag{2-13}$$

为简化计算装置，对式(2-13)取对数。因为对数函数的单值性，所以上面的不等关系并没有被破坏，只是改变了左右两边的数值。对式(2-13)取对数，有

$$-\frac{a_i^2}{2}+\ln\mathrm{I}_0(a_ix_i)\geqslant\ln l$$

最终得到的单脉冲信号检测算法的表达式为

$$\ln\mathrm{I}_0(a_ix_i)\geqslant l'$$

其中

$$l'=\ln l+\frac{a_i^2}{2}$$

因此，接收信号必须进行非线性变换，并把结果与门限值 l' 进行比较。单脉冲信号检测装置的结构图如图 2-9 所示。

函数 z 可以用下式近似得到

$$z=\begin{cases}\dfrac{(a_ix_i)^2}{4}, & a_ix_i\ll 1\\ a_ix_i, & a_ix_i>1\end{cases}$$

当 $a_ix_i\ll 1$ 时，对应于弱信号；当 $a_ix_i>1$ 时，对应于强信号。

检波器的最佳特性相对于弱信号时应该是平方关系；相对于强信号时则为线性关系，如图 2-10 所示。

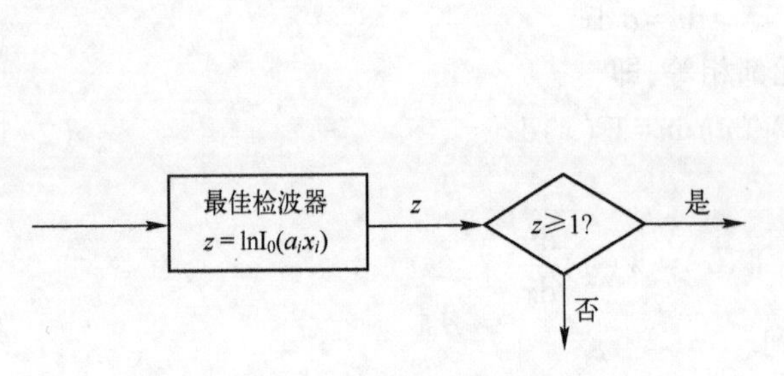

图 2-9 单脉冲信号检测装置结构图

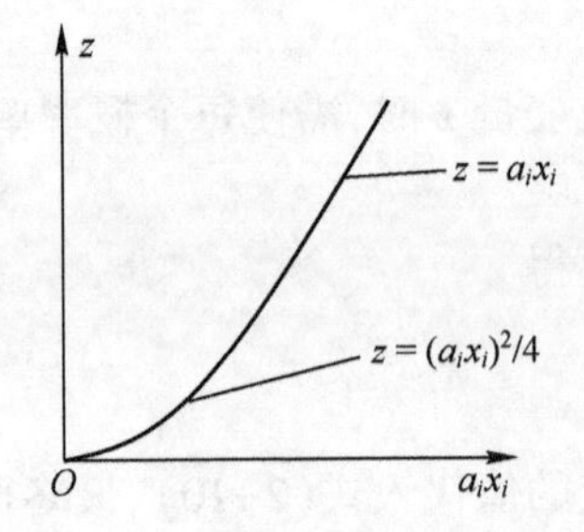

图 2-10 检波器的最佳特性

2.3.3 脉冲串的最佳检测

实际的目标回波信号不是单个脉冲，而是同一距离处的一串脉冲。串中的脉冲数取决于天线方向图主瓣的宽度、转动速度及探测信号的重复频率。

设雷达天线以角速度 Ω_a 作圆周扫描，其水平面内方向图的宽度为 θ（图 2-11）。探测信号的重复周期为 T_n（图 2-12）。当目标出现在天线方向图范围内时，将会反射雷达辐射信号。反射信号相对于探测信号延迟时间 t_r 后，进入接收机。目标处在方向图范围内的时间 $t=k\theta/\Omega_a$，在此期间雷达发射多个探测脉冲，因而，接收机也接收到多个目标回波信号。脉冲数由下式确定：

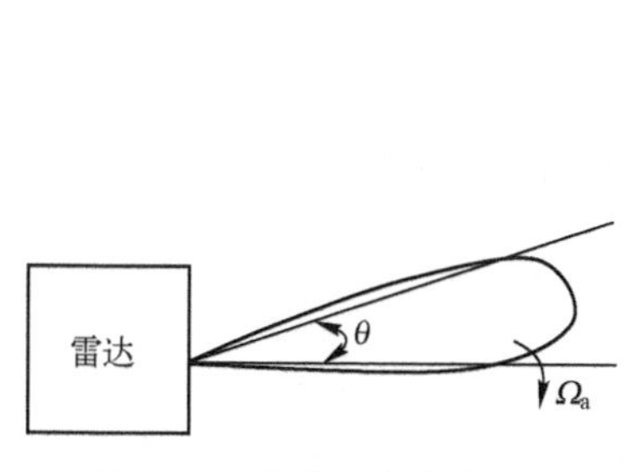

图2-11　水平面内的方向图

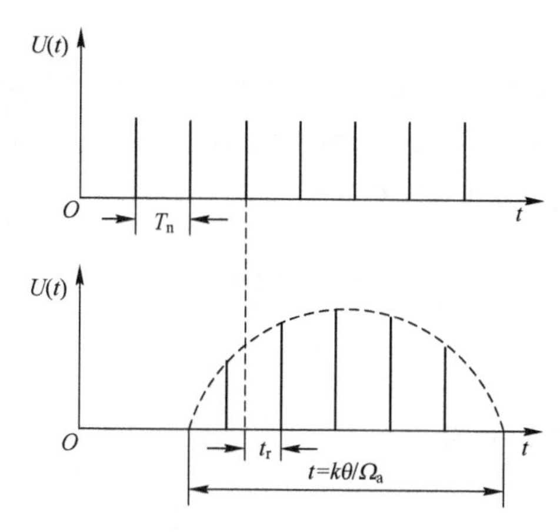

图2-12　脉冲串的形成

$$n=\frac{k\theta}{\Omega_a T_n}$$

式中：k 为系数。考虑到天线方向图半功率点范围外可能出现的回波脉冲，通常取 $k=1\sim1.5$。

当 $\theta=2°$，$\Omega_a=36°/s$，$k=1$，$T_n=3ms$，脉冲数为

$$n=\frac{1\times2}{36\times0.003}\approx19$$

目标位于方向图内的时间为

$$t=\frac{2°}{36°/s}\approx0.06s$$

在此期间内，若目标以300m/s的速度飞行，则飞过距离 $S=300m/s\times0.06s=18m$。目标的距离实际上没有什么变化，因此，在环形显示器上，表示不同径向扫描的单个回波脉冲到屏幕中心的距离是一样的，并以小弧显示在屏幕上。必须利用所有的回波信号来检测目标。实践中，操作员就是用屏幕上亮点进行分析的。

我们不用单个信号发现目标，而用多个回波脉冲，即取

$$\boldsymbol{X}=(x_1,x_2,\cdots,x_n)$$

对单个信号的最佳处理是采用一维概率密度，对脉冲串的处理则是采用相应的 n 个取样的多维概率密度：

$$W_{nN}(x_1,x_2,\cdots,x_n)$$
$$W_{nSN}(x_1,x_2,\cdots,x_n)$$

这 n 个值在离散时间点 $t_1,t_2,\cdots,t_n$ 时确定。因为所接收的信号（反射脉冲）之间的时间足够长，它们的随机起伏是不相关的。它们的瞬时概率密度可以化成一维的，即

$$W_{nN}(x_1,x_2,\cdots,x_n)=\prod_{i=1}^{n}W_N(x_i)$$

$$W_{nSN}(x_1,x_2,\cdots,x_n)=\prod_{i=1}^{n}W_{SN}(x_i)$$

求出最佳检测的似然比并与门限比较：

$$\lambda(x_1,x_2,\cdots,x_n)=\frac{W_{nSN}(x_1,x_2,\cdots,x_n)}{W_{nN}(x_1,x_2,\cdots,x_n)}\geqslant l$$

假如单个脉冲的信号加噪声包络电压和纯噪声包络电压的条件概率分布分别服从广义瑞利分布和瑞利分布，则有

$$\frac{\prod_{i=1}^{n}x_i e^{-\frac{x_i^2+a_i^2}{2}}I_0(a_ix_i)}{\prod_{i=1}^{n}x_i e^{-\frac{x_i^2}{2}}}=\prod_{i=1}^{n}e^{-\frac{a_i^2}{2}}I_0(a_ix_i)\geqslant l$$

取对数后，得

$$\sum_{i=1}^{n}\left[-\frac{a_i^2}{2}+\ln I_0(a_ix_i)\right]\geqslant l \tag{2-14}$$

经处理，脉冲串的最佳检测算法可写为

$$z'=\sum_{i=1}^{n}\ln I_0(a_ix_i)\geqslant l' \tag{2-15}$$

其中

$$l'=\sum_{i=1}^{n}\frac{a_i^2}{2}+\ln l$$

由式(2-15)可知，每个信号都必须用函数 $\ln I_0(a_ix_i)$ 进行处理，然后对得到的值求和。当和超过门限电平时，就认为发现目标。用脉冲串检测目标的结构图如图 2-13 所示。求和运算，即积累可以是模拟的或数字的。在模拟加法器里只用延迟线或存储管。因为需要延迟数百微秒或数千微秒，所以延迟线很长，是很笨重的。存储管更紧凑，但它工作不稳定。此外，存储管内的信号积累是非线性的，所以会丢失信息。

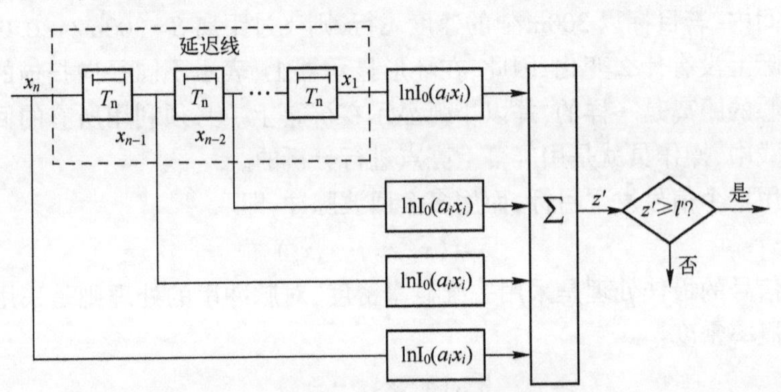

图 2-13　用脉冲串探测目标的结构图

正因为模拟积累存在上述缺点，所以现在更多采用数字积累。这样要简单、经济和可靠得多。但用数字积累必须把信号转换成数字形式。信号在数字化过程中会带来误差，但可用某种方法对其进行补偿，以获得质量更好的数字处理。

数字处理时完成以下任务。

(1) 把信号转换成数字形式。

(2) 形成最佳处理算法。

(3) 算法的电路实现。

下面讨论前两项任务。

2.3.4 二进制最佳检测

1. 信号的模数转换

用数字设备处理雷达信号时,必须先把雷达接收机输出的连续电压进行时间取样和幅度量化。

用数字设备进行信号数字化的第一个阶段是在时间上对信号进行量化,即进行取样,把时间上连续的观测信号,根据时间先后顺序,以一定的时间间隔离散地取其幅度值。通常在时间离散点上,不但可以确定幅度,也可确定信号的其他参数。第二阶段是对幅度进行量化(分层)。

图 2-14 为雷达信号量化的结构图,图 2-15 为雷达信号量化过程的时序图。

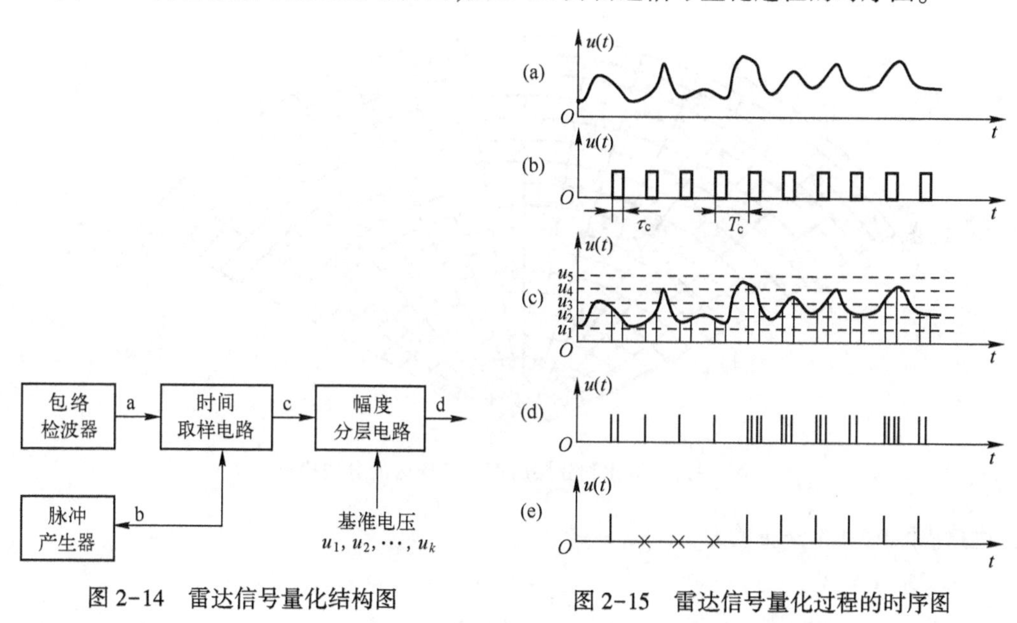

图 2-14　雷达信号量化结构图

图 2-15　雷达信号量化过程的时序图

在图 2-15 中,雷达接收机包络检波器的输出电压(图 2-15(a))送到时间取样电路的输入端。取样电路的另一输入端接取样标准脉冲,其脉冲宽度为 τ_c、周期为 T_c(图 2-15(b))。该电路输出端在每个取样脉冲期间得到一个包络的取样,取样值送到幅度量化电路的输入端。幅度分层(量化)电路通常有 m 个门限值和(m+1)个等级,在每个取样间隔内输出信号所超过的门限等级号。等级号可能是二进制编码的,或者用等于所超等级数的标准幅度脉冲表示(图 2-15(d))。

实践中常用二分层进行量化,称为二进制量化。用二进制量化电路,当脉冲幅度高出门限(图 2-15 中的 u_2)时,输出标准脉冲(为 1),而比门限低时,无脉冲输出(为 0)(图 2-15(e))。

在时间上取样后,把雷达的作用距离分成若干段,每段距离为

$$\Delta r=\frac{cT_c}{2}$$

式中：c 表示光速。段数由下式确定：

$$k=\frac{r_{\max}}{\Delta r}$$

式中：$r_{\max}$ 为雷达的最大发现距离，如图 2-16 所示。

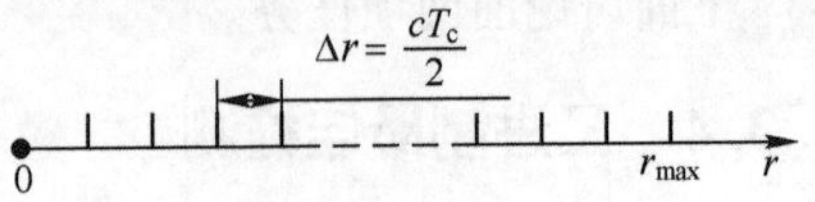

$$\Delta r=\frac{cT_{c}}{2}$$

图 2-16　距离量化原理

每次距离扫描由发射探测信号开始。天线从发射一个探测脉冲到发射下一个探测脉冲，将转过方位角 $\Delta\beta$。因此，雷达扫描区域的方位角将以下面的间隔分成小扇区：

$$\Delta\beta=2\pi\,\frac{T_{n}}{T}$$

式中：T_{n} 表示探测脉冲重复周期；T 表示天线旋转周期。

因此，探测脉冲和时间量化的共同作用使雷达扫描区分成小块(图 2-17)，大小为

$$s=\Delta r\times\Delta\beta$$

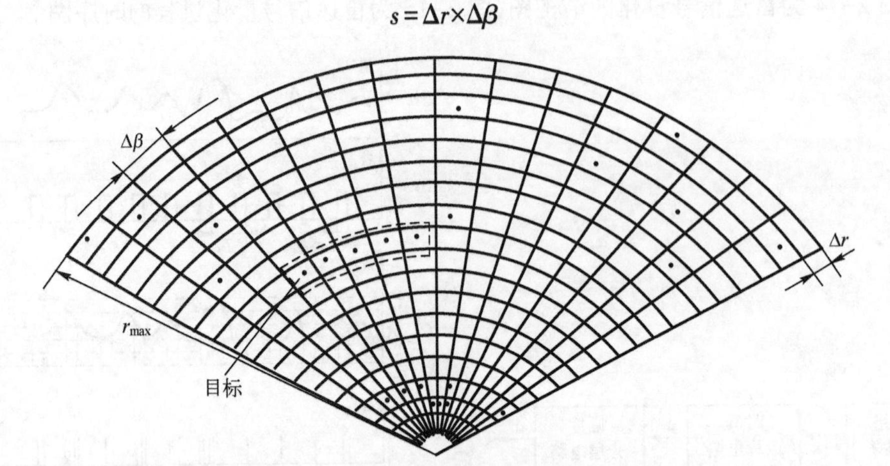

图 2-17　量化和分层后雷达扫描区的分块模型

雷达扫描区内总的分块数为

$$N=\frac{2\pi\cdot r_{\max}}{\Delta\beta\cdot\Delta r}$$

幅度量化使屏幕上每一个分块单元的发光照亮离散化。二进制量化将使确定的存储单元(屏幕上的发光点)有或者没有“1”。

2. 二进制检测的最佳算法

从理论上讲，没有一种数字化信号的处理算法在质量上能优于或达到非数字化信号的最佳处理算法，这是因为数字化过程不可避免丢失信息。当获得“1”时，我们只知道信号高于门限，而无法说出它高出多少(以二分层为例)。从另一方面讲，用数字计算机进行量化信息的处理，不会出现模拟方法所特有的饱和。尽管量化会损失信息，但信号的数字化处理的效果在多数情况下不会比模拟处理差。

现在讨论二进制最佳检测算法。采用此算法时，必须分析相同距离单元的(一个距离环)内的信息。

假定在同一个距离环上，出现 n 个方位上相邻的离散取样值 $x_1, x_2, \cdots, x_n$(图 2-17)。对每一个取样值 x_i 的幅度进行二分层量化，即通过与门限 x_0 进行比较，可得

$$x_i=\begin{cases}1, x_i \geqslant x_0\\0, x_i<x_0\end{cases}$$

量化的最终结果是获得一个"0"与"1"的串。此时,检测的任务是分析获得的"0""1"串,作出最佳判决:得到的取样串是来自目标回波脉冲,还是干扰引起的。这种最佳检测算法与模拟信号相似,都是检验关于没有信号的假设 H_0 和有信号的假设 H_1。为此,需要根据所选准则计算似然比,并与门限进行比较。这里先要找出"1""0"序列的统计特性。

在 i 位置获得"1"的概率记为 P_i,而在该位置获得"0"的概率为 Q_i。很明显,有

$$Q_i=1-P_i$$

第 i 次实验结果中,获得两种结果中任何一种的概率可写成

$$P(x_i)=P_i^{x_i}Q_i^{1-x_i}$$

由于实验的非相关性,所以在 n 次实验中,获得某一个"0"与"1"组合的联合概率等于

$$P(x_1,x_2,\cdots,x_n)=\prod_{i=1}^{n}P_i^{x_i}Q_i^{1-x_i} \tag{2-16}$$

根据式(2-16),n 次实验中每一个都为 1 的概率等于

$$P(1,1,\cdots,1)=\prod_{i=1}^{n}P_i$$

而全部获得"0"的概率为

$$P(0,0,\cdots,0)=\prod_{i=1}^{n}Q_i$$

根据式(2-16),可写出实际为假设 H_1 时,获得某一个组合的条件概率 $P(x_1,x_2,\cdots,x_n\mid H_1)$ 的表达式为

$$P(x_1,x_2,\cdots,x_n\mid H_1)=\prod_{i=1}^{n}P_{\mathrm{S}_i}^{x_i}Q_{\mathrm{S}_i}^{1-x_i} \tag{2-17}$$

对于假设 H_0,有

$$P(x_1,x_2,\cdots,x_n\mid H_0)=\prod_{i=1}^{n}P_{\mathrm{N}_i}^{x_i}Q_{\mathrm{N}_i}^{1-x_i} \tag{2-18}$$

式中:P_{S_i}、P_{N_i}分别为在信号加噪声区域和纯噪声区域获得"1"的概率。

下面计算似然比,并与所选最佳判决准则相对应的常数 l 进行比较:

$$\frac{P(x_1,x_2,\cdots,x_n\mid H_1)}{P(x_1,x_2,\cdots,x_n\mid H_0)}\geqslant l$$

把条件概率值代入上式,得

$$\frac{\prod_{i=1}^{n}P_{\mathrm{S}_i}^{x_i}Q_{\mathrm{S}_i}^{1-x_i}}{\prod_{i=1}^{n}P_{\mathrm{N}_i}^{x_i}Q_{\mathrm{N}_i}^{1-x_i}}\geqslant l$$

或者

$$\prod_{i=1}^{n}\left(\frac{P_{\mathrm{S}_i}}{P_{\mathrm{N}_i}}\right)^{x_i}\left(\frac{Q_{\mathrm{S}_i}}{Q_{\mathrm{N}_i}}\right)^{1-x_i}\geqslant l$$

取对数后,得到

$$\sum_{i=1}^{n}\left[x_i\ln\frac{P_{\mathrm{S}_i}}{P_{\mathrm{N}_i}}+(1-x_i)\ln\frac{Q_{\mathrm{S}_i}}{Q_{\mathrm{N}_i}}\right]\geqslant \ln l$$

经过处理,得

$$\sum_{i=1}^{n} x_i \ln \frac{P_{S_i}}{P_{N_i}} \frac{Q_{N_i}}{Q_{S_i}} \geqslant \ln l - \sum_{i=1}^{n} \ln \frac{Q_{S_i}}{P_{N_i}} \tag{2-19}$$

引入表达式

$$\ln \frac{P_{S_i}}{P_{N_i}} \frac{Q_{N_i}}{Q_{S_i}} = \eta_i$$

$$\ln l - \sum_{i=1}^{n} \ln \frac{Q_{S_i}}{Q_{N_i}} = z_0$$

最终得到

$$\sum_{i=1}^{n} x_i \eta_i \geqslant z_0 \tag{2-20}$$

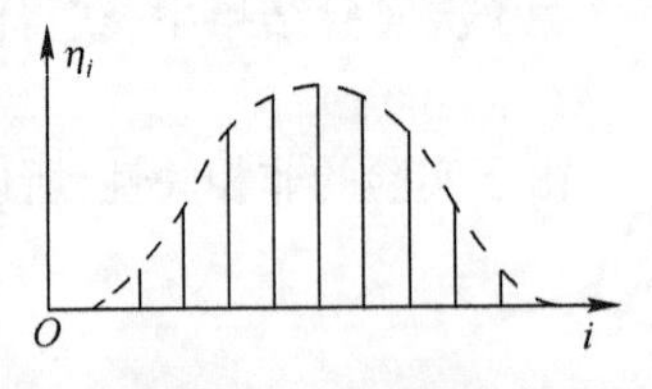

图 2-18 权函数包络

式中:函数 η_i 是在信号和噪声区内获得"1"和"0"的概率期望值,称为二进制检测的权函数。权函数的包络在形式上与天线方向图包络相一致,如图 2-18 所示。

根据式(2-20)的算法,二进制最佳检测过程所完成的操作如下。

(1) 脉冲宽度内,在量化器输出端记忆信号(1 与 0)。

(2) 把量化器输出为 1 所对应位置的权函数值相加,这些值是事先编进去的。

(3) 把得到的和与门限进行比较,并给出发现(或未发现)脉冲串的判决。

图 2-19 为实现上述检测算法的结构图(也称为二进制滑窗检测器)。图中输入信号存储器采用移位寄存器的形式。此外,还有权系数寄存器,用来存储权系数 η_i,利用与门"&"实现乘法 $\eta_i \times x_i$。图 2-19 所示单元可以用数字电路实现。

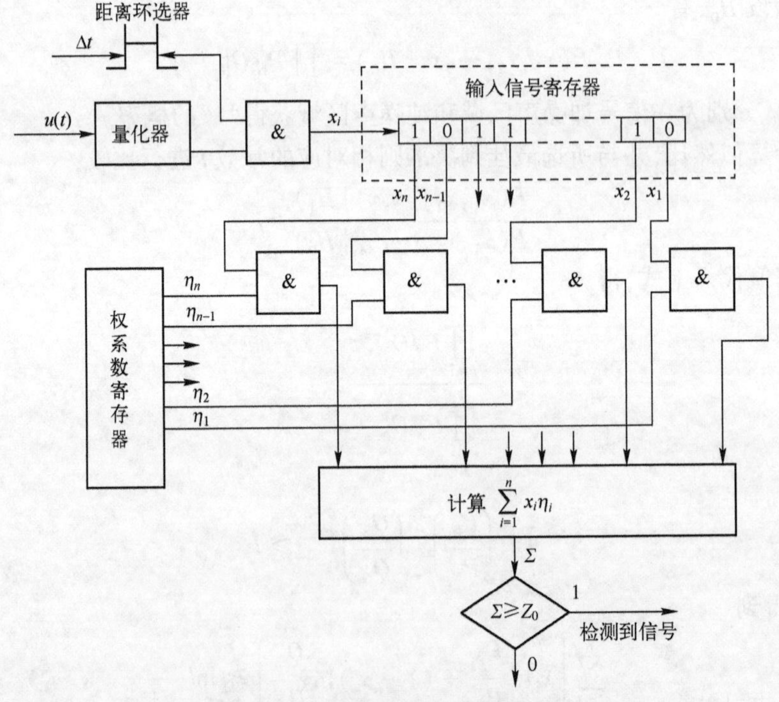

图 2-19 二进制滑窗检测器结构图

数字检测设备的特点是有两个门限:一个在量化器内,是检测单个脉冲的门限;另一个在和电路输出端,是检测脉冲串的门限。

2.3.5　非加权二进制检测

前面讨论的量化雷达信号的处理方法比较复杂,因为在检测过程中需要事先编好的权函数并确定它们所对应的方位角位置。

为简化设备,可把信号包络当成直角的。这样,在各位置获得“1”的概率为

$$P_{S_1}=P_{S_2}=\cdots P_{S_n}=P_S$$

$$P_{N_1}=P_{N_2}=\cdots P_{N_n}=P_N$$

式(2-19)可以写成

$$\sum_{i=1}^{n} x_i \geqslant \frac{\ln l - n\ln \dfrac{Q_S}{Q_N}}{\ln \dfrac{P_S Q_N}{P_N Q_S}} \tag{2-21}$$

此时,检测程序是:计算量化器在脉冲串宽度范围内输出“1”的个数,并将其与式(2-21)右边所确定的门限进行比较。

检测电路用常见的二进制计数器实现。但是用这种设备作的判决不是最佳的,因为处理过程中没有考虑雷达天线方向图的形状。

用这种非加权检测方法确定目标方位,需要对脉冲串的中心(目标中心)或者起始、终了进行定位。因此,除检测准则外,还要确定信号起始(目标起始)定位准则、信号中心(目标中心)定位准则和信号结束(目标终了)定位准则。所有这些准则决定了非加权处理的算法。它们可用数学和逻辑式表示。

目标起始定位准则(或检测准则)是在一定的相邻位置内出现某种“0”和“1”组合的脉冲串(图 2-20)。

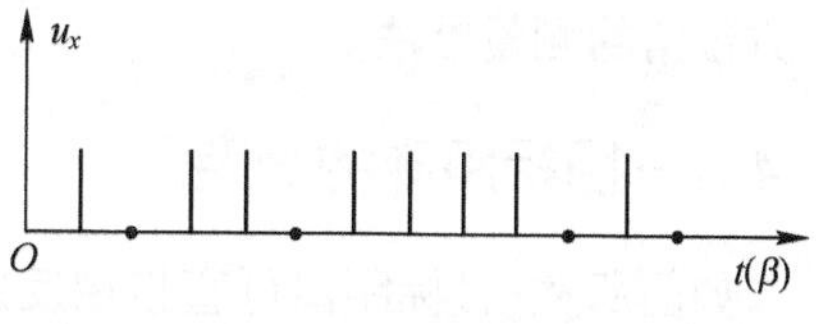

该准则记为 m/n, 这里 n 为讨论的相邻位置个数,m 为在这 n 个位置中 1 的个数。用它可以确定目标起始。

图 2-20　“0” 和 “1” 组合的脉冲串

最常用的目标终了准则是连续出现 k 个“0”: k 的选取应当考虑到:k 选得过小,则目标分裂概率高,漏报概率高;k 值选得过大,则方位精度和方位分辨力变差。对 k 值的选择,必须依据实际跟踪目标的统计数据,通常选 $k=2\sim3$。

在检测中,计算一定间隔内 1 的个数,并与门限进行比较。如果能确定起始和终了位置,则可以计算两者之间的间隔宽度。脉冲积累原理判决结束后,电路要清“0”。脉冲积累过程可用时序图(图 2-21)表示。

假设 $k=2$,当只有一个脉冲通过时,就会还原到“0”位置。当量化器有输出时,脉冲累加器的输出电压在每一个时间间隔会跃升一次。对于同一次回波,积累会继续。如果下面出现两次“0”,则累加器输出 $u_{x积累}$会跳变到“0”。当积累 5 次,电压跳过($u_x=u_0$)时,检测到信号(图 2-21)。该累积器给出起始定位信号 β_H、终了定位信号 β_K 和检测信号,并可给出脉冲积累数。这种检测器称为逻辑检测器,用 $m/n-k$ 表示,式中 m/n 为检测准

则,k 为终了定位准则。

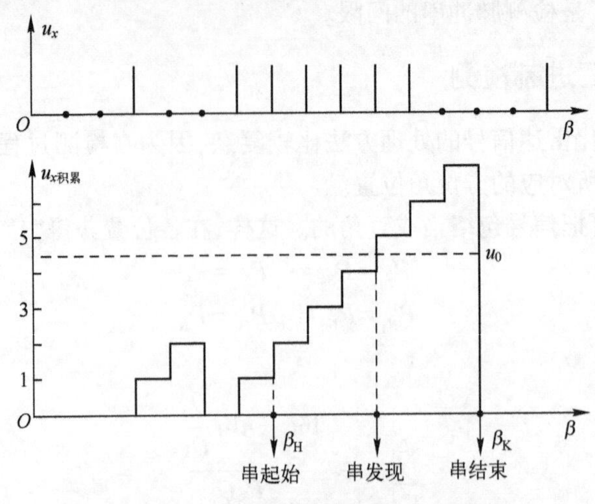

图 2-21　脉冲积累过程时序图

2.4　目标坐标测定方法

目标在空间的位置可用极坐标或直角坐标表示。有必要时,可实现极坐标到直角坐标的转换,或相反的转换。

在极坐标中确定目标坐标的方法:测距仪测得目标时,方向图所对应的方位即为目标方位;回波信号相对于探测脉冲的延迟时间反映了目标的距离;测高仪在垂直面上的方向图位置反映了目标高低角。

用测距仪确定方位角和用测高仪测高低角没有本质上的区别,因此,下面只讨论距离和方位角的测量方法。

2.4.1　目标距离的测定

如前所述,目标距离可直接用反射信号与探测脉冲之间的延迟时间 t_r 表示,即

$$r=\frac{ct_r}{2}$$

如进行时间量化,则

$$t_r=kT_c$$

$$r=\frac{ckT_c}{2}=k\Delta r$$

式中:k 为延迟时间 t_r 内的量化间隔数;T_c 为取样脉冲重复周期;Δr 为量化的距离间隔(距离环之间的宽度),即

$$\Delta r=\frac{cT_c}{2}$$

因此,距离的确定变为计算在 t_r 时间内的标准脉冲个数。可直接用 Δr 作为计数器

最低位的刻度值。

2.4.2 目标方位的测定

角坐标的最佳测定要运用随机过程的参数估计法。通常用最大似然法，即接受作为最佳值的参数 β（此时为天线方位角 β_a），能保证在信号区内似然函数最大，即

$$W(x_1,x_2,\cdots,x_n,\beta \mid H_1)_{\max}$$

下面讨论二分层量化时，角坐标的测定方法。

用二分层量化测定目标方位的方法如下。

设有一组量化信号（"0"与"1"），它们对应的距离是相同的，但是天线处于不同方位时获得的，因此必须以最大的精度确定目标的真实方位。

接下来是寻找式（2-17）的极值：

$$P(x_1,x_2,\cdots,x_n \mid H_1) = \prod_{i=1}^{n} P_{S_i}^{x_i} Q_{S_i}^{1-x_i}$$

确实，出现"1"的概率 P_{S_i} 和出现"0"的概率 Q_{S_i} 取决于天线方向图与目标在空间的相对位置（图 2-22）。

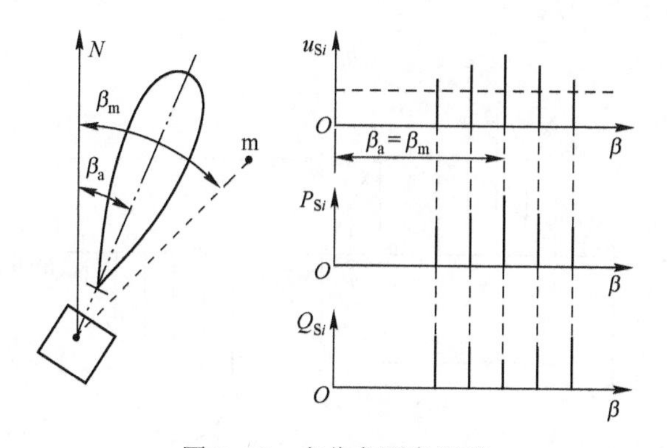

图 2-22　方位角测定原理

设 β_a 表示天线方向图的角位置，β_m 表示目标角位置。若天线方向图是对称的，则当 $\beta_a=\beta_m$ 时，信号有最大值。

当给定比较门限 u_0，P_{S_i} 值与回波信号包络有相同的形状，值 Q_{S_i} 在 $\beta_a=\beta_m$ 时最小，即 P_{S_i} 与 Q_{S_i} 取决于 β_a。

可见，式（2-17）是 β_a 的函数，当 $\beta_a=\beta_m$ 时最佳。

为求极值，先对表达式两边取对数：

$$\begin{aligned}\ln P(x_1,x_2,\cdots,x_n \mid H_1) &= \ln \prod_{i=1}^{n} P_{S_i}^{x_i} Q_{S_i}^{1-x_i} \\ &= \sum_{i=1}^{n} x_i(\ln P_{S_i} - \ln Q_{S_i}) + \sum_{i=1}^{n} \ln Q_{S_i}\end{aligned} \tag{2-22}$$

对 β_a 求导，并令其等于 0，即

$$\sum_{i=1}^{n} x_i\left(\frac{1}{P_{S_i}} \cdot \frac{\partial P_{S_i}}{\partial \beta_a} - \frac{1}{Q_{S_i}} \cdot \frac{\partial Q_{S_i}}{\partial \beta_a}\right) + \sum_{i=1}^{n} \frac{1}{Q_{Si}} \cdot \frac{\partial Q_{S_i}}{\partial \beta_a}\bigg|_{\beta_a=\bar{\beta}_m} = 0 \tag{2-23}$$

式中：$\bar{\beta}_m$ 为目标方位角估计值。

不难看出，若方向图对称，则天线正对准目标时，表达式中第二个求和项等于0。考虑到 $(1-Q_{S_i})=P_{S_i}$，得到

$$\frac{\partial Q_{S_i}}{\partial \beta_a}=-\frac{\partial P_{S_i}}{\partial \beta_a}$$

则估计目标角度的表达式为

$$\sum_{i=1}^{n} x_i \frac{1}{P_{S_i}} \frac{1}{Q_{S_i}} \frac{\partial P_{S_i}}{\partial \beta_a}\bigg|_{\beta_a=\bar{\beta}_m}=0 \tag{2-24}$$

记

$$\frac{1}{P_{S_i}} \frac{1}{Q_{S_i}} \frac{\partial P_{S_i}}{\partial \beta_a}=\eta_{\beta_i} \tag{2-25}$$

最终得到

$$\sum_{i=1}^{n} x_i \eta_{\beta_i}=0 \tag{2-26}$$

式中：η_{β_i}为权函数(图2-23)。

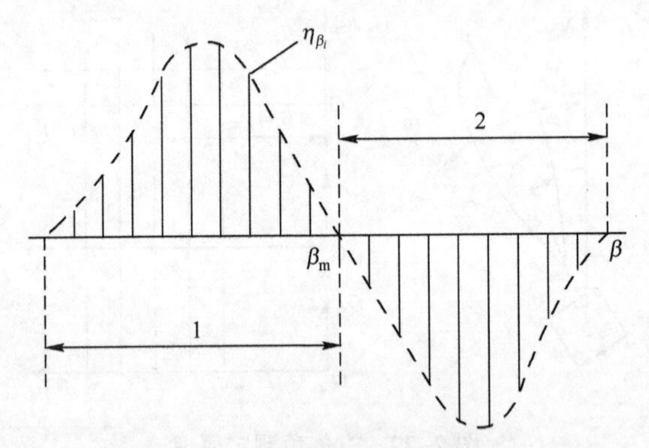

图2-23　权函数 η_{β_i}的形状

1—函数正值区，因为导数$\partial P_S/\partial \beta_a$ 为正(方向图上升部分)；2—函数负值区(方向图下降区$\partial P_S/\partial \beta_a<0$)。

实现式(2-26)算法的方位角测定设备结构图如图2-24所示。与门“&”保证选择相同距离环的脉冲。图中包括由移位寄存器组成的输入信号寄存器、权系数寄存器、实现乘法的与门“&”，以及两个加法器和比较电路。

因此，发现目标后，当 Σ_1 和 Σ_2 相等时就可确定目标的角度。通过表示“正北”的基准脉冲和从比较电路来的信号两者之间的移位脉冲数，可确定角度的大小。

当用逻辑检测器处理信号时，中心位置的确定有以下方法。

(1) 根据已确定的目标起始和终了方位角确定中心位置，即由式

$$\bar{\beta}_m=\frac{\bar{\beta}_H+\bar{\beta}_K}{2} \tag{2-27}$$

确定。式中：$\bar{\beta}_m$ 为目标方位估计值；$\bar{\beta}_H$ 为目标起始信号方位；$\bar{\beta}_K$ 为目标终了信号方位。

(2) 根据信号起始、终了方位和宽度来确定中心位置，即由以下两式

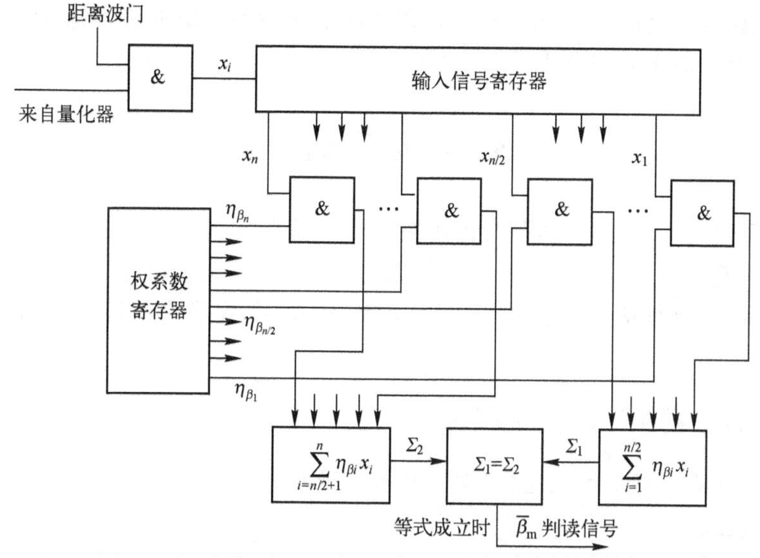

图 2-24　方位角测定设备结构图

$$\begin{cases}\bar{\beta}_{\mathrm{m}}=\beta_{\mathrm{K}}-\dfrac{\Delta\beta\cdot l}{2}\\ \bar{\beta}_{\mathrm{m}}=\beta_{\mathrm{H}}+\dfrac{\Delta\beta\cdot l}{2}\end{cases}\tag{2-28}$$

确定。式中：$\Delta\beta$ 为脉冲的角度间隔；l 为检测脉冲串内的脉冲数。

上述方法很容易用数字技术实现。

下面讨论逻辑检测器测定目标方位的精度。

用逻辑检测器处理信号时，目标方位中心的确定是用起始和终了信号的坐标实现的。设脉冲串由 l 个脉冲组成，判读坐标从脉冲组的第一个开始，可用图 2-25 说明方位角的逻辑测定原理。图中，l_1 为建立目标起始信号的位置，l_2 为产生目标终了信号的位置，$\Delta\beta$ 为脉冲的角间隔。

目标方位的测量值为

$$\bar{\beta}_{\mathrm{m}}=\frac{l_1+l_2}{2}\Delta\beta\tag{2-29}$$

方位的真实值为

$$\beta_{\mathrm{m}}=\frac{l-1}{2}\Delta\beta\tag{2-30}$$

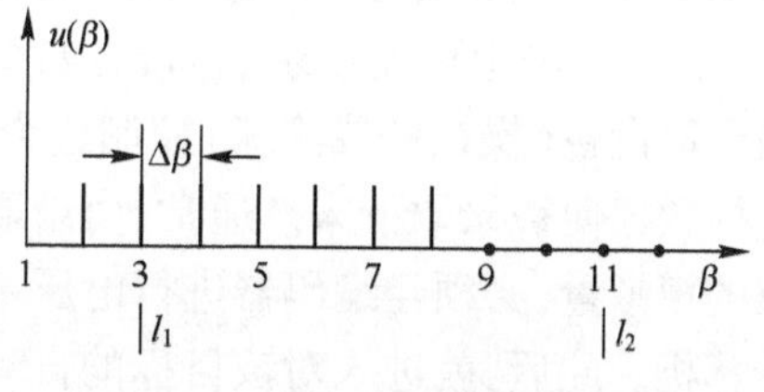

图 2-25　方位角的逻辑测定原理

测角时相应的系统误差和随机误差之和为

$$\Delta\beta_{\mathrm{a}}=\pm(\bar{\beta}_{\mathrm{m}}-\beta_{\mathrm{m}})=\pm\left(\frac{l_1+l_2}{2}-\frac{l-1}{2}\right)\Delta\beta$$

系统误差由所选准则确定。如选用 $n/n-k$ 准则，则目标起始向右偏移了 $n-1$ 个位置，而目标终了向右偏移 k 个位置。则

$$\Delta\beta_{\mathrm{s}}=\left(\frac{n-1+k}{2}\right)\Delta\beta$$

如果选用 $m/n-k$ 准则，则目标起始的偏移量是一个随机值，分布在$(m-1)\sim(n-1)$。

通常对移位值补偿到$(n-1)$位置。误差的随机组成部分是由脉冲串边缘信号丢失的非对称性产生的,因为边缘处信噪比小。

2.5　雷达数据录取

在雷达信息的一次处理过程中,雷达数据录取是在杂波处理和信号检测之后的第二个处理环节。它的主要任务是目标坐标数据的录取,其次是目标特征数据的录取。对于情报雷达来说,主要是指目标距离数据、方位数据和高度数据的录取,其次是目标特征数据的录取。

2.5.1　雷达数据录取的基本概念

雷达数据录取一般分为人工、半自动和自动录取等方式。

1. 人工录取

在早期的雷达中,数据录取由人工完成。观测人员在环视显示器荧光屏(PPI)上发现目标之后,利用测距测角设备,在指示盘上读取目标方位和距离,完成坐标数据的录取任务。目标类型及大小等特征数据也是由人工判别。人工录取的优点是可以发挥人的主观能力。经验丰富、操作熟练的观测员可以在杂波背景中发现目标,并能比较准确地测定目标数据,而且可根据目标回波亮点的大小、亮度及起伏规律等判定目标的类型、群目标的个数等。此外,人工录取所用的设备比较简单,成本较低。但是,随着生产力与科学技术的发展,人工录取已不能满足要求。在现代战争中,飞机的航速、密度在不断增长,只靠人工录取对整个运动态势作出判断,显然在速度、精度、容量等各方面都不能满足要求,因此,目前雷达数据录取必须采用自动或半自动的录取方法。

2. 半自动录取

在半自动录取系统中,仍然是由人工通过显示器发现目标之后,利用一套录取装置,由人工操纵,录取荧光屏上目标位置的初始坐标数据。这种装置的组成如图 2-26 所示。图中的综合显示器是一种附有录取装置,能显示原始视频,又能显示处理视频的环视显示器。在荧光屏上可显示录取标志,如小圆圈或十字形录取标志。操纵员通过操纵面板上的录取设备(操纵杆或滚球)控制这个录取标志,使它对准目标,再按下录取控钮,目标的坐标数据便被录取下来。通常,由录取设备录取的坐标数据是对应于目标位置的扫描电压的模拟量,必须经编码器进行电压-数据变换,将变换后的二进制码经缓冲存储器送入计算机。此后,就进入对该目标的自动录取跟踪过程中,这就是以初始录取的目标坐标为中心,设置适当的录取波门,待下一次天线扫掠,目标信号又落入此波门时,能自动地录取第二次或第三次目标坐标数据,从而由两个以上点迹建立航迹,进入以后的自动录取与跟踪过程。由上述可知,半自动录取就是由人工完成初始录取,随后进入自动录取。在半自动录取过程中,有时为了将目标的某些特征数据一起编码,可由人工或自动地将这些数据送入编码器,与坐标数据码一同送入缓冲存储器,如图 2-26 所示。

半自动录取的优点是:可按目标重要程度做出最优先录取方案;可避免录取杂波形成假目标,易于在干扰背景中识别和录取目标。半自动录取的缺点是:录取速度慢,在多目标的复杂情势中措手不及;观测人员如果疏忽,可能漏掉目标;目标运动情势及重要程度随时变化，人工删除及录取操作繁杂，并且需连续观测，负担过重。

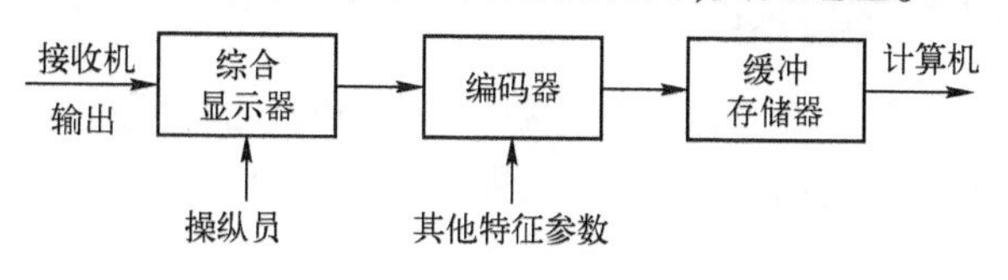

图 2-26　半自动录取装置

3. 自动录取

全自动录取和半自动录取的区别在于前者的初始录取也是自动的，即从发现目标到坐标数据读出，全部过程由设备自动完成，只有某些特征参数，如目标分类需要人工置入。全自动录取装置如图 2-27 所示。由信号检测设备发现目标之后，发出“目标发现”信号，利用此信号录取目标的坐标数据。距离编码是在雷达同步信号和“目标发现”信号控制下，对距离时钟脉冲计数并编码，输出目标距离数据。方位编码是在“0”方位脉冲信号和“目标发现”信号控制下，对方位脉冲计数并编码，输出目标方位数据。为了实现多目标录取，按照目标发现先后，进行时间编码，经排队控制，使之有秩序地经缓冲存储器送入计算机，以便随着方位与距离的扫描，依次对各个目标进行连续的自动检测与跟踪。

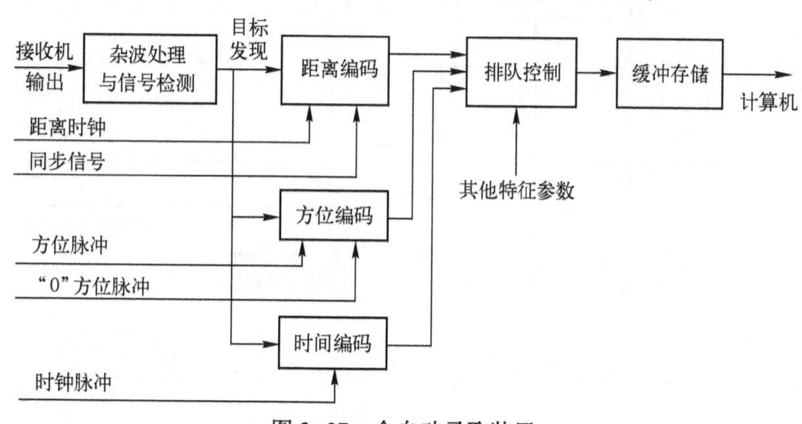

图 2-27　全自动录取装置

全自动录取的优点：录取速度快，能应付多目标情势；能自动做出优先录取方案；无须连续观测，可减轻观测员负担。全自动录取的缺点是：会造成虚假录取，把干扰、陆地和岛屿也作为目标录取，可能漏掉杂波干扰区内甚至干扰区外的弱小目标；目前优先录取的准则比较简单，难以适应目标多且态势复杂多变的场合。

目前，雷达的数据处理系统，都同时设有半自动录取和全自动录取装置。如果目标数量多，超过录取和处理设备的限额，或者杂波干扰过于严重，则可采用半自动录取；反之，可采用全自动录取。如果在全自动录取时，录取的目标数达到限额，又出现新的更重要的目标时，则可进行人工干预，去掉不重要的目标，由人工（半自动）录取新的更重要目标。

数据录取是雷达数据处理系统的首要环节。录取设备在技术实现上虽然并不困难，但录取精度、速度、分辨能力和容量决定着整个数据处理系统的指标。也就是说，如果目标数据录取的质量低劣，那么，在后面由计算机完成的二次处理环节中，有再好的设备也无济于事。因此，对数据录取设备的质量指标不能忽视，尤其是对录取精度，要给予充分注意。下面主要介绍数据录取方法。

2.5.2 目标距离数据的录取

目标距离是目标的第一个最基本的数据。雷达测量目标距离是根据电磁波在雷达与目标之间往返传输所需要的时间来确定的，即

$$r=\frac{1}{2}ct_{\mathrm{r}}$$

因此，测量出 t_{r}，就可知道目标的距离 r。为了把测量得到的时间 t_{r} 变换成二进制数码，在录取设备中，需采用“时间-数码”变换设备。这就是下面讨论的距离编码器。能够录取多个目标的距离编码器可按图 2-28(a)的方式构成。

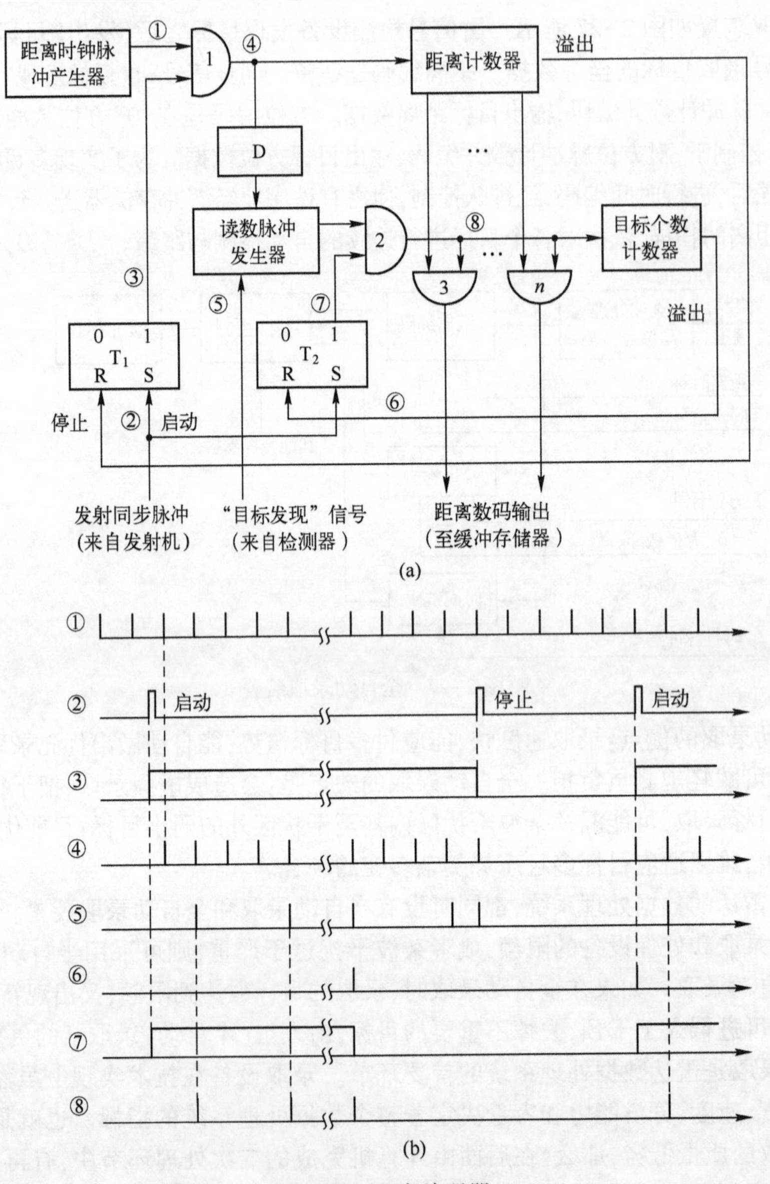

图 2-28 距离编码器

(a) 构成框图；(b) 工作波形。

在图 2-28(a)中,距离时钟脉冲产生器是晶振稳频脉冲产生器,其脉冲重复周期即为距离取样间隔,作为时间量化单元。当雷达发射时,发射同步脉冲使触发器 T_1置“1”。距离时钟脉冲得以通过与门 1,送入距离计数器,计数开始。当目标回波进入自动检测器时,产生“目标发现”信号,送至读数脉冲产生器,产生读数脉冲。目标个数计数器和触发器 T_2是用于防止目标过多,使计算机和跟踪系统进入饱和,因后面各个环节的容量和速度是有限的。目标个数计数器的位数是按允许录取的目标数限定的。因此,从与门 2 输出的读数脉冲个数受触发器 T_2的脉冲限制,受限于所设计的允许录取目标数。在读数脉冲控制下,由与门 3~n 读出目标的距离数码,送缓冲存储器。距离计数器不论目标回波到来与否,一直计到检测全程,产生溢出脉冲,使触发器 T_1置“0”,计数停止,同时计数器清零,待下一个发射同步脉冲的到来。图 2-28 中的延时线 D 是为了保证读数时刻是在计数器稳定之后。上述编码器的工作过程可由图 2-28(b)的工作波形描述。由图 2-28(b)可见,距离计数器的计数时间小于发射同步脉冲的重复周期;从该图又可知,读数脉冲的个数受控于目标个数计数器输出的溢出脉冲。

必须指出,上述距离编码器的距离时钟脉冲与雷达发射脉冲没有同步关系,而且目标发现信号也不能恰恰对准距离时钟脉冲,还要考虑到距离时钟产生器的工作频率不一定很稳定。因此,距离编码器输出的距离数码与目标真实距离相比,会存在误差。

2.5.3　目标方位数据的录取

目标方位是目标的第二个基本数据。在人工录取中,是由观测人员借助方位盘、方位照准线或电子方位标尺、方位数码指示器等方位录取设备,在荧光屏上按照目标出现位置,直接由人工读取数据而实现的。在自动录取设备中,是在自动检测设备判定目标发现的时刻发出录取信号,借助方位编码器自动读出目标方位数据,并将方位数码送数据处理系统的 CPU 中。方位录取的关键是方位编码器,它把机械的或电气的方位模拟角数据变换为数字化角数据。下面讨论方位编码器及方位录取方法。

目前,雷达数据处理系统通用的方位编码器及录取方法有 3 类:第一类是将模拟式的机械转角,借助于光电码盘及附属的电子设备,直接转换成方位数码,再由录取控制信号录取目标方位数据;第二类是由雷达方位传递系统给出的两相或三相(再经正余弦分解)的模拟方位同步信号,经相关检波、A/D 变换,形成方位正余弦数据,由软件求算出目标方位数据,再由录取控制信号录取目标方位数据;第三类是通过雷达同步发送机或分解器的模拟方位同步信号,借助于硬件和固件,直接给出方位数码,由录取控制信号直接录取目标方位数据。下面以方位码盘构成的方位录取装置为例进行讨论。

方位码盘是专门用来把模拟式机械转角变换为数字式角数据的光电转换设备,通常称为光电码盘。其可分为简单的增量码盘和精度较高的循环码盘两类。

1. 用增量码盘构成方位录取装置

增量码盘是一种沿圆周开有一系列等间隔的一圈或多圈相交错的径向隙缝的圆盘,其中心轴与天线转轴交链。一侧设有光源,另一侧设有光敏元件。当圆盘随天线同步旋转时,把隙缝透过的光转换为电脉冲。这就实现了由模拟式机械角信号到数字式方位电信号的变换。图 2-29(a)是刻有一圈径向增量隙缝的圆盘,图 2-29(b)是用增量码盘构成的方位录取装置。

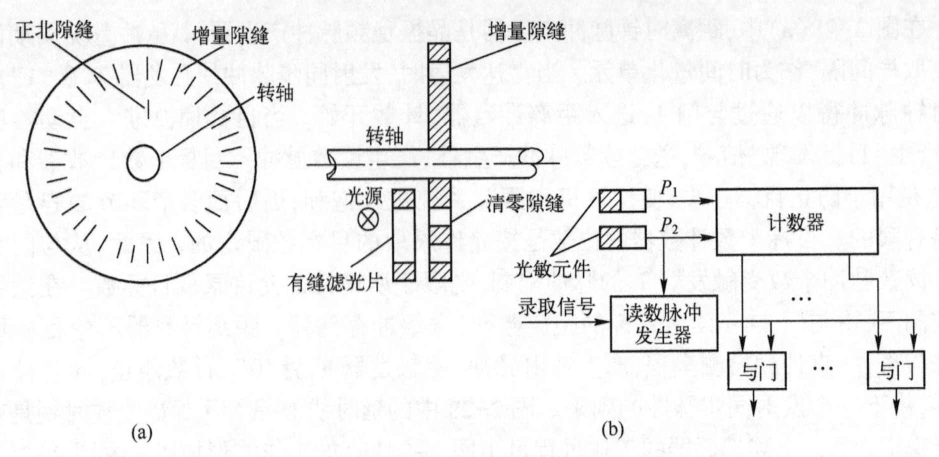

图 2-29　用增量码盘构成方位录取装置
(a) 增量码盘;(b) 录取装置。

图 2-29(b)中,码盘与光源之间置有带缝遮光片,使码盘只有一个隙缝受到光照。码盘上有一个正北隙缝,每当天线转至指向正北时,光源照射此隙缝,由上端的光敏元件产生正北脉冲,作为计数器的清零脉冲,因此,正北隙缝又称为清零隙缝。由下部的光敏元件产生增量计数脉冲 P_2,送至计数器。计数器输出的计数脉冲就表示以正北为零点的方位数码。来自自动检测器的目标发现信号作为录取信号,送至读数脉冲发生器,这时,经各与门并行输出的数码即为该目标的方位数码,送至数据处理系统。从这种装置的工作过程可以看出,它只适用于天线作单方向转动的情况。为适应天线双向转动,使之均可自动录取方位,就必须采用带有转向隙缝的增量码盘及可逆计数器、转向监别器等电路与器件。

上述增量码盘的优点是:易于制造,成本低,构成录取装置的设备也不复杂。其缺点是:当丢失脉冲或受到脉冲干扰时,要产生计数误差,直至清零之前,此误差始终存在,而且多次误差还会积累,形成更大的误差。因此,整个设备必须妥善屏蔽,防止干扰脉冲进入。

2. 二进制码盘和循环码构成的方位录取装置

为了克服增量码盘误差持续与积累的缺点,可采用数码与角度位置直接对应的二进制或循环码码盘,这样可以直接取得各角度位置的相应数码。图 2-30(a)、(b)是五位二进制和循环码码盘的示意图。盘的最外层是最低位,最里层是最高位。同样,盘一侧由光源照射,另一侧设置光敏元件。图中涂黑处表示该位为"1",白色为"0"。目前,这类码盘可做到 16 位以上,对空情报雷达多采用 12 位,将 360°分为 $2^{12}=4096$ 个量化单元,每个量化单元相当于 0.08°。

采用二进制码盘可直接读出并行二进制数码,简单方便,但存在一个严重缺点,即读数可能出现粗大误差。如图 2-30(a)所示,当角位置由 15(即为 01111)变为 16(即为 10000)时,5 位数字全变了。由于制造码盘时总有一定公差,并且光电读出设备也存在误差,在数码变换交界处,往往不能像图上画的那样截然分明,这样从 15 变为 16 时,有可能在变换过程中读出从 0 到 31 的任何数值,引起粗大误差。在其他一些角位置上,如 7 变成 8、23 变成 24、31 变成 0 等,都有可能发生类似的错误。为了克服这一缺点,现在普遍采用循环码盘。循环码的特点是:两个相邻的十进制数所对应的循环码只有一位码不相同,如十进制的 15(循环码 01000)变为 16(循环码 11000)只有最高位不同。这样,就可以大大降低产生误差的概率,而且即使出现误差,也仅仅是相邻位相混,而不会产生粗大误差。表 2-2 列出了十进制数 0~15 的 4 位二进制码和循环码的结构。

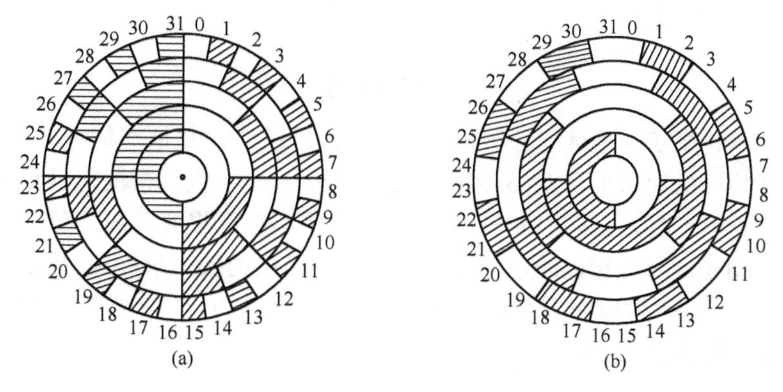

图 2-30　五位码盘的示意图
(a) 二进制码盘;(b) 循环码盘。

表 2-2　4 位二进制码和循环码的结构

十进制数(D)	二进制码(B)	循环码(B)	十进制数(D)	二进制码(B)	循环码(B)
0	0000	0000	8	1000	1100
1	0001	0001	9	1001	1101
2	0010	0011	10	1010	1111
3	0011	0010	11	1011	1110
4	0100	0110	12	1100	1010
5	0101	0111	13	1101	1011
6	0110	0101	14	1110	1001
7	0111	0100	15	1111	1000

2.5.4　高度数据的录取

发现目标是否存在的雷达,通常只测定目标的距离和方位角。当需要对目标进行引导时,除了距离和方位外,还需要知道高度数据。有的场合,高度数据成为一个关键性的坐标数据。例如,我机与敌机作战时,抢占一定高度,是非常重要的,这时,引导雷达必须测出目标的高度以实施正确的引导。又如,机场的航行管制,为防止飞机的碰撞,在一定的范围内的飞机,必须调配在不同的高度上飞行,这也需要测量目标的高度。

1. 主要测高方法

现在,测量目标高度使用的方法主要有以下几种。

(1) 一部平面雷达,配以一部或几部测高雷达,完成 3 个坐标的测量。

(2) 利用 V 形波束测量高度。

(3) 三坐标雷达在仰角上产生多波束,通过波束之间的比幅以测定高度。

(4) 在航行管制系统中,利用飞机上的高度计测高,在地面要求报告高度时,向飞机发出询问信号,飞机收到以后,能自动发回高度数据。这种测高方法,与前述的 3 种方法在原理上有所不同。

专用的测高雷达,它的波束是扁平的,在方位上较宽,在仰角上较窄,测高时波束上下摆,高度 H 的计算公式为

$$H=H_a+r\sin\varepsilon+\frac{r^2}{2R_e} \tag{2-31}$$

式中:H_a 是天线的高度;r 是目标的斜距;ε 是目标的仰角;R_e 是地球的等效半径,其数值是 8490km,比实际的地球半径大(6370km),这是因为考虑了大气密度随着高度而变化并不是均匀的,使得电磁波在雷达站与目标之间的传播不是理想的直线,而是弯曲的,在计算目标高度时对地球半径加以修正的缘故。式(2-31)中的整个第三项,则是考虑了地球表面的弯曲对计算高度的影响所加入的修正项。由于第一项 H_a 对高度 H 所起的影响很小,所以实际计算高度的公式为

$$H=r\sin\varepsilon+\frac{r^2}{2R_e} \tag{2-32}$$

应用 V 形波束的雷达,高度的计算公式为

$$H=\frac{r\sin\theta}{\sqrt{1+\sin^2\theta}} \tag{2-33}$$

式中:r 是斜距;θ 是垂直波束发现目标到倾斜波束发现目标天线所转过的方位角。

有了以上的公式以后,只要测得目标的距离 r 和仰角 ε 或方位角 θ,就可以利用计算机计算目标的高度,这是常用的一种方法。单独应用 V 形波束的雷达来测高的很少,而以平面雷达配上测高雷达完成 3 个坐标的测量应用较为普遍。对于这种体制,工作的过程是这样的:对需要测量高度的目标,由计算机送出目标的距离数据(往往要求是提前量)和方位数据,测高雷达按照这些数据,将天线转到给定的方位上,并在给定的距离上测量该目标的仰角和距离,然后向计算机送回仰角数据 ε(或 $\sin\varepsilon$)和距离数据 r,就可以进行高度的计算。

2. 三坐标雷达测高

对于三坐标雷达,测高的方法有所不同。这类雷达在垂直上有多个波束,相邻两个波束有一定的重叠,每个波束有一路接收机,各路接收机的增益是一致的。比较接收机输出电压的幅度,可以确定目标是处在哪一个波束之内,从而测定它的仰角,计算出高度。

三坐标雷达实现比幅测高,可以用模拟电路,也可以用数字电路完成,它们在原理上是一样的。下面举例说明数字比幅测高的方法。

设三坐标雷达在垂直平面上总共有 n 个波束,每个波束在半功率点互相重叠,共有 $(n-1)$ 个这种重叠的点,它们所对应的仰角叫作基准角。图 2-31 画了 3 个相邻波束在平面上展开的方向图,波束自低仰角开始编号,基准角的编号也从低仰角开始,如图中的 ε_{j-1},ε_j 等。对于同一个目标,一般情况下最多只有 3 个相邻波束的接收机有输出,所以,测量目标仰角的第一步就是确定 n 个波束中有回波输出的 3 个相邻波束,然后在这 3 个束中确定目标的仰角,即对 3 个波束的接收机输出电压进行比幅。如果其中 2 个相等,如 $u_{j-1}=u_j$(u 表示输出电压),那么,此时的目标仰角等于基准角 ε_{j-1};如果 $u_j>u_{j-1}$,同时 $u_j>$

u_{j+1}，那么，目标处在波束 j 所对应的仰角之内，这时我们同样送出基准角 ε_{j-1}，同时根据（u_j-u_{j-1}）的大小，加上一个修正量 $\Delta\varepsilon$；如果 $u_{j+1}>u_j>u_{j-1}$，则表明目标处在束 $j+1$ 所对应的仰角之内，送出的基准角应当是 ε_j，并根据（$u_{j+1}-u_j$）的大小加上仰角修正量 $\Delta\varepsilon$。

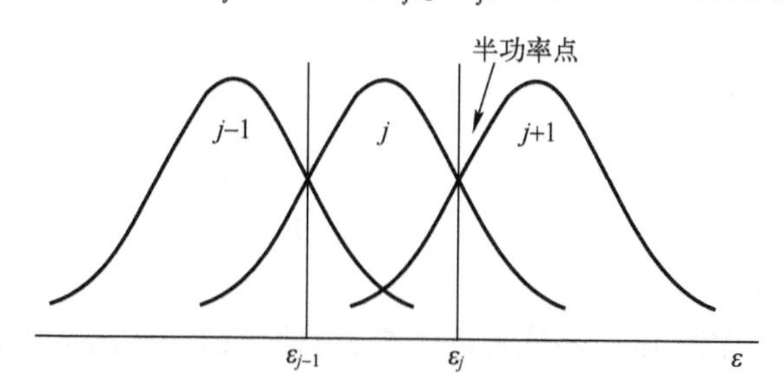

图 2-31　3 个相邻波束在平面上展开的方向图

按照上述的基本原则，可以组成三坐标雷达数字比幅测高的原理框图，如图 2-32 所示。把 n 个波束所对应的 n 路接收机输出电压，经过取样、保持和模数变换以后，得到每一路输出电压的数字量，存放在数码寄存器之中。这些数码，逐个地和一设定数字门限进行比较，当寄存器中的数码大于门限值时，这一路在输出。门限的数值必须按照回波信号的大小加以调整，所以用最大的回波信号经过模数变换以后的数值作为确定门限的一种依据；与此同时，必须保证所设定的门限要大于波束的副瓣电平，这样才能保持比幅测角的正确性。n 路接收机的输出，经过门限比较以后，最多只有 3 路有输出，有时只有 2 路有输出，还有时则只有一路有输出，目标就处在这些有输出的各路所对应的仰角之中，可以据此确定仰角。通常先粗略地确定基准角，对 3 路输出的幅度进行比较后，对基准角加以必要的修正，并得出仰角的精细量 $\Delta\varepsilon$。确定基准角的过程如下。

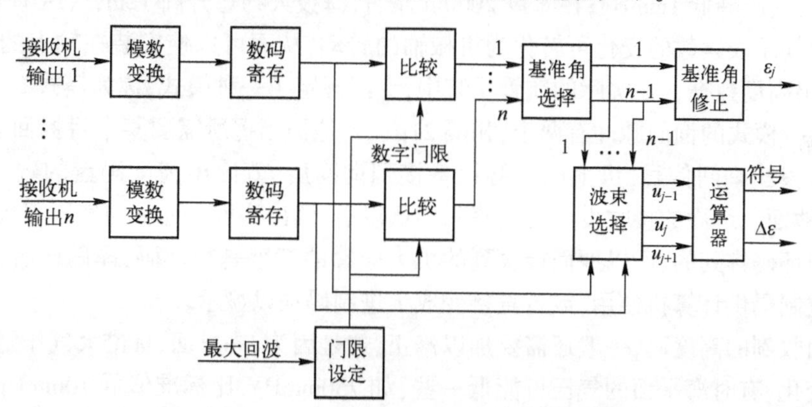

图 2-32　三坐标雷达数字比幅测高原理框图

（1）3 路相邻接收机的输出 u_{j-1}，u_j 和 u_{j+1} 都超过门限时，基准角选为 ε_{j-1}（图 2-31），同时进行比幅。

① $u_{j-1}>u_j>u_{j+1}$，ε_{j-1} 选择正确，不必修正。目标处在波束（$j-1$）之中。按 $u_{j-1}-u_j$ 的大小计算精细量 $\Delta\varepsilon$，以 ε_{j-1} 中减去精细量 $\Delta\varepsilon$ 作为目标的仰角。

② $u_j>u_{j-1}$ 同时 $u_j>u_{j+1}$，ε_{j-1} 选择正确，按 u_j-u_{j-1} 的大小，算出 $\Delta\varepsilon$，并和 ε_{j-1} 相加作为目标的仰角。

③ $u_{j+1}>u_j>u_{j-1}$，ε_{j-1}的选择不正确，因为此时目标处在波束$j+1$之中，将基准角修正为ε_j，并按$u_{j+1}-u_j$的大小，加上$\Delta\varepsilon$。

（2）只有两路相邻接收机的输出u_j和u_{j+1}超过门限时，基准角仍然选为ε_{j-1}，同时对u_j和u_{j+1}进行比幅。

① $u_j>u_{j+1}$，ε_{j-1}选择正确，并按u_j-u_{j+1}的大小加上$\Delta\varepsilon$。

② $u_{j+1}>u_j$，ε_{j-1}要改为ε_j，按$u_{j+1}-u_j$的大小加上$\Delta\varepsilon$。

（3）只有接收机j的输出超过门限时，基准角仍然为ε_{j-1}，按u_j的大小加上$\Delta\varepsilon$。

3. 二次雷达测高

二次雷达由敌我识别（IFF）系统发展而来，由地面询问机向空中目标发出询问信号，飞机上应答器接收到询问信号以后，如果认出是己方的询问，就发回一个应答信号给地面询问机，否则就不给回答。地面询问信号包括识别和测高等模式，应答信号根据询问信号模式做出相应的回答。关于二次雷达的目标识别问题将在后续章节介绍，本节只简要介绍二次雷达的测高原理。

二次雷达的高度测量，在原理上和一次雷达测量高度是不同的，它是利用飞机上的气压表测高。大家知道，在海平面，标准的气压是760mmHg（1mmHg=133.3224Pa），离开海平面越高，气压越低。气压与海拔高度满足关系式：

$$P=P_0\left(1-\frac{h}{44330}\right)^{5.255}$$

式中：P_0为标准大气压；h为海拔高度（单位：m）。

上式是非线性方程，在海拔较低时可近似为线性，如在海拔1000m左右，海拔大约每升高11m，气压降低1mmHg；在海拔2000m左右，海拔大约每升高12m，气压降低1mmHg。飞机上的气压表读数的变化可转化为机械轴的转动，从而可以使安装在轴上的码盘随之旋转，读出高度数据。在实际的航管系统中，专门规定了一种模式，称为模式C，用以询问高度。这一模式的询问脉冲有两个，相隔21μs，当地面指挥所需要某个目标回答高度时，用模式C发出询问信号，机上的应答设备接到询问后，就读出高度码盘的数，去调制高频，发回地面。地面的接收设备对应答码确认以后，读出高度。通常与气压表耦合的码盘是按照循环码排列的，所以地面接收到的机上应答的高度是循环码，译码以后，需要把它变成二进制码供计算机使用，或者直接变成十进制码加以显示。

地面收到的高度码，一般还需要加以修正，这是因为，一方面，标准大气压随气象条件而有所变化，有时海平面的气压可能低一些，如750mmHg，比标准值低10mmHg，这样，按760mmHg为标准的高度读数偏大，其误差为110~120m，因此要将读数减去110~120m；还有时可能偏高，如770mmHg，于是读数偏小，要加上110~120m。这一修正，要根据气象台站的报告将修正的数字置入计算设备中去。另一方面，飞机场本身与海平面相比较，有一相对高度，而气压表提供的高度数据则是以海平面为标准的，所以要减去机场的海拔高度，才是飞机离地面的高度。

二次雷达所测量的高度数据，比一次雷达的测高数据准确，分辨率也高，而且应用二次雷达测高，数据容量大，数据率高。因此，在能够使用二次雷达测高的场合，均以二次雷达的高度数据为准，一次雷达的高度数据可以作为参考。

2.5.5 雷达信息一次处理的算法流程

常用的雷达信息一次处理设备是专用数字计算机,它完成以下功能。

(1) 接收来自环形扫描雷达和敌我识别装置的信息。

(2) 从接收到的信息中分出目标信号。

(3) 确定目标的距离和方位,并对它们进行编码。

(4) 把来自目标识别装置的识别信号和目标坐标相关。

(5) 暂时保存雷达信息。

(6) 接收来自控制台的询问命令,根据该命令测量目标高度和确定目标的附加特征。

(7) 产生控制信号,以保证测高雷达天线转到一定的方位。

(8) 保证操纵员观察特定目标的特征信息。

(9) 为操作员准备数据,以便做出决策,往控制台发送信息。

当空情较复杂时,关于多个目标的空情信息在送往通信线路之前,可能会在计算机中保存几秒。因此,在计算机中要测量接收到脉冲包的最后一个脉冲与往输出设备发送信息之间的时间间隔。如信息的延迟时间超过了规定值,则认为信息已过时并要擦去。

在计算机的信息输出设备,集合了关于目标的全部信息:目标批号、方位、距离、脉冲包宽度、保存时间、敌我识别特征和同步脉冲。目标的其他特征,通常根据控制台专门的询问信号进行确定与传递。

现在讨论计算机在一次处理阶段实现信息处理的算法。在计算机中进行一次处理的算法结构图如图2-33所示。

图2-33中,序号1~10分别表示算法的各个操作阶段,其中:

第一阶段(1)——雷达信号的量化。

第二阶段(2)——与规定的准则进行比较,确定在该信号有无足够的有用信息。如果信号包含所要求的最少信息,则取出检测到的目标信号并允许进入下面的操作;如果没有所需的最少信息,则抛弃该信号。

第三阶段(3)——确定目标坐标并发出询问信号以确定目标高度。

第四阶段(4)——进行目标识别。如果和目标信号一起,识别设备收到“敌”特征信号,则算法转入第六阶段;如果接到“我”特征信号,则转入第五阶段。

第五阶段(5)——把目标信号加入“我”特征信号并编码,然后转入第七阶段。

第六阶段(6)——把目标信号加入“敌”特征信号并编码,然后转入第七阶段。

第七阶段(7)——根据时间上的信息撤消准则,检查是否应撤消该信息。如果算出的老化时间超过允许极限,则抛弃该信息。如果老化时间少于允许极限,则算法转入下面3个并行的操作:

信息送到显示器(8);

信息送到打印设备(9);

信息送到二次处理设备的输入端或信道(10)。

到此为止,一次信息处理结束。

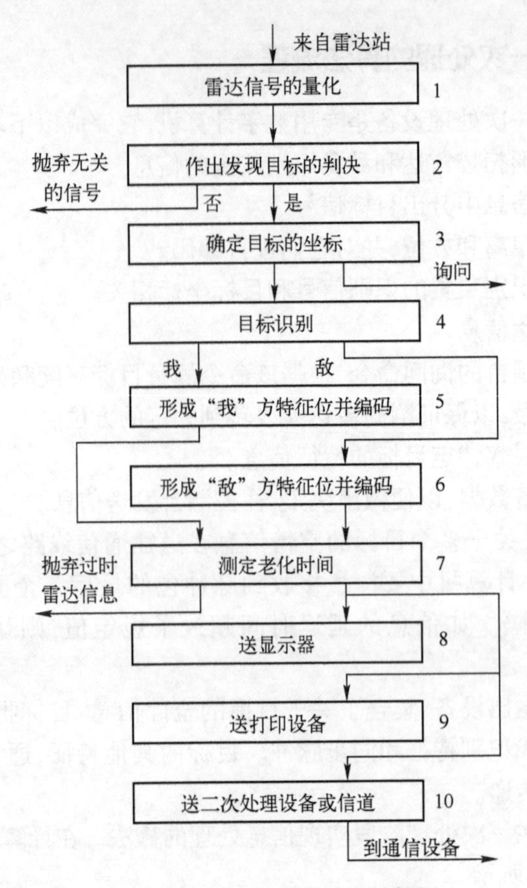

图 2-33　一次处理的算法结构图

思　考　题

1. 防空反导领域常用的传感器有哪些？
2. 简述雷达测量的原理与一次处理的任务。
3. 常用的最佳检测准则有哪些？各自有什么特点？
4. 简述单脉冲最佳检测的基本原理与方法。
5. 简述脉冲串最佳检测的基本原理与方法。
6. 简述二进制最佳检测的过程与方法。
7. 简述非加权二进制检测的实质，$m/n-k$ 准则的含义。
8. 简述目标距离和方位的测定方法。
9. 设用二分层量化法测定目标的方位角，得到的 0 与 1 脉冲串为 001101111111000，选用的逻辑检测准则为 2/2-2，已知雷达扫描速度为 10r/min，探测脉冲重复频率为 F_n = 400Hz，并测得起始方位角 $\beta_H = 11.25°$，试计算目标方位角 $\bar{\beta}_m$ 和系统误差 $\Delta\beta_S$。
10. 简述目标距离数据录取的方法与过程。
11. 简述方位码盘构成的方位录取装置的工作原理。
12. 目标斜距 $R = 100$km，测高雷达测得的目标仰角为 $\varepsilon = 15°$，计算目标的高度。

13. 简述三坐标雷达和二次雷达的测高原理。

14. 海平面气压为 760mmHg,飞机上气压表读数为 670mmHg,飞机的高度是多少?

15. 简述雷达信息一次处理的算法流程。

参考文献

[1] 贺正洪,吕辉,王睿. 防空指挥自动化信息处理[M]. 西安:西北工业大学出版社,2006.

[2] 彭冬亮,文成林,薛安克. 多传感器多源信息融合理论及应用[M]. 北京:科学出版社,2010.

[3] 丁鹭飞,耿富春,陈建春. 雷达原理[M].5 版. 北京:电子工业出版社,2014.

[4] 张乐伟,陈桂明,薛冬林. 导弹预警卫星概述[J]. 战术导弹技术,2011(04):117-121.

[5] 杨建军. 地空导弹武器系统概论[M]. 北京:国防工业出版社,2006.

[6] 杨万海. 多传感器数据融合及其应用[M]. 西安:西安电子科技大学出版社,2004.

[7] 周万幸. 空间导弹目标的捕获与处理[M]. 北京:电子工业出版社,2013.

第 3 章　雷达信息二次处理

雷达信息经过目标检测与坐标测定等一次处理环节后,仅获得目标的点迹信息,它还需要进行二次处理,以建立运动目标航迹,并通过外推、滤波与数据关联实现目标跟踪。本章首先介绍二次处理过程、航迹外推与滤波的基本原理,然后着重介绍递推式滤波、数据关联的各种方法,最后给出二次处理的算法流程。

3.1　雷达信息二次处理过程

雷达信息一次处理通过目标检测与坐标测量而获得目标的点迹信息,这只是目标信息提取的初级阶段。目标点迹近似地反映了探测时刻目标的真实位置。但根据一个目标点还不能可靠地做出发现目标的判定,更不可能根据它来确定目标飞行的航向、航速等航迹参数,而这些参数是雷达信息用户所必需的。

为了准确做出有目标的判决和确定目标的航迹参数,必须分析几个扫描周期内获得的信息,即进行二次处理。显然,根据 3 个或 3 个以上相邻扫描周期的目标点迹,所得到的正确发现概率更大。同时,根据多个点迹的位置可以确定目标飞行方向(航向),测量点迹之间的距离可算出飞行速度(航速)。

前述所有工作的最终目的是确定目标运动轨迹(航迹),实现对目标的连续跟踪。从原理上讲,这些工作可交给计算机自动完成。为说明雷达信息二次处理的过程与主要任务,下面分析在几个扫描周期内雷达操作员的工作(或者自动处理时,计算机的工作)。

1. 航迹建立

当显示屏上在某个扫描周期内出现亮点时,操作员会把它当成可能的目标点进行记录,并起始可能的航迹。因为缺少目标的运动参数,因此不可能预测它在下一个扫描周期内所处的位置。但可以利用有关目标类型和可能的目标速度范围等先验信息。

例如,现代的空气动力学目标速度变化范围:$v_{\min}$为马赫数 0.1,$v_{\max}$为马赫数 2.5,(马赫数 1=340m/s)。这样,在屏幕上出现下一个目标点的可能区域,是以第一当前点为中心的环,如图 3-1 所示的区域 E_0。环的内、外边界圆周半径分别为 $R_{\min}$ 和 $R_{\max}$,它们由目标速度范围确定,即

$$R_{\min}=v_{\min}T$$

$$R_{\max}=v_{\max}T$$

式中:T 为雷达扫描周期。

由此方法获得的区域称为零外推区域(E_0)或第一截获波门。当下一次扫描出现当前点 P_2 和 P_2',并进入目标可能出现区域(E_0)时,操作员(或计算机)就可确定目标速度 v 和方向 θ,即

$$
\begin{cases}
v=\dfrac{1}{T}\sqrt{\Delta x^2+\Delta y^2} \\
\theta=\arctan\dfrac{\Delta y}{\Delta x}
\end{cases}
$$

可见,二次处理中第一项工作的实质是确定目标的运动参数。通过计算目标运动参数,不难估计目标在下一扫描周期所处位置的坐标。计算目标在下一扫描周期的坐标称为外推或预测,而算出的坐标所对应的点称为外推点 $P_{e1}(P'_{e1})$。

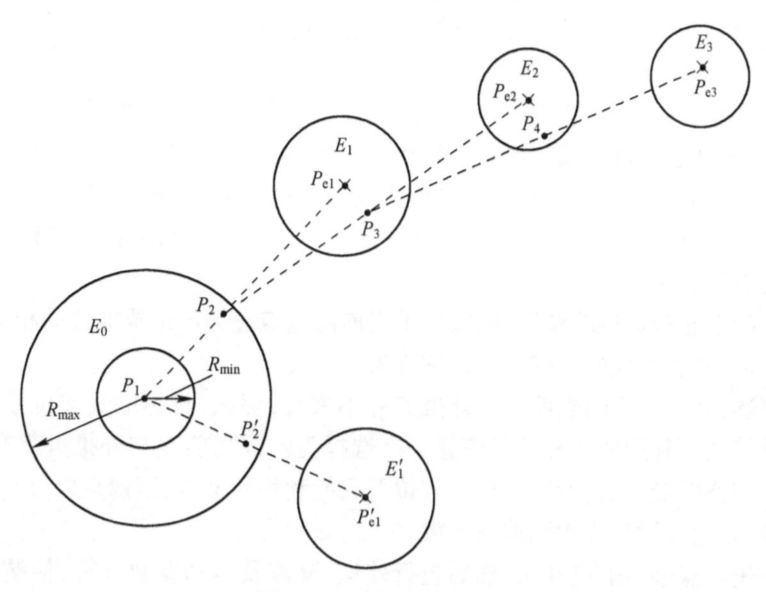

图 3-1　二次处理的原理

很明显,下一个当前点 P_3 与外推点 P_{e1} 是不重合的:一是因为外推点有计算误差,它由目标运动参数的计算误差和目标可能的机动引起;二是因为当前点有测量误差。因此,为了选择目标,可在外推点 P_{e1} 周围划出一个足够小的区域 $E_1(E'_1)$ 作为外推波门,该区域也称为第二截获波门。划出该区域的过程称为目标波门选通。

当然,外推波门 E_1 的尺寸可以取得比 E_0 小,因为产生 E_1 时,利用了前两个扫描周期获得的关于目标运动参数的后验信息。随着关于目标运动参数的信息增加和可靠性的提高,每一个新的扫描周期的外推波门都有可能减小。但是最小的波门尺寸受外推误差、测量误差和目标机动可能性的限制。

图 3-1 中,外推波门 E_1 内出现了期望的 P_3 点,因此,可以利用 P_1、P_2、P_3 点提供的信息继续进行外推。波门 E'_1 内因缺少目标测量点,外推就可能不再继续。

若在开始处理的几个周期内连续出现了期望的测量点,就可建立一条新的目标航迹。建立新航迹也称为发现航迹或航迹起始,是实现目标跟踪的基础。选择可以得出发现航迹结论的点迹,并确定航迹参数的过程称为航迹截获。截获可以是自动的(自动截获)和半自动的(有操作员参与)。

通常,自动航迹截获是个统计检测问题,可以利用 2.2 节的基本原理推导出相应的算法,但算法实现起来很复杂。因此,常适当地使用更简单的算法,如利用 m/n 或 n/n 准则进行设计。如果在 n 个相邻扫描中获得 m 个相关点迹(属于一条航迹的),则认为发现了航迹。m 和 n 值的选择取决于真实航迹的发现概率与进入跟踪的假航迹数。随着 m 的减小,将增加发现真实航迹的概率。实际中,选取 m 值为 2~3,而 n 值为 3~4。

由此可见,新航迹的发现过程是从出现单个点迹没进入任何已有的波门,而在点迹周围产生第一截获波门开始的。如果在下一个扫描周期,有一个或几个点迹进入第一截获波门,则它们中的每一个都用来延续可能的新航迹。下面根据两个相应点的坐标进行外推,产生新的相关区域(波门);接下来的第三个扫描周期出现的点迹若进入这个区域,则与相应的可能航迹相关。对新点的相关配对工作继续进行,直到完成发现航迹的准则而转入跟踪,或满足撤消航迹发现的准则而取消航迹起始。

2. 目标跟踪

完成航迹起始后,将继续进行外推与波门选通。通常,在同一外推波门内会出现多个点,这些点可能是虚假目标或其他真实目标。因此,为了航迹延续必须从进入波门的多个点中选择一个。把波门内的所有点迹进行比较,并按某种准则选择其中一个点。比较的准则常选点到波门中心的距离。对进入波门的点迹进行比较和选择的过程称为核选,它实现点迹与航迹配对。

通过波门选通和点迹的核选,就实现了当前测量点迹与已形成航迹的相关,该处理过程常称为数据关联,形成的外推波门也常称为相关波门。

如前所述,套入波门的当前点与外推点并不重合,那么,目标的真实位置在哪里?下一步外推计算应该利用的目标位置信息怎么选择呢?因当前点与外推点都有误差,而且是由多种不同原因造成的,所以目标真实位置只能利用外推点、当前点以及其他历史测量点进行估计,该处理过程称为滤波或平滑。

连续地进行点迹与航迹相关,然后进行外推、滤波及运动参数计算,使航迹得以持续的过程称为目标跟踪。自动目标跟踪常简称为自动跟踪。

3. 航迹撤消

在目标跟踪过程中,如果连续多个扫描周期没有再出现某个目标的点迹,则对该目标的跟踪将中断,需要撤消其航迹。撤消已跟踪航迹的准则,常采用在连续 k 个扫描周期中未出现被跟踪目标的点迹,实际中选取 k 值为 2~3。对假航迹的跟踪,必然会提高对存储器的容量和跟踪设备的运行速度的要求。

总结上述处理过程可知,在雷达信息的二次处理中,利用几个扫描周期的回波点可以提高目标正确发现概率,同时也降低了虚警概率。此外,还可以确定目标运动参数(速度、加速度等),通过航迹滤波、平滑可更精确地估计目标坐标。

雷达信息二次处理的 3 个阶段,即航迹建立、目标跟踪、航迹撤消过程中,主要操作集中在航迹建立、目标跟踪阶段。在航迹建立与目标跟踪阶段的基本操作如下。

(1) 确定目标运动参数(航向、航速、加速度)。

(2) 目标坐标的外推与滤波。

(3) 波门选通——划出一个目标在下一扫描周期可能出现的位置区域。

(4) 核选——比较位于波门内的目标坐标,选择一个与航迹配对并使航迹继续。

上述操作完成的质量,根据一系列准则判定。评价雷达信息二次处理质量可用下述指标。

(1) 目标外推与跟踪的误差。

(2) 目标连续跟踪的时间。

(3) 同时跟踪的航迹数。

(4) 同时跟踪的假航迹数。

(5) 假航迹存续的时间。

(6) 系统跟踪的分辨能力,即系统可以区分的跟踪目标之间的最小距离。

下面将讨论二次处理过程中的主要操作。

3.2 航迹外推与滤波原理

3.2.1 目标运动与测量模型

送到二次处理系统输入端的信号为目标点和虚假点的坐标测量值。一次处理系统测量的坐标是存在一定误差的,因此,表示目标位置的测量值是以有用信号加噪声的形式出现的。在直角(笛卡儿)坐标系中可以写为

$$\begin{cases} x(t)=x(a,t)+\Delta x(t) \\ y(t)=y(b,t)+\Delta y(t) \\ H(t)=H(c,t)+\Delta H(t) \end{cases}$$

式中:$x(a,t)$、$y(b,t)$、$H(c,t)$为时间的函数,表示坐标真实值(目标的航迹);$\Delta x(t)$、$\Delta y(t)$、$\Delta H(t)$为使航迹产生偏差的干扰信号。

目标运动的轨迹与很多因素和条件有关,如飞行高度、速度、机动可能性等。此外,目标航迹受一系列随机因素的影响,如敌人的对抗手段、媒质的非一致性、控制的不精确。通常,目标航迹可用随机函数表示。要精确地表示该函数,必须知道其分布规律或确定其参数的变化规律。但确定这些规律并非总是可行的,因此只能做出关于目标运动特性的几种假设,根据目标类型来选择其运动模型。下面讨论空气动力目标的运动模型。

1. 目标运动模型

如前所述,空气动力目标的运动轨迹是时间上的随机函数。但目标是有足够惰性的实体,并作某些近似,以使其航迹接近于平滑的时间函数。通常,目标航迹可分成匀速直线段和机动段,它们随机地轮流出现。最简单的目标运动近似模型是用m阶多项式表示的,记为

$$\begin{cases} x(a,t)=\sum_{k=0}^{m} a_k t^k \\ y(b,t)=\sum_{k=0}^{m} b_k t^k \end{cases}$$

式中:系数a_k、b_k反映相应坐标的运动参数(初始位置、速度、加速度等)。

很明显,多项式阶数越高,近似表达越精确,同时处理系统也越复杂。多项式阶数的选择取决于对目标运动方式的假设。对匀速直线运动,选一阶多项式足以,即用常速模型(CV)表示;对机动目标,常选二阶多项式,即用常加速模型(CA)表示。

多项式模型的不足之处,是没有考虑不可预见的目标机动能力。更新的模型,是在对

参数的统计特性作某种假设之后的随机过程模型，如 Singer 模型和“当前”模型。Singer 模型假定目标加速度是一个零均值的平稳一阶 Markov 过程，它把未知目标加速度表征为时间相关的随机过程模型，通过机动时间常数的选择使模型在常速模型和常加速模型之间变化。“当前”模型是一个带自适应的 Singer 模型，它将 Singer 模型修正为具有非零均值加速度，加速度的均值在每个取样区间假定为常数，利用所有可利用的在线信息得到加速度的估计值，并把该值作为加速度均值的“当前”值。

为便于工程实现，本书后续讨论将采用 m 阶多项式模型，特别是常速模型和常加速模型作为目标运动模型。

2. 干扰的统计特性

二次处理时的干扰为坐标测量误差和虚假目标点迹。

引起坐标测量误差的原因包括内部和外部噪声、雷达测量系统的不完善、测量系统内信号的快速起伏、手动或自动测量时操作员的主观错误等。

这些误差产生偏离真实航迹的随机坐标偏移。

对这些误差常采用下面的先决条件加以限制。

(1) 对独立的被观测坐标的测量误差是互不相关的。这样可以对每个坐标进行单独处理。本节将只讨论 x 坐标。

(2) 第 i 时刻的单次测量误差服从正态分布。

(3) 在时刻 $t_1,t_2,\cdots,t_n$ 的测量误差 $\Delta x_1,\Delta x_2,\cdots,\Delta x_n$ 的集合通常服从 n 维正态分布，随机值的相关性用误差相关矩阵表示，即

$$\boldsymbol{R}=\begin{bmatrix} R_{11} & R_{12} & \cdots & R_{1n} \\ R_{21} & R_{22} & \cdots & R_{2n} \\ \vdots & \vdots & & \vdots \\ R_{n1} & R_{n2} & \cdots & R_{nn} \end{bmatrix} \tag{3-1}$$

矩阵的对角线元素是相应测量的方差。当测量间隔的周期长时，常把它们之间相关性忽略，相关矩阵将成为对角矩阵。如果所有测量的精度一样，则对角线上的元素都相等。

虚假点迹可能随机和不相关地出现在雷达的整个扫描区域内。按统计学的观点，它们可用时间上平均密度 f 或扫描区单位面积上的平均密度 γ 表示。

圆周扫描（扇形扫描）时，单位面积上的虚假点迹密度用以下方法确定。

在距离上把扫描区分成宽为 Δr 的距离环，Δr 等于距离分辨率。很明显，这样的距离环个数为 $r_{\max}/\Delta r$，一个扫描周期内，在空间可能出现的假点迹数为 $f\cdot T$。

如果时间继续，则在每个环上出现平均假点迹数是相同的，进入一个环的假点迹有

$$\gamma'=\frac{f\cdot T}{r_{\max}}\Delta r$$

距离为 r 的环的面积为

$$s_r=\pi\left(r+\frac{\Delta r}{2}\right)^2-\pi\left(r-\frac{\Delta r}{2}\right)^2$$

得

$$s_r=2\pi r\Delta r$$

则单位面积的假点迹数为

$$\gamma=\frac{\gamma'}{s_r}=\frac{fT}{2\pi r r_{\max}}$$

通常，假点迹是互不相关的。在面积上分布规律取等概率的，即

$$W_\gamma(\Delta x,\Delta y)=\gamma$$

在完成二次处理基本操作的过程中，虚假点的出现会影响波门选择点迹的质量。

3.2.2　外推与滤波的基本原理

外推的任务是预告下一个时刻目标的位置，外推的根据是前一时刻测得的坐标数据。很明显，目标的未来位置与前面的位置有关，而且预测的时间越短，这种联系越紧密。

滤波（平滑）理解为，确定在已观察时间内的目标坐标和参数的近似值，即对目标的状态进行估计。

为讨论问题方便，在外推与滤波时通常作下述假设。

（1）系统只跟踪一个目标。

（2）输入数据是用直角坐标表示的，此处只考虑 x 坐标。

（3）事先知道目标运动规律。例如，常用多项式模型表示其运动规律：

$$x(a,t)=\sum_{k=0}^{m}a_k t^k$$

（4）在时刻 $t_1,t_2,\cdots,t_n$ 得到的坐标测量值为 $x_1,x_2,\cdots,x_n$。

（5）测量误差服从正态分布。

解决上述任务，需要以下阶段。

（1）以测量数据为基础，寻找目标运动参数的估计值 $\bar{a}_0,\bar{a}_1,\cdots,\bar{a}_m$，这些值在某种准则下最符合真实值 $a_0,a_1,\cdots,a_m$。

（2）假定目标的运动规律不变，寻找目标坐标的外推值。

对目标状态进行估计的方法有很多，较早提出的有最小二乘法、最大似然法等，后续又出现了 Winer 滤波、Kalman 滤波、α-β 滤波等多种方法。其中，最小二乘法是当测量误差为正态分布且坐标测量值之间互不相关时，最大似然法的一种特例，本节先通过介绍这两种方法来说明外推与滤波的基本原理。后续章节将介绍 α-β 滤波等其他方法。

1. 最大似然法滤波

设在 $t_1,t_2,\cdots,t_n$ 时刻得到目标坐标测量值 $x_1,x_2\cdots x_n$，图 3-2 所示为坐标滤波原理。

在任一时刻的坐标真实值由下式确定：

$$x(a,t_i)=\sum_{k=0}^{m}a_k t_i^k$$

最大似然法的实质是：选择系数 $a_0,a_1,\cdots,a_m$，使测量值 $x_1,x_2,\cdots,x_n$ 相对于坐标真实值的概率最大。选择的系数是最大似然意义下对真实值的估计。

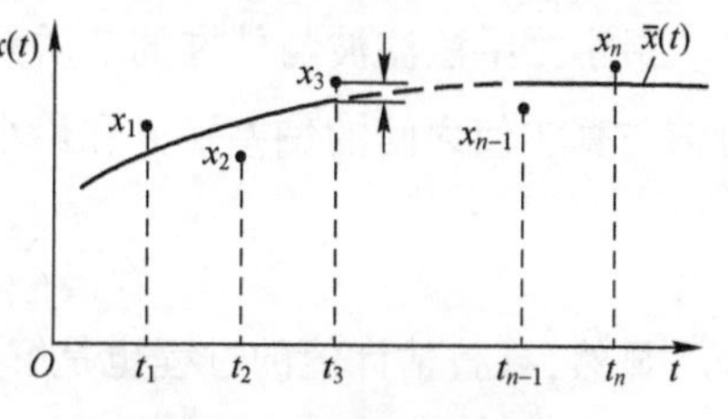

图 3-2　坐标滤波原理

为了确定上述概率，必须知道航迹参数为真实值的条件下，随机值 $x_1,x_2,\cdots,x_n$ 的条件分布规律。

考虑到采用的假设条件,这里的分布规律是正态的。似然函数可写成

$$L(x\mid a)=W(x_1,x_2,\cdots,x_n\mid a)$$
$$=\frac{1}{(2\pi)^{n/2}\,|\boldsymbol{R}|^{1/2}}\exp\left[-\frac{1}{2}\sum_{i=1}^{n}\sum_{j=1}^{n}\frac{K_{ij}}{|\boldsymbol{R}|}[x_i-x(a,t_i)][x_j-x(a,t_j)]\right]$$

式中:$|\boldsymbol{R}|$ 为测量误差相关矩阵行列式;K_{ij} 为行列式元素的代数余子式,去掉行列式 $|\boldsymbol{R}|$ 的第 i 行、第 j 列并乘以 $(-1)^{i+j}$ 后,便可得到它。

$x_1,x_2,\cdots,x_n$ 分布概率的最大值与最大似然函数的极大值相对应。确实,从图 3-3 可得到,对一次测量,随机值 x 取从 x_1 到 $x_1+\mathrm{d}x$ 的概率为 $W(x_1\mid a)\mathrm{d}x$。相应地,随机值 x 取从 x_2 到 $x_2+\mathrm{d}x$ 的概率等于 $W(x_2\mid a)\mathrm{d}x$。图中显然易见,有不等式

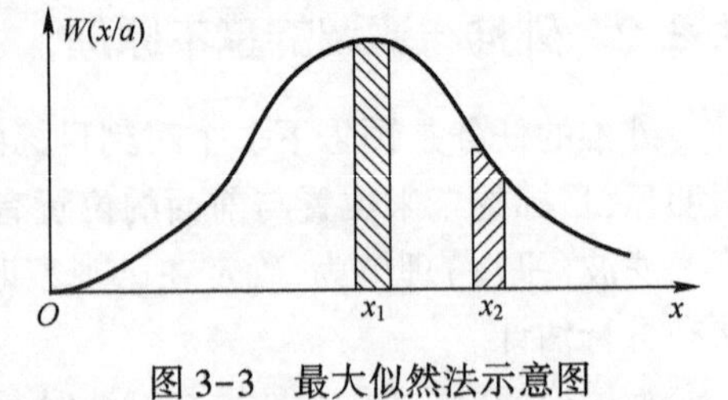

图 3-3 最大似然法示意图

$$W(x_1\mid a)\mathrm{d}x>W(x_2\mid a)\mathrm{d}x$$

同样的结论可用于随机值的集合,这样,参数估计值应该对应于似然函数的最大值。通常对似然函数取对数,即

$$\ln L(x\mid a)=\ln W(x_1,x_2,\cdots,x_n\mid a)$$
$$=\ln C-\frac{1}{2}\sum_{i=1}^{n}\sum_{j=1}^{n}\frac{K_{ij}}{|\boldsymbol{R}|}[x_i-x(a,t_i)][x_j-x(a,t_j)]=\ln C-\frac{1}{2}\theta$$

式中:C 为常数值。

当上式最后一个等号右边第二项的绝对值最小时,上式将有最大值。去掉常数,得到寻找航迹参数估值的条件为

$$\theta=\sum_{i=1}^{n}\sum_{j=1}^{n}\frac{K_{ij}}{|\boldsymbol{R}|}[x_i-x(a,t_i)][x_j-x(a,t_j)]=\min \tag{3-2}$$

参数估计值从以下方程组的解获得

$$\left.\frac{\partial\theta}{\partial a_0}\right|_{a_0=\bar{a}_0}=0,\left.\frac{\partial\theta}{\partial a_1}\right|_{a_1=\bar{a}_1}=0,\cdots,\left.\frac{\partial\theta}{\partial a_m}\right|_{a_m=\bar{a}_m}=0$$

因此,为寻找航迹参数的估计值,必须对表达式(3-2)求导,令导数为0,再求解获得的方程组。

2. 最小二乘法滤波与外推

最小二乘法滤波与外推的实质是:航迹参数的估计值应保证在时刻 $t_1,t_2,\cdots,t_n$ 的测量值与真实值之间的偏差平方和最小。用数学表达式,即

$$\theta=\sum_{i=1}^{n}[x_i-x(a,t)]^2=\min \tag{3-3}$$

显然,寻找估计值的过程也是解方程组

$$\left.\frac{\partial\theta}{\partial a_0}\right|_{a_0=\bar{a}_0}=0,\left.\frac{\partial\theta}{\partial a_1}\right|_{a_1=\bar{a}_1}=0,\cdots,\left.\frac{\partial\theta}{\partial a_m}\right|_{a_m=\bar{a}_m}=0$$

该方法是最大似然法的特例。

确实,当所有的测量互不相关时,式(3-2)中的相关矩阵为

$$\begin{bmatrix} \sigma_{11}^2 & 0 & \cdots & 0 \\ 0 & \sigma_{22}^2 & \cdots & 0 \\ \vdots & \vdots & & \vdots \\ 0 & 0 & \cdots & \sigma_{nn}^2 \end{bmatrix} = \begin{bmatrix} \sigma_1^2 & 0 & \cdots & 0 \\ 0 & \sigma_2^2 & \cdots & 0 \\ \vdots & \vdots & & \vdots \\ 0 & 0 & \cdots & \sigma_n^2 \end{bmatrix}$$

式中:σ_i^2 为第 i 次测量的方差。

该矩阵对应的行列式的值为

$$|\boldsymbol{R}| = \sigma_1^2\sigma_2^2\cdots\sigma_n^2$$

除 $i=j$ 以外,对所有的 i、j 值,代数余子式 K_{ij}都等于0。$i=j$ 时,代数余子式的值为

$$K_{ij} = \sigma_1^2\sigma_2^2\cdots\sigma_{i-1}^2\sigma_{i+1}^2\cdots\sigma_n^2$$

比值

$$\frac{K_{ij}}{|\boldsymbol{R}|} = \frac{1}{\sigma_i^2}$$

这样式(3-2)变为

$$\theta = \sum_{i=1}^{n} \frac{1}{\sigma_i^2}[x_i - x(a,t_i)]^2 \tag{3-4}$$

如果所有测量的精度都相等,即 $\sigma_1^2=\sigma_2^2=\cdots=\sigma_n^2=\sigma^2$,约去常数 $1/\sigma^2$,得到最小二乘的表达式。对非等精度测量,必须利用式(3-4),即求偏差的平方和时必须加权,权值等于 $1/\sigma_i^2$。有时把该方法称为加权平均法。

现在来完成多项式运动模型的滤波与外推任务。考虑所采用运动模型,式(3-3)可写成

$$\theta = \sum_{i=1}^{n}(x_i - a_0 - a_1 t_i - a_2 t_i^2 - \cdots - a_m t_i^m)^2$$

进行微分,并令其等于0,得 $m+1$ 元方程组:

$$\begin{cases} -2\sum_{i=1}^{n}(x_i - \bar{a}_0 - \bar{a}_1 t_i - \cdots - \bar{a}_m t_i^m) = 0 \\ -2\sum_{i=1}^{n}(x_i - \bar{a}_0 - \bar{a}_1 t_i - \cdots - \bar{a}_m t_i^m)t_i = 0 \\ \vdots \\ -2\sum_{i=1}^{n}(x_i - \bar{a}_0 - \bar{a}_1 t_i - \cdots - \bar{a}_m t_i^m)t_i^m = 0 \end{cases}$$

约去常系数,并逐项求和,得

$$\begin{cases} \bar{a}_0 n + \bar{a}_1\sum_{i=1}^{n} t_i + \cdots + \bar{a}_m\sum_{i=1}^{n} t_i^m = \sum_{i=1}^{n} x_i \\ \bar{a}_0\sum_{i=1}^{n} t_i + \bar{a}_1\sum_{i=1}^{n} t_i^2 + \cdots + \bar{a}_m\sum_{i=1}^{n} t_i^{m+1} = \sum_{i=1}^{n} x_i t_i \\ \vdots \\ \bar{a}_0\sum_{i=1}^{n} t_i^m + \bar{a}_1\sum_{i=1}^{n} t_i^{m+1} + \cdots + \bar{a}_m\sum_{i=1}^{n} t_i^{2m} = \sum_{i=1}^{n} x_i t_i^m \end{cases}$$

如测量次数 $n \geqslant m+1$,则方程可求解。例如,用一阶多项式作近似,即目标做匀速直线运动,为估计 a_0 和 a_1 需要不少于两次的测量。对二阶多项式必须有 3 次测量,并依此类推。

根据线性方程组求解规则,方程组的解为

$$\bar{a}_i = \frac{\boldsymbol{\Delta}_i}{\boldsymbol{\Delta}}$$

式中:$\boldsymbol{\Delta}$ 为由未知量 $\bar{a}_0, \bar{a}_1, \cdots, \bar{a}_m$ 的系数组成的行列式;$\boldsymbol{\Delta}_i$ 为除 $\bar{a}_i$ 的系数用方程右边代替以外,其他与上面相同的行列式。

解方程组后,可以得到 $0 \leqslant t \leqslant t_n$ 内任何时刻的坐标平滑值

$$x(\bar{a}, t) = \bar{a}_0 + \bar{a}_1 t + \cdots + \bar{a}_m t^m$$

可见,为求取上式中的所有系数,必须保存 $n \geqslant m+1$ 个周期的测量值,所以这种方法称为有限记忆滤波。

假设目标运动规律在未来一段时间内不变,则可得出时间间隔 τ 后的坐标外推值:

$$x_e(t_n + \tau) = \bar{a}_0 + \bar{a}_1 (t_n + \tau) + \cdots + \bar{a}_m (t_n + \tau)^m$$

必须注意到,多项式的阶数越高,近似航迹就越接近真实值。但空气动力目标的特点是匀速直线运动和在个别时间段内作匀加速机动或匀角速转弯机动。

因此,通常讨论两种目标运动假设。

(1) 目标做匀速直线运动。

(2) 目标以固定转弯半径作圆周运动。

下面将详细讨论这些假设条件下的滤波与外推问题。

3.3　基于常速模型和常加速模型的外推与滤波

空中目标运动通常可分成匀速直线运动和加速运动,二者随机地交替出现。它们可以分别用一阶和二阶多项式近似描述,即分别用常速模型和常加速模型表示。本节介绍基于常速模型和常加速模型的最小二乘法外推与滤波的实现。

3.3.1　基于常速模型的外推与滤波

1. 外推与滤波公式的推导

匀速直线运动时,真实航迹用一阶多项式

$$x(a, t) = a_0 + a_1 t$$

表示。用最二乘法求解系数的方程为

$$\begin{cases} \bar{a}_0 n + \bar{a}_1 \sum\limits_{i=1}^{n} t_i = \sum\limits_{i=1}^{n} x_i \\ \bar{a}_0 \sum\limits_{i=1}^{n} t_i + \bar{a}_1 \sum\limits_{i=1}^{n} t_i^2 = \sum\limits_{i=1}^{n} t_i x_i \end{cases} \tag{3-5}$$

系数值为

$$\bar{a}_0=\frac{\boldsymbol{\Delta}_0}{\boldsymbol{\Delta}}=\frac{\begin{vmatrix}\sum_{i=1}^{n}x_i & \sum_{i=1}^{n}t_i\\ \sum_{i=1}^{n}x_it_i & \sum_{i=1}^{n}t_i^2\end{vmatrix}}{\begin{vmatrix}n & \sum_{i=1}^{n}t_i\\ \sum_{i=1}^{n}t_i & \sum_{i=1}^{n}t_i^2\end{vmatrix}}=\frac{\sum_{i=1}^{n}x_i\sum_{i=1}^{n}t_i^2-\sum_{i=1}^{n}x_it_i\sum_{i=1}^{n}t_i}{n\cdot\sum_{i=1}^{n}t_i^2-\left(\sum_{i=1}^{n}t_i\right)^2} \tag{3-6}$$

$$\bar{a}_1=\frac{\boldsymbol{\Delta}_1}{\boldsymbol{\Delta}}=\frac{\begin{vmatrix}n & \sum_{i=1}^{n}x_i\\ \sum_{i=1}^{n}t_i & \sum_{i=1}^{n}t_ix_i\end{vmatrix}}{\begin{vmatrix}n & \sum_{i=1}^{n}t_i\\ \sum_{i=1}^{n}t_i & \sum_{i=1}^{n}t_i^2\end{vmatrix}}=\frac{n\cdot\sum_{i=1}^{n}t_ix_i-\sum_{i=1}^{n}x_i\sum_{i=1}^{n}t_i}{n\cdot\sum_{i=1}^{n}t_i^2-\left(\sum_{i=1}^{n}t_i\right)^2} \tag{3-7}$$

通常,在探测目标的过程中,信息获取有相同的时间间隔 T。举例说,出现第一次信息的时间记为 0,即 $t_1=0$。那么,$t_2=T,t_3=2T,t_i=(i-1)T,t_n=(n-1)T$,把 $t_i=(i-1)T$ 代入系数$\bar{a}_0$ 和$\bar{a}_1$ 的表达式,并参考已知关系式

$$\sum_{i=1}^{n}(i-1)=\frac{n(n-1)}{2},\quad \sum_{i=1}^{n}(i-1)^2=\frac{n(n-1)(2n-1)}{6}$$

最后得到

$$\begin{aligned}\bar{a}_0&=\frac{\sum_{i=1}^{n}x_i\frac{n(n-1)(2n-1)}{6}T^2-\sum_{i=1}^{n}(i-1)x_iT^2\frac{n(n-1)}{2}}{nT^2\frac{n(n-1)(2n-1)}{6}-\left[\frac{n(n-1)}{2}\right]^2T^2}\\&=\sum_{i=1}^{n}\frac{4(n+1)-6i}{n(n+1)}x_i\end{aligned} \tag{3-8}$$

$$\bar{a}_0=\sum_{i=1}^{n}\eta_0(i)x_i$$

$$\begin{aligned}\bar{a}_1&=\frac{n\sum_{i=1}^{n}(i-1)x_iT-\frac{n(n-1)}{2}T\sum_{i=1}^{n}x_i}{nT^2\frac{n(n-1)(2n-1)}{6}-\left[\frac{n(n-1)}{2}\right]^2T^2}\\&=\sum_{i=1}^{n}\frac{6(2i-n-1)}{T(n^2-1)n}x_i\end{aligned} \tag{3-9}$$

$$\bar{a}_1 = \sum_{i=1}^{n} \eta_{a_1}(i) x_i$$

式中

$$\begin{cases} \eta_0(i) = \dfrac{4(n+1)-6i}{n(n+1)} \\ \eta_{a_1}(i) = \dfrac{6(2i-n-1)}{T(n^2-1)n} \end{cases} \tag{3-10}$$

为加权系数。

假设 $n=2$,则有

$$\bar{a}_0 = x_1, \quad \bar{a}_1 = \frac{x_2 - x_1}{T} = v_x$$

求最近一次测量时的坐标平滑值为

$$\begin{aligned} \bar{x}_n &= \bar{a}_0 + (n-1)T\bar{a}_1 \\ &= \sum_{i=1}^{n} \left[\frac{4(n+1)-6i}{n(n+1)} + \frac{T(n-1)6(2i-n-1)}{Tn(n^2-1)} \right] x_i \end{aligned}$$

$$\bar{x}_n = \sum_{i=1}^{n} \frac{6i-2n-2}{n(n+1)} x_i = \sum_{i=1}^{n} \eta_n(i) x_i \tag{3-11}$$

式中

$$\eta_n(i) = \frac{6i-2n-2}{n(n+1)} \tag{3-12}$$

为加权系数。

m 个扫描周期后的外推值表达式为

$$\begin{aligned} \bar{x}_{n+m} &= x_n + \bar{a}_1 mT \\ &= \sum_{i=1}^{n} \left[\frac{6i-2n-2}{n(n+1)} + \frac{6mT(2i-n-1)}{Tn(n^2-1)} \right] x_i = \sum_{i=1}^{n} \eta_{n+m}(i) x_i \end{aligned} \tag{3-13}$$

式中

$$\eta_{n+m}(i) = \frac{(6i-2n-2)(n-1)+6m(2i-n-1)}{n(n^2-1)} \tag{3-14}$$

一个扫描周期后的外推值($m=1$)为

$$\bar{x}_{n+1} = \sum_{i=1}^{n} \frac{6i-2n-4}{n(n-1)} x_i = \sum_{i=1}^{n} \eta_{n+1}(i) x_i \tag{3-15}$$

式中

$$\eta_{n+1}(i) = \frac{6i-2n-4}{n(n-1)} \tag{3-16}$$

例如,当用两次测量($n=2$)时,平滑和外推值为

$$\begin{cases} \bar{x}_n = x_2 \\ \bar{x}_{n+1} = 2x_2 - x_1 = x_2 + v_x T \end{cases}$$

上式还可用两点进行简单外推获得。同样可得到用 3 次测量($n=3$)的表达式

$$\begin{cases}\bar{x}_n=\dfrac{5}{6}x_3+\dfrac{2}{6}x_2-\dfrac{1}{6}x_1\\ \bar{x}_{n+1}=\dfrac{4}{3}x_3+\dfrac{1}{3}x_2-\dfrac{2}{3}x_1\end{cases}$$

2. 目标坐标与运动参数的测定精度

在目标跟踪过程中,用估计方法获得的滤波和外推参数的精度与很多因素有关,主要有以下几方面。

(1) 在时刻 t_i 测量的坐标精度,由式(3-1)的相关矩阵确定。

(2) 统计的充分性,即用于计算的测量次数(雷达扫描次数)。

(3) 动态误差,由采用与目标实际运动轨迹不一致的假设所引起。

现在详细讨论采用常速模型时,上述因素的影响。

1) 测量误差和统计充分性的影响

通常,测量误差包括系统分量和随机分量。但分析时假设系统误差不存在,它可以通过调整设备得到补偿。随机误差服从正态分布,对 n 次测量组成的集合,误差相关矩阵由式(3-1)确定。

对测量间隔周期达数秒的情况,可认为测量值之间是互不相关的。那么,相关矩阵变成对角线矩阵,其元素等于相应测量的方差。

我们感兴趣的误差有最近时刻的坐标平滑误差、下一个扫描周期的坐标外推误差和运动参数的误差(此时为速度)3 种。这些参数的表达式分别为

$$\bar{v}_x=\bar{a}_1=\sum_{i=1}^{n}\eta_{a_1}(i)x_i$$

$$\bar{x}_n=\sum_{i=1}^{n}\eta_n(i)x_i$$

$$\bar{x}_{n+1}=\sum_{i=1}^{n}\eta_{n+1}(i)x_i$$

根据非相关随机变量的方差求取规则,有

$$\sigma_{\bar{v}}^2=\sum_{i=1}^{n}\eta_{a_1}^2(i)\sigma_{x_i}^2=\sum_{i=1}^{n}\eta_v^2(i)\sigma_{x_i}^2$$

$$\sigma_{\bar{x}_n}^2=\sum_{i=1}^{n}\eta_n^2(i)\sigma_{x_i}^2$$

$$\sigma_{\bar{x}_{n+1}}^2=\sum_{i=1}^{n}\eta_{n+1}^2(i)\sigma_{x_i}^2$$

如果所有测量的精度相等,即 $\sigma_{x_1}^2=\sigma_{x_2}^2=\cdots=\sigma_{x_n}^2=\sigma^2$,并考虑权系数 $\eta(i)$,则得到

$$\sigma_{\bar{v}}^2=\sigma_x^2\sum_{i=1}^{n}\left[\frac{6(2i-n-1)}{Tn(n^2-1)}\right]^2 \tag{3-17}$$

$$\sigma_{\bar{x}_n}^2=\sigma_x^2\sum_{i=1}^{n}\left[\frac{6i-2n-2}{n(n+1)}\right]^2 \tag{3-18}$$

$$\sigma_{\bar{x}_{n+1}}^2=\sigma_x^2\sum_{i=1}^{n}\left[\frac{6i-2n-4}{n(n-1)}\right]^2 \tag{3-19}$$

对式(3-17)进行变换,即

$$\sigma_{\bar{v}}^2=\frac{36\sigma_x^2}{T^2n^2(n^2-1)^2}\sum_{i=1}^{n}(2i-n-1)^2$$
$$=\frac{36\sigma_x^2}{T^2n^2(n^2-1)^2}\sum_{i=1}^{n}(4i^2+n^2+1-4in-4i+2n)$$

分项求和,并考虑到

$$\sum_{i=1}^{n}i=\frac{n(n+1)}{2}$$
$$\sum_{i=1}^{n}i^2=\frac{n(n+1)(2n+1)}{6}$$

得到

$$\sigma_{\bar{v}}^2=\frac{12}{n(n^2-1)T^2}\sigma_x^2 \tag{3-20}$$

同样可得坐标平滑与外推误差的最终表达式为

$$\sigma_{\bar{x}_n}^2=\frac{2(2n-1)}{n(n+1)}\sigma_x^2 \tag{3-21}$$
$$\sigma_{\bar{x}_{n+1}}^2=\frac{2(2n+1)}{n(n-1)}\sigma_x^2 \tag{3-22}$$

$\bar{x}_n$、$\bar{x}_{n+1}$、$\bar{v}_x$ 的值用同一坐标的测量值的线性组合表示,而且相互之间有联系。求出它们之间的相关系数,下面将要用到。

一个周期后的坐标外推值为

$$\bar{x}_{n+1}=\bar{x}_n+T\bar{v}_x$$

$\bar{x}_{n+1}$的方差为

$$\sigma_{\bar{x}_{n+1}}^2=\sigma_{\bar{x}_n}^2+T^2\sigma_{\bar{v}_x}^2+2TR_{\bar{x}_n,\bar{v}_x}$$

式中:$R_{\bar{x}_n,\bar{v}_x}$为$\bar{x}_n$ 与$\bar{v}_x$ 值的相关度。

从该表达式求出

$$R_{\bar{x}_n,\bar{v}_x}=\frac{\sigma_{\bar{x}_{n+1}}^2-\sigma_{\bar{x}_n}^2-T^2\sigma_{\bar{v}_x}^2}{2T}$$

把从式(3-20)到式(3-22)得到的 $\sigma_{\bar{x}_{n+1}}^2$、$\sigma_{\bar{x}_n}^2$、$\sigma_{\bar{v}_x}^2$ 值代入上式,并进行必要的变换得到

$$R_{\bar{x}_n,\bar{v}_x}=\frac{6}{Tn(n+1)}\sigma_x^2 \tag{3-23}$$

相对于$\bar{x}_n$,有

$$\bar{x}_n=\bar{x}_{n+1}-T\bar{v}_x$$
$$\sigma_{\bar{x}_n}^2=\sigma_{\bar{x}_{n+1}}^2+T^2\sigma_{\bar{v}_x}^2-2TR_{\bar{x}_{n+1},\bar{v}_x}$$

经过处理,并代入方差值,可以得$\bar{x}_{n+1}$和$\bar{v}_x$ 之间相关度的表达式为

$$R_{\bar{x}_{n+1},\bar{v}_x}=\frac{6}{Tn(n-1)}\sigma_x^2 \tag{3-24}$$

同样可以得到$\bar{x}_n$ 和$\bar{x}_{n+1}$之间相关度的表达式为

$$R_{\bar{x}_n,\bar{x}_{n+1}}=\frac{6}{n(n-1)}\sigma_x^2 \tag{3-25}$$

图 3-4 中给出了有关参数的归一化误差及它们之间相关度随测量次数 n 变化的曲线。由图可知，所有参数的计算精度与坐标测量精度 σ_x 成正比，并且确与测量次数 n 有关。为使计算的外推坐标的精度不低于测量的均方差，必须取 5~6 次测量。

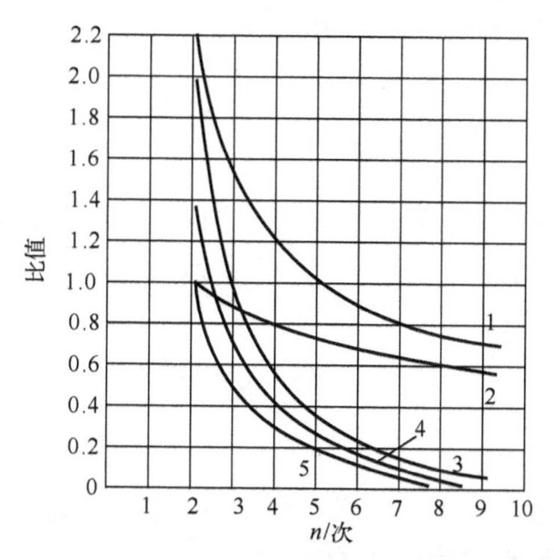

图 3-4　归一化误差值与 n 关系曲线

1—外推误差 $\sigma_{\bar{x}_{n+1}}/\sigma_x$；2—平滑误差 $\sigma_{\bar{x}_n}/\sigma_x$；3—相关度 $TR_{\bar{x}_{n+1},\bar{v}_x}/\sigma_x^2$；4—速度平滑误差 $T\sigma_{\bar{v}_x}/\sigma_x$；5—相关度 $TR_{\bar{x}_n,\bar{v}_x}/\sigma_x^2$。

参数之间的相关系数也一样随着 n 增加而减小。必须注意到，增加用于滤波与外推的次数 n，会大大增加计算机的存储容量。实际中，常放弃上述的最优方法，而是采用更简单的办法，只要计算精度能被接受就可以。

2）*动态误差的估计*

动态误差是由采用的目标运动规律与实际不符合而引起。如果采用匀速直线运动模型，则任何机动都会导致外推误差。机动可能是速度上的，也可能是方向上的。特别危险的机动是水平面上的方向机动。

下面讨论机动对外推误差的影响。采用匀速直线运动假设，经过一个扫描周期后的坐标外推值为

$$\bar{x}_{n+1}=\bar{x}_n+T\bar{v}_x$$

设目标沿 x 轴作匀速加速运动，则其实际位置用下式表示为

$$\bar{x}_{n+1}=\bar{x}_n+T\bar{v}_x+\frac{a_xT^2}{2}$$

计算外推坐标时的最大动态误差为

$$\Delta x_{\max}=\frac{a_{x\max}T^2}{2}$$

式中：$a_{x\max}=n_{\mathrm{n}}g$，$n_{\mathrm{n}}$ 为纵向过载，g 为重力加速度。

对现代飞机有 $n_{\mathrm{n}}\leqslant 1$，则

$$\Delta x_{\max}=\frac{n_{\mathrm{n}}gT^2}{2}$$

如果取 $n_n=1, T=10s$,则

$$\Delta x_{max}=\frac{1\times9.8\times100}{2}=490m$$

设过载服从正态分布,由机动引起的误差为

$$\sigma_m\approx\frac{\Delta x_{max}}{3}=\frac{n_n gT^2}{6}=163m$$

即误差在允许范围以内。

现在讨论在方向上的机动。设目标在水平方向上以最小半径作圆弧机动。当目标机动时,其运动方向垂直于所讨论的坐标轴,动态误差最大。

那么,外推的动态误差为

$$\Delta x_{max}=x(t_{n+1})-x(t_n)$$

从图 3-5 可知

$$\Delta x_{max}=R(1-\cos\theta)$$
$$\theta=\Omega T$$

式中:Ω 为目标运动角速度,它由公式 $\Omega=v/R$ 确定;R 为目标转弯半径,即

$$R=\frac{v^2}{g\sqrt{n_H^2-1}}$$

式中:n_H 为横向过载。对于轰炸机,$n_H=2\sim3$;对于歼击机,$n_H=4\sim6$;对于人,$n_H=4$(有特殊服装时达 6)。

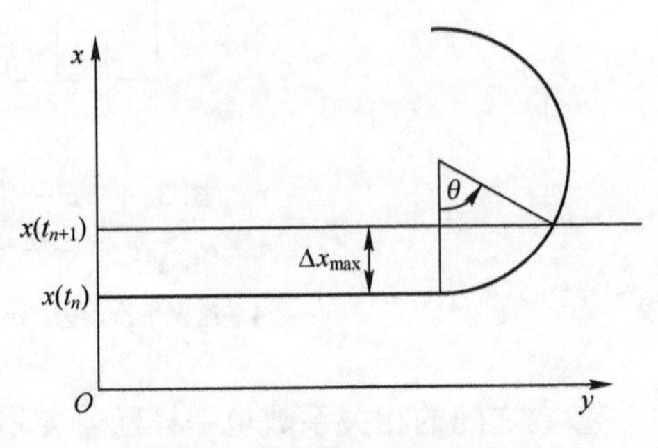

图 3-5　出现动态误差的说明

同样,如果取 $\sigma_m=\Delta x_{max}/3$,则当 $n_H=6, v=300\sim500m/s$ 时,$\sigma_m\approx700\sim800m$。

由此可见,作方向机动引起的误差大大超过作直线加速机动所引起的误差。当目标作 $n_H<2$ 的弱机动时,动态误差比测量误差还小,可以略去不考虑。当强机动时,动态外推误差占主体,这种情况下,为提高外推精度,必须采用机动目标假设。

3.3.2　基于常加速模型的外推与滤波

在个别情况下,特别是目标机动时,宜选用二阶或二阶以上的多项式表示目标运动规律。但阶数的增加,将使系数计算复杂化。因此,多项式常限选两阶,即用常加速模型:

$$x(a,t)=a_0+a_1t+a_2t^2$$

式中:a_2 表示目标加速度项。用最小二乘法求解系数的方程为

$$\begin{cases}\bar{a}_0 n+\bar{a}_1\sum_{i=1}^{n}t_i+\bar{a}_2\sum_{i=1}^{n}t_i^2=\sum_{i=1}^{n}x_i\\ \bar{a}_0\sum_{i=1}^{n}t_i+\bar{a}_1\sum_{i=1}^{n}t_i^2+\bar{a}_2\sum_{i=1}^{n}t_i^3=\sum_{i=1}^{n}x_it_i\\ \bar{a}_0\sum_{i=1}^{n}t_i^2+\bar{a}_1\sum_{i=1}^{n}t_i^3+\bar{a}_2\sum_{i=1}^{n}t_i^4=\sum_{i=1}^{n}x_it_i^2\end{cases}$$

按线性方程组求解规则解方程组,得

$$\bar{a}_0=\frac{\boldsymbol{\Delta}_0}{\boldsymbol{\Delta}};\quad \bar{a}_1=\frac{\boldsymbol{\Delta}_1}{\boldsymbol{\Delta}};\quad \bar{a}_2=\frac{\boldsymbol{\Delta}_2}{\boldsymbol{\Delta}}$$

如果测量间隔是相等的,用3.3.1节同样的方法,求得的解也是测量值与相应加权系数的线性组合,即

$$\begin{cases}\bar{a}_0=\sum_{i=1}^{n}\eta_{a_0}(i)x_i\\ \bar{a}_1=\sum_{i=1}^{n}\eta_{a_1}(i)x_i\\ \bar{a}_2=\sum_{i=1}^{n}\eta_{a_2}(i)x_i\end{cases}$$

同样,可以求出最近一个测量点 t_n 时刻的坐标与速度的平滑值,即

$$\bar{x}_n=\sum_{i=1}^{n}\eta_n(i)x_i$$

$$\bar{v}_n=\bar{a}_1+2\bar{a}_2(n-1)T=\sum_{i=1}^{n}\eta_{v_n}(i)x_i$$

m 个扫描周期后,坐标的外推值表达式为

$$\bar{x}_{n+m}=\bar{a}_0+\bar{a}_1(t_n+mT)+\bar{a}_2(t_n+mT)^2$$

或者

$$\bar{x}_{n+m}=\bar{x}_n+\bar{a}_1mT+\bar{a}_2(mT)^2$$

代入相应的系数后,得到测量值的线性方程所表示的外推值为

$$\bar{x}_{n+m}=\sum_{i=1}^{n}\eta_{n+m}(i)x_i$$

外推一个扫描周期的表达式为

$$\bar{x}_{n+1}=\sum_{i=1}^{n}\eta_{n+1}(i)x_i$$

也可求出外推 m 个周期的速度值为

$$\bar{v}_{n+m}=\bar{v}_n+2\bar{a}_2mT$$

或者

$$\bar{v}_{n+m}=\sum_{i=1}^{n}\eta_{v_{n+m}}(i)x_i$$

直接给出几个系数值:

$$\eta_{a_2}(i)=\frac{30}{T^2n(n^2-1)(n^2-4)}[(n+1)(n+2)-6i(n+1)+6i^2]$$

$$\eta_n(i)=\frac{3}{n(n+1)(n+2)}[(n+1)(n+2)-2i(4n+3)+10i^2]$$

$$\eta_{n+1}(i)=\frac{3}{n(n-1)(n-2)}[(n+2)(n+3)-2i(4n+7)+10i^2]$$

$$\eta_{v_n}(i)=\frac{6}{Tn(n^2-1)(n^2-4)}[(n+1)(n+2)(6n-7)-2i(16n^2-19)+30i^2(n-1)]$$

$$\eta_{a_0}(i)=\frac{3}{n(n+1)(n+2)}[3(n+1)(n+2)-2i(6n+7)+10i^2]$$

例如,当取最小的测量次数 $n=3$ 时,得到

$$\bar{a}_0=x_1$$

$$\bar{v}_n=\frac{1}{T}\left(\frac{3}{2}x_1-2x_2+\frac{1}{2}x_3\right)$$

$$\bar{a}_2=\frac{1}{T^2}\left(\frac{1}{2}x_1-x_2+\frac{1}{2}x_3\right)$$

$$\bar{x}_n=x_3$$

$$\bar{x}_{n+1}=x_1-3x_2+3x_3$$

上式可用三点简单加速外推获得。坐标与运动参数的估计精度,同样与测量精度和统计充分性有关。

任何参数的方差都可从下式

$$\sigma^2=\sum_{i=1}^{n}\eta^2(i)\sigma_{x_i}^2$$

获得。这里所说的参数可能是$\bar{a}_0$、$\bar{a}_1$、$\bar{a}_2$、$\bar{x}_n$、$\bar{x}_{n+1}$等。等精度测量时,部分参数的方差为

$$\sigma_{\bar{x}_n}^2=\frac{3(3n^2-3n+2)}{n(n+1)(n+2)}\sigma_x^2$$

$$\sigma_{\bar{v}_n}^2=\frac{12(2n-1)(8n-11)}{T^2(n^2-n)(n^2-1)}\sigma_x^2$$

$$\sigma_{\bar{a}_x}^2=\frac{720}{T^4(n^2-4)(n^2-1)n}\sigma_x^2$$

式中:$\bar{a}_x=2\bar{a}_2$ 是目标加速度。

图 3-6 显示了二阶多项式近似航迹的参数误差随测量次数 n 变化的曲线。图中也给出了一阶多项式近似航迹的误差(图中虚线)。比较同种坐标的误差可知:当 n 不大时,一阶航迹的参数估计精度比二阶航迹的高。这表明,在不长的探测段内,一阶航迹比二阶航迹更合适。此时,随机误差的滤波增益可以补偿动态误差的增长,而这样得到的处理系统更简单。

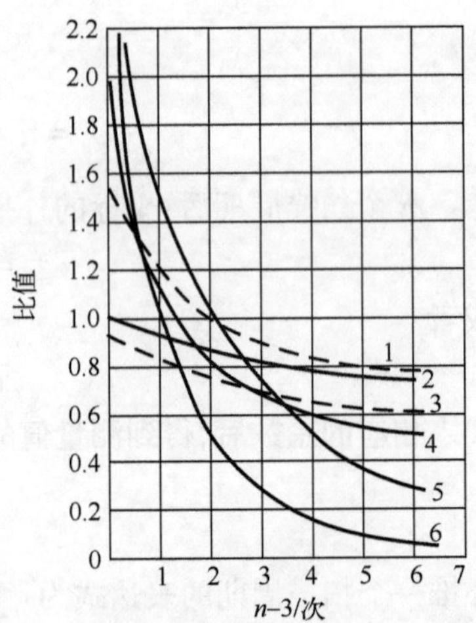

曲线 1、3 为一阶航迹:

1—$\sigma_{\bar{x}_{n+1}}/\sigma_x$;3—$\sigma_{\bar{x}_n}/\sigma_x$;

曲线 2、4、5、6 为二阶航迹:

2—$\sigma_{\bar{x}_n}/\sigma_x$;4—$\sigma_{\bar{x}_{n+1}}/\sigma_x$;

5—$\sigma_{\bar{a}_1}T/\sigma_x$;6—$\sigma_{\bar{a}_2}T^2/\sigma_x$。

图 3-6　参数误差与 n 的关系曲线(起始坐标 $n=3$)

3.4　航迹参数递推式滤波

3.3 节讨论的最小二乘法滤波作为航迹参数估计的最优化方法,是以选取固定数量的测量值为基础的,有以下不足。

(1) 为了获得可以接受的估值精度,需要较多的历史测量值(正常应有 5~6 个);如果同时处理大量的目标,则大大增加对存储器容量的需求。

(2) 估值精度受所用的历史数据个数限制。

(3) 在航迹起始阶段(n 次测量期间),输出数据有不希望的延时。

为克服这些不足,广泛采用递推滤波法。本节主要介绍 $\alpha-\beta$ 滤波、Kalman 滤波和指数平滑法。

3.4.1 $\alpha-\beta$滤波

1. 坐标的递推式平滑

此方法的实质如下。

设在 t_{n-1}时刻得到坐标和航迹参数的滤波(平滑)值,如图 3-7 中的$\bar{x}_{n-1}$。知道当前目标的运动规律,就可外推它在下一个测量时刻的值。

例如,当目标做匀速直线运动时,对 x 轴有

$$\bar{x}_{ne}=\bar{x}_{n-1}+\bar{v}_{x_{n-1}}(t_n-t_{n-1})$$

在时刻 t_n 进行新的一次测量,并得到其值 x_n。现在的任务是:根据在 t_n 时刻的外推值和测量值,求出其平滑值。

很明显,平滑值最可能是位于$\bar{x}_{ne}$与 x_n 之间的线段上。通常可用表达式写为

$$\bar{x}_n=\bar{x}_{ne}+f(\bar{x}_{ne},x_n)$$

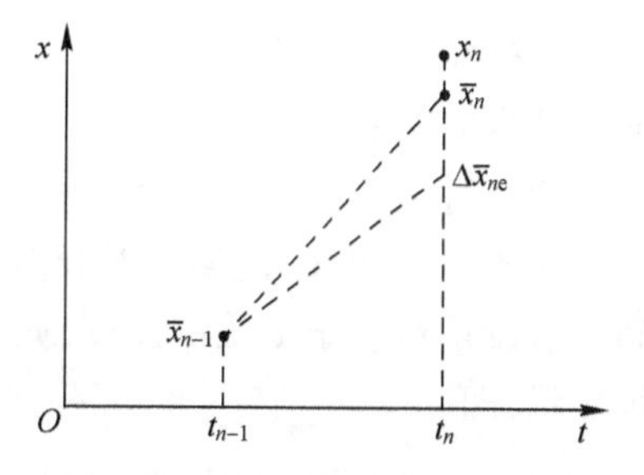

图 3-7　坐标递推式平滑的原理

特别简单的情况是,当$\bar{x}_{ne}$与 x_n 之间没有统计相关性时,有

$$f(\bar{x}_{ne},x_n)=\alpha_n(x_n-\bar{x}_{ne})$$

式中:α_n 为平滑系数。

因此,递推式平滑的任务是用多步实现的。每一步都利用前面周期的处理结果和本周期的测量结果获得更精确的参数值。很明显,这种方法的信息输出延时是最小的。

例如,用一阶多项式,在第二个扫描周期就可获得输出信息。输出信息的精度将一个周期一个周期地提高。

现在来求取匀速直线运动时的系数值 α_n。

在 t_n 时刻已有外推值$\bar{x}_{ne}$和测量值 x_n。因为我们已假设所有的测量之间没有相关性,所以$\bar{x}_{ne}$和 x_n 之间也不相关。

但外推误差和测量误差是不一样的。因此,我们利用加权平均的方法进行滤波。根据式(3-4)得到

$$\theta=\frac{1}{\sigma_{x_n}^2}[x_n-x(a,t_n)]^2+\frac{1}{\sigma_{\bar{x}_{ne}}^2}[\bar{x}_{ne}-x(a,t_n)]^2$$

式中:$x(a,t_n)$为 t_n 时刻的坐标真实值。

进行偏微分并令其等于 0,即

$$\left.\frac{\partial\theta}{\partial x(a,t_n)}\right|_{x(a,t_n)=\bar{x}_n}=0$$

得到

$$-\frac{2}{\sigma_{x_n}^2}(x_n-\bar{x}_n)-\frac{2}{\sigma_{\bar{x}_{ne}}^2}(\bar{x}_{ne}-\bar{x}_n)=0$$

对该方程求$\bar{x}_n$ 的解,得

$$\bar{x}_n=\bar{x}_{ne}+\frac{\sigma^2_{\bar{x}_{ne}}}{\sigma^2_{x_n}+\sigma^2_{\bar{x}_{ne}}}(x_n-\bar{x}_{ne})$$

当目标匀速直线运动时，把式(3-22)中的 n 用 $n-1$ 代替，得

$$\sigma^2_{\bar{x}_{ne}}=\frac{2[2(n-1)+1]}{(n-1)(n-2)}\sigma^2_{x_n}$$

那么，系数 α_n 为

$$\alpha_n=\frac{2(2n-1)}{n(n+1)} \tag{3-26}$$

2. 目标速度的递推式平滑

对第 n 个周期的速度进行递推式平滑时，已有第 $n-1$ 个周期的平滑值 $\bar{v}_{n-1}$，第 n 个周期的外推值 $\bar{v}_{ne}$ 和测量值 v_n。

现在讨论匀速直线运动时的情况。

由图 3-8 可知，速度的平滑值应该位于 v_n 与 $\bar{v}_{ne}$ 之间。假设是对应于 x 轴的速度，则 v_n 与 $\bar{v}_{ne}$ 可用目标坐标表示，即

$$v_n=\frac{x_n-\bar{x}_{n-1}}{T}$$

$$v_{ne}=\bar{v}_{n-1}=\frac{\bar{x}_{ne}-\bar{x}_{n-1}}{T}$$

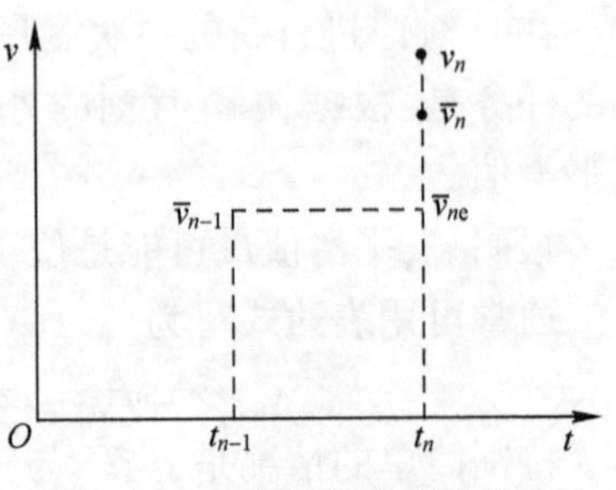

图 3-8　速度递推式平滑原理

由这两个表达式得知，即使坐标测量值之间互不相关，v_n 与 $\bar{v}_{n-1}$ 之间也是相关的。这样，在估计速度的平滑值时，必须使用最大似然法的一般公式(3-2)，即

$$\theta=\sum_{i=1}^{n}\sum_{j=1}^{n}\frac{K_{ij}}{|\boldsymbol{R}|}[x_i-x(a,t_i)][x_j-x(a,t_j)]$$

这里代表 x_i 和 x_j 的总共只有两个值 v_n 和 $\bar{v}_{n-1}$。

误差相关矩阵行列式和代数余子式分别为

$$|\boldsymbol{R}|=\begin{vmatrix}\sigma^2_{v_n} & R_{v_n,\bar{v}_{n-1}}\\ R_{v_n,\bar{v}_{n-1}} & \sigma^2_{\bar{v}_{n-1}}\end{vmatrix}=\sigma^2_{v_n}\sigma^2_{\bar{v}_{n-1}}-R^2_{v_n,\bar{v}_{n-1}}$$

$$K_{11}=\sigma^2_{\bar{v}_{n-1}},K_{12}=K_{21}=-R_{v_n,\bar{v}_{n-1}},K_{22}=\sigma^2_{v_n}$$

用 v_u 表示速度在 t_n 时刻的真实值，则式(3-2)有如下形式：

$$\theta(v_u)=\frac{\sigma^2_{\bar{v}_{n-1}}}{\sigma^2_{\bar{v}_{n-1}}\sigma^2_{v_n}-R^2_{v_n,\bar{v}_{n-1}}}(v_n-v_u)^2$$

$$+\frac{\sigma^2_{v_n}}{\sigma^2_{\bar{v}_{n-1}}\sigma^2_{v_n}-R^2_{v_n,\bar{v}_{n-1}}}(v_{n-1}-v_u)^2-\frac{2R_{v_n,\bar{v}_{n-1}}}{\sigma^2_{\bar{v}_{n-1}}\sigma^2_{v_n}-R^2_{v_n,\bar{v}_{n-1}}}(v_n-v_u)(\bar{v}_{n-1}-v_u)$$

如果取出并约去公共因子，即

$$\frac{1}{1-\frac{R_{v_n,\bar{v}_{n-1}}}{\sigma^2_{\bar{v}_{n-1}}\sigma^2_{v_n}}}$$

将得到考虑 v_n 与$\bar{v}_{n-1}$相关性的，并与加权平均法相似的表达式

$$\theta(v_u)=\frac{1}{\sigma_{v_n}^2}(v_n-v_u)^2+\frac{1}{\sigma_{\bar{v}_{n-1}}^2}(v_{n-1}-v_u)^2-\frac{2R_{v_n,\bar{v}_{n-1}}}{\sigma_{\bar{v}_{n-1}}^2\sigma_{v_n}^2}(v_n-v_u)(\bar{v}_{n-1}-v_u)$$

通过解方程

$$\left.\frac{\partial\theta(v_u)}{\partial v_u}\right|_{v_u=\bar{v}_n}=0$$

得到估计值$\bar{v}_n$。微分并代入$\bar{v}_n$ 值，得到

$$-\frac{2}{\sigma_{v_n}^2}(v_n-\bar{v}_n)^2-\frac{2}{\sigma_{\bar{v}_{n-1}}^2}(\bar{v}_{n-1}-\bar{v}_n)^2+\frac{2R_{v_n,\bar{v}_{n-1}}}{\sigma_{\bar{v}_{n-1}}^2\sigma_{v_n}^2}(\bar{v}_{n-1}-\bar{v}_n)+\frac{2R_{v_n,\bar{v}_{n-1}}}{\sigma_{\bar{v}_{n-1}}^2\sigma_{v_n}^2}(v_n-\bar{v}_n)=0$$

对方程求$\bar{v}_n$ 的解

$$\bar{v}_n=\frac{\frac{1}{\sigma_{\bar{v}_{n-1}}^2}-\frac{R_{v_n,\bar{v}_{n-1}}}{\sigma_{v_n}^2\sigma_{\bar{v}_{n-1}}^2}}{\frac{1}{\sigma_{v_n}^2}+\frac{1}{\sigma_{\bar{v}_{n-1}}^2}-\frac{2R_{v_n,\bar{v}_{n-1}}}{\sigma_{v_n}^2\sigma_{\bar{v}_{n-1}}^2}}\bar{v}_{n-1}+\frac{\frac{1}{\sigma_{v_n}^2}-\frac{R_{v_n,\bar{v}_{n-1}}}{\sigma_{v_n}^2\sigma_{\bar{v}_{n-1}}^2}}{\frac{1}{\sigma_{v_n}^2}+\frac{1}{\sigma_{\bar{v}_{n-1}}^2}-\frac{2R_{v_n,\bar{v}_{n-1}}}{\sigma_{v_n}^2\sigma_{\bar{v}_{n-1}}^2}}v_n \tag{3-27}$$

写成更紧凑的形式为

$$\bar{v}_n=\eta_{\bar{v}_{n-1}}\bar{v}_{n-1}+\eta_{v_n}v_n$$

式中：$\eta_{\bar{v}_{n-1}}$、η_{v_n}为权系数。

对式(3-27)进行变换得

$$\bar{v}_n=\bar{v}_{n-1}+\frac{\sigma_{\bar{v}_{n-1}}^2-R_{v_n,\bar{v}_{n-1}}}{\sigma_{v_n}^2+\sigma_{\bar{v}_{n-1}}^2-2R_{v_n,\bar{v}_{n-1}}}(v_n-\bar{v}_{n-1}) \tag{3-28}$$

但在第 n 个周期，坐标测量值通常是知道的，如 x_n。需要进行附加计算来算出速度值。这样就可求出我们想得到的速度平滑值表达式，它是$\bar{v}_{n-1}$和 $x_n-\bar{x}_{ne}$差值的线性组合。

已知

$$v_n-\bar{v}_{n-1}=\frac{x_n-\bar{x}_{n-1}}{T}-\frac{\bar{x}_{ne}-\bar{x}_{n-1}}{T}=\frac{x_n-\bar{x}_{ne}}{T} \tag{3-29}$$

按规则计算方差

$$\sigma_{v_n}^2+\sigma_{\bar{v}_{n-1}}^2-2R_{v_n,\bar{v}_{n-1}}=\frac{1}{T^2}(\sigma_{x_n}^2+\sigma_{\bar{x}_{ne}}^2) \tag{3-30}$$

由此求出 $R_{v_n,\bar{v}_{n-1}}$ 值为

$$R_{v_n,\bar{v}_{n-1}}=\frac{T^2\sigma_{v_n}^2+T^2\sigma_{\bar{v}_{n-1}}^2-\sigma_{x_n}^2-\sigma_{\bar{x}_{ne}}^2}{2T^2} \tag{3-31}$$

把式(3-29)、式(3-31)代入式(3-28)，得

$$v_n=\bar{v}_{n-1}+\frac{T^2\sigma_{\bar{v}_{n-1}}^2-T^2\sigma_{v_n}^2+\sigma_{x_n}^2+\sigma_{\bar{x}_{ne}}^2}{2(\sigma_{x_n}^2+\sigma_{\bar{x}_{ne}}^2)T}(x_n-\bar{x}_{ne}) \tag{3-32}$$

用坐标的方差表示 $\sigma_{\bar{v}_{n-1}}^2$、$\sigma_{v_n}^2$，即

$$\sigma_{v_n}^2=\frac{1}{T^2}(\sigma_{x_n}^2+\sigma_{\bar{x}_{n-1}}^2) \tag{3-33}$$

$$\sigma_{\bar{v}_{n-1}}^2=\frac{1}{T^2}(\sigma_{\bar{x}_{ne}}^2+\sigma_{\bar{x}_{n-1}}^2-2R_{\bar{x}_{ne},\bar{x}_{n-1}}) \tag{3-34}$$

把式(3-33)、式(3-34)代入式(3-32),经变换得

$$\bar{v}_n=\bar{v}_{n-1}+\frac{\sigma_{\bar{x}_{ne}}^2-R_{\bar{x}_{ne},\bar{x}_{n-1}}}{T(\sigma_{x_n}^2+\sigma_{\bar{x}_{ne}}^2)}(x_n-\bar{x}_{ne}) \tag{3-35}$$

还可得到速度平滑值的另一种表达式。t_{n-1}时刻的坐标平滑值可记为

$$\bar{x}_{n-1}=\bar{x}_{ne}-\bar{v}_{n-1}T$$

其方差为

$$\sigma_{\bar{x}_{n-1}}^2=\sigma_{\bar{x}_{ne}}^2+\sigma_{\bar{v}_{n-1}}^2T^2-2TR_{\bar{v}_{n-1},\bar{x}_{ne}}$$

由此可得

$$\sigma_{\bar{v}_{n-1}}^2=\frac{\sigma_{\bar{x}_{n-1}}^2-\sigma_{\bar{x}_{ne}}^2+2TR_{\bar{v}_{n-1},\bar{x}_{ne}}}{T^2} \tag{3-36}$$

把式(3-36)和式(3-33)代入式(3-32),并经处理后得到

$$\bar{v}_n=\bar{v}_{n-1}+\frac{R_{\bar{v}_{n-1},\bar{x}_{ne}}}{\sigma_{x_n}^2+\sigma_{\bar{x}_{ne}}^2}(x_n-\bar{x}_{ne}) \tag{3-37}$$

$\sigma_{\bar{x}_{ne}}^2$和$R_{\bar{v}_{n-1},\bar{x}_{ne}}$可从式(3-22)和式(3-24)得到,即用$n-1$代替$n$得

$$\sigma_{\bar{x}_{ne}}^2=\frac{2[2(n-1)+1]}{(n-1)(n-2)}\sigma_x^2$$

$$R_{\bar{v}_{n-1},\bar{x}_{ne}}=\frac{6}{T(n-1)(n-2)}\sigma_x^2$$

当等精度测量时,$\sigma_x^2=\sigma_{x_n}^2$。把上面的值代入式(3-37)得

$$\bar{v}_n=\bar{v}_{n-1}+\frac{\beta_n}{T}(x_n-\bar{x}_{ne})$$

式中

$$\beta_n=\frac{6}{n(n+1)}$$

根据上面所得的结果,给出实现α-β递推滤波法的方程组:

$$\begin{cases}\bar{x}_n=\bar{x}_{ne}+\alpha_n(x_n-\bar{x}_{ne})\\ \bar{x}_{ne}=\bar{x}_{n-1}+\bar{v}_{n-1}\cdot T\\ \bar{v}_n=\bar{v}_{ne}+\dfrac{\beta_n}{T}(x_n-\bar{x}_{ne})\\ \bar{v}_{ne}=\bar{v}_{n-1}\end{cases} \tag{3-38}$$

式中

$$\alpha_n=\frac{2(2n-1)}{n(n+1)},\beta_n=\frac{6}{n(n+1)}$$

图3-9显示了系数α_n、β_n和测量周期数n的关系曲线。

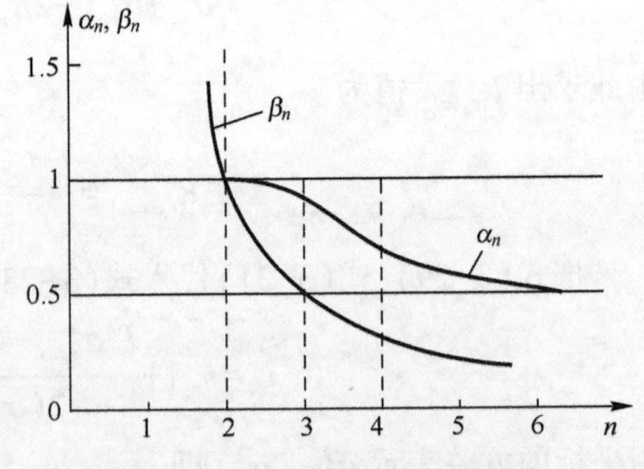

图3-9 α_n、β_n与n的关系曲线

从图中的曲线可知,随着n的增加,系数减小,即最新测量值在坐标与速度的估计中

占的权重减小。特别是当 n 趋于∞时,系数 α_n、β_n 趋于 0,即变成直接用预测值当成平滑值,这显然不适应目标出现机动的情形。实际使用中,常对系数 α_n、β_n 作某种限定,或者对滤波方程组进行改进,因而出现了多种 $\alpha-\beta$ 滤波方法。

(1) 变系数 $\alpha-\beta$ 滤波。在滤波启动后的前 N 步中,按式(3-38)给出的公式计算系数 α_n、β_n。$N+3$ 步后,系数 α 保持不变,而 β 和 α 的关系为

$$\beta=\frac{\alpha}{2-\alpha}$$

也可在滤波启动的初期,按式(3-38)给出的公式计算系数 α_n、β_n,直到某一系数减少到一定值(如 $\alpha=0.5$)时,将系数固定下来。$\alpha-\beta$ 滤波器可以采用两点启动,即前 2 步为

$$\bar{x}_1=x_1,\bar{x}_2=x_2,\bar{v}_2=\frac{x_2-x_1}{T}$$

从第 3 步开始就可套用式(3-38)进行递推。

(2) 常系数 $\alpha-\beta$ 滤波。$\alpha-\beta$ 滤波方程组的系数 α_n、β_n 不随测量周期数 n 变化,取固定的值,如取 $\alpha=0.3\sim0.5$,$\beta=0.1\sim0.3$,或者取定 α 后,β 的值由 α 计算得出。

以上方法都无法适应目标机动和非机动随机交替出现的实际情况,因此必须加以改进。一种方法是设置机动检测器,当发现目标机动时增加系数 α、β 的取值,反之减少其取值;另一种方法是改进 $\alpha-\beta$ 滤波算法,如 $\alpha-\beta-\gamma$ 滤波算法。

(3) $\alpha-\beta-\gamma$ 滤波算法。考虑目标匀加速运动的情况,在滤波方程组中增加加速度 a 这一项,由此得出的滤波方程组为

$$\begin{cases}\bar{x}_n=\bar{x}_{ne}+\alpha_n(x_n-\bar{x}_{ne})\\ \bar{x}_{ne}=\bar{x}_{n-1}+\bar{v}_{n-1}\cdot T+\dfrac{T^2}{2}\bar{a}_{n-1}\\ \bar{v}_n=\bar{v}_{ne}+\dfrac{\beta_n}{T}(x_n-\bar{x}_{ne})\\ \bar{v}_{ne}=\bar{v}_{n-1}+T\cdot\bar{a}_{n-1}\\ \bar{a}_n=\bar{a}_{ne}+\dfrac{2\gamma_n}{T^2}(x_n-\bar{x}_{ne})\\ \bar{a}_{ne}=\bar{a}_{n-1}\end{cases}\tag{3-39}$$

式中:系数 α_n、β_n、γ_n 也是测量周期数 n 的函数,但实际应用中常进行简化,即直接给定系数 α 的值,而 β、γ 与 α 的关系为

$$\beta=2(2-\alpha)-4\sqrt{1-\alpha},\gamma=\frac{\beta^2}{\alpha}\tag{3-40}$$

3.4.2 Kalman 滤波

1. 目标状态方程与量测方程

假设目标在平面内做匀速直线运动,则离散时间系统下 t_k 时刻目标状态(x_k,y_k)可表示为

$$x_k=x_0+v_xt_k=x_0+v_xkT$$

$$y_k = y_0 + v_y t_k = y_0 + v_y kT$$

式中：(x_0, y_0)为初始时刻目标的位置；v_x 和 v_y 分别为目标在 x 轴和 y 轴的速度；T 为采样间隔。

用递推形式可表示为

$$x_{k+1} = x_k + v_x T = x_k + \dot{x}_k T$$

$$y_{k+1} = y_k + v_y T = y_k + \dot{y}_k T$$

式中：$\dot{x}_k$ 和$\dot{y}_k$ 分别为 k 时刻目标在 x 轴和 y 轴的速度，虽然假设目标匀速直线运动，但实际上存在随机扰动，因此有如下的速度递推表示式：

$$\dot{x}_{k+1} = \dot{x}_k + w_{\dot{x}k}$$

$$\dot{y}_{k+1} = \dot{y}_k + w_{\dot{y}k}$$

式中：$w_{\dot{x}k}$和 $w_{\dot{y}k}$分别反映 x 轴与 y 轴的随机加速度。

目标状态方程（或称动态方程或系统方程）用矩阵形式可表示为

$$\boldsymbol{X}(k+1) = \boldsymbol{F}(k)\boldsymbol{X}(k) + \boldsymbol{W}(k) \tag{3-41}$$

其中

$$\boldsymbol{X}(k) = \begin{bmatrix} x_k \\ \dot{x}_k \\ y_k \\ \dot{y}_k \end{bmatrix}$$

$$\boldsymbol{F}(k) = \begin{bmatrix} 1 & T & 0 & 0 \\ 0 & 1 & 0 & 0 \\ 0 & 0 & 1 & T \\ 0 & 0 & 0 & 1 \end{bmatrix}$$

$$\boldsymbol{W}(k) = \begin{bmatrix} 0 \\ w_{\dot{x}k} \\ 0 \\ w_{\dot{y}k} \end{bmatrix}$$

假设只对目标位置(x, y)进行观测，观测时存在噪声，受噪声污染的测量值称为量测，量测用方程可表示为

$$\boldsymbol{Z}(k) = \boldsymbol{H}(k)\boldsymbol{X}(k) + \boldsymbol{V}(k) \tag{3-42}$$

其中

$$\boldsymbol{Z}(k) = \begin{bmatrix} z_{1k} \\ z_{2k} \end{bmatrix}$$

$$\boldsymbol{H}(k) = \begin{bmatrix} 1 & 0 & 0 & 0 \\ 0 & 0 & 1 & 0 \end{bmatrix}$$

$$\boldsymbol{V}(k) = \begin{bmatrix} v_{1k} \\ v_{2k} \end{bmatrix}$$

Kalman 滤波是离散时间状态空间线性系统下的最小均方误差估计，系统的动态方程

和量测方程都应满足线性高斯条件。式(3-41)和式(3-42)可以扩展到更一般的情况，此时，式中：$\boldsymbol{X}(k)\in\mathbf{R}^n$($\mathbf{R}^n$ 为 n 维实数向量空间)表示 k 时刻的状态向量；$\boldsymbol{Z}(k)\in\mathbf{R}^m$ 表示 k 时刻的量测向量；$\boldsymbol{F}(k)$是动态模型的状态转移矩阵；$\boldsymbol{H}(k)$是量测模型矩阵；$\boldsymbol{W}(k)$是均值为 0 的白色高斯过程噪声序列，其协方差为 $\boldsymbol{Q}(k)$；$\boldsymbol{V}(k)$为具有协方差 $\boldsymbol{R}(k)$的 0 均值、白色高斯量测噪声序列。$\boldsymbol{W}(k)$与 $\boldsymbol{V}(k)$互不相关，而且有

$$C(\boldsymbol{W}(k),\boldsymbol{W}(j))=E[\boldsymbol{W}(k)\boldsymbol{W}^{\mathrm{T}}(j)]=\boldsymbol{Q}(k)\delta_{kj}$$

$$C(\boldsymbol{V}(k),\boldsymbol{V}(j))=E[\boldsymbol{V}(k)\boldsymbol{V}^{\mathrm{T}}(j)]=\boldsymbol{R}(k)\delta_{kj}$$

式中：δ_{kj}是克罗内克函数，即

$$\delta_{kj}=\begin{cases}1, & k=j\\ 0, & k\neq j\end{cases}$$

这说明，不同时刻的过程噪声和量测噪声都是相互独立的。

2. Kalman 滤波算法

Kalman 滤波根据已知的量测序列$\{\boldsymbol{Z}(1),\boldsymbol{Z}(2),\cdots,\boldsymbol{Z}(k)\}$对 j 时刻的状态 $\boldsymbol{X}(j)$做出某种估计，记为$\hat{\boldsymbol{X}}(j\mid k)$，当 $j>k$ 时为预测，$j=k$ 时为滤波，$j<k$ 时为平滑。除特别说明外，本书不严格区分滤波与平滑。

考虑到 $\boldsymbol{W}(k)$的均值为 0，根据式(3-41)得到状态的一步预测为

$$\hat{\boldsymbol{X}}(k+1\mid k)=\boldsymbol{F}(k)\hat{\boldsymbol{X}}(k\mid k) \tag{3-43}$$

根据式(3-42)，可以类似地得到量测的预测为

$$\hat{\boldsymbol{Z}}(k+1\mid k)=\boldsymbol{H}(k+1)\hat{\boldsymbol{X}}(k+1\mid k) \tag{3-44}$$

在获得量测 $\boldsymbol{Z}(k+1)$以后，可求的 $k+1$ 时刻的估计(状态更新方程)为

$$\hat{\boldsymbol{X}}(k+1\mid k+1)=\hat{\boldsymbol{X}}(k+1\mid k)+\boldsymbol{K}(k+1)(\boldsymbol{Z}(k+1)-\hat{\boldsymbol{Z}}(k+1\mid k)) \tag{3-45}$$

式中：$\boldsymbol{K}(k+1)$为增益；$(\boldsymbol{Z}(k+1)-\hat{\boldsymbol{Z}}(k+1\mid k))$为量测的一步预测误差，称为新息或量测残差。

式(3-45)说明 $k+1$ 时刻的估计$\hat{\boldsymbol{X}}(k+1\mid k+1)$等于该时刻的预测值$\hat{\boldsymbol{X}}(k+1\mid k)$再加上一个修正项，而这个修正项与增益和新息有关。

增益 $\boldsymbol{K}(k+1)$表达式推导比较复杂，下面直接给出结果

$$\boldsymbol{K}(k+1)=\boldsymbol{P}(k+1\mid k)\boldsymbol{H}^{\mathrm{T}}(k+1)\boldsymbol{S}^{-1}(k+1)$$

式中：$\boldsymbol{P}(k+1\mid k)$为一步预测协方差；$\boldsymbol{S}(k+1)$为新息协方差。

记预测误差为

$$\tilde{\boldsymbol{X}}(k+1\mid k)=\boldsymbol{X}(k+1)-\hat{\boldsymbol{X}}(k+1\mid k)$$

一步预测协方差为

$$\begin{aligned}\boldsymbol{P}(k+1\mid k)&=E[\tilde{\boldsymbol{X}}(k+1\mid k)\tilde{\boldsymbol{X}}^{\mathrm{T}}(k+1\mid k)]\\&=\boldsymbol{F}(k)\boldsymbol{P}(k\mid k)\boldsymbol{F}^{\mathrm{T}}(k)+\boldsymbol{Q}(k)\end{aligned}$$

式中：$\boldsymbol{P}(k\mid k)$为状态误差协方差，记状态误差为

$$\tilde{\boldsymbol{X}}(k\mid k)=\boldsymbol{X}(k)-\hat{\boldsymbol{X}}(k\mid k)$$

状态误差协方差为

$$\boldsymbol{P}(k\mid k)=E[\tilde{\boldsymbol{X}}(k\mid k)\tilde{\boldsymbol{X}}^{\mathrm{T}}(k\mid k)]$$

记量测的预测值和量测之差值，即新息为

$$\widetilde{\boldsymbol{Z}}(k+1 \mid k)=\boldsymbol{Z}(k+1)-\hat{\boldsymbol{Z}}(k+1 \mid k)$$

量测的预测协方差(或新息协方差为)

$$\begin{aligned}\boldsymbol{S}(k+1)&=E[\widetilde{\boldsymbol{Z}}(k+1 \mid k)\widetilde{\boldsymbol{Z}}^{\mathrm{T}}(k+1 \mid k)]\\&=\boldsymbol{H}(k+1)\boldsymbol{P}(k+1 \mid k)\boldsymbol{H}^{\mathrm{T}}(k+1)+\boldsymbol{R}(k+1)\end{aligned}$$

协方差更新方程为

$$\boldsymbol{P}(k+1 \mid k+1)=[\boldsymbol{I}-\boldsymbol{K}(k+1)\boldsymbol{H}(k+1)]\boldsymbol{P}(k+1 \mid k)$$

式中:$\boldsymbol{I}$ 为与协方差同维的单位阵。

利用式(3-41)~式(3-45)及相关表达式,总结离散时间线性系统下的最优 Kalman 滤波的基本方程及其算法如下。

1) 初始化

步骤 1 给定滤波初始条件(启动时刻记为 0):$\hat{\boldsymbol{X}}(0)$,$\boldsymbol{P}(0)$,$\boldsymbol{Q}(0)$,$\boldsymbol{R}(0)$。

对于后续时刻 $k=1,2,3,\cdots$ 循环进行步骤 2~步骤 4。

2) 预测

步骤 2 状态预测和预测误差协方差为

$$\hat{\boldsymbol{X}}(k+1 \mid k)=\boldsymbol{F}(k)\hat{\boldsymbol{X}}(k \mid k)$$

$$\boldsymbol{P}(k+1 \mid k)=\boldsymbol{F}(k)\boldsymbol{P}(k \mid k)\boldsymbol{F}^{\mathrm{T}}(k)+\boldsymbol{Q}(k)$$

3) 更新

步骤 3 计算量测预测、新息协方差矩阵和 Kalman 滤波增益为

$$\hat{\boldsymbol{Z}}(k+1 \mid k)=\boldsymbol{H}(k+1)\hat{\boldsymbol{X}}(k+1 \mid k)$$

$$\boldsymbol{S}(k+1)=\boldsymbol{H}(k+1)\boldsymbol{P}(k+1 \mid k)\boldsymbol{H}^{\mathrm{T}}(k+1)+\boldsymbol{R}(k+1)$$

$$\boldsymbol{K}(k+1)=\boldsymbol{P}(k+1 \mid k)\boldsymbol{H}^{\mathrm{T}}(k+1)\boldsymbol{S}^{-1}(k+1)$$

步骤 4 状态估计和估计误差协方差为

$$\hat{\boldsymbol{X}}(k+1 \mid k+1)=\hat{\boldsymbol{X}}(k+1 \mid k)+\boldsymbol{K}(k+1)(\boldsymbol{Z}(k+1)-\hat{\boldsymbol{Z}}(k+1 \mid k))$$

$$\boldsymbol{P}(k+1 \mid k+1)=[\boldsymbol{I}-\boldsymbol{K}(k+1)\boldsymbol{H}(k+1)]\boldsymbol{P}(k+1 \mid k)$$

离散时间 Kalman 滤波是一种递推计算方法,通过更新均值和协方差完成滤波。递推过程包括两个阶段:预测,也称时间更新,根据上一时刻的状态估计和估计方差,获得下一时刻的状态预测和预测方差;更新,也称量测更新,利用预测的状态值和方差,求出 Kalman 增益,进而获得下一时刻的最小方差状态估计及其估计方差。除了递推性外,Kalman 滤波还具有无偏性、最优性、稳定性等特点。

Kalman 滤波是线性高斯条件下的状态估计最优解,然而,实际系统中,动态过程和量测过程通常是非线性的,不能直接使用 Kalman 滤波算法。可以通过泰勒级数展开的方法,获得非线性系统的线性近似,进而采用 Kalman 滤波处理非线性系统的滤波问题,这就是扩展 Kalman 滤波(EKF)。

扩展 Kalman 滤波是实际非线性系统中应用最广泛的状态估计算法。然而,当系统的非线性变得相当严重时,扩展 Kalman 滤波可能就很难与系统实际状态保持一致,经常给出不可靠的状态估计。无迹变换(Unscented Transformation,UT)是用于计算经非线性变换的随机变量统计特性的数值计算方法。该方法与线性化或统计线性化方法不同,它直接求出目标分布的均值和协方差,避免了对非线性函数的近似。无迹滤波(Unscented Filter,UF),又称为 UKF(Unscented Kalman Filter,UKF),它作为一种新的非线性滤波,并不对非线性状态方程和观测方程在估计点处线性近似,而是利用无迹变换在估计点附近确定采样,用这些样本点表示高斯密度近似状态的概率密度函数。

3. Kalman 滤波的应用及初始化

以 Kalman 滤波在雷达目标跟踪中的应用为例,具体说明滤波算法初始化和协方差矩阵的计算方法。

1) 系统方程

假设雷达对目标在距离、方位上进行跟踪,此时系统方程为四维矩阵,即距离、速度、方位角及其变换率,用 r、$\dot{r}$、θ、$\dot{\theta}$ 表示,加速度分别用 $w_{\dot{r}}$、$w_{\dot{\theta}}$ 表示。目标状态方程为

$$\boldsymbol{X}(k+1)=\begin{bmatrix} r(k+1) \\ \dot{r}(k+1) \\ \theta(k+1) \\ \dot{\theta}(k+1) \end{bmatrix}=\begin{bmatrix} 1 & T & 0 & 0 \\ 0 & 1 & 0 & 0 \\ 0 & 0 & 1 & T \\ 0 & 0 & 0 & 1 \end{bmatrix}\begin{bmatrix} r(k) \\ \dot{r}(k) \\ \theta(k) \\ \dot{\theta}(k) \end{bmatrix}+\begin{bmatrix} 0 \\ w_{\dot{r}}(k) \\ 0 \\ w_{\dot{\theta}}(k) \end{bmatrix} \tag{3-46}$$

2) 量测方程

假定观测值只有 r 和 θ 两个,分别用 z_1 和 z_2 表示。量测方程为

$$\boldsymbol{Z}(k)=\begin{bmatrix} z_1(k) \\ z_2(k) \end{bmatrix}=\begin{bmatrix} 1 & 0 & 0 & 0 \\ 0 & 0 & 1 & 0 \end{bmatrix}\begin{bmatrix} r(k) \\ \dot{r}(k) \\ \theta(k) \\ \dot{\theta}(k) \end{bmatrix}+\begin{bmatrix} v_1(k) \\ v_2(k) \end{bmatrix} \tag{3-47}$$

3) 量测噪声协方差矩阵

由于只有两个参数,因此,有

$$\boldsymbol{R}(k)=E[\boldsymbol{V}(k)\boldsymbol{V}^{\mathrm{T}}(k)]=\begin{bmatrix} E[v_1^2(k)] & E[v_1(k)v_2(k)] \\ E[v_2(k)v_1(k)] & E[v_2^2(k)] \end{bmatrix}=\begin{bmatrix} \sigma_r^2 & 0 \\ 0 & \sigma_\theta^2 \end{bmatrix} \tag{3-48}$$

4) 系统过程噪声协方差矩阵

假定目标匀速直线运动,由于多种因素产生随机加速度,即

$$\boldsymbol{W}(k)=\begin{bmatrix} 0 \\ w_{\dot{r}}(k) \\ 0 \\ w_{\dot{\theta}}(k) \end{bmatrix}$$

因为

$$E[w_{\dot{r}}(k)w_{\dot{r}}(j)]=\sigma_1^2\delta_{kj}$$
$$E[w_{\dot{\theta}}(k)w_{\dot{\theta}}(j)]=\sigma_2^2\delta_{kj}$$

得出过程噪声协方差矩阵

$$\boldsymbol{Q}(k)=E[\boldsymbol{W}(k)\boldsymbol{W}^{\mathrm{T}}(j)]=\begin{bmatrix} 0 & 0 & 0 & 0 \\ 0 & \sigma_1^2 & 0 & 0 \\ 0 & 0 & 0 & 0 \\ 0 & 0 & 0 & \sigma_2^2 \end{bmatrix} \tag{3-49}$$

5) 滤波的初值

从第2个观测时刻点开始启动滤波,为此先确定$\hat{\boldsymbol{X}}(2|2)$,利用时刻1、2两点的量测值,忽略随机加速度,即

$$\hat{\boldsymbol{X}}(2|2)=\begin{bmatrix}\hat{r}(2|2)\\ \hat{\dot{r}}(2|2)\\ \hat{\theta}(2|2)\\ \hat{\dot{\theta}}(2|2)\end{bmatrix}=\begin{bmatrix}z_1(2)\\ \dfrac{1}{T}(z_1(2)-z_1(1))\\ z_2(2)\\ \dfrac{1}{T}(z_2(2)-z_2(1))\end{bmatrix}\tag{3-50}$$

6) 状态误差协方差矩阵

由式(3-46)可知

$$\dot{r}(2)=\dot{r}(1)+w_{\dot{r}}(1)$$
$$\dot{\theta}(2)=\dot{\theta}(1)+w_{\dot{\theta}}(1)$$

由式(3-47)可知

$$z_1(2)=r(2)+v_1(2)$$
$$z_2(2)=\theta(2)+v_2(2)$$

再利用滤波的初值,有状态误差向量

$$\widetilde{\boldsymbol{X}}(2|2)=\boldsymbol{X}(2)-\hat{\boldsymbol{X}}(2|2)=\begin{bmatrix}-v_1(2)\\ w_{\dot{r}}(1)-\dfrac{v_1(2)-v_1(1)}{T}\\ -v_2(2)\\ w_{\dot{\theta}}(1)-\dfrac{v_2(2)-v_2(1)}{T}\end{bmatrix}$$

初始的状态误差协方差矩阵为

$\boldsymbol{P}(2|2)=E[\widetilde{\boldsymbol{X}}(2|2)\widetilde{\boldsymbol{X}}^{\mathrm{T}}(2|2)]$

$$=\begin{bmatrix}p_{11} & p_{12} & 0 & 0\\ p_{21} & p_{22} & 0 & 0\\ 0 & 0 & p_{33} & p_{34}\\ 0 & 0 & p_{43} & p_{44}\end{bmatrix}=\begin{bmatrix}\sigma_r^2 & \dfrac{\sigma_r^2}{T} & 0 & 0\\ \dfrac{\sigma_r^2}{T} & \sigma_1^2+\dfrac{2\sigma_r^2}{T^2} & 0 & 0\\ 0 & 0 & \sigma_\theta^2 & \dfrac{\sigma_\theta^2}{T}\\ 0 & 0 & \dfrac{\sigma_\theta^2}{T} & \sigma_2^2+\dfrac{2\sigma_\theta^2}{T^2}\end{bmatrix}\tag{3-51}$$

以式(3-48)~式(3-51)的结果作为滤波的初始条件,即从$k=2$时刻启动滤波,然后在时刻$k=3,4,5,\cdots$循环进行滤波算法的步骤2~步骤4。

3.4.3 指数平滑法

该方法用于计算目标运动参数随时间改变的情况。通过分析目标运动的实际航迹可

知,运动参数之间的相关性随着时间的流逝而大概以指数规律减小。因此,为了提高参数估计精度,应对过去的测量值进行适当的加权,并随着时间的增加而按指数规律减少加权系数,即越早的数据给的权系数值越小。待估运动参数的平滑值是第 n 次测量得到的测量值和以前测量的平滑值进行加权求和的结果,如目标速度

$$\bar{v}_n=(1-\rho)v_n+\rho\,\bar{v}_{n-1} \tag{3-52}$$

式中:ρ 为平滑系数,其值根据目标机动强度在 0~1 范围内选取。

现在介绍指数平滑的详细过程。设对速度进行平滑,这样,第 1 次测量只能从第 2 个扫描周期开始。

根据式(3-52),第 2 个扫描周期的平滑值为

$$\bar{v}_2=(1-\rho)v_2+0\times\rho=(1-\rho)v_2$$

在第 3 个周期,有

$$\bar{v}_3=(1-\rho)v_3+\rho\times\bar{v}_2=(1-\rho)v_3+\rho(1-\rho)v_2$$

在第 4 个周期,有

$$\bar{v}_4=(1-\rho)v_4+\rho\times\bar{v}_3=(1-\rho)v_4+\rho(1-\rho)v_3+\rho^2(1-\rho)v_2$$

在第 n 个周期,有

$$\bar{v}_n=(1-\rho)v_n+\rho\times\bar{v}_{n-1}=(1-\rho)v_n+\rho(1-\rho)v_{n-1}+\cdots+\rho^{n-2}(1-\rho)v_2$$

或

$$\bar{v}_n=\sum_{i=2}^{n}\rho^{n-i}(1-\rho)v_i=\sum_{i=2}^{n}\eta_i v_i$$

式中:$\eta_i=\rho^{n-i}(1-\rho)$,表示第 i 次测量结果的权系数,它根据信息老化程度而按指数规律减小。

ρ 越小,对过去信息的考虑就越小。在图 3-10 中,显示了不同平滑系数所对应的加权系数 $\eta(i)$ 的曲线。图 3-11 给出了实现指数平滑的结构图。

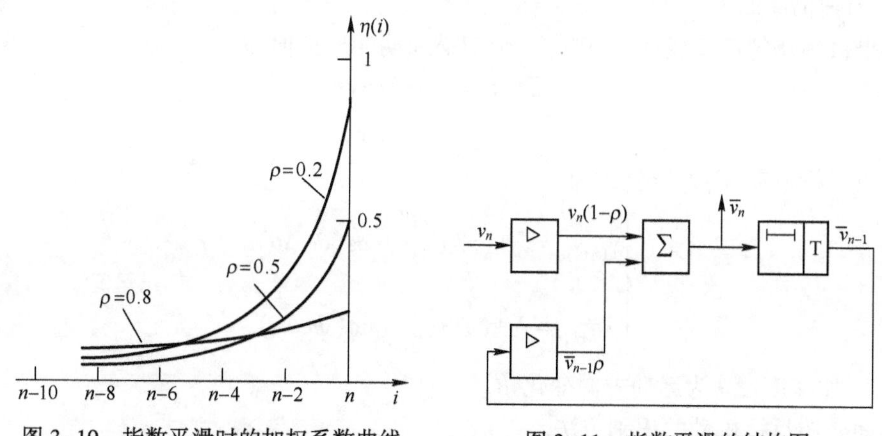

图 3-10　指数平滑时的加权系数曲线

图 3-11　指数平滑的结构图

指数平滑法的参数计算精度取决于目标运动特征和平滑系数 ρ。实际中,系数 ρ 值的选择是通过对实际目标自动跟踪过程进行模拟实验获得的。其值通常为 0.35~0.65。

在某些自动跟踪系统中选两个固定的平滑系数:

$\rho=0.1$——当目标机动时;

$\rho=0.5$——当目标不机动时。

这样,重要的是知道机动开始和结束的时机。

3.4.4 目标机动的识别

先讨论根据运动参数进行坐标外推的算法。

这种算法比较简单。先计算出速度 v 和航向角 θ 等运动参数,然后以它们为基础计算外推值 x_e 和 y_e,如图 3-12 所示。

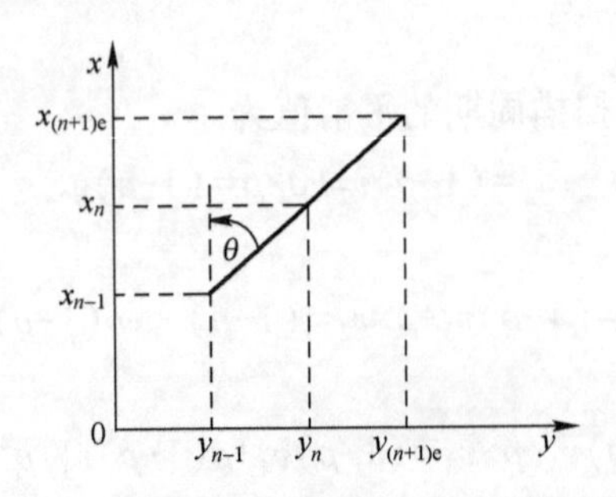

图 3-12 根据运动参数进行坐标外推的图解

设 t_{n-1}时刻的测量值为(x_{n-1},y_{n-1}),而 t_n 时刻为(x_n,y_n),则有

$$\Delta x_n=x_n-x_{n-1}$$

$$\Delta y_n=y_n-y_{n-1}$$

$$v=\frac{1}{T}\sqrt{\Delta x_n^2+\Delta y_n^2}$$

$$\theta=\arctan\frac{\Delta y_n}{\Delta x_n}$$

式中:T 为扫描周期。

如果目标作匀速直线运动,则下一个扫描周期的外推值为

$$\begin{cases}\bar{x}_{(n+1)e}=x_n+vT\cos\theta\\ \bar{y}_{(n+1)e}=y_n+vT\sin\theta\end{cases}$$

如果目标机动,则外推公式为

$$\begin{cases}\bar{x}_{(n+1)e}=x_n+\left(vT+\dfrac{aT^2}{2}\right)\cos(\theta+\Delta\theta)\\ \bar{y}_{(n+1)e}=y_n+\left(vT+\dfrac{aT^2}{2}\right)\sin(\theta+\Delta\theta)\end{cases}$$

式中:a 为加速度;$\Delta\theta$ 为运动方向变化角。

下面介绍目标机动的识别方法。

为更好地进行平滑与外推,重要的是评估目标的运动特征。自动跟踪系统应该有检测目标运动特征改变的设备,并能在以后的跟踪算法中相应地换用新的目标运动假设。有各种不同的机动判断准则,它和所用的二次处理方法有关。

当用最佳平滑与外推算法时,机动的判断方法是把测量坐标和外推坐标之间的差值与某一门限进行比较,即满足式

$$x_n - x_{ne} = \Delta x \geqslant \Delta x_0$$

时，判定为机动存在。

对于按运动参数的平滑与外推算法，最简单的目标机动判断准则是用目标在相邻扫描周期的运动参数增量来判断（速度和方向），即满足条件

$$\Delta v_n = v_n - v_{n-1} \geqslant \Delta v_0$$

或

$$\Delta \theta_n = \theta_n - \theta_{n-1} \geqslant \Delta \theta_0$$

时，机动存在。

这样，现在的任务变成门限值的选取，门限值取决于相应坐标和运动参数的测定误差，即写为

$$\begin{cases} \Delta x \geqslant k\sigma_{\Delta x} \\ \Delta y \geqslant k\sigma_{\Delta y} \\ \Delta v_n \geqslant k\sigma_{\Delta v} \\ \Delta \theta_n \geqslant k\sigma_{\Delta \theta} \end{cases} \tag{3-53}$$

式中：$\sigma_{\Delta x}$、$\sigma_{\Delta y}$、$\sigma_{\Delta v}$、$\sigma_{\Delta \theta}$分别表示测量误差 Δx、Δy、Δv、$\Delta \theta$ 所对应的均方偏差；k 为系数，根据所要求的机动检测可靠性选取。

很明显，减少 k 值将增加机动检测概率 P_0，但同时也增加了机动检测的虚警概率。

增大 k，可能导致弱机动检测不到。如果误差分布服从正态规律，当 $k=3$ 时，不等式(3-53)的满足只有 0.003 的概率是依靠随机因素实现的，而有 $P_0=0.997$ 的概率是由机动实现的。相应地，有

当 $k=2$ 时，$P_0=0.96$；

当 $k=1$ 时，$P_0=0.6$；

当 $k=0.7$ 时，$P_0=0.5$。

即当 $k=0.7$ 时，不等式(3-53)成立，由随机因素和目标机动实现的概率是相同的。

为了提高判定机动的可靠性，可以用运动参数平均值的增量。那么，目标机动的条件为

$$\begin{cases} |\Delta \bar{v}_n| \geqslant k\sigma_{\bar{v}} \\ |\Delta \bar{\theta}_n| \geqslant k\sigma_{\bar{\theta}_n} \end{cases} \tag{3-54}$$

但用后面这个表达式会增加信息的延时，机动的判定也延时了。目标剧烈机动时，延时是有害的。因此，识别强机动时用非平滑值，对慢机动用平滑值，即用式(3-54)。

3.5 数据关联

在目标跟踪阶段，数据关联是确定当前测量点迹与已形成航迹对应关系的过程，即实现点迹-航迹关联。数据关联是多目标跟踪过程中最核心而且是最重要的内容，不管什么样的目标跟踪算法，其实施都是以正确的数据关联结果为前提的。数据关联的实现需要经过波门选通、点迹核选等处理环节。波门选通是在已有航迹的外推点周围划出一个适当大小和形状的相关波门，以实现对当前测量点的过滤；点迹核选是利用各种关联算法

比较进入相关波门的测量点迹,以选择合适的点迹与航迹配对。

3.5.1 波门选通

通常,目标坐标的测量与外推都存在误差,所以外推点与当前点并不重合。此外,在外推点附近可能存在多个当前点。因此,二次处理中数据关联的任务是分析已有航迹的外推点与最新扫描周期获得的当前点之间的位置关系,并选取一个最有可能属于目标航迹的当前点,实现点迹与航迹的相关。

在多目标环境中,雷达在其扫描区域内会发现并跟踪多批目标,加上干扰的存在,雷达在一个扫描周期内将获得更多的点迹。面对这样大量的数据,对每个点迹与每条航迹都进行细致的比较、判断,是很困难的,也是没有必要的。因为同一航迹中的相邻两个点是有相关性的,考虑到这种相关性,并利用前面航迹跟踪的结果,就可将该航迹在下一扫描周期可能出现的位置限定在某个范围内,限定范围外的点就不用再与该航迹进行比较、判断了。被限定的这个范围就是相关波门,划出相关波门的过程就是波门选通。

波门选通采用的方法与所选用的跟踪系统关系密切,大体可分为两类,即物理方法和数学方法。

物理波门选通法,是指通过雷达接收机来划定目标下一扫描周期可能出现的区域,即在某一确定的时机打开雷达接收机。

数学波门选通法,是目标跟踪过程中将目标坐标与波门的边界坐标进行比较。波门的尺寸不但取决于雷达测量误差,而且与目标运动状态、跟踪阶段关系密切。如航迹建立阶段,第一、二截获波门一般较大,进入稳定跟踪后波门就可减小;对非机动目标可以用小波门,而对机动目标就必须用大波门;目标跟踪过程中出现丢点后也必须增大波门。因此,为了对付各种目标的各种运动状态,可能要设置多种波门。

波门的形状、坐标维度与信息处理选用的坐标系及跟踪算法有关。但波门的形状通常选得比较简单,以便在计算机中实现,常用的简单波门有矩形、椭圆形、截尾扇形等。

1. 矩形波门

在直角坐标系中处理信息时,最适合用矩形波门(图 3-13),矩形波门可由两种数对确定,第一种是波门的边界点(x_L,y_L)和(x_H,y_H),第二种是坐标中心(x_e,y_e)和波门半长(Δx_0,Δy_0)。

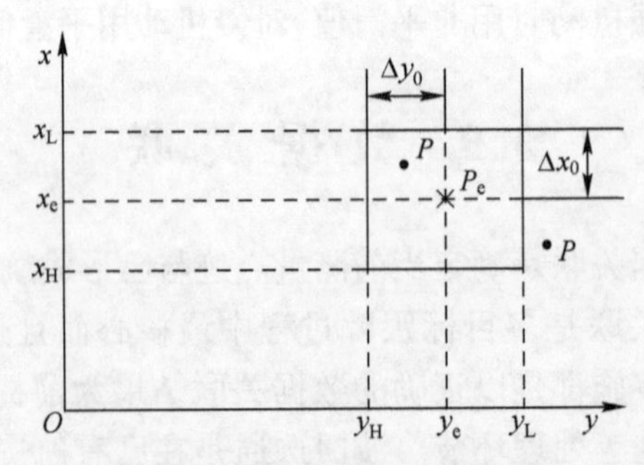

图 3-13 直角坐标系中的矩形波门

分析当前点是否处于波门内的条件可用不等式表示，即

$$\begin{cases}x_n-x_e=\Delta x\leqslant\Delta x_0\\ y_n-y_e=\Delta y\leqslant\Delta y_0\end{cases}$$

式中：x_n、y_n 表示在第 n 个扫描周期第 i 个目标点的坐标；x_e、y_e 表示到第 n 个扫描周期的外推坐标。

波门尺寸的选择条件是：保证真实目标以给定的概率进入波门。波门尺寸越大，真实目标进入波门的概率越高。但这也增加了假点迹进入波门的概率。

当波门尺寸一定时，点迹进入波门的概率取决于当前点与外推坐标的可能偏差值。偏差值通常是个随机量，它由测量误差和外推误差确定：

$$\begin{cases}\Delta x=\Delta x_n+\Delta x_e\\ \Delta y=\Delta y_n+\Delta y_e\end{cases}$$

上面的值服从正态分布，方差为

$$\begin{cases}\sigma_{\Delta x}^2=\sigma_{x_n}^2+\sigma_{x_e}^2+2k_x\sigma_{x_n}\sigma_{x_e}\\ \sigma_{\Delta y}^2=\sigma_{y_n}^2+\sigma_{y_e}^2+2k_y\sigma_{y_n}\sigma_{y_e}\end{cases}\tag{3-55}$$

式中：k_x、k_y 分别表示测量误差和外推误差的相关系数；σ_{x_n}、σ_{y_n}、σ_{x_e}、σ_{y_e} 分别表示测量和外推的均方误差。

相关系数 $k_x(k_y)$ 与所选外推方法有关。如果在匀速直线运动的假设下进行，而且该假设符合实际，则 k_x 和 k_y 近似等于1，即外推误差完全取决于测量误差。如假设与实际不相符，即目标作机动，那么，外推误差在更大程度上取决于机动所引起的误差。这时相应系数趋于0。

随机值 Δx、Δy（真实点与波门中心的偏差）的联合概率密度写为

$$W(\Delta x,\Delta y)=\frac{1}{2\pi\sigma_{\Delta x}\sigma_{\Delta y}}\exp\left\{-\frac{1}{2}\left(\frac{\Delta x^2}{\sigma_{\Delta x}^2}+\frac{\Delta y^2}{\sigma_{\Delta y}^2}\right)\right\}\tag{3-56}$$

那么，点迹进入边长为 $2\Delta x_0$ 和 $2\Delta y_0$ 的波门的概率为

$$P=\int_{-\Delta x_0}^{\Delta x_0}\int_{-\Delta y_0}^{\Delta y_0}f(\Delta x,\Delta y)\,\mathrm{d}\Delta x\mathrm{d}\Delta y$$

该表达式可变换成

$$P=4\Phi\left(\frac{\Delta x_0}{\sigma_{\Delta x}}\right)\Phi\left(\frac{\Delta y_0}{\sigma_{\Delta y}}\right)\tag{3-57}$$

式中

$$\Phi(y)=\frac{1}{\sqrt{2\pi}}\int_0^y \mathrm{e}^{-\frac{t^2}{2}}\mathrm{d}t$$

为拉普拉斯积分，可由表查得。

为保证概率 P 接近1，选

$$\begin{cases}\Delta x_0=3\sigma_{\Delta x}\\ \Delta y_0=3\sigma_{\Delta y}\end{cases}$$

当目标机动时，外推误差急剧增大，为使目标点迹进入波门的概率高，必须增大波门尺寸。另外，在航迹自动跟踪质量和稳定性方面，会受丢失目标点的影响。在某些扫描周

期丢点时，必须对目标坐标外推两个或两个以上的周期。这样也使外推误差大增，因此必须增大波门。由上述情况可知，为达到点迹选择任务的最佳解决，可以在跟踪过程中改变波门的尺寸。当跟踪非机动目标时，波门完全可以选小一点；当发现目标机动或丢失时，应增大波门。

2. 截尾扇形波门

上述思想同样可以扩展到在极坐标系内处理信息的过程。此时，简单而且合适是截尾扇形波门，如图 3-14 所示。在极坐标(r,β)中，分析目标点进入波门的条件，可以用不等式

$$\begin{cases}|r_n-r_{ne}|\leqslant\Delta r_0\\|\beta_n-\beta_{ne}|\leqslant\Delta\beta_0\end{cases}$$

表示。

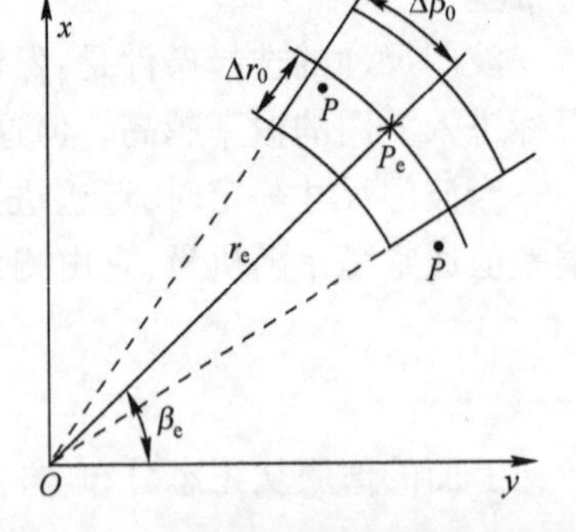

图 3-14　极坐标系内的截尾扇形波门

3.5.2　点迹核选

在波门产生的过程可能有这样的情况存在，即在一个波门内出现多个点迹，这些点迹中有的是由噪声或其他目标产生的。这时，需要对进入波门内的点作进一步的比较和选择(即核选)。核选——对新来的点与外推点进行位置比较，比较的结果是判定哪一个点更接近给定的目标。点迹核选也称为点迹与航迹相关。

核选是个统计学的任务，即利用统计学方法区分跟踪目标点迹与假点迹。当前点迹相对于目标航迹(外推点)的散布服从两维正态分布(图 3-15)。

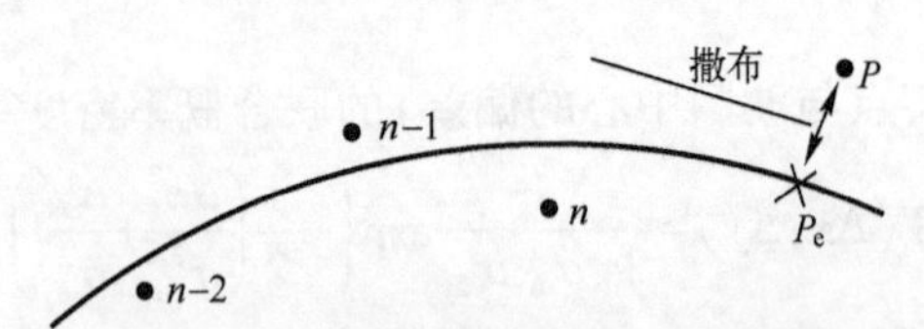

图 3-15　点迹相对于目标航迹的散布

假点的概率分布密度是均匀的，即

$$W(\Delta x,\Delta y)=\gamma \tag{3-58}$$

γ 值可以通过实验确定，$\gamma=N_f/(nS)$，N_f 为 n 个扫描周期内，在扫描区(面积 S)内的假点总数。假点的重要特点是它们互不相关。

下面讨论几种最常用的点迹选择方法。

1. 单个波门法

单个波门法的实质是，在外推点周围划出一个区域(波门)。进行选择的判决逻辑规则如下。

(1) 如果点迹进入波门，则认为它属于该航迹。

(2) 没进入波门的点认为是假的。

(3) 如果波门内没有一个点，则把外推点当成目标点。

(4) 波门内进入多个点，产生的不确定性由专门的规则解决。这些规则如下。

① 把进入波门的点都当成真实目标，并对每个点都连航迹。这样，假航迹将在接下

来的几个扫描的周期中消失。

② 把第一个进入波门的点当成真实点。但这种方法不是最佳的。

选择波门尺寸会存在矛盾：目标点迹进入波门的概率增加的同时也使假点迹进入波门的概率增加。矛盾的解决办法是寻找最佳波门。该任务完成是通过对假设进行检验。

假设 H_0——确定点迹为假。

假设 H_1——确定点迹来自被跟踪目标。

要进行判决，需对似然比和相应准则的门限值 l 进行比较。如果满足下面不等式，则接受点迹属于目标的判决，即

$$\frac{W(\Delta x,\Delta y \mid H_1)}{W(\Delta x,\Delta y \mid H_0)} \geqslant l$$

把式(3-56)和式(3-58)代入上式得

$$\frac{1}{\gamma 2\pi\sigma_{\Delta x}\sigma_{\Delta y}}\exp\left\{-\frac{1}{2}\left(\frac{\Delta x^2}{\sigma_{\Delta x}^2}+\frac{\Delta y^2}{\sigma_{\Delta y}^2}\right)\right\} \geqslant l \tag{3-59}$$

取对数后，得到

$$\frac{\Delta x^2}{\sigma_{\Delta x}^2}+\frac{\Delta y^2}{\sigma_{\Delta y}^2} \leqslant -2\ln(2\pi\sigma_{\Delta x}\sigma_{\Delta y}\gamma l)$$

或者

$$\frac{\Delta x^2}{\sigma_{\Delta x}^2}+\frac{\Delta y^2}{\sigma_{\Delta y}^2} \leqslant r^2 \tag{3-60}$$

由式(3-60)可见，最佳波门为椭圆形，其半轴长(图 3-16)为

$$\begin{cases} x_0 = r\sigma_{\Delta x} \\ y_0 = r\sigma_{\Delta y} \end{cases}$$

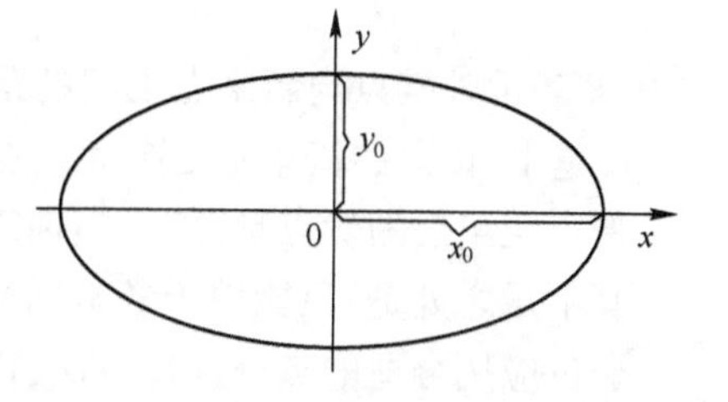

图 3-16　最佳波门椭圆

因此，点迹选择算法结构可用图 3-17 描述，处理过程如下。

(1) 计算当前点与外推点之间的坐标偏差 Δx、Δy。

(2) 计算 $\frac{\Delta x^2}{\sigma_{\Delta x}^2}+\frac{\Delta y^2}{\sigma_{\Delta y}^2}=\lambda^2$(椭圆偏差)。

(3) 比较 λ^2 和 r^2，并做出判决。

为简化计算可选边长为 $2\Delta x_0$ 和 $2\Delta y_0$ 的矩形波门。点迹进入波门的条件为

$$\begin{cases} \Delta x \leqslant \Delta x_0 \\ \Delta y \leqslant \Delta y_0 \end{cases}$$

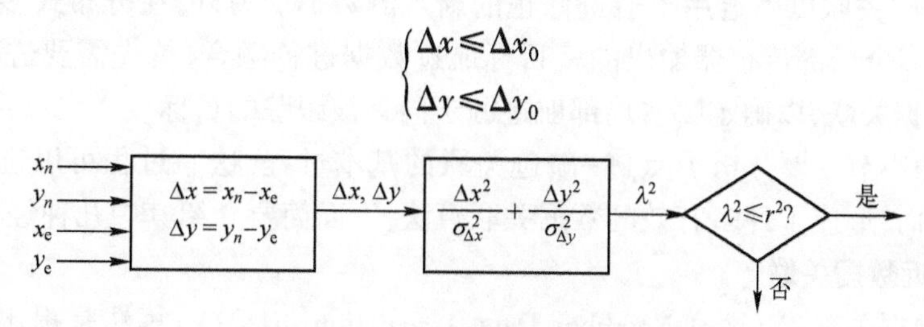

图 3-17　点迹选择算法结构图

为保证接近最佳,选取的波门尺寸为

$$\begin{cases}\Delta x_0 = 0.9x_0 \\ \Delta y_0 = 0.9y_0\end{cases}$$

该关系式符合椭圆波门和矩形波门面积相等的条件。这种波门法的优点如下。

① 技术实现简单。

② 当只有一个点进入波门时,有足够好的效率。

这种方法的不足是:当波门内多于一个点时,不能得到最好的判决。

2. 最小椭圆偏差法

如前所述,椭圆偏差值为

$$\lambda = \sqrt{\frac{\Delta x^2}{\sigma_{\Delta x}^2} + \frac{\Delta y^2}{\sigma_{\Delta y}^2}}$$

很明显,该值越小,点迹属于被跟踪航迹的概率越大。因此,现在的任务是确定每个进入波门的点的椭圆偏差 $\lambda_1, \lambda_2, \cdots, \lambda_n$,而后比较这些值并选择最小的。

该方法的优点是:当波门内的点迹超过一个时,可以找到更好的判决。其缺点是实现复杂化,还必须知道点迹的散布特征。

3. 最小距离法

该方法用于沿 x 轴和 y 轴有相同点迹散布规律的情况,即 $\sigma_{\Delta x} = \sigma_{\Delta y} = \sigma$。这样椭圆变成了圆,即

$$\Delta x^2 + \Delta y^2 = R^2$$

式中:R 表示外推点与新来点之间的距离。

R 越小,该点的概率密度越大。点越接近外推点,它属于该目标的概率越大。

最小距离法的优点是:技术实现简单;不需要知道点迹的散布特性。

其不足之处是:只能用于各坐标测量方差相同的情况。

通过应用合适的点迹选择方法,以实现点迹与航迹的关联,并使目标航迹得以更新和延续。

3.5.3　数据关联算法

数据关联问题广泛存在于多传感器多目标跟踪的各个过程。在航迹起始阶段,需要在多个采样(扫描)周期之间进行“点迹-点迹”的数据关联,以便为新目标建立起始航迹提供充分的初始化信息;在目标跟踪阶段,为了更新航迹,维持航迹跟踪的持续性,需要进行“点迹-航迹”关联以确定用于航迹修正的新观测数据。另外,在分布式多传感器系统中,为了对由多个局部传感器输出的多目标航迹数据进行融合,首先需要进行“航迹-航迹”之间的数据关联,以确定哪些局部航迹源于同一被跟踪的目标。

本节前两小节主要分析了点迹-航迹关联的基本过程,这一过程可以选择不同的方法来实现,因而,形成了许多有效的数据关联算法,下面简要介绍其中几种经典的算法。

1. 最邻近数据关联

最邻近数据关联(Nearest Neighbor Data Association, NNDA)算法是提出最早也是最简单的数据关联方法,有时也是最有效的方法之一。它把落在相关波门之内并且与被跟

踪目标预测位置“最邻近”的观测点迹作为关联点迹，这里的最邻近一般是指观测点迹在统计意义上离被跟踪目标的预测位置最近。上一小节介绍的最小椭圆偏差法和最小距离法就是两种简化的最邻近方法。当采用 Kalman 滤波器进行跟踪时，该统计距离定义为

$$d^2(k)=\widetilde{\boldsymbol{Z}}^{\mathrm{T}}(k\mid k-1)\boldsymbol{S}^{-1}(k)\widetilde{\boldsymbol{Z}}(k\mid k-1)$$

式中：$\widetilde{\boldsymbol{Z}}(k\mid k-1)$表示滤波新息（滤波残差向量）；$\boldsymbol{S}(k)$为新息协方差矩阵；$d(k)$为目标预测位置与有效回波（测量点迹）之间的统计距离。

最邻近方法的基本含义是：“唯一性”地选择落在相关波门之内且与被跟踪目标预测位置最近的观测（点迹）作为目标关联对象。所谓“最近”表示统计距离最小或者残差概率密度最大。基本的最邻近方法实质上是一种局部最优的贪心算法，并不能在全局意义上保持最优。最邻近方法便于实现、计算量小，适应于信噪比高、目标密度小的条件。在目标回波密度较大的情况下，多目标相关波门相互交叉，最近的回波未必由目标所产生。所以最邻近方法的抗干扰能力差，在目标密度较大时容易产生关联错误。

2. 概率数据关联

概率数据关联（Probability Data Association，PDA）适用于杂波环境中单目标的跟踪问题，其基本假设是：在监视空域中仅有一个目标存在，并且这个目标航迹已形成。杂波是指由邻近的干扰目标、气象、电磁以及噪声干扰等引起的检测或回波，它们往往在数量、位置及密度上都是随机的。在杂波环境下，由于随机因素的影响，在任一时刻，某一给定目标的有效回波往往不止一个。

概率数据关联法和最近邻数据关联法不同：对于相关波门内可能有多个回波的情况，按照最近邻数据关联法认为，离预测点位置最近的回波是来自目标的回波；但按概率数据关联的思想则认为，只要是有效的回波，都有可能源于目标，只是每个回波源于目标的概率有所不同。这种方法根据不同的相关情况计算出各回波来自目标的概率，然后利用这些概率值对相关波门内的不同回波进行加权，各个候选回波的加权作为等效回波，并利用等效回波来对目标的状态进行更新。利用概率数据关联对杂波环境下的单目标进行跟踪的优点是：误跟和丢失目标的概率较小，而且计算量相对较小。

定义　在第1次到第k次扫描所获得的全部有效回波已知的情况下，第k次扫描时，第i个回波（$i=1,2,\cdots,m_k$）均为正确回波的概率，称为正确关联概率，用$\beta_i(k)$来表述：

$$\beta_i(k)=P\{\theta_i(k)\mid \boldsymbol{Z}^k\}$$

式中：$\theta_i(k)$为第k次扫描的1到m_k个回波均为正确回波的事件；$\boldsymbol{Z}^k$为第1次到第k次扫描所获得的全部有效回波的集合；m_k为第k次测量所获得的回波数目。

根据全概率公式，可以证明，目标在k时刻的状态估计，即均方意义下的最优估计为

$$\hat{\boldsymbol{X}}(k\mid k)=\sum_{i=0}^{m_k}\beta_i(k)\,\hat{\boldsymbol{X}}_i(k\mid k)$$

其中：$\hat{\boldsymbol{X}}_i(k\mid k)$，$i=1,2,\cdots,m_k$，是有效回波源自目标条件下的目标状态估计值；$\hat{\boldsymbol{X}}_0(k\mid k)$是没有有效回波源自目标情况下的目标状态估计值，通过预测获得。

关联概率是衡量有效回波对目标状态估计所起作用的一种度量。概率数据关联并不是真正确定哪个有效回波真的源于目标，而是认为所有有效回波都有可能来自目标，在统计意义上计算每个有效回波对目标状态估计所起的作用，并以此为权重，给出整体的目标估计值。在不同干扰模型下有不同的关联概率计算公式。

3. 联合概率数据关联

联合概率数据关联(Joint Probability Data Association,JPDA)是在仅适用于单目标跟踪的概率数据关联算法基础上提出来的,该方法是杂波环境下对多目标进行数据关联的一种良好算法。如果被跟踪的多个目标的相关波门不相交,或者没有回波落入波门的相交区域内,则多目标数据关联问题可以简化为多个单目标数据关联问题,利用前面介绍的概率数据关联算法即可解决杂波环境下的多目标跟踪问题。如果有回波落入波门的相交区域,则此时的数据关联问题就要复杂得多,这也是联合概率数据关联要解决的问题。

在联合概率数据关联算法中,首先按照多目标相关波门之间的几何关系,划分为多个聚。在每个聚中,任何一个目标的相关波门与其他至少一个目标的相关波门之间的交集非空,即有回波落入不同目标相关波门的重叠区域内。为了表示某聚中,有效回波和多个目标相关波门的复杂关系,引入确认矩阵的概念。确认矩阵定义为

$$\boldsymbol{\Omega}=[\omega_{jt}]_{t=0,1,\cdots,T}^{j=1,2,\cdots,m_k}=\begin{bmatrix}1 & \omega_{11} & \omega_{12} & \cdots & \omega_{1T}\\ 1 & \omega_{21} & \omega_{12} & \cdots & \omega_{2T}\\ \vdots & \vdots & \vdots & & \vdots\\ 1 & \omega_{m_k1} & \omega_{m_k2} & \cdots & \omega_{m_kT}\end{bmatrix}$$

式中:ω_{jt}是二进制变量,$\omega_{jt}=1$ 表示有效回波 $j(j=1,2,\cdots,m_k)$ 落入目标 $t(t=0,1,\cdots,T)$ 的相关波门内,而 $\omega_{jt}=0$ 表示有效回波 j 没有落在目标 t 的相关波门内。$t=0$ 表示没有目标,此时,$\boldsymbol{\Omega}$ 对应的列元素 ω_{j0}全都是1,这是因为每一个测量都可能源于杂波或者虚警。

图3-18为3个目标和4个有效回波的情况,即 $T=3$、$m_k=4$ 时,确认矩阵与相关波门的关系。

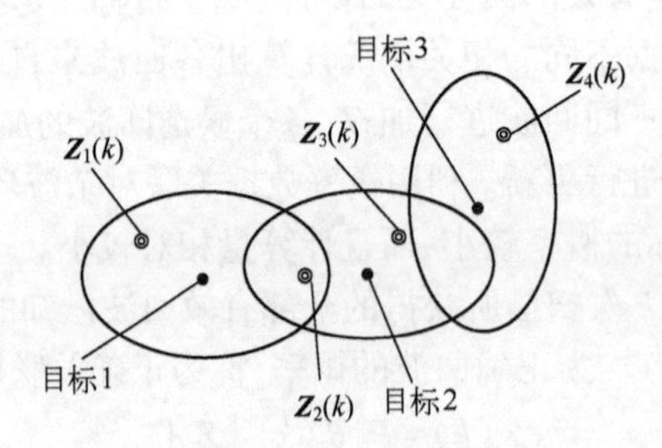

图3-18 确认矩阵与相关波门关系

按照确认矩阵的定义,图3-18对应确认矩阵为

$$\boldsymbol{\Omega}=\begin{bmatrix}1 & 1 & 0 & 0\\ 1 & 1 & 1 & 0\\ 1 & 0 & 1 & 0\\ 1 & 0 & 0 & 1\end{bmatrix}$$

对于有效回波落入相关波门相交区域的情形,意为该回波可能源于多个目标。联合概率数据关联的目的就是计算每一个有效回波与其可能的各种源目标相互关联的概率。为此,首先要研究在 k 时刻所有(可行)联合事件的集合。一个联合事件表示 m_k 个有效回波匹配于各自目标的一种可能,所有(可行)联合事件构成一个集合。第 j 个有效回波与目标 t 的关联称为关联事件。联合概率数据关联的关键是计算这些联合事件和关联事

件的概率，它所依据的两个基本假设如下。

(1) 每一个有效回波有唯一的源，即任一个回波不源于某一目标，则必源于杂波，即回波为虚警。换而言之，这里不考虑有不可分辨的探测情况。

(2) 对于一个给定的目标，最多有一个有效回波以其为源。如果一个目标有可能与多个回波相匹配，将取一个为真，其他为假。

满足这两个假设的事件称为(可行)联合事件。根据以上两个原则对确认矩阵进行拆分，可得到与(可行)联合事件对应的可行矩阵，拆分必须遵循以下两个原则。

(1) 在确认矩阵的每一行，选出一个且仅选出一个1，作为可行矩阵在该行唯一非零的元素。这实际上是为使可行矩阵表示的可能联合事件满足第一个假设，即每个有效回波有唯一的源。

(2) 在可行矩阵中，除第一列外，每列最多只能有一个非零元素。这是使可行矩阵表示的可行事件满足第二个假设，即每个目标最多有一个有效回波以其为源。

确认矩阵拆分后，就可以计算关联概率。有了关联概率就可完成目标状态估计。

4. 其他数据关联算法

上述3种数据关联算法是经典的点迹-航迹关联方法，以这些方法为基础形成了一些改进算法，此外，还出现了多种其他数据关联算法。这些方法中，包括全局最邻近数据关联、交互多模型概率数据关联、简易联合概率数据关联、多假设法、航迹分裂法、模糊数据关联等。

(1) 全局最近邻数据关联法。全局最近邻数据关联法给出了一个唯一的点迹和航迹对。通常的最近邻数据关联法是将每个观测点迹与最近邻的航迹进行关联。全局最近邻法寻求的是航迹和点迹之间的总距离和最小，用它来表示两者的靠近程度。

(2) 多假设法。多假设多目标跟踪算法以JPDA算法提出的聚为基础。算法主要包括聚的构成、假设的产生、每一个假设的概率计算以及假设的约简。多假设法提出的假设概念与JPDA算法提出的联合事件概念几乎相同，其不同点主要在于：对每一个回波不仅考虑虚警的可能性，也考虑新目标出现的可能性；将k时刻的假设视为$k-1$时刻的某一假设与当前数据集合关联的结果。该方法的优点是效果较好，缺点是过多地依赖于目标和杂波的先验知识。

(3) 航迹分裂法。航迹分裂法是一种以似然函数为基础的方法，其基本原理是把落在目标相关波门内的候选回波均作为目标回波，每个目标当前时刻的相关波门内有多少个候选回波，原有的目标航迹就要分裂成为相应数目的新航迹。在航迹分裂法中，若落入相关波门内的候选回波较多，则分裂的航迹数有可能呈指数增长，甚至造成组合爆炸，因此，必须对它进行剪枝，剪枝的方法是计算每一条航迹的似然函数，似然函数低于某一设定门限的航迹予以去除，而高于门限者则保留。该方法的优点是低杂波环境下，效果较好；缺点是计算量大、存储量大、需要先验知识多。

3.6 雷达信息二次处理算法流程

下面讨论雷达信息二次信息处理典型算法结构图(图3-19)上的整个操作过程。信息处理过程按下列顺序完成。

(1) 从一次处理设备来的目标信息送到当前点坐标存储器,在此进行积累。在 n 个扫描周期内获得这些信息,用于确定目标运动参数和进行坐标外推。

(2) 目标当前坐标送波门选通组合。在该组合也输入波门尺寸 Δx_0、Δy_0。在组合 2 中产生的波门尺寸取决于当前点与外推点之间的偏差均方值 $\sigma_{\Delta x}$、$\sigma_{\Delta y}$,以及有无目标机动特性及目标丢点特性。

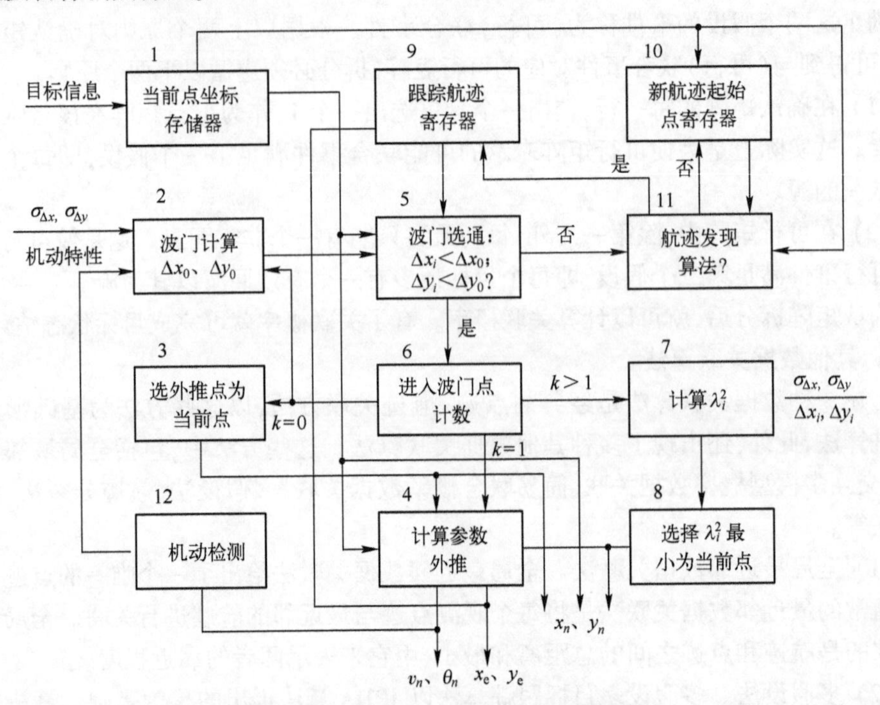

图 3-19　二次信息处理典型算法结构图

(3) 通过波门选通的当前点送到进入波门点计数组合。从这里算法开始分支。

如果 $k=0$,则选外推点为当前点的组合 3 工作。外推点作为当前点输出。当前点丢点的特征送入跟踪波门计算组合。

如果 $k=1$,则接受当前点为真实点并输出。

如果 $k>1$,则计算 λ_i^2 值,将 λ_i^2 值送到当前点选择组合(组合 8)。

(4) v_n 和 θ_n 用于机动的判断。机动特征送入波门计算组合。

(5) 若点迹未进入任何航迹跟踪波门,则与保存在寄存器(组合 10)的新航迹起始点进行比较(组合 11)。如果所说的点迹进入相应的截获波门,航迹被发现,则它被转入自动跟踪(写入组合 9)。点迹既没有进入跟踪波门,也没有进入截获波门,则作为起始点写入组合 10。如果满足撤消准则,则抛弃相应的起始点。

上述操作在每个扫描周期后重复进行。

思　考　题

1. 简述雷达信息二次处理的过程与原理。
2. 评价二次处理的质量指标有哪些?

3. 简述最大似然法和最小二乘法滤波与外推的原理，以及这两种方法的差别。

4. 影响平滑与外推精度的因素有哪几方面？它们各自所起的作用是什么？

5. 引起动态误差的原因，速度和方向上的机动哪个危险更大？为什么？

6. 设雷达的扫描周期 $T=10s$，前 5 个周期的测量值为 $x_1=110km$，$x_2=112.2km$，$x_3=114km$，$x_4=116km$，$x_5=118km$，用 $\alpha-\beta$ 滤波，试计算：

(1) $n=2,3,4,5$ 时的$\bar{x}_n$、$\bar{v}_n$、$\bar{x}_{(n+1)e}$；

(2) 写出 $\alpha=f_1(n)$，$\beta=f_2(n)$的前 5 个函数值。

7. 简述 Kalman 滤波算法的主要方程及算法流程。

8. 设雷达的扫描周期 $T=10s$，前 5 个周期的测量值为 $x_1=101km$，$x_2=106km$，$x_3=110km$，$x_4=117km$，$x_5=126km$，用指数平滑法对速度进行平滑，试计算 $\rho=0.2$ 和 0.8 时的 $\bar{v}_5$ 值，并对结果进行简要的分析。

9. 简述目标机动的识别方法。

10. 简述波门选通的基本过程与主要方法。

11. 点迹核选过程中，常用的选择方法有哪几种？各自的特点是什么？

12. 试述几种常用数据关联算法的基本思想。

13. 试对二次处理算法流程进行分析。

参考文献

[1]　贺正洪，吕辉，王睿．防空指挥自动化信息处理[M]．西安：西北工业大学出版社，2006.

[2]　韩崇昭，朱洪艳，段战胜．多源信息融合[M]．2 版．北京：清华大学出版社，2010.

[3]　杨万海．多传感器数据融合及其应用[M]．西安：西安电子科技大学出版社，2004.

[4]　何友，修建娟，关欣，等．雷达数据处理及应用[M]．3 版．北京：电子工业出版社，2013.

[5]　刘妹琴，兰剑．目标跟踪前沿理论与应用[M]．北京：科学出版社，2015.

[6]　彭冬亮，文成林，薛安克．多传感器多源信息融合理论及应用[M]．北京：科学出版社，2010.

[7]　杨露菁，余华．多源信息融合理论与应用[M]．北京：北京邮电大学出版社，2006.

第4章 数据预处理

在防空反导指挥信息系统中,利用多个传感器获取空天目标的情报,并对这些情报信息进行多级处理,处理后的信息根据需要送显示器或武器系统。由于多种因素的影响,传感器获取的情报数据往往包含偏置误差(系统误差)、噪声误差(随机误差)甚至错误数据(粗大误差);此外,不同传感器对目标的观测是在各自时间和空间系统内进行的,所获数据的时空并不一致。为解决这些问题,以便后续处理顺利进行,需对观测数据进行预处理。

数据预处理主要包括野值剔除、时间对准和空间对准等环节。野值剔除是找出观测序列中的错误数据并加以剔除的过程。时间对准实现时间统一。空间对准将不同传感器的观测数据统一到同一坐标系并修正系统误差,坐标统一通过坐标变换实现,系统误差修正也称为空间配准或传感器配准。

4.1 野值剔除

在多传感器信息处理过程中,由于传感器本身或数据传输中的种种原因,都可能使给出的观测序列中包含某些错误数据,工程上称为野值。目标预测中,它们或是量级上与正常观测数据相差很大,或是量级上虽没有明显差别,但是误差超越了传感器正常状态所允许的误差范围。如果不将这些野值预先剔除,将给数据处理带来很大的误差,并可能导致滤波器发散。

4.1.1 野值的基本概念

雷达数据处理工作的实践表明,即使是高精度的雷达,由于多种偶然因素的综合影响或作用,采样数据集合中往往包含1%~2%,有时甚至多达10%~20%(如雷达进行高仰角跟踪)的数据点严重偏离目标真值。工程数据处理领域称这部分异常数据为野值,即野值就是一个观测数据集中与其他数据表现不一致的一个或多个观测点组成的子集。野值又称为异常值,野值对雷达数据处理工作有着十分不利的影响。大量研究表明,多种滤波和估计算法对采样中包含的野值点反应都极为敏感。工程数据处理的实践也证实,在雷达的数据处理工作中,数据合理性检验是数据处理工作的重要一环。它对改进处理结果的精度、提高处理质量都极为重要。

1. 定义

在探索性数据分析和数据处理领域中,野值又称为异常值。其定义为:测量数据集合中严重偏离大部分数据所呈现趋势的小部分数据点。该定义强调主体数据所呈现的"趋势",以偏离数据集合主体的变化趋势为判别异常数据的依据,并明确指出野值在测量数据集合中只占小部分(即最多不超过1/2),这从直观上是合理的。

2. 成因

测量数据集合中出现野值点的原因很多。就雷达数据而言,产生野值主要有如下几个方面的原因。

(1) 操作和记录时的过失,以及数据复制和计算处理时所出现的过失性错误。由此产生的误差称为过失误差(Gross Error)。

(2) 探测环境的变化。探测环境的突然改变使得部分数据与原先样本的模型不符合,如雷达跟踪时接收机工作状态的不稳定等。

(3) 实际采样数据中也可能出现另一类异常数据,它既不是来自操作和处理的过失,也不是由突发性强影响因素导致的,而是某些服从长尾分布的随机变量(如服从 t 分布的随机变量)作用的结果。

3. 分类

雷达数据处理过程中出现的野值点,比较常见的有如下几种类型。

(1) 孤立型野值。它的基本特点是:某一采样时刻处的测量数据是否为野值与前一时刻及后一时刻数据的质量没有必然联系。比较常见的是,当某时刻的测量数据呈现异常时,在该时刻的一个邻域内的其他数据质量是好的,即野值点的出现是孤立的。动态测量数据中孤立异常值的出现也是比较普遍的情形之一。

(2) 野值斑点,简称斑点,是指成片出现的异常数据。它的基本特点是:在当前时刻出现的野值,也可能带动后续时刻均严重偏离真值。雷达在跟踪高仰角目标的测量数据序列中,野值斑点的出现是比较常见的故障现象。

4.1.2　野值的判别方法

对斑点型野值,因涉及误差的前后相依性,判别的方法并不是很多,实现起来也比较复杂。对孤立型野值的判别已经有大量的研究成果可供采用,具体的野值判别方法与采用的滤波技术关系密切。本节主要讨论孤立型野值的判别方法。

在雷达数据处理的目标跟踪预测过程中,野值剔除是非常重要的一步。目标跟踪预测中的野值剔除和常规误差理论中的野值剔除是有区别的。在常规的误差理论中,野值剔除是进行重复多次测量,然后对观测数据的事后处理。在目标跟踪预测中,目标状态不断变化,每个状态都是单次测量,而且要求数据的处理是实时的、在线的,随着目标的运动,测量环境和精度也是发生变化的。因此,这对两种情况的处理方法也是有区别的。在常规的误差理论中,通常取多次测量的均值替代目标的真实状态,并且大多数情况下是可行的。但在目标预测中,我们必须通过一定的手段对目标当前状态进行估计,求取观测误差。

除了目标状态的估计会影响目标跟踪预测中的野值剔除性能,不同的野值剔除准则也会影响野值剔除的性能。例如,在某些情况下,即使一些比较公认的野值判别准则有时也会把一些非野值点误判为野值;相反,在另外一些情况下,这些准则对一些野值点反而不能有效地剔除。比较实用的准则是根据具体的情况,选择合适的判别准则使得在野值的剔除率和误剔除率之间取得一个较好的平衡。

常用的野值判别准则有 3σ 准则、奈尔准则、格拉布斯准则和狄克逊准则等,下面介绍目标跟踪预测中最常用也是最简单的 3σ 准则。

1. 传统的 3σ 准则

3σ 准则，也称为莱特准则。3σ 准则的基本思想是：对于某一量测序列，若量测只含有随机误差，则根据随机误差的正态分布规律，其残余误差落在$\pm 3\sigma$ 以外的概率约为0.3%，若现有大于3σ 的残余误差的量测值，则可以认为该点是一个野值点，应予剔除。该方法存在如下的问题：3σ 准则假定所有的观测样本服从于同一个正态分布，在测量次数充分大的情况下，通过大量的样本所求的样本标准差 s 近似等于测量误差的标准差 σ。但是，在目标跟踪中，存在两个主要的因素导致实际情况不能满足该前提条件。

一个原因是：在目标跟踪预测中，由于目标的运动可能导致观测距离和观测环境会发生改变，观测的精度就会发生变化。所以，传感器的观测误差的标准差可能是变化的，在不同时间段可能服从不同的分布。另一个原因是：目标当前时刻的状态估计是不准确的。例如，在相同的观测精度下，在目标匀速直线运动阶段，状态估计相对更准确，这一过程统计的标准差就会相对小。目标发生机动时，状态估计可能会以某种规律存在一个规律性偏差，那么，这一阶段统计的样本标准差可能会比较大。因此，3σ 准则在目标跟踪中的应用只是一个近似的准则。

标准的 3σ 准则判别公式为

$$\frac{x_i-\bar{x}}{\sigma}\leqslant 3 \tag{4-1}$$

式中：$\bar{x}$为多次测量的算术平均值；σ 为观测值与均值差值残差序列$(x_i-\bar{x})$的标准差，即 σ 由被检验的序列求得。

目前，在目标跟踪中 3σ 准则的应用形式为

$$\frac{\bar{x}_{ie}-x_i}{\sigma_{(\bar{x}_i-x_i)}}\leqslant 3,\quad i=1,2,3\cdots \tag{4-2}$$

式中：$\bar{x}_{ie}$为滤波器对时刻 i 目标状态的预测值；$\sigma_{(\bar{x}_i-x_i)}$为所有时刻滤波值与观测值差值残差序列$(\bar{x}_i-x_i)$的标准差。

可以看出，我们检验的观测误差是通过预测值求得的$(\bar{x}_{ie}-x_i)$，而我们用的 σ 是通过滤波值求得的 $\sigma_{(\bar{x}_i-x_i)}$。由于运动模型并不能完全和实际运动情况相符，即预测值会存在一定的模型误差。通常情况下，会有 $\sigma_{(\bar{x}_{ie}-x_i)}\geqslant\sigma_{(\bar{x}_i-x_i)}$，$\sigma_{(\bar{x}_{ie}-x_i)}$表示预测值统计的观测误差标准差。

传统的 3σ 准则有一个显著的特点，就是针对静态量测中的野值判别性能较好，但在处理目标跟踪和预测这样的动态量测时性能明显不足。因此，需要在现有准则的基础上加以改进，以应对目标跟踪预测中的野值处理问题。

2. 改进的 3σ 准则

对于目标预测中的野值处理问题，存在的一个重要难题是在目标发生机动时，由于预测模型存在误差，很难判别该观测值是正常的机动还是异常的野值点。3σ 准则是一种简单、方便的野值判别方法，被广泛地应用到工程实际中，但是尚有一些不足和缺点。最明显的就是在处理机动目标时经常将目标的机动误判为野值，易造成跟踪预测精度下降。尤其在目标发生较强机动时，在机动起始阶段 3σ 准则很容易将目标的机动误判为野值点进行剔除，这将影响目标跟踪和预测的精度。

针对这种情况，引入不确定观测点的概念，将观测点的分类从以前的正常点和野值点

两类,扩展成正常点、野值点和不确定点三类。所谓不确定点,是指在多目标跟踪的目标预测处理中,如果某个观测点被现有的野值判别准则判为野值点,但该观测点又在目标的最大机动范围内,则该观测点记为不确定观测点,简称不确定点。

根据是否满足 3σ 准则、最大机动范围两个门限对观测点进行划分。划分标准如下。

(1) 如果满足 3σ 准则,那么,判定该观测点为正常点。

(2) 如果不满足 3σ 准则,但满足最大机动范围,那么,判定该点为不确定点。

(3) 如果既不满足 3σ 准则,也不满足最大机动范围,那么,判定该点为野值点。

针对不同的观测点类型,启动不同的处理器进行处理。算法的基本思想是:首先根据一定的规则对观测值进行比较以判别其类型,然后根据观测点的类型启动相应的处理器,算法流程如下。

(1) 确定目标在当前时刻的 3σ 准则判别门限和目标的最大机动范围。

(2) 比较 3σ 准则门限和最大机动范围的大小关系。

(3) 如果 3σ 准则门限更大,则直接用 3σ 准则进行判别并给出观测值的判别结果。

(4) 如果 3σ 准则门限更小,则先用 3σ 准则判别,如果满足条件,则该点为正常点;如果不满足条件,则进入下一步。

(5) 检验观测点是否在机动范围内,如果超出机动范围,则判定该观测点为野值点;如果未超出机动范围,则判定该观测点为不确定点。

根据观测值的类型,分别采用 3 种处理器的处理方式如下。

(1) 正常点处理器。直接让观测值进行后续的滤波预测处理。

(2) 野值点处理器。将观测值剔除,用状态的外推值替代该时刻的观测值。

(3) 不确定点处理器。同时启动正常点处理器和野值点处理器,输出值为正常点处理器的输出值,野值点处理器处于热备份状态。下一时刻的观测点如果为野值点,则判定该不确定点为正常点,野值点处理器结束工作;如果下一时刻为正常点,则该不确定点为野值点,输出野值点处理器的结果,并修复野值点。

4.2 时间统一

要测量和描述一个运动物体的状态,必须精确地给出各观测量的时刻和某时刻物体所处的位置和速度等参数,这就需要相应的时间系统和坐标系统。对于一个多传感器系统,首先是单个传感器在各自的时间和空间系统内进行测量,然后对各自得测量结果进行时空统一,只有在统一的时间和坐标系统内才能进行多传感器信息融合。时间统一通过时间对准过程实现。时间对准包括:各节点的时间基点一致性问题,即“时间同步”问题;各传感器由于探测周期不同引起对目标数据采集时刻不一致问题,即“时间配准”问题。

4.2.1 时间标准

“时间”一词包括两种含义:一种含义指的是时刻;另一种含义指的是时间间隔。任何一个周期运动,只要它的周期是恒定并且是可观测的,都可以作为时间标准。例如,以地球自转周期为时间尺度的时间标准有恒星时、真太阳时、平太阳时、世界时等,这种以地球自转为基准的时间标准具有不均匀性,已被周期更稳定、精度更高的原子跃迁所产生的稳定频率信号为基准的原子时所取代。

1. 世界时 UT

世界时是一种基于地球自转这一物理现象的时间标准。太阳两次通过观测者的天顶所用的时间称为真太阳日,真太阳日是不均匀的。为消除真太阳日的不均匀性,而采用平太阳日。平太阳日及秒的定义为:太阳连续二次经子午线的平均时间间隔称为一个平太阳日,一个平太阳日分成 $24\times60\times60s=86400s$。以平子夜作为0时刻开始的格林尼治平太阳时,称为世界时 UT。世界时有3种,即 UT_0、UT_1 和 UT_2,其中 UT_0 是直接测定的,UT_1 和 UT_2 是对 UT_0 的不均匀性进行修正后得到的。

2. 原子时 AT

原子时秒的定义是:位于海平面上的铯原子基态的两个超精细能级间在零电磁场下跃迁辐射9 192 631 770C(周)所持续的时间。原子时的历元选定为1958年1月1日0时的世界时的瞬间,从该时刻起原子时独立运行。

3. 协调世界时 UTC

原子时秒长和定义的频率既准确又稳定,但由于地球自转的速度变慢,随着时间推移导致原子时和世界时之差变得越来越大。为了获得既准确的频率和均匀的时间尺度,又与地球自转相关的时刻,出现了协调世界时,它用于协调原子时与世界时的关系。协调世界时秒长就是原子时的秒长,时刻与 UT_1 相差不超过1s,为此,需要不定期实施润秒。润秒分为正润秒、负润秒两种。正润秒即增加1s,相当于使协调世界时的钟面慢1s;负润秒即减少1s,相当于使协调世界时的钟面快1s。

4. 北京时间及我国标准时间的发播

国际上以在经度0°测得的时间作为标准时间,并将每隔15°经度所在地的地方时称为区时,这样全球共划分为24个时区,相邻时区的时间相差1h。我国采用以首都北京所在的东8时区,称为北京时间,北京时间比标准时间早8h。

我国的时间发播由中国科学院国家授时中心负责,它位于陕西蒲城,通过短波和长波以不同的频率向外发播世界时和北京时间。

中国中央电视台发播的广播电视信号中也插入有标准时间频率信号,由中国计量科学院研究院负责插入的标准时间频率信号质量的监测,发播的时间单位是原子秒,标准时间为北京时间。

4.2.2 时间统一系统

时间统一系统是向有需求的用户提供标准时间信号和标准频率信号以实现其时间和频率的统一,由各种电子设备组成的一套完整的系统。时间统一系统由授时部分和用户部分组成,如图4-1所示。授时部分有国家时间频率基准,它产生的标准时间和标准频率信号通过授时台用无线方式发播至各地;用户部分由根据需要而设于各地的用户设备组成,用户设备由定时校频接收机、频率标准、时间码产生器、时间码分配放大器等部分组成。用户部分一般称为时统设备。

利用无线电波发播标准时间信号的工作称为授时,国外常称其为时间服务。无线电波除可传递标准时间信号外,常常也可传递标准频率信号。无线电波的各个频段几乎都可用来传递标准时间信号,授时台常用的为长波、短波和微波频段。

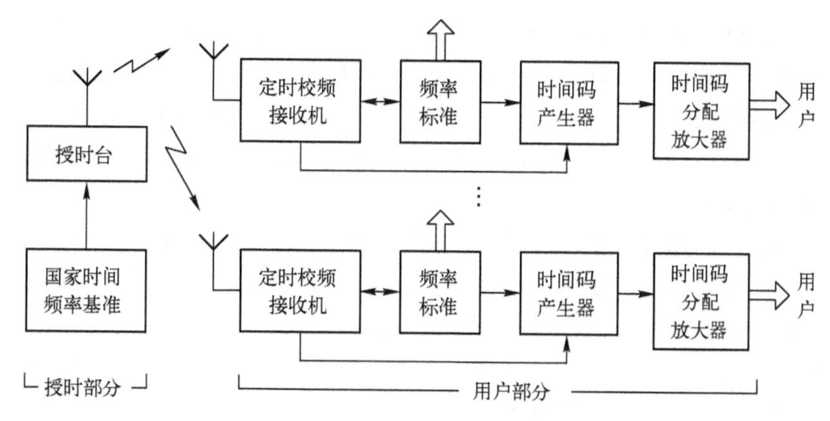

图4-1　时间统一系统的组成

最传统的授时频段为短波,但短波因电离层的变化而造成传播时延的不稳定,使短波时间传递的误差达毫秒量级。长波的地波信号由于其传播路径十分稳定,因此长波授时的标准时间信号可实现微妙量级的时间同步。随着航天技术的发展,卫星授时作为新的授时技术,无论在时间传递精度、覆盖范围、使用便利等方面均超过了传统的授时技术。不同工作体制的卫星授时或卫星时间同步技术,其时间传递精度从微秒到亚纳秒级不等。目前,应用最广泛的GPS时间同步技术仅用粗码就可达100ns量级。精度最高的是双向时间同步技术,其时间同步精度达亚纳秒量级,如我国的北斗卫星导航系统具有的双向授时功能,可提供20ns的时间同步精度。

时统设备用定时校频接收机,接收授时台发播的标准时间频率信号,实现本地时间信号与标准时间信号的同步(定时)和校准本地频率信号与标准频率信号的偏差(校频)。时统设备的频率标准向时间码产生器提供标准频率信号(5MHz或10MHz正弦信号),是时间码产生器产生标准时间信号的源,它的质量直接影响标准时间信号的质量,常用的频率标准是高稳石英晶体频率标准。

时间码产生器就是本地的时钟,它的"钟摆"就是频率标准送来的标准频率信号。没有好的钟摆,时钟就守不住,也就是说,它刚和标准时间对好时,没过多久这个钟就不准了。为使时间码产生器能有较强的守时能力,就要求频率标准的准确度足够高。时间码产生器将频率标准送来的标准频率信号通过分频,就可以得到秒、分、时、天等时间标志,但这时的时间并未和标准时间同步,还需要用定时接收机送来的标准时间信号同步时间码产生器的时间。时间码分配放大器将时间码产生器送来的标准时间信号,根据接口标准的规定,变换为与用户设备接口标准化的时间码信号,并经分路、放大后送用户设备。

4.2.3　指挥信息系统的时间统一方法

指挥信息系统的时间统一包括两个方面:一是系统内各站点与指挥中心的时间同步;二是参与综合处理的测量数据的时间配准。

时间同步的具体方法,取决于防空反导指控系统所具备的技术条件和对情报信息的精度要求。在人工和半自动化指挥条件下,往往由各站点通过手动方式使各自的设备时钟与北京时间对齐即可;在具备良好的数字通信条件下,常以指挥中心的时间为基准,通过发送对时报,实现其他各站(信息源与武器系统)与指挥中心的对时,对时过程中应考虑通信的延时；在网络化作战条件下，可根据需求配置专门的时间统一系统，并根据精度要求选择相应的时统设备，其中GPS和“北斗”等卫星导航系统是最常见的选择。

测量数据的时间配准，是指在进行情报综合时，把一个处理周期内，各站在不同时刻测量的雷达航迹点通过外推或内插统一到同一时刻。下面以外推法为例介绍实现测量数据时间配准的基本方法。

考虑到信息更新速度较快，所以外推时假设目标坐标是匀速直线变化的，其变化速度是已知的。为了证明点迹属于同一目标，需要计算它们在同一时刻所处的位置。如果计算结果足够接近，则它们很可能是属于同一个目标。

点迹统一到同一计时时间的过程如下。

(1) 指定需要使用点迹的时刻 t_k。

(2) 确定每个点的外推时间长度。

(3) 进行坐标外推。

设时刻 t_1(图4-2)雷达1探测到目标，时刻 t_2 雷达2探测到目标。需要在 t_k 时刻使用获得的点迹信息。

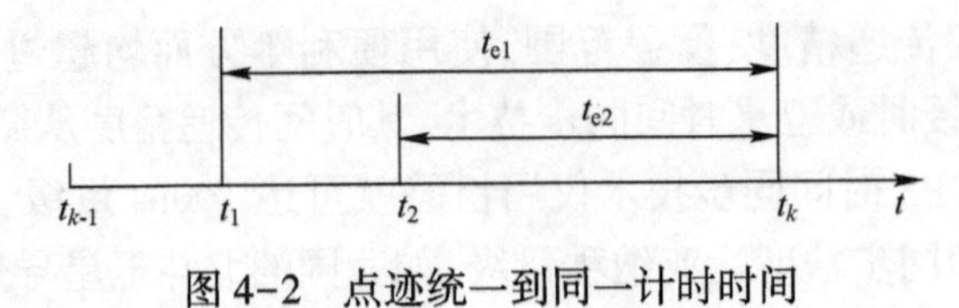

图4-2　点迹统一到同一计时时间

(1) 确定每个点的外推时间，即

$$t_{ei} = t_k - t_i$$

对于本例，有

$$\begin{cases} t_{e1} = t_k - t_1 \\ t_{e2} = t_k - t_2 \end{cases}$$

(2) 根据公式进行坐标外推，即

$$\begin{cases} x_{ei} = x_i + v_x t_{ei} \\ y_{ei} = y_i + v_y t_{ei} \end{cases} \tag{4-3}$$

式中：x_{ei}、y_{ei} 为 i 点迹在时刻 t_k(坐标比较时刻)的外推坐标；x_i、y_i 为 i 目标在探测时刻的坐标；v_x、v_y 为 i 目标的速度分量。

点迹统一到同一计时时刻的转换会带来附加的误差，在点迹核对过程中心须加以注意。所说的误差可以用外推误差公式来估计。对式(4-3)，有

$$\sigma_{x_{ei}}^2 = \sigma_{x_i}^2 + \sigma_{v_x}^2 \cdot t_{ei}^2 + 2t_{ei} R_{x_i \cdot v_x}$$

或者利用 n 个周期的平滑值 $\bar{x}_i$、$\bar{v}_x$，有

$$\sigma_{x_{ei}}^2 = \sigma_{\bar{x}_i}^2 + \sigma_{\bar{v}_x}^2 \cdot t_{ei} + 2t_{ei} R_{\bar{x}_i \cdot \bar{v}_x}$$

式中：$\sigma_{\bar{x}_i}^2$、$\sigma_{\bar{v}_x}^2$、$R_{\bar{x}_i\bar{v}_x}$ 分别由式(3-21)、式(3-20)、式(3-23)确定。

误差值 $\sigma_{x_{ei}}$ 取决于 t_{ei} 值，即选择的时间 t_k。因此，在选择 t_k 时，应保证 t_{ei} 尽可能小。

对误差的粗略估计可用简化公式

$$\sigma_{x_{ei}} \approx \sqrt{\sigma_{\bar{x}_i}^2 + \sigma_{\bar{v}_x}^2 t_{ei}^2}$$

4.3 坐　标　系

在防空反导指挥信息系统中,要用到各种各样的坐标系,并在这些坐标系之间进行坐标变换,坐标变换是实现空间对准的基础。单个传感器进行测量时,使用测量坐标系,如雷达一般使用极(球)坐标系;在进行情报综合处理时,使用计算坐标系,一般为直角坐标系;对地球上的点进行表示时,使用大地坐标系;对大范围的情报进行显示时,还需要将地球面上的点投影到平面上。

根据坐标系原点的不同,还可把坐标系分成地心坐标系和站心坐标系等。地心坐标系以地球质心为原点,全球统一的坐标系,常用的地心坐标系有地心大地坐标系和地心直角坐标系,另外还有以地心坐标系为基础表示一定区域的方格坐标系。站心坐标系是以地面上基点(观测站)为原点的一种坐标系,常用的站心坐标系有站心地平极坐标系和站心地平直角坐标系。

4.3.1 地心坐标系

1. 地心直角坐标系

地心直角坐标系的定义是:坐标原点为地球质心;坐标系 z 轴由原点指向地球地极(即 z 轴与地球自转轴一致、指向地球北极),x 轴与 z 轴正交、指向格林尼治子午线与赤道交点 E,y 轴与 x、z 轴正交,构成右手坐标系;尺度采用米(m),如图 4-3 所示。

空间或地面上任一点 K 的坐标,用直角坐标 (x,y,z) 来表示,称为该点的地心直角坐标。

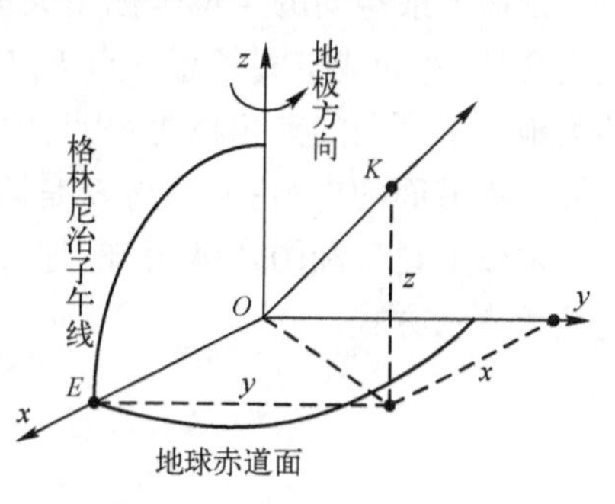

图 4-3　地心直角坐标系示意图

2. 地心大地坐标系

用地心直角坐标表征地面点和空间点的位置,简单、具有直观的几何意义,并且在将来的坐标变换中,具有简单方便的优点。但直角坐标实际使用起来很不方便,通常人们都习惯用经度、纬度、高程表征点位的地理位置,即所称的大地坐标(也称地理坐标)。

为建立地心大地坐标,首先需要寻求一个形状和大小与地球非常接近且与地球有着固定联系的数学体表征地球,作为建立地心大地坐标系和计算点位大地坐标的基准,这样的数学体就是地球椭球。

地球椭球的几何特征(形状和大小)通常采用椭球长半径 a 和扁率 f 两个参数描述。扁率 f 与长半径 a 和短半径 b 的关系为

$$f=\frac{a-b}{a}$$

另外,还有两个物理参数,即引力参数与地球质量的乘积 GM、地球自转角速度 ω_e。

地球椭球通过大地测量获得,一百多年来其参数在不断精化,目前,世界范围内使用比较广泛的有美国全球定位系统(GPS)的 WGS-84 坐标系,表 4-1 列出了新、旧 WGS-84 的椭球参数,其中新 WGS-84 坐标系的点位地心坐标精度可达 0.1m。我国从 2008 年起

正式使用 2000 国家大地坐标系(China Geodetic Coordinate System 2000,CGCS2000),其对应的地球椭球称为 CGCS2000 椭球,椭球参数也列于表 4-1 中,北斗卫星导航系统使用的是 CGCS2000 坐标系。对比可知,与新 WGS-84 椭球相比,CGCS2000 椭球只是扁率 f 与之存在微小的差异,仅在赤道上导致 1mm 的误差,因此可以认为二者是一致的。

表 4-1　几种常用的椭球参数

参　数	旧 WGS-84	新 WGS-84	CGCS2000
a	6378137.0m	6378137.0m	6378137.0m
$1/f$	298.257223563	298.257223563	298.257222101
GM	$3.986005\times10^{14}\mathrm{m}^3/\mathrm{s}^2$	$3.986004418\times10^{14}\mathrm{m}^3/\mathrm{s}^2$	$3.986004418\times10^{14}\mathrm{m}^3/\mathrm{s}^2$
ω_e	$7.292115\times10^{-5}\mathrm{rad/s}$	$7.292115\times10^{-5}\mathrm{rad/s}$	$7.292115\times10^{-5}\mathrm{rad/s}$

地球椭球与实际地球的固定关系要求是:地球椭球中心与地球质心重合;地球椭球的短轴与地球旋转轴重合,椭球赤道面与地球赤道面重合;地球椭球面与地球大地水准面最佳密合。

地心大地坐标系的定义是:坐标原点为地球椭球中心(既地球质心);坐标系 z 轴为地球椭球短轴,指向地极;地球椭球起始子午面与格林尼治子午面重合,x 轴由坐标系原点指向起始子午面与地球椭球赤道的交点 E,y 轴与 x、z 轴构成右手坐标系;尺度采用米(m),如图 4-4 所示。

地面上或空间的点位坐标用大地坐标表征,即大地经度 L、大地纬度 B 和大地高 H。其定义是:地面或空间任意一点 K,自该点作过该点的椭球大地子午面,则该子午面与起始大地子午面间的夹角称为该点的大地经度 L;大地纬度 B 是过该点的椭球面法线 KN 与椭球赤道面的夹角;大地高 H 是该点沿椭球面法线至椭球面的距离,如图 4-4 所示。

由以上讨论和图 4-4 可知,地心直角坐标系和地心大地坐标系实质上是同一坐标系的两种表示方式。

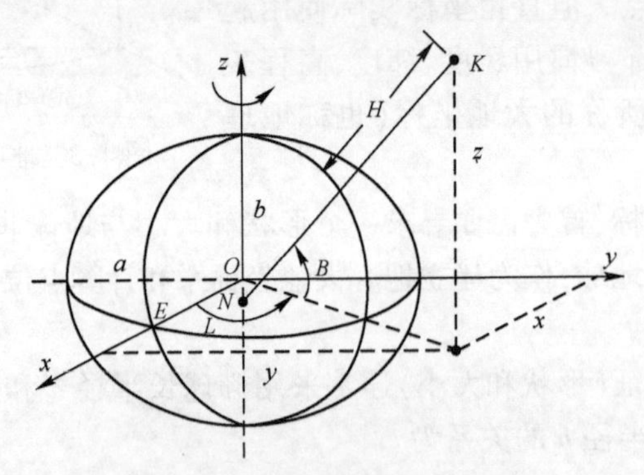

图 4-4　地心大地坐标系示意图

3. 经纬线及其弧长

1) 经纬线

对前面定义的大地坐标系,现用垂直于地轴的平面截地球椭球面,其交线均为圆,称为纬线圈(或叫平行圈)。通过地球中心并垂直于地轴的平面与椭球面相交的圆为最大纬线圈，这就是赤道，赤道的半径等于地球椭球的长半径 a。再用一组通过地轴的平面截地球椭球面，其交线都是大小相同的椭圆，称为经线圈（或称为子午圈）。椭圆的短半径即地球椭球的短半径 b。

经线和纬线代表地球表面两组虽然看不见而实际存在的正交曲线。在同一条纬线上各点的纬度是相同的，不同纬线的纬度不同。在赤道上纬度为0°，纬线圈离开赤道越远，纬度越大，至极点纬度为90°，赤道以北的纬度称为北纬，赤道以南的纬度称为南纬，纬度有时也用字母 φ 表示。经度的计算是从格林尼治首经线（或叫首子午线）开始，该线的经度为零度，向东0°~180°称为东经，向西0°~180°称为西经，经度有时也用字母 λ 表示。在同一条经线上经度是相同的，不同经线的经度不同。

2）纬线圈半径和纬线弧长

如图4-5所示，ASC 是纬度为 φ 的纬线圈，纬线圈为一个圆，设其半径为 r，则从图中可以看出 $r=AQ\cos\varphi$。AQ 是从 A 点所做法线交地轴于 Q 之长。这个长度实际上是卯酉圈在 A 点的曲率半径，常以符号 N 表示，所谓卯酉圈即是通过 A 点垂直于该点的子午圈法截面与椭球面的交线，如图4-5的 FAW 曲线。经证明，它的曲率半径计算公式为

$$N=\frac{a}{(1-e^2\sin^2\varphi)^{1/2}} \tag{4-4}$$

式中：$e^2=\frac{a^2-b^2}{a^2}$，称为第一偏心率，故

$$r=N\cos\varphi \tag{4-5}$$

或

$$r=\frac{a\cos\varphi}{(1-e^2\sin^2\varphi)^{1/2}} \tag{4-6}$$

式中：r 和 N 都是纬度 φ 的函数，它们仅随纬度 φ 的变化而变化。在赤道上，因 $\varphi=0°$，故 $r=N=a$。随着纬度 φ 的增大，r 逐渐减小，当 $\varphi=90°$时，$r=0$。N 则随着纬度 φ 的增大而逐渐增大，到了 $\varphi=90°$时，N 为最大。

如图4-6所示，设有与 A 点同纬度的一点 A'，其间经度差为 $\Delta\lambda$（即 $\lambda_A'-\lambda_A$），求纬线的弧长 AA'，设其为 S_n，由于纬线圈是以 r 为半径的圆，所以有

$$AA'=S_n=r\cdot\Delta\lambda=N\cos\varphi\cdot\Delta\lambda \tag{4-7}$$

式中：$\Delta\lambda$ 为弧度值，若以角度为单位则可以写成

$$S_n=r\frac{\Delta\lambda}{\rho}=\frac{\Delta\lambda}{\rho}N\cos\varphi$$

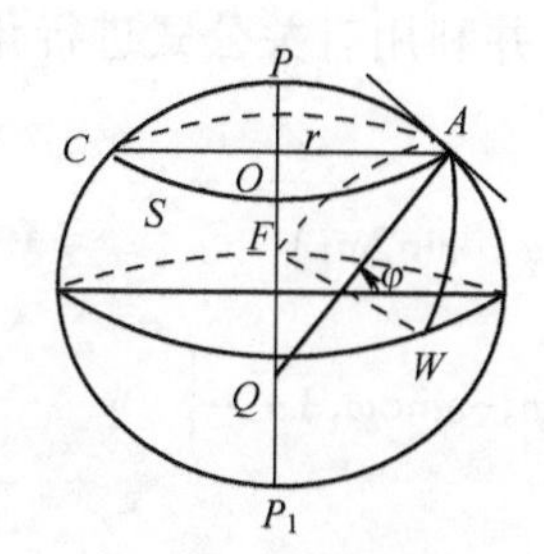

图4-5　纬线圈和卯酉圈

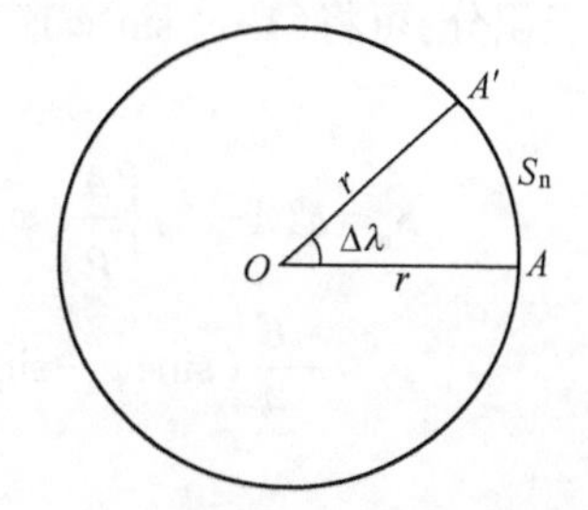

图4-6　纬线弧长 S_n 计算示意图

式中

$$\rho=\frac{180}{\pi}=57.2957795$$

分析式(4-7)可知,同经差的纬线弧长由赤道线向两极缩短。例如,在赤道上经差1°的弧长为111321m,在纬度45°处其长度为78848m,在两极则为0。

3) 经线曲率半径和经线弧长

经线圈也就是子午圈,它是一个平面椭圆。在平面椭圆上各点的弯曲程度是不一样的,不像圆那样有一个固定的半径。这种半径随各点而异。在数学中称这种半径为曲线的曲率半径,设经线的曲率半径为 M,经证明其计算公式为

$$M=\frac{a(1-e^2)}{(1-e^2\sin^2\varphi)^{3/2}} \tag{4-8}$$

M 也随着纬度 φ 的变化而变化。在赤道上 $\varphi=0°$,$M=a(1-e^2)$。在极点上 $\varphi=90°$,$M=\frac{a}{\sqrt{1-e^2}}$。可见,M 值在赤道上为最小,随着纬度的增大而逐渐增大,在极点处为最大。

如图4-7所示,设在经线上有一点 A,其纬度为 φ,取与 A 点无限接近的一点 C,其纬度为 $\varphi+\mathrm{d}\varphi$,$AC$ 的弧长等于 $\mathrm{d}S_m$。若 A 点的曲率半径为 M,则经线微分弧长为

$$AC=\mathrm{d}S_m=M\mathrm{d}\varphi \tag{4-9}$$

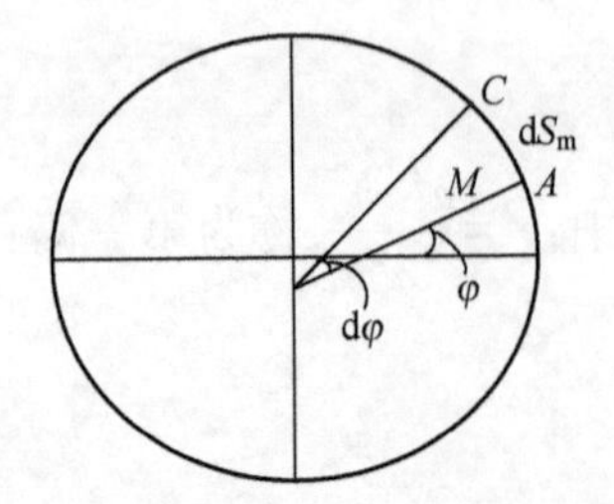

图4-7 经线弧长 S_m 计算示意图

从式(4-9)中可以看出,由于弧 AC 甚小,所以把它看作以 M 为半径的圆周,应用弧长等于半径乘圆心角的公式。将式(4-8)代入式(4-9),得

$$\mathrm{d}S_m=\frac{a(1-e^2)}{(1-e^2\sin^2\varphi)^{3/2}}\mathrm{d}\varphi$$

在同一经线上,欲求由纬度 φ_1 到位度 φ_2 的一段经线弧长时,必须求以 φ_1 和 φ_2 为区间的积分,得

$$\begin{aligned}S_m&=\int_{\varphi_1}^{\varphi_2}M\mathrm{d}\varphi=\int_{\varphi_1}^{\varphi_2}\frac{a(1-e^2)}{(1-e^2\sin^2\varphi)^{3/2}}\mathrm{d}\varphi\\&=a(1-e^2)\int_{\varphi_1}^{\varphi_2}(1-e^2\sin^2\varphi)^{-3/2}\mathrm{d}\varphi\end{aligned} \tag{4-10}$$

为了便于积分,可将 $(1-e^2\sin^2\varphi)^{-3/2}$ 展开成级数,并利用有关公式进行化简,经过积分后,得

$$\begin{aligned}S_m=a(1-e^2)\Big\{&\frac{A}{\rho}(\varphi_2-\varphi_1)-\frac{B}{2}(\sin2\varphi_2-\sin2\varphi_1)\\&+\frac{C}{4}(\sin4\varphi_2-\sin4\varphi_1)-\frac{D}{6}(\sin6\varphi_2-\sin6\varphi_1)+\cdots\Big\}\end{aligned} \tag{4-11}$$

式中

$$A=1+\frac{3}{4}e^2+\frac{45}{64}e^4+\frac{175}{256}e^6+\cdots$$

$$B=\frac{3}{4}e^2+\frac{15}{16}e^4+\frac{525}{512}e^6+\cdots$$

$$C=\frac{15}{64}e^4+\frac{105}{256}e^6+\cdots$$

$$D=\frac{35}{512}e^6+\cdots$$

若令 $\varphi_1=0, \varphi_2=\varphi$，则可得由赤道至纬度为 φ 的纬线间经线弧长 S_m：

$$S_m=a(1-e^2)\left\{\frac{A}{\rho}\varphi-\frac{B}{2}\sin2\varphi+\frac{C}{4}\sin4\varphi-\frac{D}{6}\sin6\varphi+\cdots\right\} \tag{4-12}$$

分析式(4-11)可知，同纬度差的经线弧长由赤道向两极逐渐增长。例如，纬差 1°的经线弧长在赤道为 110576m；在纬度 45°为 111143m；在两极为 111695m。

4.3.2 站心坐标系

站心坐标系是以地面台、站中心为坐标原点而建立的坐标系。根据其用途可分为发射坐标系和测量坐标系。测量坐标系以测量设备中心为原点，如雷达站常用站心地平极坐标系（简称极坐标系）测量目标坐标，为了进行情报处理，必须从极坐标系转换到站心地平直角坐标系（简称直角坐标系）。

1. 极坐标系

在指挥信息系统中，雷达测定目标位置采用的是极（球）坐标系，如图 4-8 所示。设想有一个通过雷达所在位置且和地球椭球面相切的切平面，则雷达所在位置 O（严格说是雷达天线的中心）为原点；目标 P 的斜距为 R；目标斜距在切平面的投影 OP' 与正北方向的夹角为方位角 β，一般规定顺时针方向为正；目标斜距与其在切平面上投影 OP' 的夹角，即为高低角 ε。这样 R、β、ε 3 个坐标就可以确定目标 P 在空中的位置。

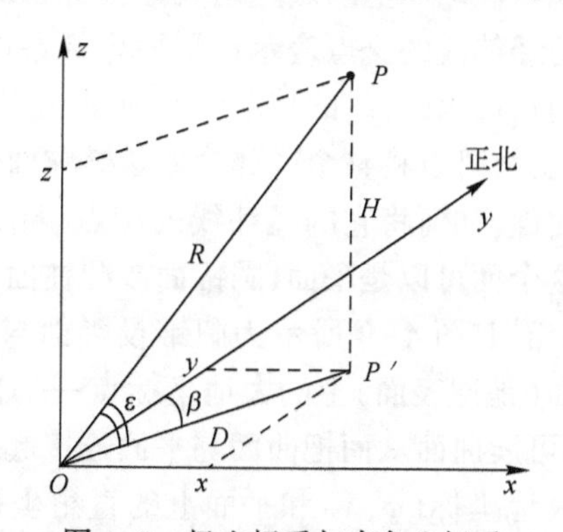

图 4-8 极坐标系与直角坐标系

如果需要知道目标的高度和水平距离，那么，利用圆柱坐标系就比较方便。在这种坐标系中，目标由水平距离 D、方位角 β、高度 H 3 个坐标表示目标位置。它与极坐标的关系为

$$D=R\cos\varepsilon;\quad H=R\sin\varepsilon;\quad \beta=\beta$$

上述这些关系式仅在目标距离较近时是正确的,当距离较远时,由于地面的弯曲,必须作适当的修正。有些雷达不能测量目标的高低角 ε 或高度 H,而只能测量斜距 R 和方位角 β 这两维坐标,这时,常把斜距 R 当成水平距离 D,这样就会存在误差。

2. 直角坐标系

直角坐标系是指挥信息系统中对雷达情报信息进行加工时常用的坐标系。

与极坐标系相似,直角坐标系的原点为雷达所在位置点 O,y 轴位于切平面指向正北,z 轴垂直于切平面指向地球外,x 轴与 y 轴、z 轴构成右手坐标系,如图 4-8 所示,目标 P 的直角坐标为(x_m, y_m, z_m),其中下标 m 是为了便于与地心直角坐标区别。

当对情报进行综合处理时,可指定某一雷达站的直角坐标为统一坐标系,也可建立以指挥中心为坐标原点的统一直角坐标系,此时,除坐标原点不同外,其坐标轴的定义与雷达直角坐标系的相同。

4.4 地图投影

在 4.3 节所述的几种坐标系中,大地坐标系是球面坐标系。那么,当需要将球面坐标系的坐标转换成平面坐标系的坐标时,必然会遇到怎样把地球椭球面上的点表示在平面坐标系内的问题,亦即如何将地面上的经纬度表示在平面上这个问题,这就是本节要叙述的内容。研究这个问题的专门学问称为地图投影学。我们研究地图投影,是根据防空反导指挥信息系统中数据运算精度和运算量的要求,以数学为工具,根据实际需要,选取或导出适宜的地图投影方法。

4.4.1 地图投影基本概念

1. 地图投影的目的和方法

地图投影的目的是将地球椭球面上的点表示在平面坐标系内,并在平面坐标系内能计算这些点的坐标。由于地球椭球面上的点是用大地坐标系表示的,故地图投影的目的实际上是将地球椭球面上的经纬线的交点表示在平面坐标系内,并在平面坐标系内能计算这些点的坐标。点的移动轨迹为线,线的移动轨迹为面,这样将许许多多地球椭球面上经纬线的交点表示在平面上,就可以将整个或部分地球椭球面表示在平面上了。

地球椭球面是不可展曲面,如何将它的经纬线的交点表示在平面坐标系内呢?其方法是:假定有一个投影面,这个面可以是平面、圆锥面或圆柱面,将投影面与投影原面——地球表面相切、相割或多面相切,图 4-9 所示为圆锥投影面与地球相切、相割的示意图,这时用某种条件将投影原面(地球表面)上的大地坐标点一一投影到圆锥曲面内,就成为某种地图投影,因圆锥面为可展曲面从而把曲面与平面连接起来了。由此可见,地球投影就是研究地球椭球面上的大地坐标(φ, λ)和平面上的直角坐标(x, y)或极坐标(ρ, θ)之间的关系,由于平面上的点是由地球椭球面上的点而产生的,因此,大地坐标(φ, λ)是自变量,平面直角坐标(x, y)是因变量,其间的函数关系式为

$$\begin{cases} x = f_1(\varphi, \lambda) \\ y = f_2(\varphi, \lambda) \end{cases} \tag{4-13}$$

这是地图投影的一般方程式,所有地图投影都可以表示为这种形式。

这里所说的某种条件，是指使地图投影具有某些性质的条件和产生任意投影的条件。使地图投影具有某种性质的条件，有等角条件、等距离条件和等积条件 3 种。采用了等角条件进行投影，就可以使地图投影具有等角性质，这种投影称为等角投影。采用了等距离条件进行投影，可以使地图投影在特定方向上具有等距离的性质，这种投影称为等距离投影。采用了等积条件进行投影，就可以使地图投影具有等面积的性质，这种投影称为等积投影。

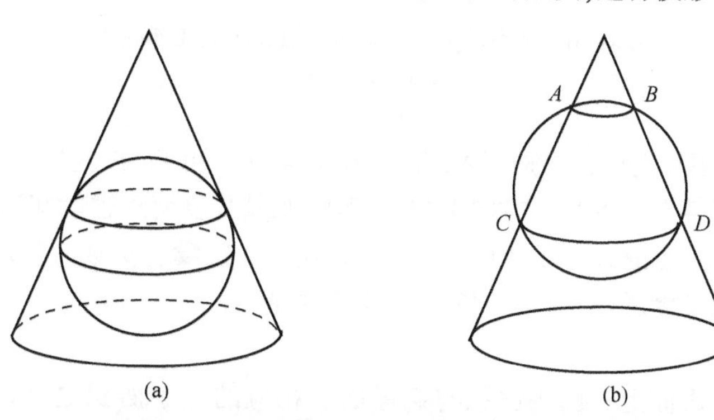

图 4-9　圆锥投影面与地球相切、相割示意图

（a）圆锥与地球相切；（b）圆锥与地球相割。

产生任意投影的条件，有几何的、半几何的和约定的 3 种。即有些投影纯粹是从几何透视得来的；有些投影部分是从几何透视得来的；另一些投影完全是任意实施的，没有透视的光线，纯粹是按规定条件用数学方法完成的。

2. 地图投影的变形

在上一个问题中，我们叙述了地球椭球面与平面之间的矛盾，经过地图投影的方法得到解决，可将曲面变成平面。现在要问：地球椭球的表面经过地球投影的方法描绘在平面上，有没有差异和变形呢？回答是有的，因为地球椭球面是不可展曲面，通过投影表示到平面上，就会出现拉伸和压缩现象。地图投影一般存在长度变形、面积变形和角度变形。

投影变形问题是地图投影的重要组成部分。如果只研究用什么条件进行投影，而不考虑它的变形大小和分布规律，那么，这种投影也就没有多大的实际应用价值。下面就来说明投影变形的定义。

1）长度比与长度变形

长度比就是投影面上一微小线段与椭球面上相应的微小线段之比。如图 4-10 所示，A 点沿 α 方向有一微小线段 $AC=\mathrm{d}s$，投影在平面上相应的微小线段 $A'C'=\mathrm{d}s'$，用 u 表示长度比，则

$$u=\frac{\mathrm{d}s'}{\mathrm{d}s} \tag{4-14}$$

式中：u 代表 A 点沿 α 方向的长度比。

长度比是随点的位置和点移动方向而变化的，故在一点上各方向的长度比和在不同点上各方向的长度比都是不同的。

长度变形就是$(\mathrm{d}s'-\mathrm{d}s)$与 $\mathrm{d}s$ 之比，用 V_u 表示，则有

$$V_u=\frac{\mathrm{d}s'-\mathrm{d}s}{\mathrm{d}s}=\frac{\mathrm{d}s'}{\mathrm{d}s}-1=u-1 \tag{4-15}$$

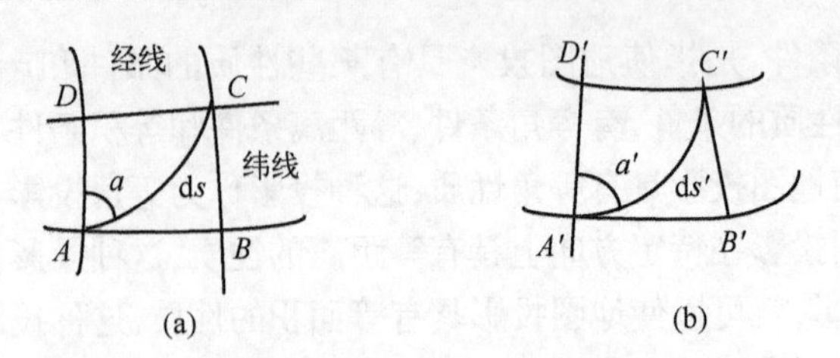

图 4-10 在原面上和投影面上微分线段 ds 和 ds'

(a) 原面;(b) 投影面。

式中:V_u 称为长度相对变形,简称长度变形。由式(4-15)可知,长度变形就是长度比与1之差。如果知道了某点附近某一方向上的长度比,则其长度变形也就知道了。

长度比只有小于1或大于1的数(个别地方等于1),没有负数。长度变形则有正有负,变形为正,表明长度增长,变形为负,表明长度缩短。

2) 面积比与面积变形

面积比就是投影面上一微小面积与椭球面上相应的微小面积之比。设前者为 dF',后者为 dF,用 P 表示面积比,则有

$$P=\frac{\mathrm{d}F'}{\mathrm{d}F} \tag{4-16}$$

面积比是随点位而变化的,在这一点附近的面积比,不等于另一点附近的面积比。

面积变形就是(dF'-dF)与 dF 之比,用 V_P 表示,则有

$$V_P=\frac{\mathrm{d}F'-\mathrm{d}F}{\mathrm{d}F}=\frac{\mathrm{d}F'}{\mathrm{d}F}-1=P-1 \tag{4-17}$$

式中:V_P 称为面积的相对变形,简称面积变形。由式(4-17)可知,面积变形就是面积比与1之差。知道了一点附近的面积比,也就知道了这一点附近的面积变形。

面积比也只是小于1或大于1的数(个别地方等于1),没有负数。面积变形则有正有负,变形为正,表明面积增大,变形为负,表明面积减小。

3) 角度变形

投影上任意两个方向所夹的角与椭球面上相应的两个方向夹角之差,称为角度变形。如前者用 β' 表示,后者用 β 表示,则 $\beta'-\beta$ 即为角度变形。

4.4.2 圆锥投影

1. 正轴圆锥投影

1) 正轴圆锥投影的一般公式

圆锥投影是以圆锥面作为投影面,按某种条件,将地球椭球面上的经纬线投影于圆锥面上,并沿圆锥母线切开展成平面的一种投影。我们以直线透视的道理,先建立这种投影的感性认识。

如图 4-11 所示,假定有圆锥与地球某一纬线相切或某二纬线相割,视点在地球的中心,如从视点引出视线,显然,纬线投影在圆锥面上为一个圆,不同的纬线得不同的圆。经线投影交于圆锥顶点的一束直线。如果圆锥沿其母线切开展成平面,则由于圆锥顶角小于360°,纬线投影在平面上不是圆,而是以圆锥顶点为中心的同心圆弧,经线投影为放射

直线即同心圆弧的半径。圆锥投影分为正轴、斜轴和横轴投影,因后两种投影不常用,故在此仅介绍正轴圆锥投影。正轴圆锥投影的定义是:纬线投影为同心圆弧,经线投影为以圆锥顶点为中心的一束放射直线,即同心圆弧的半径,两经线投影间的夹角与相应的经度差成正比。根据这种投影的这些特点,我们研究正圆锥投影的一般公式。

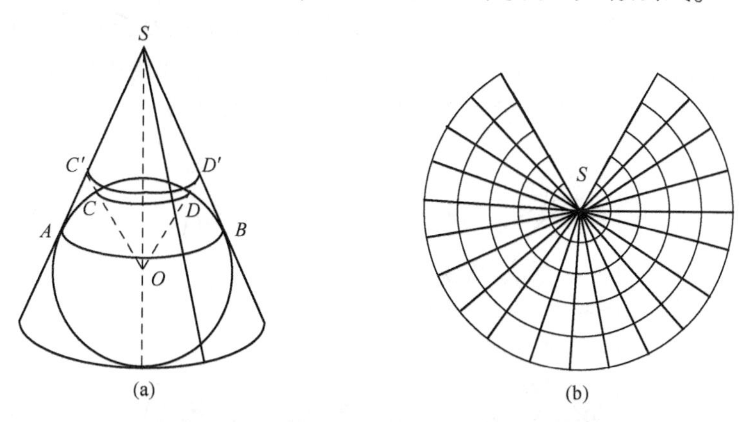

图 4-11 透视圆锥投影及其展开示意图

如图 4-12 所示,设地球面上两经线间的夹角为 $\Delta\lambda$,投影在平面上为 δ,根据正轴圆锥投影的定义,$\Delta\lambda$ 与 δ 应成正比,设其比值为 a,则有 $\delta=a\cdot\Delta\lambda$。又设纬线投影圆弧的半径为 ρ,它随纬度 φ 而变化,即 ρ 为纬度 φ 的函数,即 $\rho=f(\varphi)$。故正轴圆锥投影的极坐标方程为

$$\begin{cases}\rho=f(\varphi)\\ \delta=a\cdot\Delta\lambda\end{cases} \tag{4-18}$$

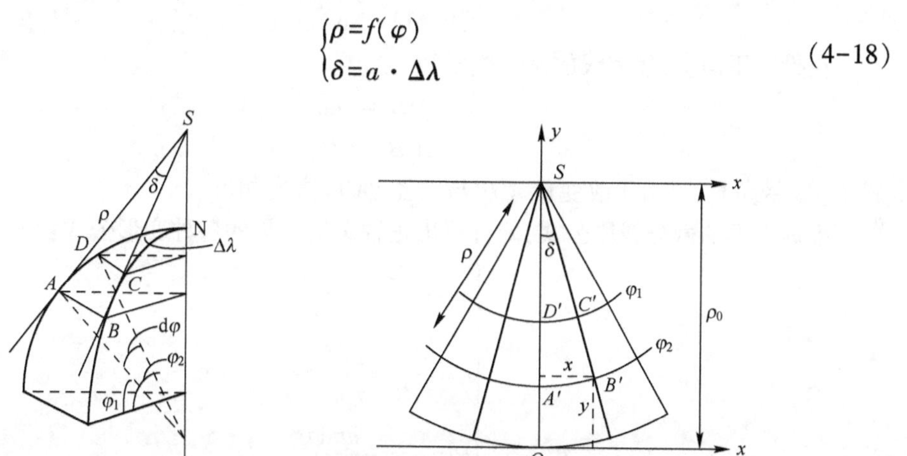

图 4-12 正轴圆锥投影图

如以圆锥顶点 S 为原点,某一经线的投影为 y 轴,于 S 点垂直于这一经线的直线为 x 轴,则 B'点的平面直角坐标为

$$\begin{cases}x=\rho\sin\delta\\ y=-\rho\cos\delta\end{cases} \tag{4-19}$$

如果坐标原点放在投影区域最南边的纬线 O 点上,则 B'的平面直角坐标为

$$\begin{cases}x=\rho\sin\delta\\ y=\rho_0-\rho\cos\delta\end{cases} \tag{4-20}$$

式中：ρ_0 为投影区最南边纬线的投影半径。

2）正轴圆锥投影的变形公式

如图 4-13 所示，设在地球椭圆面上有一无穷小梯形 $ABCD$，其投影在平面上为无穷小梯形 $A'B'C'D'$，又设椭球面上 A 点的大地坐标为(φ,λ)，由纬线 AB 到纬线 CD 的纬度改变量 $d\varphi$，由经线 AD 到经线 BC 的经度改变量为 $d\lambda$，相应地，在投影平面上 A'点的极坐标为(ρ,δ)，由纬线 $A'B'$到纬线 $C'D'$的投影半径改变量为 $d\rho$，由经线 $A'D'$到经线 $B'C'$的动径角改变量为 $d\delta$。由此，我们便可以写出经纬线的微分线段公式。

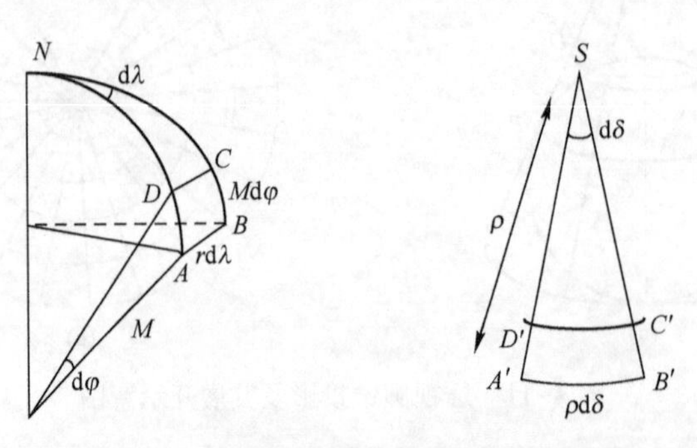

图 4-13 圆锥投影中两个面上的微分线段

在椭球面上，经纬线的微分线段为

$$AD = Md\varphi$$

$$AB = rd\lambda = N\cos\varphi d\lambda$$

在投影平面上，经纬线的微分线段为

$$A'D' = -d\rho$$

$$A'B' = \rho d\delta$$

式中：$d\rho$ 带负号，是由于改变量 $A'D'$与动径 SA'的方向相反。

根据上面的微分线段公式，即可写出正轴圆锥投影的各种变形公式：

$$\begin{cases} m = \dfrac{A'D'}{AD} = -\dfrac{d\rho}{Md\varphi} \\ n = \dfrac{A'B'}{AB} = \dfrac{\rho d\delta}{rd\lambda} = \dfrac{a\rho}{r} \\ P = mn = -\dfrac{a\rho d\rho}{Mrd\rho} \\ \Delta\beta = 2\arcsin\left|\dfrac{m-n}{m+n}\right| \end{cases} \tag{4-21}$$

式中：m、n 分别为经纬线长度比。

由式(4-21)看出，在正轴圆锥投影中，各种变形均为纬度 φ 的函数，与经度 λ 无关。也就是说，这种投影的各种变形是随纬度的变化而变化，在同一条纬线上各点的长度比、面积比和角度变形均各自相等。故正轴圆锥投影适用于中等纬度沿东西延伸区域的坐标变换。

2. 等距离正轴圆锥投影

1) 等距离正轴圆锥投影的基本公式

等距离正轴圆锥投影是以等距离条件决定 $\rho=f(\varphi)$ 函数形式的一种圆锥投影。即以圆锥面作为投影面,用等距离条件作为投影条件,使地球椭球面上的经纬线转化为平面上经纬线。在等距离正轴圆锥投影中,经纬线投影是正交的,其等距离条件为 $m=1$,故由式(4-21)的第一式,有

$$m=-\frac{\mathrm{d}\rho}{M\mathrm{d}\varphi}=1$$

或

$$\mathrm{d}\rho=-M\mathrm{d}\varphi$$

积分得

$$\rho = C - \int_0^{\varphi} M\mathrm{d}\varphi = C - S_{\mathrm{m}} \tag{4-22}$$

式中:C 为积分常数;S_{m} 为赤道至纬度 φ 间的子午线弧长。当 $\varphi=0°$时,$S_{\mathrm{m}}=0$,则 $C=\rho_{赤道}$,故 C 为赤道投影半径。据此,便可得到等距离正轴圆锥投影的基本公式为

$$\begin{cases}\delta=a\Delta\lambda\\ \rho=C-S_{\mathrm{m}}\end{cases} \tag{4-23}$$

投影变形为

$$\begin{cases}m=1\\ P=n=\dfrac{a(C-S_{\mathrm{m}})}{r}\\ \Delta\beta=2\arcsin\left|\dfrac{1-n}{1+n}\right|\end{cases} \tag{4-24}$$

为确定式(4-23)中两个常数 a、C,我们在投影区域内采用两条标准纬线 φ_1、φ_2,即在这两条纬线上无长度变形,故由式(4-24)得到

$$\frac{a(C-S_1)}{r_1}=1$$

和

$$\frac{a(C-S_2)}{r_2}=1$$

由此得到

$$\frac{C-S_1}{r_1}=\frac{C-S_2}{r_2}$$

解得

$$C=\frac{r_1S_2-r_2S_1}{r_1-r_2} \tag{4-25}$$

又

$$C-S_1=\frac{r_1}{a},C-S_2=\frac{r_2}{a}$$

解得

$$a=\frac{r_1-r_2}{S_2-S_1} \tag{4-26}$$

其中

$$r_i=r(\varphi_i),\quad S_i=S(\varphi_i),\quad i=1,2$$

2）等距离正轴圆锥投影简化公式

在指挥信息系统的信息处理过程中，往往要求信息处理计算机将输入的目标坐标（指用大地坐标系）实时地转换成投影平面统一直角坐标。为了达到此目的，就要求投影公式在达到运算精度要求的情况下容易在计算机上实现。在投影式（4-23）中，由于 S_m 的计算量比较大，为提高转换速度，并根据系统投影范围较小的特点，我们对经线弧长 S_m 的表达式进行简化。下面介绍 3 种简化方法。

（1）常数法。在式（4-22）中，经线的曲率半径 M 是随纬度 φ 的变化而变化的，可计为 $M(\varphi)$。当 φ 的变化范围较小时，$M(\varphi)$ 几乎很少变化。因此，我们可以用一个常数 $M(\varphi_0)$ 代替 $M(\varphi)$，则得

$$M(\varphi)=M(\varphi_0)$$

式中：φ_0 为投影区域内某一纬度，一般取投影平面上坐标原点纬度。于是，式（4-10）便可以写成

$$S_m=\int_0^{\varphi}M(\varphi)\,\mathrm{d}\varphi=\int_0^{\varphi}M(\varphi_0)\,\mathrm{d}\varphi=M(\varphi_0)\varphi \tag{4-27}$$

将式（4-27）代入式（4-23），于是，得投影公式为

$$\begin{cases}\delta=a\cdot\Delta\lambda\\ \rho=C-M(\varphi_0)\cdot\varphi\end{cases} \tag{4-28}$$

投影变形公式为

$$\begin{cases}m=\dfrac{M(\varphi_0)}{M(\varphi)}\\ n=\dfrac{a}{r(\varphi)}[C-M(\varphi_0)\cdot\varphi]\\ \Delta\beta=2\arcsin\left|\dfrac{m-n}{m+n}\right|\end{cases} \tag{4-29}$$

如取 $\varphi_1=19°$，$\varphi_2=25°$，则可根据式（4-25）和式（4-26）计算出常数 a、C，其计算结果如表 4-2 所列。

表 4-2　常数 a、C 计算

φ_1	φ_2	r_1	r_2	S_2	S_1	r_1S_1
19°	25°	6032.890km	5784.112km	2766.103km	2101.706km	16687595
r_2S_1	$r_1S_2-r_2S_1$	r_1-r_2	S_2-S_1	C	a	
12156502.9	4531093	248.778	664.397	18013.399	0.374442	

若取 $\varphi_0=22°30'$，则 $M(\varphi_0)=$ 6344.879km，按式（4-29）求出其变形，如表 4-3 所列。

由表 4-3 可见，在这种投影中，几种变形都同时存在，在标准纬线以内，纬线变形是

向负的方向增大，在标准纬线以外，纬线变形是向正的方向增大。在纬度 φ_0 增大的方向，经线变形是向负的方向增大；在 φ_0 减小的方向，经线变形是向正的方向增大。角度变形基本上随离开标准纬线远近程度而逐渐增大。

表 4-3　常数法变形表

φ	m	n	$\Delta\beta$
17°	1.0006127	1.0022	0.0933561
18°	1.0005134	1.0009	0.02261
19°	1.0004065	0.9999	0.031176
20°	1.0002961	0.9991	0.0680303
21°	1.0001810	0.9986	0.0876793
22°	1.0000613	0.9985	0.0899047
23°	0.9999374	0.9986	0.0745032
24°	0.9998091	0.9991	0.0411839
25°	0.9996766	0.9999	0.0103041
26°	0.9995404	1.0009	0.0802462
27°	0.9994003	1.0023	0.1689491

（2）线性函数法 A。设经线的曲率半径为 $M(\varphi)$，它随纬度 φ 而变化，它是纬度的一个线性函数，得

$$M(\varphi)=A\varphi+B$$

将上式代入式(4-10)得

$$S_m=\int_0^{\varphi} M\mathrm{d}\varphi=\int_0^{\varphi} M(\varphi)\,\mathrm{d}\varphi=\int_0^{\varphi}(A\varphi+B)\,\mathrm{d}\varphi$$

解得

$$S_m=\frac{A}{2}\varphi^2+B\varphi \tag{4-30}$$

仍取投影域内两条标准纬线 φ_1、φ_2，确定 C、a 为

$$C=\frac{r_1S_2-r_2S_1}{r_1-r_2}$$

$$a=\frac{r_1-r_2}{S_2-S_1}$$

根据式(4-30)得

$$S_1=\frac{A}{2}\varphi_1^2+B\varphi_1$$

$$B=\frac{1}{\varphi_1}\left(S_1-\frac{A}{2}\varphi_1^2\right) \tag{4-31}$$

$$S_2=\frac{A}{2}\varphi_2^2+B\varphi_2$$

将式(4-31)代入上式，得

$$A=2\frac{S_2\varphi_1-S_1\varphi_2}{\varphi_2^2\varphi_1-\varphi_1^2\varphi_2} \tag{4-32}$$

于是,得投影公式为

$$\begin{cases}\delta=a\Delta\lambda\\ \rho=C-\dfrac{A}{2}\varphi^2-B\varphi\end{cases} \tag{4-33}$$

投影变形公式为

$$\begin{cases}m=\dfrac{A\varphi+B}{M(\varphi)}\\ n=\dfrac{a}{r(\varphi)}\left(C-\dfrac{A}{2}\varphi^2-B\varphi\right)\\ \Delta\beta=2\arcsin\left|\dfrac{m-n}{m+n}\right|\end{cases} \tag{4-34}$$

对于一个纬度差为10°(17°~27°)的投影范围,按式(4-33)进行投影,并按式(4-34)算得的变形数据如表4-4所列。

表4-4 线性函数法A变形表

φ	m	n	$\Delta\beta$
17°	0.9999627	1.0024321	0.1413341
18°	0.9999852	1.0011011	0.0639016
19°	1	1.0000591	0.0038608
20°	1.0000113	0.9993091	0.0402467
21°	1.0000179	0.9988541	0.0668044
22°	1.0000199	0.9986975	0.0758165
23°	1.0000176	0.9988433	0.0673207
24°	1.0000109	0.9992961	0.0409692
25°	1	1.0000613	0.0036152
26°	0.9999852	1.0011447	0.0663969
27°	0.9999666	1.0025527	0.1479862

(3)线性函数法B。经线的投影半径ρ随纬度φ而变,它是纬度的一个线性函数,由此直接取投影公式为

$$\begin{cases}\delta=a\cdot\Delta\lambda\\ \rho=A\varphi+B\end{cases} \tag{4-35}$$

设定指定的两条标准纬线的纬度为φ_1、φ_2,则它们的投影半径分别为

$$\begin{cases}\rho_1=A\varphi_1+B\\ \rho_2=A\varphi_2+B\end{cases} \tag{4-36}$$

解得

$$A=\frac{\rho_1-\rho_2}{\varphi_1-\varphi_2} \tag{4-37}$$

根据两条标准线上无长度变形,即$n_1=n_2=1$,则有

$$\begin{cases} n_1 = \dfrac{a\rho_1}{r_1} = \dfrac{a(A\varphi_1 + B)}{r_1} = 1 \\ n_2 = \dfrac{a\rho_2}{r_2} = \dfrac{a(A\varphi_2 + B)}{r_2} = 1 \end{cases} \tag{4-38}$$

由此可得

$$\frac{A\varphi_1 + B}{r_1} = \frac{A\varphi_2 + B}{r_2}$$

解得

$$B = \frac{A(r_1\varphi_2 - r_2\varphi_1)}{r_2 - r_1} \tag{4-39}$$

$$a = \frac{r_1}{A\varphi_1 + B} \tag{4-40}$$

投影变形公式为

$$\begin{cases} m = -A/M(\varphi) \\ n = \dfrac{a}{r(\varphi)}(A\varphi + B) \\ \Delta\beta = 2\arcsin\left|\dfrac{m-n}{m+n}\right| \end{cases} \tag{4-41}$$

若取 $\varphi_1 = 19°$, $\varphi_2 = 25°$,则可根据式(4-37)、式(4-39)和式(4-40)计算出常数 A、B、a,其计算结果如表 4-5 所列。

表 4-5 常数 A、B、a 计算

φ_1	φ_2	r_1	r_2	$C-\rho_2$	$C-\rho_1$	r_1-r_2
19°	25°	6032.890km	5784.112km	2766.103	2101.706	248.778
$\rho_1-\rho_2$	$r_1\varphi_2$	$r_2\varphi_1$	$r_1\varphi_2-r_2\varphi_1$	A	B	a
-664.397	150822.25	109898.128	40924.122	-6344.5238	18215.61384	0.37444787

按表 4-5 算得的投影常数,根据式(4-41)可算得表 4-6 所列的投影变形数据。

表 4-6 线性函数法 B 变形表

φ	m	n	$\Delta\beta$
17°	1.0005567	1.0023805	0.1043428
18°	1.0004574	1.0010451	0.0336471
19°	1.0003505	1	0.0200786
20°	1.0002401	0.9992476	0.0568806
21°	1.0001250	0.998791	0.076474
22°	1.0000053	0.9986336	0.0786461
23°	0.9998811	0.9987794	0.0631828
24°	0.9997532	0.9992331	0.0298146
25°	0.9996207	1	0.0217364
26°	0.9994845	1.001086	0.091733
27°	0.9993444	1.0024976	0.1804988

4.4.3 高斯-克吕格投影

1. 高斯-克吕格投影公式

高斯-克吕格投影是等角横切椭圆柱投影。假想用一个椭圆柱套住地球椭球体外面，并与某一子午线相切（此子午线称为中央子午线或中央经线），椭圆柱的中心轴位于椭球的赤道面上，如图4-14所示，再按规定的条件，将中央经线东、西各一定经差范围内的经纬线交点投影到椭圆柱面上，并将此椭圆柱面展为平面，即得本投影。

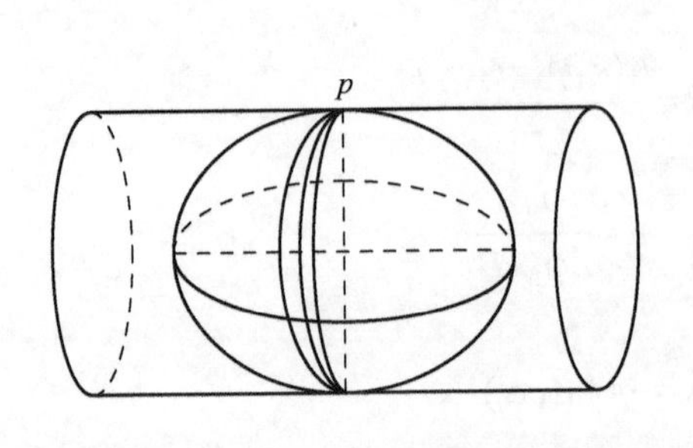

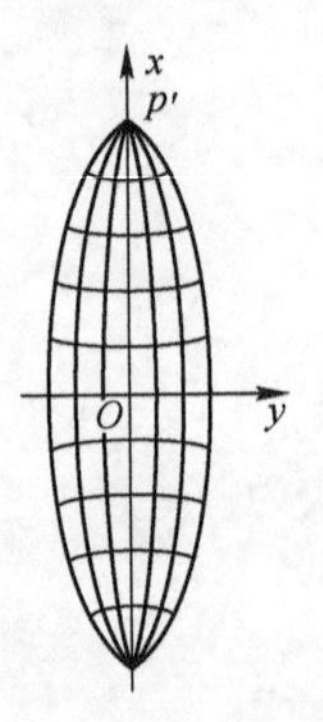

图4-14 高斯-克吕格投影示意图

高斯-克吕格投影可由下述3个条件确定。

(1) 中央经线和赤道投影后为互相垂直的直线，并且为投影的对称轴。

(2) 投影具有等角性质。

(3) 中央经线投影后保持长度不变。

在投影平面上建立如图4-14所示的直角坐标系，即以中央经线和赤道交点的投影为坐标原点，中央经线投影为 x 轴且指向正北，赤道投影为 y 轴且指向正东。设中央经线的经度为 λ_0，球椭球面上的一点 $A(\varphi,\lambda)$ 与中央经线的经度差记为 $\Delta\lambda$，即

$$\Delta\lambda=\lambda-\lambda_0$$

根据高斯-克吕格投影所规定的条件可以推出投影公式，即

$$\begin{cases} x=s+\dfrac{\Delta\lambda^2 N}{2}\sin\varphi\cos\varphi+\dfrac{\Delta\lambda^4 N}{24}\sin\varphi\cos^3\varphi(5-\tan^2\varphi+9\eta^2+4\eta^4)+\cdots \\ y=\Delta\lambda N\cos\varphi+\dfrac{\Delta\lambda^3 N}{6}\cos^3\varphi(1-\tan^2\varphi+\eta^2)+\dfrac{\Delta\lambda^5 N}{120}\cos^5\varphi(5-18\tan^2\varphi+\tan^4\varphi)+\cdots \end{cases} \tag{4-42}$$

式中：N 为 A 点的卯酉圈在 A 点的曲率半径；s 是赤道到纬度 φ 的经线弧长，而

$$\eta^2=e'^2\cos^2\varphi$$

式中：e'^2 为第二偏心率，它与第一偏心率 e^2 的关系为

$$e'^2=\frac{e^2}{1-e^2}$$

在投影公式(4-42)中略去了 $\Delta\lambda$ 6次方以上的各项，原因是这些值不超过0.005m，满足指挥信息系统对信息处理精度的要求。

为获得高斯-克吕格投影的反解公式，设投影面上一点 B 的直角坐标为 (x,y)，中央

经线上到赤道弧长为 $s=x$ 的点所对应的纬度记为 φ_f，该点卯酉圈曲率半径记为 N_f，并记

$$\eta_f^2=e'^2\cos^2\varphi_f$$

则有反解公式

$$\begin{cases}\varphi=\varphi_f-\dfrac{y^2}{2N_f^2}\tan\varphi_f(1+\eta_f^2)+\dfrac{y^4}{24N_f^4}\tan\varphi_f(5+3\tan^2\varphi_f+6\eta_f^2-6\tan^2\varphi_f\eta_f^2-3\eta_f^4-9\tan^2\varphi_f\eta_f^4)+\cdots\\ \Delta\lambda=\dfrac{y}{2N_f\cos\varphi_f}-\dfrac{y^3}{6N_f^3\cos\varphi_f}(1+2\tan^2\varphi_f+\eta_f^2)+\\ \qquad\dfrac{y^5}{120N_f^5\cos\varphi_f}(5+28\tan^2\varphi_f+24\tan^4\varphi_f+6\eta_f^2+8\tan^2\varphi_f\eta_f^2)+\cdots\end{cases} \tag{4-43}$$

2. 高斯-克吕格坐标系

为保证投影精度，高斯-克吕格投影采用分带投影，各投影带均是各自独立的坐标系。根据精度的需要可以采用不同的投影带宽，常采用6°带宽，即中央经线东、西各3°经差为一投影带。这样将全球分为60个投影区，为便于区分，将这些投影区编号，从0°经线开始由西往东编为1~60区，即东经0°~6°为1区，东经6°~12°为2区，以此类推，如图4-15所示。

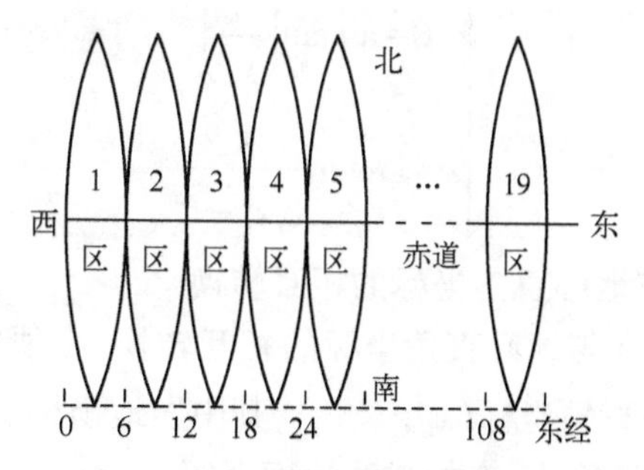

图4-15　高斯-克吕格投影带的分区

每个投影区分别建立直角坐标系，它由图4-14定义的直角坐标修正得来，前者的主要变化是将坐标原点向西平移了500km，即将坐标原点定在中央经线与赤道交点往西500km处，y 轴不变，x 轴的指向也不变，如图4-16所示。

经过修正后的直角坐标系，投影带上任何一点的 y 坐标都为正，若固定 y 坐标整数部分的位数（不足时前面补0）并在其前面标上投影区号，则可用数对 (x, y) 表示全球任何一点的直角坐标。

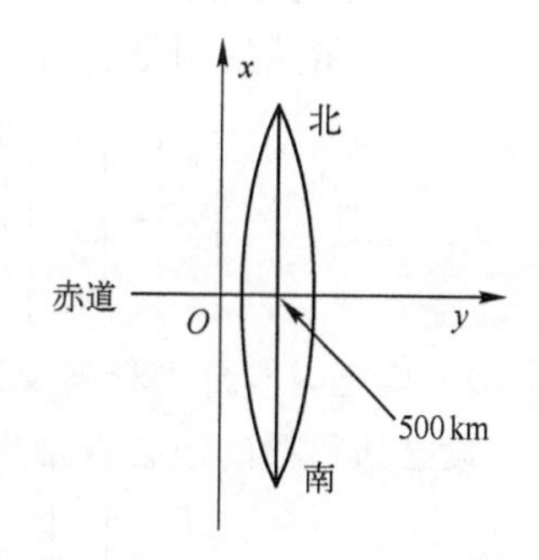

图4-16　高斯-克吕格坐标系

4.5　坐标变换

在前两节介绍的各种坐标系、地图投影方法的基础上，本节介绍几种常用的坐标变换

方法,主要有基于地心直角坐标系的坐标变换、基于球极平面投影的坐标变换等。

4.5.1 基于地心直角坐标系的坐标变换

这种坐标变换体系,以地心直角坐标为公共坐标系和基础。即雷达站测量的目标坐标首先转换为地心直角坐标,然后再从地心直角坐标转换为大地坐标和其他站的坐标。

1. 雷达站极坐标与直角坐标的相互转换

1) 从雷达站极坐标到直角坐标的转换

参考图4-8,设已知目标的极坐标(ε,β,R),即高低角、方位角、斜距,则目标的直角坐标(x_m,y_m,z_m)为

$$\begin{cases} x_m = R\sin\beta\cos\varepsilon \\ y_m = R\cos\beta\cos\varepsilon \\ z_m = R\sin\varepsilon \end{cases} \tag{4-44}$$

2) 从雷达站直角坐标到极坐标的转换

设已知目标的直角坐标为(x_m,y_m,z_m),则目标的极坐标(ε,β,R)为

$$\begin{cases} R = \sqrt{x_m^2+y_m^2+z_m^2} \\ \beta = \arctan\left(\dfrac{x_m}{y_m}\right) \\ \varepsilon = \arctan\dfrac{z_m}{\sqrt{x_m^2+y_m^2}} \end{cases} \tag{4-45}$$

2. 雷达站直角坐标与地心直角坐标的相互转换

要进行雷达站直角坐标与地心直角坐标的相互转换,必须知道雷达站所在位置的大地坐标(B_0,L_0,H_0)和地心直角坐标(x_0,y_0,z_0),其中大地坐标通过大地测量获得,地心直角坐标可以由大地坐标变换得出,变换方法后面介绍。

1) 从雷达站直角坐标到地心直角坐标的转换

设已知雷达站测量的目标坐标为(x_m,y_m,z_m),则该目标的地心直角坐标为

$$\begin{bmatrix} x \\ y \\ z \end{bmatrix} = \begin{bmatrix} x_0 \\ y_0 \\ z_0 \end{bmatrix} + \begin{bmatrix} -\sin L_0 & -\sin B_0\cos L_0 & \cos B_0\cos L_0 \\ \cos L_0 & -\sin B_0\sin L_0 & \cos B_0\sin L_0 \\ 0 & \cos B_0 & \sin B_0 \end{bmatrix} \begin{bmatrix} x_m \\ y_m \\ z_m \end{bmatrix} \tag{4-46}$$

2) 从地心直角坐标到雷达站直角坐标的转换

设已知目标的地心直角坐标为(x,y,z),则目标在雷达站的直角坐标为

$$\begin{bmatrix} x_m \\ y_m \\ z_m \end{bmatrix} = \begin{bmatrix} -\sin L_0 & \cos L_0 & 0 \\ -\sin B_0\cos L_0 & -\sin B_0\sin L_0 & \cos B_0 \\ \cos B_0\cos L_0 & \cos B_0\sin L_0 & \sin B_0 \end{bmatrix} \begin{bmatrix} x-x_0 \\ y-y_0 \\ z-z_0 \end{bmatrix} \tag{4-47}$$

3. 地心直角坐标与大地坐标的相互转换

1) 已知(B,L,H)求(x,y,z)的公式

已知(B,L,H)求(x,y,z)的公式为

$$\begin{cases}x=(N+H)\cos B\cos L\\y=(N+H)\cos B\sin L\\z=[N(1-e^2)+H]\sin B\end{cases}\tag{4-48}$$

式中:N 为地球椭球的卯酉圈半径;e^2 为椭球的第一偏心率,而

$$N=\frac{a}{\sqrt{1-e^2\sin^2 B}}$$

$$e^2=\frac{a^2-b^2}{a^2}$$

式中:a 和 b 分别为椭球的长半径和短半径。

2) 已知(x,y,z)求(B,L,H)的公式

(1) 迭代公式为

$$\begin{cases}B=\arctan\left[\dfrac{z}{\sqrt{x^2+y^2}}\left(1+\dfrac{ae^2}{z}\cdot\dfrac{\sin B}{W}\right)\right]\\L=\arctan\left(\dfrac{y}{x}\right)\\H=\dfrac{\sqrt{x^2+y^2}}{\cos B}-N\end{cases}\tag{4-49}$$

其中

$$W=(1-e^2\sin^2 B)^{1/2}\tag{4-50}$$

计算大地纬度 B 时,需用迭代法。因为 e^2 远小于 1,所以收敛很快。

(2) 直接解算公式。

为了避免迭代计算,也可采用以下直接解算公式,即

$$\tan B=\tan\Phi+A_1e^2\left\{1+\frac{1}{2}e^2\left[A_2+\frac{1}{4}e^2\left(A_3+\frac{1}{2}A_4e^2\right)\right]\right\}\tag{4-51}$$

其中

$$\begin{cases}\Phi=\arctan\left[\dfrac{z}{\sqrt{x^2+y^2}}\right]\\A_1=\left(\dfrac{a}{R'}\right)\tan\Phi\\A_2=\sin^2\Phi+2\left(\dfrac{a}{R'}\right)\cos^2\Phi\\A_3=3\sin^4\Phi+16\left(\dfrac{a}{R'}\right)\sin^2\Phi\cos^2\Phi+4\left(\dfrac{a}{R'}\right)^2\cos^2\Phi(2-5\sin^2\Phi)\\A_4=5\sin\Phi+48\left(\dfrac{a}{R'}\right)\sin^4\Phi\cos^2\Phi+20\left(\dfrac{a}{R'}\right)^2\sin^2\Phi\cos^2\Phi(4-7\sin^2\Phi)+\\\qquad 16\left(\dfrac{a}{R'}\right)^3\cos^2\Phi(1-7\sin^2\Phi+8\sin^4\Phi)\end{cases}\tag{4-52}$$

$$R'=(x^2+y^2+z^2)^{1/2}$$

注意:在(B,L,H)与(x,y,z)的转换中,一定要使用坐标系所选用的相应椭球体参数。

利用上述 3 组公式,可实现各种坐标的相互转换。这种坐标变换体系可适合全球范围,而且精度很高,但计算比较复杂。当需要把大地坐标在平面上显示时,可利用 4.4 节介绍的地图投影方法。

4.5.2　基于球极平面投影的坐标变换

球极平面投影是把球面上的点表示在一个切平面内的投影方法。它是透视方位投影的一种,又称为球面投影或平射投影。这种投影是等角的,即无角度变形;长度比只与到切点的距离有关,与方向无关。这种投影比较适合于雷达情报处理,在雷达的探测范围内能满足精度要求。

1. 球极平面投影

如图 4-17 所示,把地球近似当成一个球,半径为

$$R_0=(a+b)/2$$

式中:a、b 分别为地球椭球体的长半径和短半径。

过球面上一点 O 作一切平面,O 点相对于球心 C 的对称点为 O',以 O'为视点把球面上的点投影到切平面上,这种投影就称为球极平面投影。如图 4-17 中,P 点在球面上的铅垂点为 P_G,其对应的球极平面投影点为 P_S;α 为圆心角,一般较小。

以 O 为坐标原点,在切平面内建立一个平面直角坐标系,其中 y 轴指向正北,x 轴垂直于 y 轴指向正东,如图 4-18 所示。设 O 点的大地坐标为(φ_0,λ_0),在地球面上某一点 A 的大地坐标为(φ,λ),则 A 点的球极平面投影公式为

$$\begin{cases} x=\dfrac{2R_0\cos\varphi\sin(\lambda-\lambda_0)}{1+\sin\varphi\sin\varphi_0+\cos\varphi\cos\varphi_0\cos(\lambda-\lambda_0)} \\ y=\dfrac{2R_0(\sin\varphi\cos\varphi_0-\cos\varphi\sin\varphi_0\cos(\lambda-\lambda_0))}{1+\sin\varphi\sin\varphi_0+\cos\varphi\cos\varphi_0\cos(\lambda-\lambda_0)} \end{cases} \tag{4-53}$$

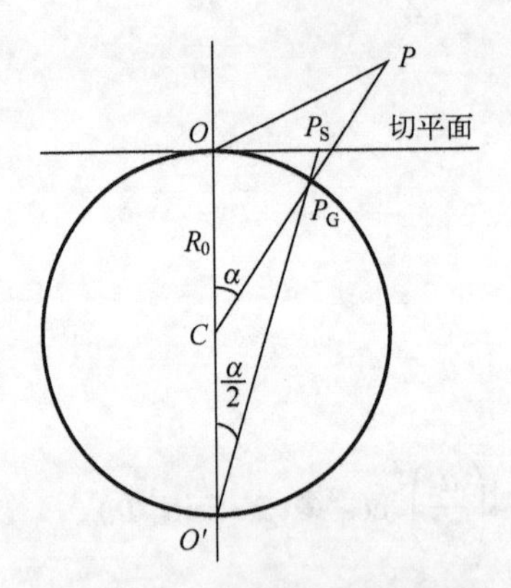

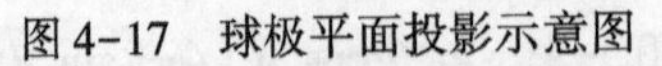
图 4-17　球极平面投影示意图

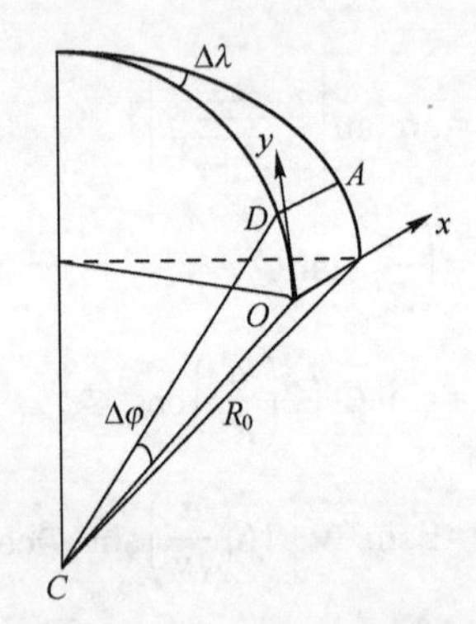

图 4-18　切平面直角坐标

2. 大地坐标与平面直角坐标的相互转换

用式(4-53)可以实现从大地坐标到平面直角坐标的转换,在实际使用过程中还可以对该式进行简化,简化公式带来的误差不会超过一般雷达的测量精度。设球面上某点 A 与坐标原点 O 的经纬度差记为

$$\begin{cases}\Delta\varphi=\varphi-\varphi_0\\ \Delta\lambda=\lambda-\lambda_0\end{cases}$$

则式(4-53)的简化公式为

$$\begin{cases}x=R_0\cdot\Delta\lambda(\cos\varphi_0+\cos\varphi)/2\\ y=R_0\cdot\Delta\varphi\end{cases}\tag{4-54}$$

根据式(4-54),可以得出从平面直角坐标到大地坐标的反投影公式,即

$$\begin{cases}\Delta\varphi=y/R_0\\ \varphi=\varphi_0+\Delta\varphi\\ \Delta\lambda=2x/[R_0(\cos\varphi_0+\cos\varphi)]\\ \lambda=\lambda_0+\Delta\lambda\end{cases}\tag{4-55}$$

3. 雷达站极坐标与平面直角坐标的相互转换

如果取过雷达站的切平面为投影面,则4.3节定义的直角坐标在切平面内与本节定义的平面直角坐标是一致的。雷达站所在位置的海拔高度 H_0 一般不为0,作切平面时必须考虑这一点,如图4-19所示。在大地坐标与平面直角坐标相互转换时,不考虑目标的高度,如果知道目标的海拔高度,则作为一个参数直接传递。

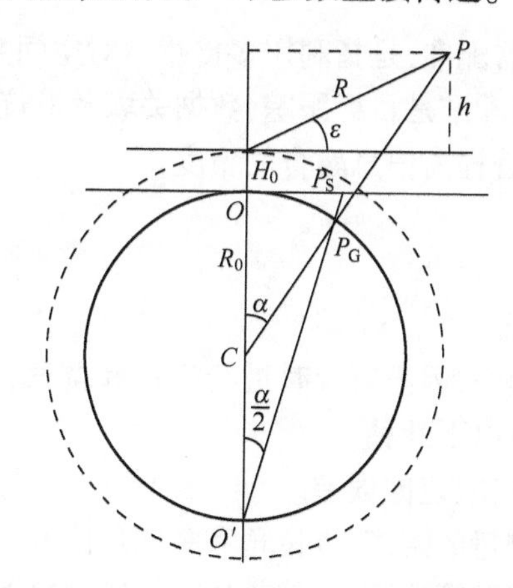

图4-19 极坐标与平面直角坐标转换示意图

1) 从雷达站极坐标到平面直角坐标的转换

如图4-19所示,设目标 P 的极坐标为 (ε,β,R),则 P 点相对于雷达站水平面的高度 h 为

$$h=R\sin\varepsilon$$

根据图中几何关系,先分别计算圆心角 α 和水平距离 D,即

$$\alpha=\arctan\frac{(R^2-h^2)^{1/2}}{R_0+H_0+h}$$

$$D=2R_0\tan(\alpha/2)$$

则从雷达站极坐标到平面直角坐标的变换公式为

$$\begin{cases}x=D\sin\beta\\ y=D\cos\beta\\ H=[R^2-h^2+(R_0+H_0+h)^2]^{1/2}-R_0\end{cases}\tag{4-56}$$

式中：H 为目标的海拔高度。

2）从平面直角坐标到雷达站极坐标的转换

已知目标的平面直角坐标(x,y)和海拔高度 H，先计算

$$D=x^2+y^2$$

$$\alpha=2\arctan\frac{D}{2R_0}$$

则目标的极坐标为

$$\begin{cases}\varepsilon=\arctan\dfrac{(H+R_0)\cos\alpha-(R_0+H_0)}{(H+R_0)\sin\alpha}\\ \beta=\arctan(x/y)\\ R=\{[(H+R_0)\sin\alpha]^2+[(H+R_0)\cos\alpha-(R_0+H_0)]^2\}^{1/2}\end{cases}\tag{4-57}$$

在由式(4-54)~式(4-57)组成的坐标变换体系中，计算公式比较简单，但只适用于区域范围为数百千米，并且对处理精度要求不是很高的场合。

4.6　空间配准

空间配准，又称为传感器配准，是指利用多传感器对空间共同目标的量测对传感器的偏差进行估计和补偿。空间配准是目标跟踪、数据关联及航迹融合获得良好结果的前提，它能有效去除量测偏差，显著提高信息融合的精度。

4.6.1　空间配准概述

1. 传感器配准误差来源

传感器在长期使用过程中，因没有及时进行标校和调试，从而造成目标测量的偏差。传感器配准误差主要来源有以下几种。

（1）各传感器本身的定位、定向误差。

（2）各传感器对目标测量的距离、方位角和高低角偏差。

（3）各传感器采用的跟踪算法不同，使其局部航迹的精度不同。

（4）坐标变换的精度限制。

由于以上原因，同一目标由不同传感器跟踪产生的航迹就有一定的偏差。这种偏差不同于单传感器跟踪时对目标的随机测量误差，它是一种固定的偏差（系统误差）。对于单传感器来说，目标航迹的固定偏差对各个目标来说都是一样的，只是产生了一个固定的偏移，并不会影响整个系统的跟踪性能。对于多传感器系统来说，配准误差造成同一目标不同传感器的航迹之间有较大的偏差。本来是同一目标的航迹，却由于相互偏差较大而可能被认为是不同的目标。

2. 空间配准的难点

空间配准算法通过对由于距离偏移、方位偏移、雷达定位不准以及坐标转换等原因引起的系统偏差进行准确的估计，从而保证后续的多雷达数据融合能够正确、有效地实现数据处理过程。由于传感器系统偏差本身就复杂多变，再加上信息融合多层处理带来的耦合作用，造成空间配准存在诸多难点。

（1）传感器系统偏差复杂多变，致使建立合乎实际的偏差模型比较困难。通常遇到两种情形：一是在不同的空域范围，传感器系统偏差存在不同；二是系统偏差会发生突变，如持续数十秒到数分钟不等，然后自动恢复。

（2）空间配准与目标关联之间存在互为前提的特殊关系，很多空间配准算法需要目标已完成正确关联，但在配准之前，不同传感器量测可能由于系统偏差不同使得一真实目标产生多条“平行”或“交叉”航迹，超出了目标关联判决的阈值。

（3）不同平台之间的坐标转换使得误差（随机误差和系统偏差）层层传递，发生复杂的耦合关系。传感器的多种偏差和各种随机误差会严重污染量测数据，造成空间配准算法发生异常（估计不准或无法收敛）。

3. 空间配准算法分类

空间配准算法可根据不同的特点进行分类，大致可从下面几个方面进行分类，并且类与类之间可以交叉组合，形成更细的算法分类。

（1）从单/多平台分为平台级配准和系统级配准。平台级配准又称传感器级配准，在配准过程中，各传感器之间的距离相对于检测目标距离可以忽略不计，如同一飞机或同一舰艇上的两部雷达。系统级配准又称融合中心级配准，属多平台传感器配准，每个传感器的测量坐标系原点不重叠。

（2）从平台有无运动分为移动平台配准与固定平台配准。固定平台与移动平台描述的是传感器搭载平台是否存在运动，一般而言，固定平台指位于地面固定位置的传感器搭载平台，如基站、灯塔等；移动平台指平台位置正发生移动，如机、舰、车载平台。

（3）从有无目标基准位置分为合作目标配准与非合作目标配准。合作目标指被探测目标的真实位置信息可以通过合作渠道获得，如某个已知位置的固定目标，或友机不断报告自己精确的 GPS 信息。非合作目标指除传感器探测以外，无任何其他手段获取目标的准确位置，如来袭导弹、敌机等。

（4）从是否对目标状态同时进行估计分为联合估计和独立估计。联合估计算法是把传感器的系统偏差和目标的运动状态结合在一起考虑，边跟踪目标边估计传感器系统偏差，两部分交互作用。当系统偏差成分比较复杂、耦合严重时，独立地估计系统偏差一般可获得更好的效果。

（5）从是否属实时性估计分为在线估计和离线估计。离线估计比较适用于合作目标情形，它要求传感器系统偏差基本恒定。在线估计则更多用于实时性要求高、非合作目标场景，但也要求系统偏差基本恒定或者只是缓慢变化。

4. 空间配准的基本思路

在传感器投入使用前，人们常通过标定等手段校准系统偏差；在传感器运行期间，其系统偏差会随着时间积累、环境变化而不断变化，需要反复地重新估计。空间配准一般包含两个阶段，即传感器初始化和相对配准。传感器初始化相对于系统坐标独立地配准每一个传感器。一旦完成了传感器初始化，就可以利用共同的目标来开始相对的传感器配准过程。在相对的传感器配准过程中，收集足够的数据点以计算系统偏差，计算得到的系统偏差用来调整随后得到的传感器数据作进一步的处理。

美国海军于 1995 年首次提出相对配准和绝对配准的概念。基于 GPS 的传感器绝对配准，美军首次将载有 GPS 接收设备的合作目标用于传感器的配准。当前，美军在绝对参考基准条件下，基本解决了传感器的配准问题。基于合作目标配准时，分别将各传感器调准到合作目标就可以了,各传感器只需处理自身量测数据和被告知的目标位置信息即可。基于非合作目标的情形下,传感器需要同时处理来自 2 个及以上传感器对关联目标的量测信息。在坐标统一的前提下,通过测量数据的两两相减获得两传感器测量误差向量之差,再利用多次的误差向量差值估计出每个传感器的系统偏差。

根据防空指挥信息系统的实际需要,本节主要介绍固定平台传感器在二维和三维空间的配准算法。

4.6.2 二维空间配准算法

1. 基于合作目标的空间配准算法

在有合作目标准确位置的情况下,分别把各传感器调准到位置已知的合作目标就够了。本方法适用于单平台传感器,也适用于多平台传感器。在二维空间用极坐标表示目标位置,如图 4-20 所示,其真实位置为(R,β),对应的传感器测量值为(R_m,β_m),测量误差为$(\Delta R,\Delta\beta)$,它们之间的关系为

$$\begin{cases}\Delta R=R_m-R\\ \Delta\beta=\beta_m-\beta\end{cases}$$

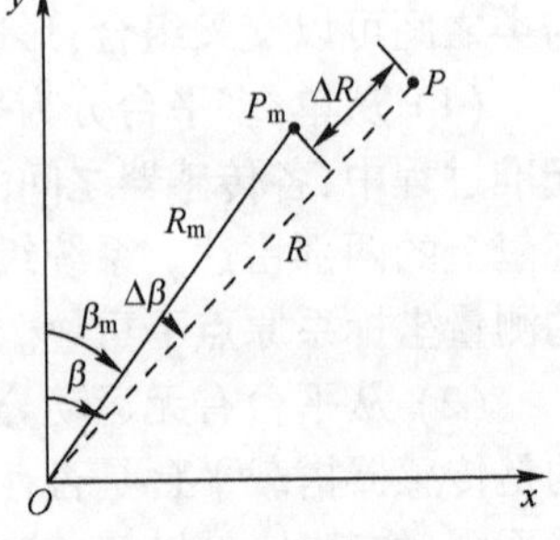

图 4-20 二维空间的传感器测量误差

测量误差$(\Delta R,\Delta\beta)$包括系统误差和随机误差,即

$$\begin{cases}\Delta R=\delta_R+V_R\\ \Delta\beta=\delta_\beta+V_\beta\end{cases}$$

式中:(δ_R,δ_β)为系统误差,是未知的,要加以补偿;(V_R,V_β)为随机观测误差,互不相关,通常具有零均值和已知方差。

如果目标位置是固定的,对适量的观测值取平均,可以随意减少随机误差的影响。因此,系统误差(δ_R,δ_β)的估值可由下式求得:

$$\begin{cases}\hat{\delta}_R=\dfrac{1}{n}\sum\limits_{i=1}^{n}\Delta R(i)\\ \hat{\delta}_\beta=\dfrac{1}{n}\sum\limits_{i=1}^{n}\Delta\beta(i)\end{cases}\tag{4-58}$$

式中:$(\Delta R(i),\Delta\beta(i))$表示第 i 次观测的误差。

2. 基于非合作目标的空间配准算法

当两个二维传感器的探测平面接近重合的情况下,可以考虑它们在同一平面中运行时的空间配准。在工程应用中,当两个传感器距离较近时,通常采用某种适宜的地图投影(如球极平面投影)将两传感器坐标系近似到一个投影平面上,并保持其投影变形在容许偏差范围内,从而大大减少配准的运算量,提高实时配准效能。如图 4-21 所示,将传感器 a 和传感器 b 对同一目标在同一时刻的观测投影到一个公共的二维平面中。

在图 4-21 中,(R_a,β_a)和(R_b,β_b)分别表示传感器 a 和传感器 b 对目标的测量值,用$(\Delta R_a,\Delta\beta_a)$和$(\Delta R_b,\Delta\beta_b)$表示对应的测量误差,$(x_{sa},y_{sa})$和$(x_{sb},y_{sb})$分别表示传感器 a 和传感器 b 在公共平面上的位置,(x_a,y_a)和(x_b,y_b)分别表示传感器 a 和传感器 b 在公共平面上对目标量测的直角坐标。由此可以导出如下基本方程:

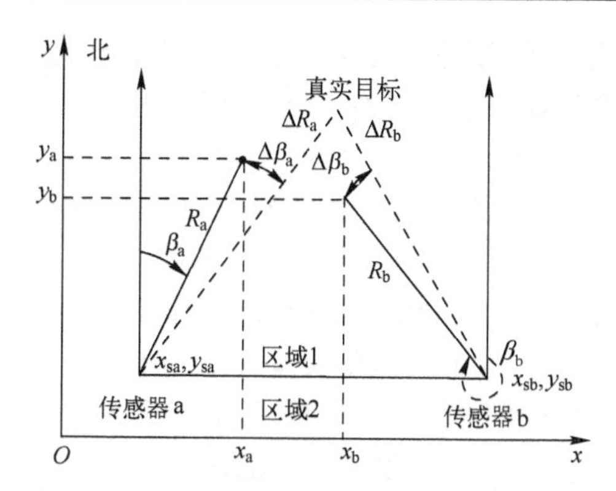

图 4-21　二维平面两传感器对目标的测量误差

$$\begin{cases} x_a = x_{sa} + R_a \sin\beta_a \\ y_a = y_{sa} + R_a \cos\beta_a \\ x_b = x_{sb} + R_b \sin\beta_b \\ y_b = y_{sb} + R_b \cos\beta_b \end{cases} \tag{4-59}$$

用(R'_a,β'_a)和(R'_b,β'_b)分别表示目标相对于传感器 a 和传感器 b 的真实位置,则有

$$\begin{cases} R_a = R'_a + \Delta R_a \\ \beta_a = \beta'_a + \Delta\beta_a \\ R_b = R'_b + \Delta R_b \\ \beta_b = \beta'_b + \Delta\beta_b \end{cases} \tag{4-60}$$

将式(4-60)代入式(4-59),并将得到的方程相对于 ΔR_a、$\Delta\beta_a$、ΔR_b和 $\Delta\beta_b$ 进行一阶泰勒级数展开可以得到

$$\begin{cases} x_a - x_b \approx \Delta R_a \sin\beta_a - \Delta R_b \sin\beta_b + R_a \cos\beta_a \Delta\beta_a - R_b \cos\beta_b \Delta\beta_b \\ y_a - y_b \approx \Delta R_a \cos\beta_a - \Delta R_b \cos\beta_b - R_a \sin\beta_a \Delta\beta_a + R_b \sin\beta_b \Delta\beta_b \end{cases} \tag{4-61}$$

二维空间传感器配准的实时质量控制算法(Real Time Quality Control, RTQC)是一种基于球极平面投影的空间配准方法。在 RTQC 方法中,式(4-61)重写为

$$\begin{cases} (x_a - x_b)\sin\beta_a + (y_a - y_b)\cos\beta_a = \Delta R_a - \cos(\beta_a - \beta_b)\Delta R_b - R_b \sin(\beta_a - \beta_b)\Delta\beta_b \\ (x_b - x_a)\sin\beta_b + (y_b - y_a)\cos\beta_b = \Delta R_b - \cos(\beta_a - \beta_b)\Delta R_a + R_a \sin(\beta_a - \beta_b)\Delta\beta_a \end{cases} \tag{4-62}$$

式中:左边为量测的函数,右边有 4 个未知数,即 ΔR_a、$\Delta\beta_a$、ΔR_b、$\Delta\beta_b$,所以式(4-61)是负定的。式(4-62)是 RTQC 的基本方程,为改善其控制估计的数值条件,以 2 个传感器位置连线为界将二维平面分割成 2 个区域(图 4-21)进行采样。每次当传感器 a 和传感器 b 报告区域 1 中的一条航迹的位置时,式(4-61)便产生 2 个方程,分别都是 ΔR_a、$\Delta\beta_a$、ΔR_b、$\Delta\beta_b$ 的函数。类似地,区域 2 中的位置报告导致了另外 2 个方程。这 4 个方程被用来计算 ΔR_a、$\Delta\beta_a$、ΔR_b、$\Delta\beta_b$。如果忽略掉随机误差,通过计算获得的 ΔR_a、$\Delta\beta_a$、ΔR_b、$\Delta\beta_b$ 可以作为系统误差的估计。

4.6.3　三维空间配准算法

1. 基于合作目标的传感器配准架构

基于合作目标的传感器配准架构如图 4-22 所示。携载北斗或 GPS 接收器等精确卫星定位系统的合作目标通过无线通信将自身定位航迹报告给地面数据处理中心，中心将其与传感器探测到的该合作航迹进行相关，判断它们是否源于该合作目标。若目标航迹相关成功，中心将合作目标报告的定位航迹和传感器报告的量测航迹同时送入偏差估计模块。偏差估计模块根据目标报告位置和传感器位置及其对合作目标的测量参数，对该传感器测量系统误差进行估计。偏差估计结果送入传感器参数数据库，然后，根据需要输出到偏差修正模块对该传感器报告的所有目标航迹进行补偿。这种实现架构将合作目标报告航迹作为目标真实航迹，对传感器测量误差进行统计估计。其算法容易实现，并且配准效果优于基于非合作目标的配准模式。但是，该方式需要合作目标具有高精度定位功能，并且具备将其自身位置实时报告给数据中心的通信能力。

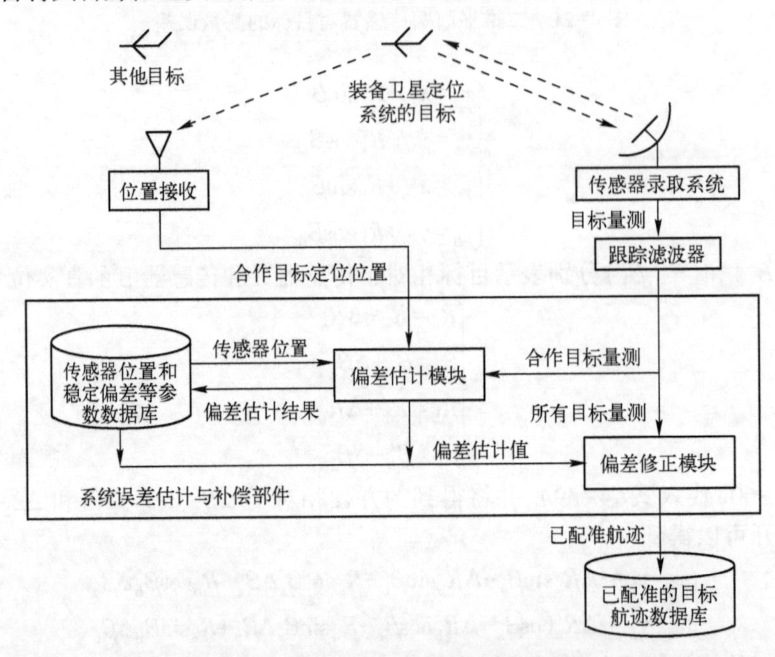

图 4-22　基于合作目标传感器配准架构

2. 基于非合作目标的传感器配准架构

由于种种原因，数据处理中心能得到的合作目标航迹十分有限，很多情况下，只能利用非合作目标进行传感器配准。即基于多传感器对同一目标的覆盖测量同时进行多传感器测量系统偏差估计。基于非合作目标的传感器配准架构如图 4-23 所示。在多传感器组网系统中，处理中心将各传感器上报的目标局部航迹进行相关后，将源于同一公共目标的局部测量航迹送入偏差估计模块；偏差估计模块基于相关的几条局部航迹进行诸传感器系统偏差估计，并将结果送入传感器参数数据库，然后根据需要输出到偏差修正模块，对传感器报告的所有目标局部航迹进行补偿，完成航迹配准。

与基于合作目标配准架构不同，该配准架构性能强烈依赖目标分布：若样本的可观测性好，则可达到与基于合作目标配准方法相同的效果；否则，仅能改善样本中诸航迹相对偏差。其优点是对观测目标无任何要求，可适用于各种对空探测系统的空间配准问题。

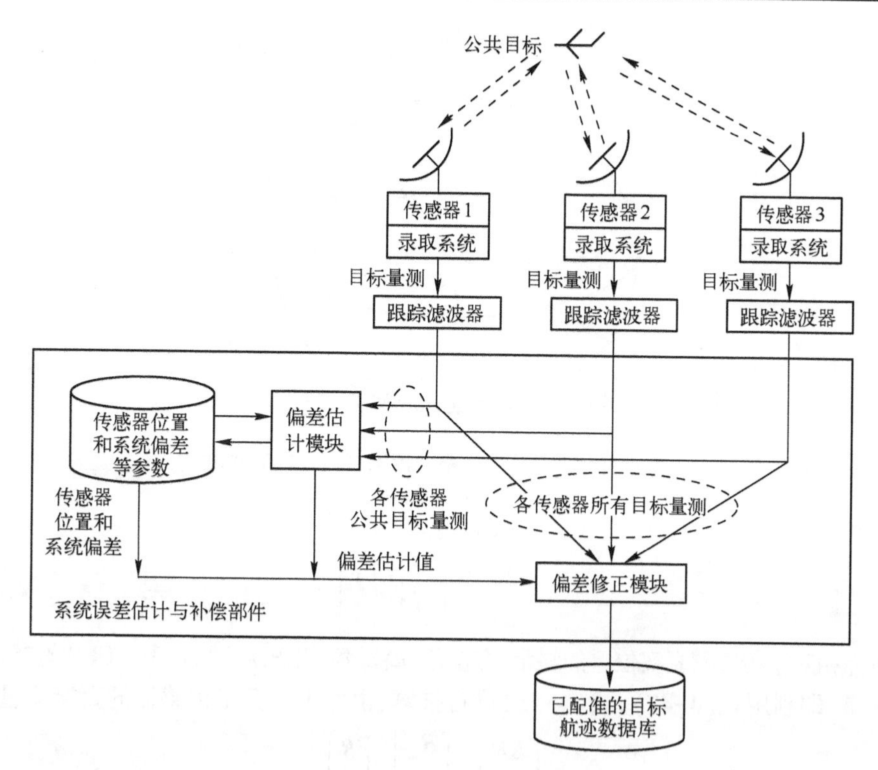

图 4-23　基于非合作目标传感器配准架构

3. 基于合作目标的三维空间配准算法

当目标相对传感器距离远或者传感器之间距离较大时，还采用基于球极平面投影的二维空间配准算法会因为投影变形等原因导致配准精度下降，甚至使得配准结果与实际情况相反。为解决这一问题，一般采用地心直角坐标系下的三维空间配准，地心直角坐标系也称为地心地固坐标系(Earth Center Earth Fixed Coordinate, ECEF)。

如图 4-24 所示，传感器所在位置 O_1 的大地坐标为 (B_0,L_0,H_0)，对应的地心直角坐标为 (x_0,y_0,z_0)，则在 ECEF 坐标系下，对目标 P 的测量方程为

$$\begin{bmatrix} x' \\ y' \\ z' \end{bmatrix} = \begin{bmatrix} x_0 \\ y_0 \\ z_0 \end{bmatrix} + \begin{bmatrix} -\sin L_0 & -\sin B_0\cos L_0 & \cos B_0\cos L_0 \\ \cos L_0 & -\sin B_0\sin L_0 & \cos B_0\sin L_0 \\ 0 & \cos B_0 & \sin B_0 \end{bmatrix} \begin{bmatrix} x_m \\ y_m \\ z_m \end{bmatrix} \tag{4-63}$$

其中

$$\begin{cases} x_m = R_m\sin\beta_m\cos\varepsilon_m \\ y_m = R_m\cos\beta_m\cos\varepsilon_m \\ z_m = R_m\sin\varepsilon_m \end{cases}$$

为目标在传感器局部直角坐标系中的坐标，而 R_m、β_m、ε_m 分别为传感器直接测量的目标斜距、方位角、高低角。

作为合作目标，可直接获得其定位报告信息的大地坐标 (B,L,H) 和对应的 ECEF 坐标 (x,y,z)。利用式(4-63)的计算结果，可得在 ECEF 坐标下的传感器测量误差：

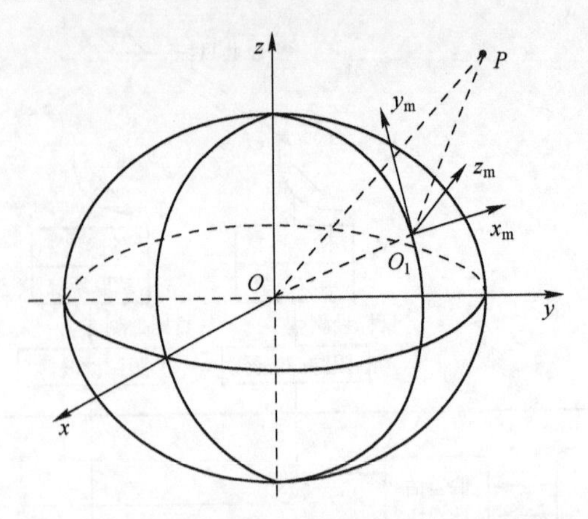

图 4-24 ECEF 坐标系下传感器对目标的测量

$$\begin{bmatrix} \Delta x \\ \Delta y \\ \Delta z \end{bmatrix} = \begin{bmatrix} x' \\ y' \\ z' \end{bmatrix} - \begin{bmatrix} x \\ y \\ z \end{bmatrix} \tag{4-64}$$

目标相对于传感器真实位置的斜距、方位角、高低角(R,β,ε),可由其 ECEF 坐标(x,y,z)计算获得,即利用式(4-47)、式(4-45)进行推算,由此可计算出传感器的直接测量误差:

$$\begin{bmatrix} \Delta R \\ \Delta \beta \\ \Delta \varepsilon \end{bmatrix} = \begin{bmatrix} R_m \\ \beta_m \\ \varepsilon_m \end{bmatrix} - \begin{bmatrix} R \\ \beta \\ \varepsilon \end{bmatrix} \tag{4-65}$$

如果忽略随机误差,$(\Delta R,\Delta\beta,\Delta\varepsilon)$可作为传感器测量的系统误差估计,也可进行多次测量,利用某种统计方法估计以减少随机误差的影响。

思 考 题

1. 简述野值的基本概念与判别方法。
2. 简述时间统一系统的组成与工作原理。
3. 简述指挥信息系统的时间统一方法。
4. 在防空反导指挥信息系统中,常用的坐标系有哪几种?它们分别是如何定义的?
5. 采用地图投影的目的是什么?
6. 为什么在地图投影过程中,会产生投影变形?投影变形有哪几种?
7. 我国防空反导指挥信息系统采用什么地图投影比较合适?为什么?
8. 什么是高斯-克吕格投影和高斯-克吕格坐标系?
9. 比较基于地心直角坐标系和基于球极平面投影两种坐标变换方法的特点。
10. 简述空间配准的基本概念。
11. 简述二维空间配准的主要算法。
12. 三维空间配准算法主要有哪些?

参考文献

[1]　贺正洪,吕辉,王睿. 防空指挥自动化信息处理[M]. 西安:西北工业大学出版社,2006.
[2]　潘泉,等. 多源信息融合理论及应用[M]. 北京:清华大学出版社,2013.
[3]　何友,修建娟,张晶炜,等. 雷达数据处理及应用[M]. 3 版. 北京:电子工业出版社,2013.
[4]　卢元磊,何佳洲,安瑾. 目标预测中的野值剔除方法研究[J]. 计算机与数字工程,2013,41(5):722-725.
[5]　卢元磊,何佳洲,安瑾,等. 几种野值剔除准则在目标预测中的应用研究[J]. 指挥控制与仿真,2011,33(4):98-102.
[6]　童宝润. 时间统一系统[M]. 北京:国防工业出版社,2003.
[7]　王爱生,徐欢,张棋,等. 基于 CGCS2000 椭球的大地测量实用公式[J]. 导航定位学报,2015,3(3):105-109.
[8]　赵忠海,蒋志楠,朱李忠. WGS-84(G1674)与 CGCS2000 坐标转换研究[J]. 测绘与空间地理信息,2015,38(4):188-189.
[9]　宋文彬. 传感器数据空间配准算法研究进展[J]. 传感器与微系统,2012,31(8):5-8.
[10]　费利那 A,斯塔德 F A. 雷达数据处理(第二卷)[M]. 北京:国防工业出版社,1992.
[11]　韩崇昭,朱洪艳,段战胜. 多源信息融合[M]. 2 版. 北京:清华大学出版社,2010.
[12]　赵宗贵,熊朝华,王珂,等. 信息融合概念、方法与应用[M]. 北京:国防工业出版社,2012.
[13]　杨启和. 地图投影变换原理与方法[M]. 北京:解放军出版社,1990.
[14]　胡毓钜,龚剑文,黄伟. 地图投影[M]. 北京:测绘出版社,1986.

第5章 雷达信息三次处理

单传感器信息经过检测和跟踪,可以获得目标的局部估计,多传感器信息通过融合处理可以获得目标的全局估计。雷达网作为应用最广泛的多传感器系统,经过单雷达信息的一次处理和二次处理,可获得单雷达航迹信息;多个雷达站的信息送到处理中心进行三次处理,可以获得统一的综合航迹。本章重点介绍雷达信息三次处理中的情报收集、点迹核对、航迹关联与估计融合等主要任务的实现方法,并简要介绍复杂电磁环境下的信息处理方法。

5.1 雷达信息三次处理的任务

雷达网是应用最广泛的一类多传感器系统,雷达网信息处理是信息融合领域发展最早、技术最成熟的部分,已形成了较为完备的理论与方法体系。雷达网是防空反导指挥信息系统主要的信息来源,指挥信息系统在完成指挥控制任务时,必须有足够大空域范围内的目标信息,仅靠单个雷达站是难以获得的,需由多个雷达站组网加以保障。雷达信息一次处理和二次处理的信息只来自单个雷达站,而雷达网的信息需要通过三次处理获得,即将网内各雷达的信息进行融合处理。雷达信息三次处理的最终目的是形成总空情态势图。

为完成情报保障任务,多个雷达站按一定的战斗队形进行部署,这些雷达站的可探测区域即构成雷达网。通过对雷达站的部署,可使它们的探测区全部或部分重叠,如图5-1所示。在某些情况下,重叠不存在,并且雷达网中间还可能出现空隙,如图中*AB*段。探测区重叠的雷达网可改善探测目标的条件,但需要更多的雷达设备。这样关于同一目标的信息可能同时来自几个雷达站。在理想情况下,同一目标的这些点迹应该相互重合。但实际上这种重合是很难见到的,这是因为存在单雷达测量的系统误差和随机误差、不同雷达探测时间的差异以及从雷达站点到三次处理中心的坐标转换引起的误差。进行坐标和时间统一是三次处理的前提条件,因为所有的雷达都是在自己的坐标系和不同的时刻确定目标坐标的,不能直接用于信息的融合处理。

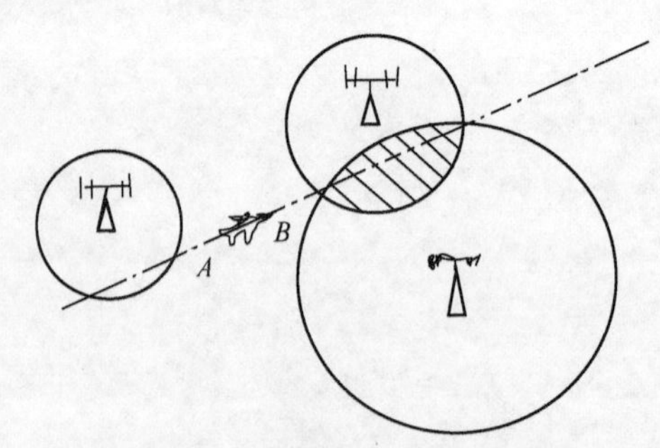

图5-1 雷达网探测区水平截面

通常,三次处理中的点迹和航迹的不重合,或者是因雷达站坐标测量误差和探测时间的差异所引起,或者是因这些点迹和航迹来自多个目标所引起。消除这种不确定性,即判断在具体区域内有多少个目标存在,是三次处理要解决的主要问题。

在三次处理的整个阶段,要完成下列任务。

(1) 收集来自信息源的情报。

(2) 把目标点迹的坐标变换到统一坐标系内。

(3) 把点迹统一到同一计时时间。

(4) 点迹核对(或称为相关),即做出点迹属于确定目标的判决。

(5) 对同一目标的几个点迹进行融合,以获得更精确的目标状态估计。

上述任务中的第(2)、(3)项,即坐标变换与时间统一,已在第4章介绍过;本章将重点介绍其他三项任务,即情报收集、点迹核对、估计融合等。

常用的雷达网信息处理结构有集中式、分布式两种。

1. 集中式处理结构

雷达网信息采用集中式处理时,各个雷达站不进行雷达信息的二次处理,而是在处理中心将二次处理和三次处理的任务一并完成。即每个雷达站直接将通过目标检测和数据录取获得的单雷达点迹送到处理中心,处理中心计算机对各雷达站送来的点迹进行综合处理,输出各个目标的多雷达航迹,这种处理方式也称为点迹级融合,雷达网集中式处理结构如图5-2所示。雷达网的集中式处理结构具有跟踪精度高、数据传输容量大、雷达配准要求高等特点。

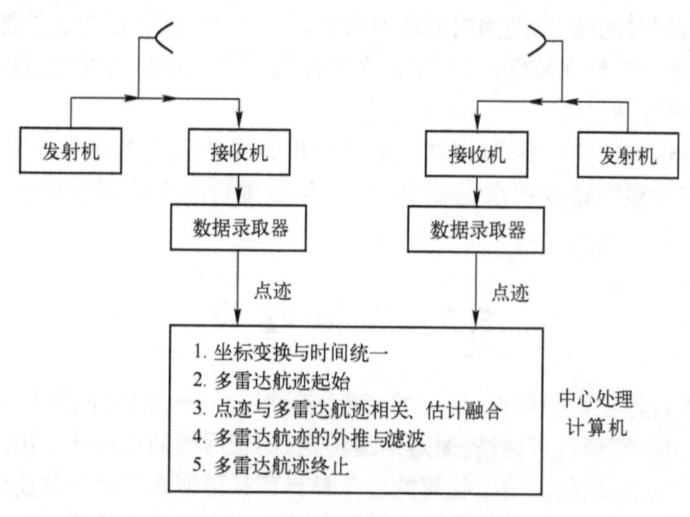

图5-2　雷达网集中式处理结构

2. 分布式处理结构

雷达网信息采用分布式处理时,雷达信息的二次处理在各个雷达站内完成。即每个雷达站利用其获得的单雷达点迹直接进行二次处理,形成单雷达航迹,再把单雷达航迹送往处理中心进行组合,确定各个目标的唯一多雷达航迹,这种处理方式也称为航迹级融合。雷达网分布式处理结构如图5-3所示。

在雷达网中,同一目标可以被多部雷达发现,因而雷达定位、定向误差就可能引起点

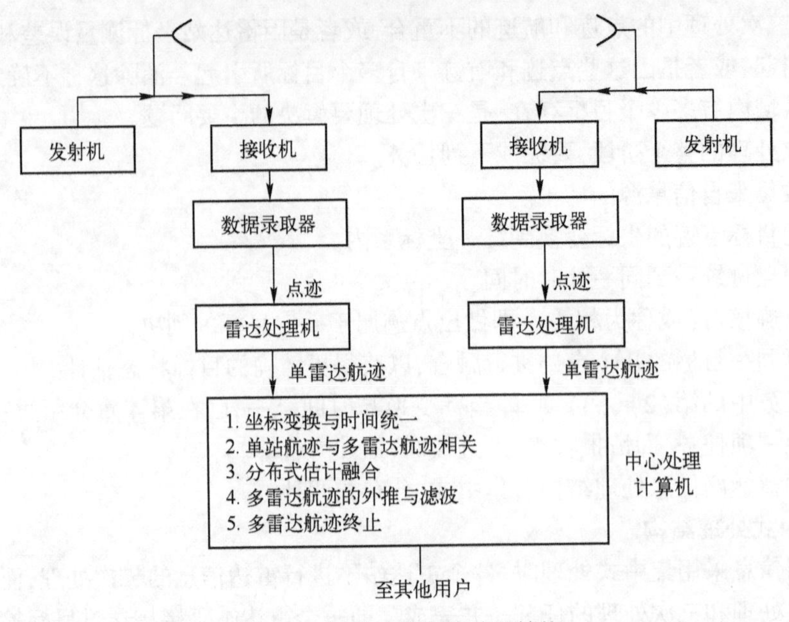

图 5-3 雷达网分布式处理结构

迹与航迹相关发生混乱。为了解决雷达配准问题,通常根据精度需求、组网系统的条件而分阶段采用不同方式进行配准处理。第一阶段为初始化配准,如采用校飞来获得各雷达的系统误差,可以获得较高的配准精度;或采用一个已知位置的固定目标对各雷达进行配准。第二阶段为相对配准,如把网内的所有雷达以一个参考源(通常选性能最好的雷达)来配准,这种配准方式精度较低;或利用合作目标的回传数据进行配准,这种方式可实现实时配准,并且配准精度高。

正因为对雷达配准的高要求,以往集中式处理方式常用于多部雷达位置相同的共站式雷达网。随着对跟踪精度要求的提高,在非共站雷达网中采用集中式处理将是发展趋势。

5.2 情报收集

将包含关于目标位置的数据、目标的特性、各种属性(国家属性、新目标特征等)的一组信息,称为情报。它来自雷达站,通过信道传送,用于后面的处理和应用。通常,在传送情报时,要进行二进制编码。情报收集的任务是得到尽可能多的信息并使信息丢失最小。造成信息丢失的原因:一是处理设备没有来得及接收所有的输入情报;二是有部分情报没有被利用。

估计设备的情报收集能力要利用排队论,排队论是研究大量服务过程的理论。可把情报收集系统当成一个服务系统,服务系统通常分为下面几类。

(1) 损失制系统。如果收集系统被占用,用来处理以前来的情报,则新来的情报立即被拒绝,即丢失了。本系统的特点是情报排队等待时间为零。

(2) 等待制系统。如果处理系统正忙,则新来情报一直等待处理。因此,本系统情报可能无时间限制地等待处理。

（3）混合制系统。系统如果正忙，则新来的情报等待一段时间。如果这段时间内情报未拿去处理，则被拒绝。

在现代广泛地采用优先服务系统。这是指不同申请（情报）的重要性不一样，更重要的情报排在更前面，优先处理。

图5-4为等待制的情报收集系统结构图。各雷达站来的情报由情报接收装置接收，并送入存储设备——等待寄存器。经过一段时间，根据计算机的准备程度，经过等待寄存器询问装置，情报数据送去处理。

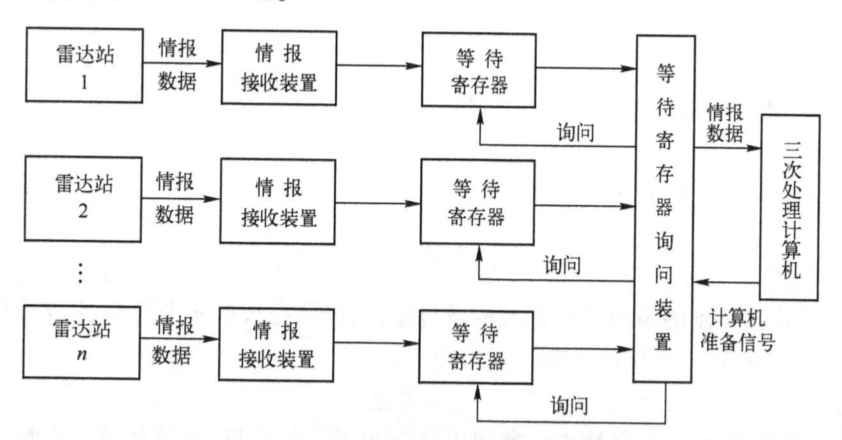

图5-4 等待制的情报收集系统结构图

收集系统的基本特性为相对通过能力，即

$$q=\frac{\overline{Q}_o}{\overline{Q}_i} \tag{5-1}$$

式中：$\overline{Q}_o$ 为处理情报的平均数，$\overline{Q}_i$ 为输入情报的平均数。

很明显，$q \leqslant 1$ 。如果用 P_0 表示得到处理的情报概率，则

$$q=P_0$$

在计算时，信息处理系统的占用时间 t_z 是一个重要的特征，它可能是固定的或随机的。如果是随机的，则常认为它服从指数规律，即

$$W(t_z)=\mu e^{-\mu t_z} \tag{5-2}$$

式中：$\mu=1/\bar{t}_z$ 为处理强度；$\bar{t}_z$ 为占用的平均处理时间。

通过几个通道送到信息收集和处理系统的情报，在输入端形成情报流。为简化分析，通常认为信息流是最简单的，是泊松流，泊松流的到达是相互独立的、流的分布与时刻无关。

通常，一个通道传递情报的平均速度为

$$\bar{v}=\frac{1}{T_D+T_N} \tag{5-3}$$

式中：T_D 和 T_N 分别为情报和间歇的长度均值。

单位时间从所有通道来的平均情报数称为信息流强度，它等于

$$\lambda=\sum_{i=1}^{n}\bar{v}_i \tag{5-4}$$

式中：n 为输入情报的通道数。

对于泊松流，已知任何相邻两次情报之间的间隔 Δt 是不相关的随机值，分布函数为

$$F(\Delta t)=1-\mathrm{e}^{-\lambda\Delta t} \tag{5-5}$$

其分布密度为

$$W(\Delta t)=\frac{\mathrm{d}F(\Delta t)}{\mathrm{d}t}=\lambda\mathrm{e}^{-\lambda\Delta t} \tag{5-6}$$

在间隔 τ 内输入 m 次申请的概率为

$$P_m(\tau)=\frac{(\lambda\tau)^m}{m!}\mathrm{e}^{-\lambda\tau} \tag{5-7}$$

而此期间内，进来的申请数的数学期望为

$$a=\lambda\tau \tag{5-8}$$

相邻两次情报之间的平均时间为

$$\Delta t_{\mathrm{cp}}=\int_0^{\infty}\Delta tW(\Delta t)\mathrm{d}\Delta t=\frac{1}{\lambda} \tag{5-9}$$

现在讨论损失制的情报收集系统的通过能力，设情报来自 n 个通道，第 i 个通道的情报传递平均速度为 $\bar{v}_i$，系统的占有时间是固定的，即

$$t_{\mathrm{z}}=\text{常数}$$

此后，情报送去处理，系统在 t_{z} 期间内将被占用。很明显，系统从第一次情报的处理中释放以前，所收到的情报将被拒绝（图 5-5 中情报 2、3、4）。

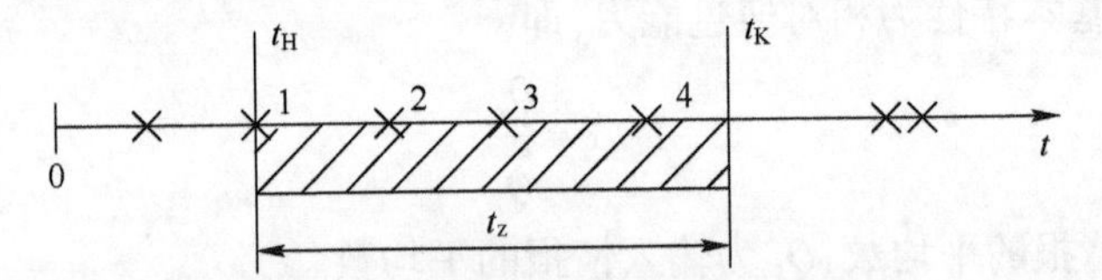

图 5-5 损失制收集系统的相对通过能力

在此期间出现情报的概率由式(5-7)表示。在 t_{z} 期间不出现情报的概率为

$$P_{m=0}(t_{\mathrm{z}})=\left.\frac{(\lambda\cdot t_{\mathrm{z}})^m}{m!}\mathrm{e}^{-\lambda t_{\mathrm{z}}}\right|_{m=0}=\mathrm{e}^{-\lambda t_{\mathrm{z}}} \tag{5-10}$$

这也是情报不被拒绝的概率。所以，损失制的收集系统，其相对通过能力可表示为（当 t_{z} = 常数时）

$$q=\mathrm{e}^{-\lambda\cdot t_{\mathrm{z}}} \tag{5-11}$$

如果时间占有规律为指数的，系统相对通过能力的确定更复杂。这里只给出最终结果为

$$q=\frac{1}{\lambda\cdot\bar{t}_{\mathrm{z}}+1} \tag{5-12}$$

比较占用时间固定和占有时间随机两种状态，哪种状态更好呢？图 5-6 显示了这两种状态下，相对通道能力 q 的关系曲线。由图可见，占用时间随机的状态更有利。

混合制系统按等待的限制形式区分。一种是按等待时间进行限制的系统，其情报按顺序传送，但超过规定等待时间的情报被丢掉。另一种是按队列长度进行限制，即是说，

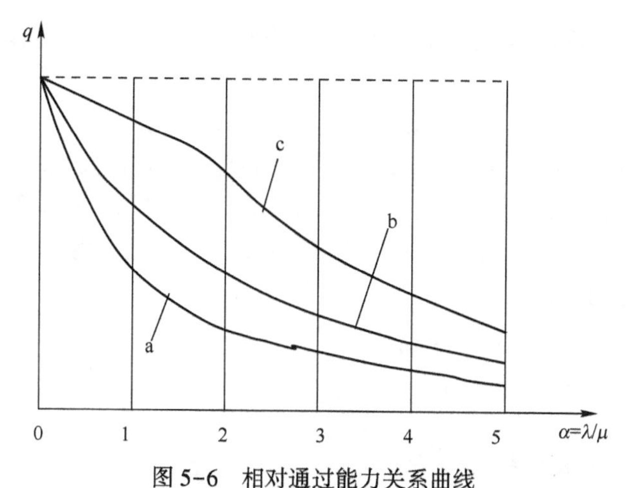

图5-6　相对通过能力关系曲线

a—占用时间固定的系统；b—占用时间为指数的系统；c—按队列长度（$k=3$）进行等待的系统。

如果队列长度没有超过允许值，则情报被排入队列；相反情况下，则拒绝接收情报，情报丢失。但进入队列的情报一定进行处理。按队列长度等待的系统，其相对通过能力的确定式为

$$q = 1 - \frac{\alpha^{k+1}}{\sum_{i=0}^{k+1} \alpha^{i}} \tag{5-13}$$

式中：k 为队列长度；$\alpha = \dfrac{\lambda}{\mu}$ 为收集系统的负载系数。

以上公式是在假设情报流为泊松流，而占有时间服从指数规律条件下获得的。

为实现按队列长度等待的系统，在信息处理系统中分出一块存储缓冲区。队列长度取决于该缓冲区能存储情报的最大数量。在几个周期内，缓冲区可能被存满。这样，因为暂时没有进行排队的空间，来的情报将被拒绝而丢失。

混合制系统有更高的通过能力。对长为 $k=3$ 的队列，根据式（5-13），计算出 q 随负载系数 α 变化的关系曲线，并显示在图5-6中和其他系统进行比较。

5.3　点迹核对

所有的雷达站独立地处理信息（在各自的探测区内），并把获得的数据以情报的形式送到处理中心进行三次处理。考虑到雷达探测区有重叠的情况，在情报的组成中会有重复的情报，它是来自几个雷达关于同一目标的信息。

在核对过程中作出判决，并确定：

如果关于目标的情报来自几个雷达站，到底有多少目标存在；

送来的情报怎样按目标进行分配，即哪些属于同一目标。

作出判定的基础是分析点迹不一致的程度。不一致程度是指两个点迹向量之间的差异程度，即

$$\Delta \boldsymbol{R}_{ijqr} = \boldsymbol{R}_{ij} - \boldsymbol{R}_{qr} \tag{5-14}$$

式中:i 和 q 表示得到情报的雷达站编号;j 和 r 表示情报(点迹)编号;$\boldsymbol{R}_{ij}$、$\boldsymbol{R}_{qr}$是各分量组成的向量,即

$$\boldsymbol{R}_{ij}=(x_{ij},y_{ij},H_{ij},v_{x_{ij}},v_{y_{ij}},S_{ij},\cdots)$$

式中:x_{ij}、y_{ij}、H_{ij}表示目标坐标;$v_{x_{ij}}$、$v_{y_{ij}}$表示速度分量;S_{ij}表示目标属性。

此外,还包括其他附属特征,如目标在本周期内的丢失特征、航向等。

信息核对的任务更具体地表达如下:设有 m 个独立的信息源,处理站从它们中各自获得关于 n_i个目标的情报。

从 1 号雷达获得 $\boldsymbol{R}_{11},\boldsymbol{R}_{12},\cdots,\boldsymbol{R}_{1n_1}$;

从 2 号雷达获得 $\boldsymbol{R}_{21},\boldsymbol{R}_{22},\cdots,\boldsymbol{R}_{2n_2}$;

⋮

从 m 号雷达获得 $\boldsymbol{R}_{m1},\boldsymbol{R}_{m2},\cdots,\boldsymbol{R}_{mn_m}$。

核对的结果是必须确定哪些点迹是属于同一目标的。通常核对分两个阶段实现:粗核对阶段;精核对阶段。有时也把这两个阶段称为粗相关和精相关。

5.3.1 粗核对

在核对的第一阶段是比较信息向量 $\boldsymbol{R}_{ij}$和 $\boldsymbol{R}_{qr}$中的坐标和速度分量,有时为了简化,只使用这些分量的某种组合进行比较。注意:相应的分量首先要变换到同一坐标系和同一计时时间。

如果情报 $\boldsymbol{R}_{ij}$和 $\boldsymbol{R}_{qr}$来自同一目标,那它们的坐标在允许偏差范围内是一致的。情报选择准则是利用同名坐标偏差值,该偏差值应小于允许范围,即

$$\begin{cases}|x_{ij}-x_{kr}|\leqslant\Delta x\\|y_{ij}-y_{kr}|\leqslant\Delta y\\|H_{ij}-H_{kr}|\leqslant\Delta H\\|v_{x_{ij}}-v_{x_{kr}}|\leqslant\Delta v_x\\|v_{y_{ij}}-v_{y_{kr}}|\leqslant\Delta v_y\end{cases}\tag{5-15}$$

用同样的方法比较其他情报。所有满足式(5-15)的情报组成一个组。这些组的每一个都称为粗核对信息组(简称组 A)。式(5-15)简记为

$$|\boldsymbol{R}_{ij}-\boldsymbol{R}_{qr}|\leqslant\Delta\boldsymbol{R}\tag{5-16}$$

(意味着所有分量都满足不等式。)

为形式化表示该过程,用下面公式表示情报属于组 A 的特征:

当式(5-16)成立时,$\Pi_c(\boldsymbol{R}_{ij},\boldsymbol{R}_{qr})=1$;

当式(5-16)不成立时,$\Pi_c(\boldsymbol{R}_{ij},\boldsymbol{R}_{qr})=0$。

通常,在处理中心选择一个雷达站作为基站,它的点迹也当成基点。被选为基站的雷达,在发现距离、测量精度、发现概率等方面的技术性能最好。考虑到综合(核对)的周期小于或等于雷达扫描周期,那么,在综合周期从基站雷达来的所有情报都应归属到不同的目标。因此,在基站雷达的每一个点迹周围按尺寸 $\Delta\boldsymbol{R}_l$ 建立一个波门,用于产生自己的组 A。然后检查所有从其他雷达站来的点,并选择所有进入波门的点。最后,在别的雷达站没有进入前面波门的点迹周围建立波门,并依此类推。

输入信息分组的两维几何模型如图5-7所示。基点情报选为R_{11}点。在本例中,所有点迹都在波门内,它们组成组A。粗核对时,重要的一点是选择允许偏差值(波门尺寸)。如果增大坐标的允许偏差范围,则同一目标点迹相关正确的概率高,但同时也增加了来自其他目标点迹的错误相关概率。

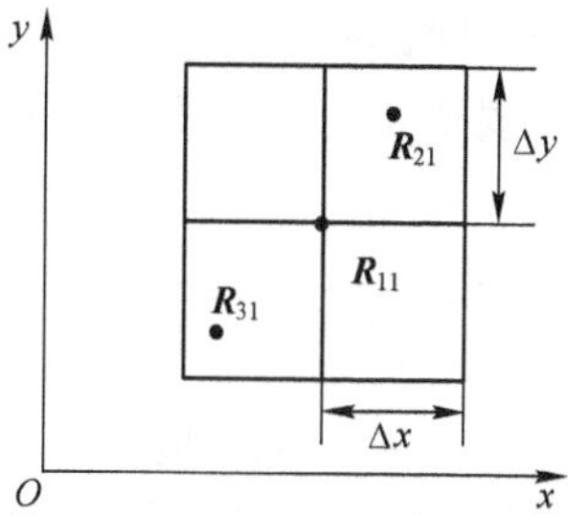

图5-7 分组的两维几何模型

考虑到还有精核对阶段,选择式(5-15)中允许偏差的条件为:属于同一目标的所有非错误情报进入组A的概率应接近1。

可以认为,属于某一目标的不同情报的距离偏差服从正态分布,其均方值$\sigma_{\Delta x}$计算公式为

$$\sigma_{\Delta x}=\sqrt{\sigma_{x_{ij}}^2+\sigma_{x_{qr}}^2}$$

式中:$\sigma_{x_{ij}}(\sigma_{x_{qr}})$表示同一情报的坐标均方偏差,它由以下的原因所造成。

(1) 雷达站有测量误差σ_1,并转换到了处理中心所在的坐标系。

(2) 当把点迹统一到同一空间与时间系统时,有变换误差σ_2。

(3) 有由目标机动所造成的动态误差σ_3,即可写出

$$\sigma_{x_{ij}}=\sqrt{\sigma_1^2+\sigma_2^2+\sigma_3^2}$$

允许偏差由式$\Delta x=k\sigma_{\Delta x}$选取,此处$k$为系数,它根据所要求的正确核对概率选择。

考虑上述误差,得到足够大的允许偏差。计算显示,当距离、方位和高度的测量精度较高(如$\sigma_r=200\text{m}$,$\sigma_\beta=10'$,$\sigma_H=400\text{m}$)且目标机动弱时,值Δx、Δy达到4~6km。

实际上,考虑目标的机动,以及在几个周期内可能有丢点,选取Δx、Δy的范围为10~15km。

从上面引用的允许偏差值可知,它(即使不考虑目标机动)应该高出雷达分辨率的好几倍。因此,粗核对的情报组可能包括几个目标的情报,因而,需要进一步的逻辑处理,以提高核对精度。

5.3.2 精核对

为解决在情报组A中有什么样的和多少目标存在的问题,首先应该遵守下面的逻辑规则。

规则a:如果组A的所有情报来自同一个信息源,则认为这些情报属于不同目标,因为从一个信息源不可能得到同一目标的两个情报。当然,在这里假设对同一目标,组A中不存在来自一个雷达站相邻两扫描周期的情报(即综合周期不大于雷达扫描周期)。

规则b:如果所有的情报来自不同的信息源,则认为这些情报属于同一目标。这个规则不是没有条件的,因为可能存在这样的情况,即同时有不好的能见度,一个目标由第一部雷达发现,而另一个由第二部雷达发现。这样,规则b就不正确了。但实际中这种情况很少见。

规则c:如果从每个信息源来的情报数都一样,则认为组内总的目标数等于一个信息源来的情报数。当按单个目标对这些情报分组时,遵守规则a,即来自同一信息源的情报

属于不同目标。

规则 d：如果从几个信息源来的情报数不一样，则认为得到情报数最多的信息源给出的空情最可靠，组 A 中的目标数就由该信息源确定。

在图 5-8~图 5-11 中，显示了两维情况下上述几种方案中组 A 的情报分布，并给出了应用情报分组规则的结果。

图 5-8 中组 A 内有 4 个情报，它们来自同一信息源（$i=1;j=1,2,3,4$），根据规则 a，所有这些情报属于不同目标，并且不应该进行合并。

在图 5-9 的组 A 中有 3 个情报来自不同的信息源（$i=1,2,3;j=1$），根据规则 b 所有这些情报都属于同一目标。

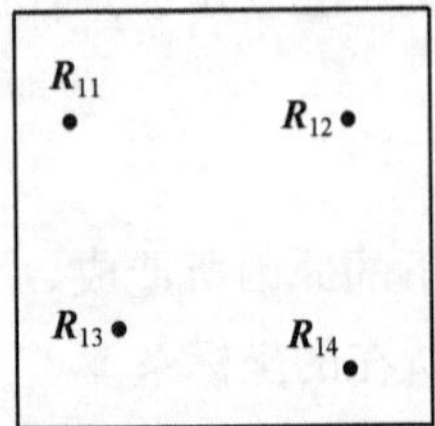

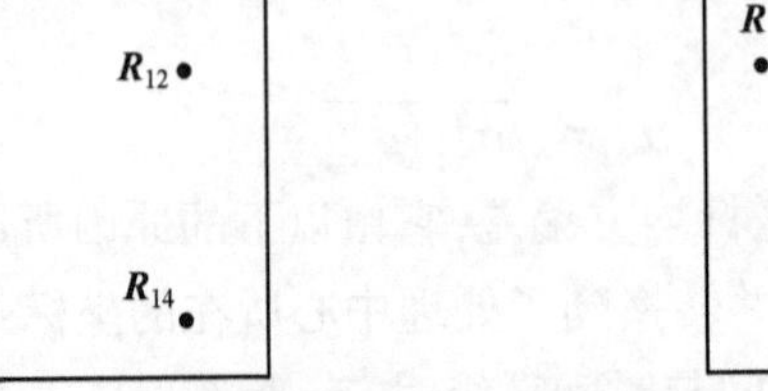

图 5-8 4 个情报来自同一信息源　　图 5-9 3 个情报来自不同信息源

在图 5-10 的组 A 中有 4 个情报，来自 2 个信息源各 2 个（$i=1,2;j=1,2$）。根据规则 c，组 A 中的情报来自两个目标。为产生两个统一情报，对 $\boldsymbol{R}_{11}$、$\boldsymbol{R}_{12}$、$\boldsymbol{R}_{21}$、$\boldsymbol{R}_{22}$ 分组的可能方案，在图中分别用实线和虚线表示。

在图 5-11 的组 A 中有 3 个情报来自 2 个信息源，根据规则 d，在该组中有两个目标。通过对组 A 形成过程的讨论和根据规则对这些组的分析，可得出以下结论。

（1）按式(5-15)和规则 a~d 所解决的核对问题，可以形成对每个目标的初步分组方案。

（2）按规则 a、b 的分组方案是最终的方案。按另外两规则的分组方案还需要进行处理，以选择最佳的分组方案。

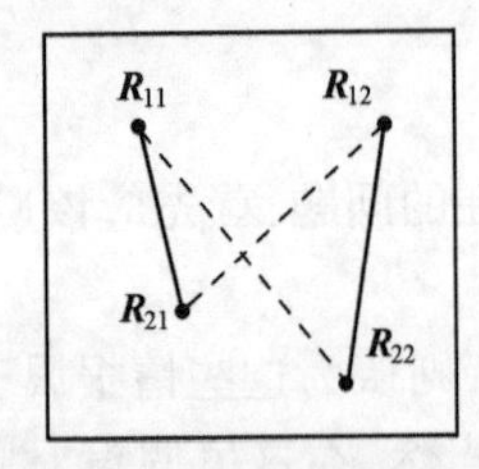

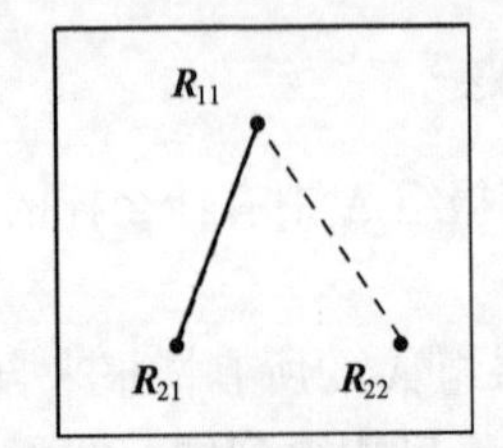

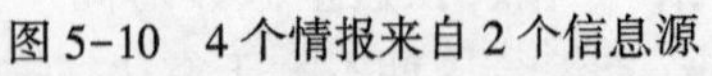
图 5-10 4 个情报来自 2 个信息源　　图 5-11 3 个情报来自 2 个信息源

（3）按规则 c 和 d 得到的点迹分组方案具有非唯一性。组中的总目标数等于来自单个信息源的最大情报数。数量最多的这些情报适合用来作为基准。从其他信息源来的情报应当与基准情报一起分组，根据所选的准则使情报属于给定目标是最佳的。如果几个信息源来的情报数都一样，则应选测量最精确的信息源为基准。

在核对时，实际上还有前面周期内核对过的航迹。在粗核对的过程中，进入组 A 的也有核对过的航迹。这时的任务是，对新来的情报与已有的综合航迹进行相关。完成该任务有两种方法。

第一种方法是把新来的情报与综合航迹进行最佳分组。综合航迹在这里被当成基准。

第二种方法是先对新来的情报进行最佳分组，然后对核对后的情报与已存在的航迹进行相关。

这两种情况的分组质量虽不一样，但最佳核对的实质是一样的。

最合适的最佳核对法是最大似然法。为此，给出点迹的所有可能分组方案。分组方案总数可用下面的方法进行估计。

设有 m 个雷达站，第一个输出 n_1 个点，第二个输出 n_2 点，依此类推。雷达站的编号方法是这样的，编号在后的点迹数不比前面少，即

$$n_1 \leqslant n_2 \leqslant n_3 \leqslant n_4 \leqslant \cdots \leqslant n_m$$

则分组方案的总数为

$$N = n_2 n_3 \cdots n_m (n_2-1)(n_3-1)\cdots(n_m-1)(n_2-2)(n_3-2)\cdots(n_m-2)\cdots 1 \cdot [n_3-(n_2-1)][n_4-(n_2-1)]\cdots[n_m-(n_2-1)] \tag{5-17}$$

图 5-12 所示的例子是 $n_1=1, n_2=2, n_3=3$ 的情况。根据式(5-17)有 $N=n_2n_3(n_2-1)(n_3-1)=2\times3\times1\times2=12$(种方案)。

同样，当 $n_1=2, n_2=2, n_3=3$ 时得到 12 种方案，说明如图 5-13 所示。

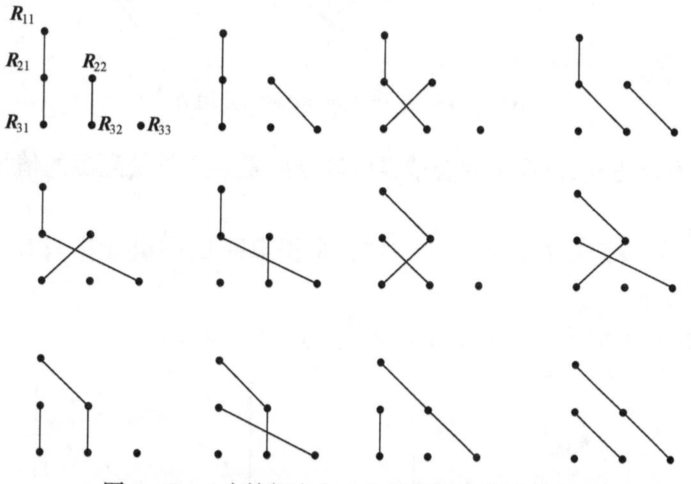

图 5-12　6 个情报来自 3 个信息源的分组方案

如果每个雷达站输出的点数相同，即 $n_1=n_2=n_3=\cdots=n_m=n$，则式(5-17)变为

$$N=(n!)^{m-1}$$

当 $n=3, m=2$ 时，有 $N=(2\times3)=6$。

当 $n=3, m=3$ 时，有 $N=(2\times3)^2=36$。

当 $n=4, m=3$ 时，有 $N=(2\times3\times4)^2=576$。

第一种情况用图 5-14 说明。

因此，随着每个雷达站送来点迹数的增加或雷达站本身数量的增加，都使分组方案无限制地增加。

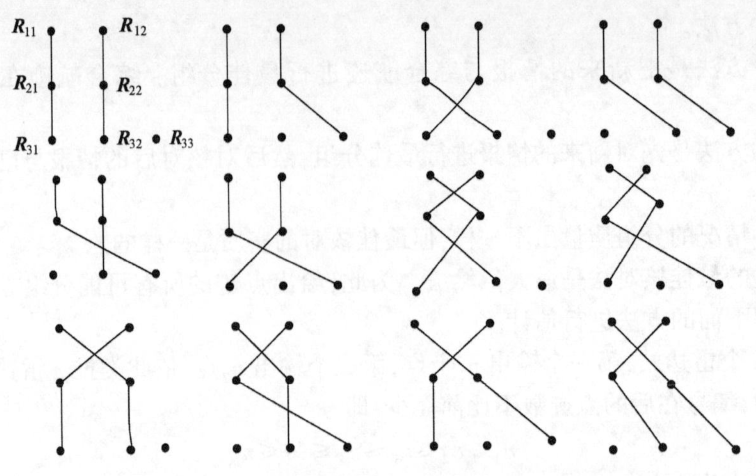

图 5-13 7 个情报来自 3 个信息源的分组方案

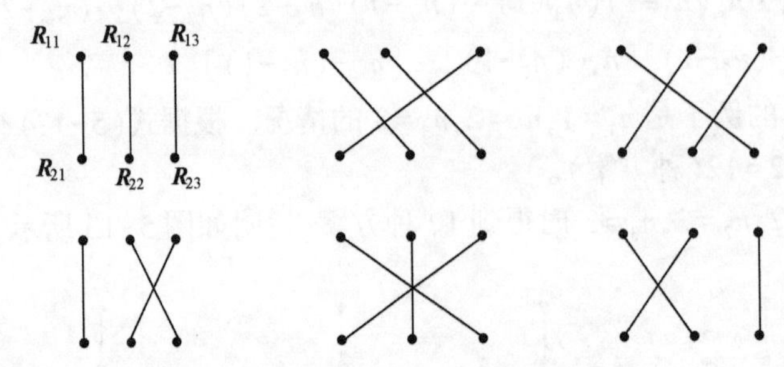

图 5-14 当 $n=3,m=2$ 时的分组方案

对第一种分组方法,已有的综合情报应该看成是一个单信息源的情报。这样分组方案将大大增加。

例如,组 A 中有情报 $\boldsymbol{R}_{11}$、$\boldsymbol{R}_{21}$(图 5-15),根据规则 b,在组 A 中只有一个目标。总共只有一种分组方案。

现在假设,组 A 中还有两个综合情报 $\overline{\boldsymbol{R}}_1$ 和 $\overline{\boldsymbol{R}}_2$(图 5-16)。

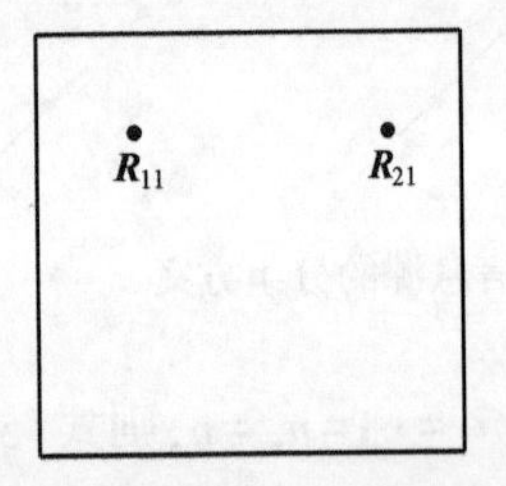

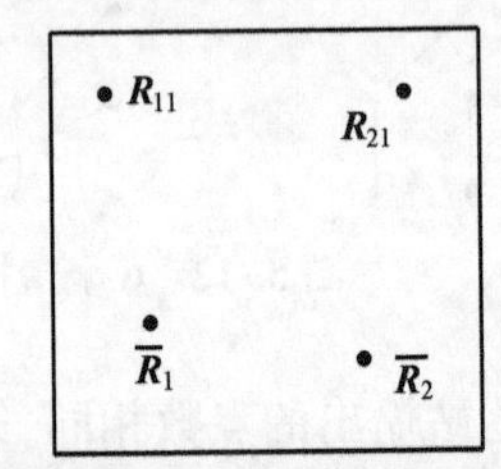

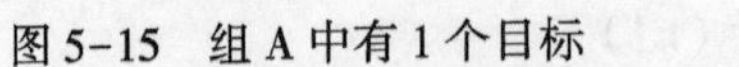

图 5-15 组 A 中有 1 个目标　　图 5-16 组 A 中有 2 个目标

根据规则 c 和 d,在组 A 中有两个目标($n=2$)。对于式(5-17),信息源的数量必须取 3。总的分组数等于 4,如图 5-17 所示。

所以,第一种方案更笨重,需要更大的计算机存储容量,完成核对任务的时间也更长。但这种方法的分组可靠性更高。

确实,根据第二种方法,我们只把 $\boldsymbol{R}_{11}$、$\boldsymbol{R}_{21}$ 归入同一目标,然后与已综合的 $\overline{\boldsymbol{R}}_1$ 和 $\overline{\boldsymbol{R}}_2$ 中的一个组成综合情报。这样去掉了可能会出现的方案Ⅰ和Ⅱ,但这与实际情况并不总是

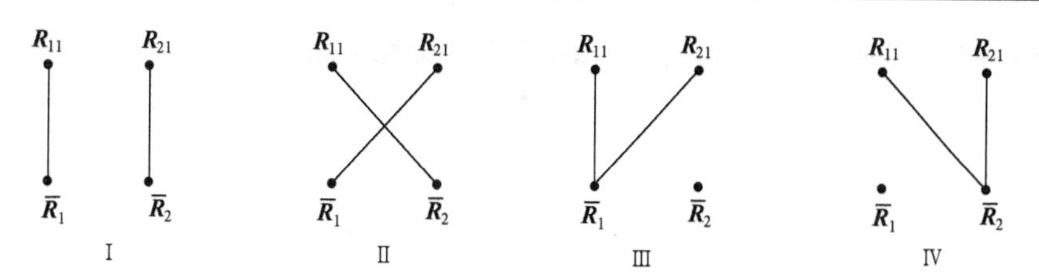

图 5-17　有两个综合情报的分组方案

相符的。

如果根据到来的先后依次进行核对，则实现起来要简单得多。例如，来了情报 $\boldsymbol{R}_{11}$ 后，它与综合情报 $\overline{\boldsymbol{R}}_1$ 和 $\overline{\boldsymbol{R}}_2$ 中的一个核对；然后，当 $\boldsymbol{R}_{21}$ 过来后，再把它与综合情报核对。

对任何方法，公共的分组规则如下。

(1) 有综合航迹情报在组内的，适宜于选为基准。

(2) 缺少综合航迹时，基准选情报数最多的雷达站。当几个雷达站来的情报数相同时，选参数测量最精确的雷达站为基准，我们认为这样的雷达发现目标的能力更强。

(3) 核对时，同一雷达站来的情报应该分到不同的组，因为根据规则，它们属于不同的目标。

最佳分组的下一项任务是：计算每种方案的似然函数，并选择值最大的一种方案。可以用该方案的出现概率作为似然函数。

用最大似然法选择分组方案，虽然可以得到最佳结果，但是实现起来很复杂。实际中，常使用一些比较简单的方法，如最小距离法和最近邻域法等。下面通过一个例子对最小距离法进行介绍。

用最小距离法进行相关时，只考虑目标的坐标，即

$$\boldsymbol{R}=\begin{vmatrix} x \\ y \\ z \end{vmatrix}$$

分别从两个雷达来的情报 $\boldsymbol{R}_{ij}$、$\boldsymbol{R}_{qr}$ 的向量差记为

$$\Delta\boldsymbol{R}_{ijqr}=|\boldsymbol{R}_{ij}-\boldsymbol{R}_{qr}|=\begin{vmatrix} x_{ij}-x_{qr} \\ y_{ij}-y_{qr} \\ z_{ij}-z_{qr} \end{vmatrix}=\begin{vmatrix} \Delta x_{ijqr} \\ \Delta y_{ijqr} \\ \Delta z_{ijqr} \end{vmatrix} \tag{5-18}$$

用 l_{ijkr}^2 表示两情报之间的距离平方，即

$$l_{ijqr}^2=\Delta x_{ijqr}^2+\Delta y_{ijqr}^2+\Delta z_{ijqr}^2 \tag{5-19}$$

用 Q_l 表示第 l 种分组方案的距离平方和，则选择的分组假设为距离平方和最小，即

$$Q_l=\min \tag{5-20}$$

例 1　组 A 中有来自 2 个雷达站的 4 个情报：

$$\boldsymbol{R}_{11}=(x_{11}=100\text{km},y_{11}=70\text{km},z_{11}=10\text{km})$$

$$\boldsymbol{R}_{12}=(x_{12}=101\text{km},y_{12}=71\text{km},z_{12}=9\text{km})$$

$$\boldsymbol{R}_{21}=(x_{21}=100.5\text{km},y_{21}=70.4\text{km},z_{21}=9.5\text{km})$$

$$\boldsymbol{R}_{22}=(x_{22}=100.2\text{km},y_{22}=70.5\text{km},z_{22}=9.5\text{km})$$

根据规则 c,组 A 中有 2 个目标。总共有两种分组方案:

$$H_1=\begin{cases}\boldsymbol{R}_{11},\boldsymbol{R}_{21}\\ \boldsymbol{R}_{12},\boldsymbol{R}_{22}\end{cases}$$

$$H_2=\begin{cases}\boldsymbol{R}_{11},\boldsymbol{R}_{22}\\ \boldsymbol{R}_{12},\boldsymbol{R}_{21}\end{cases}$$

对每种分组假设求出距离平方和,即

$$\begin{aligned}Q_1&=l_{1121}^2+l_{1222}^2=\Delta x_{1121}^2+\Delta y_{1121}^2+\Delta z_{1121}^2+\Delta x_{1222}^2+\Delta y_{1222}^2+\Delta z_{1222}^2\\&=0.5^2+0.4^2+0.5^2+0.8^2+0.5^2+0.5^2=1.8(\text{km}^2)\end{aligned}$$

$$Q_2=l_{1122}^2+l_{1221}^2=1.4(\text{km}^2)$$

取假设 H_2作为分组决定,因为

$$Q_2=\min$$

即情报 $\boldsymbol{R}_{11}$、$\boldsymbol{R}_{22}$属于目标 1,$\boldsymbol{R}_{12}$、$\boldsymbol{R}_{21}$属于目标 2。

点迹核对解决的是多传感器信息综合处理中的数据关联问题,上述粗核对和精核对过程提供了解决这一问题的基本思路;但是,点迹核对是个非常复杂的问题,为此,人们进行了大量的研究,提出了众多的关联算法。对于集中式处理结构,解决的还是“点迹-航迹”的关联问题,第 3 章介绍的数据关联算法依然有效;对于分布式处理结构,要解决的是“航迹-航迹”关联问题,下一节将就此进行介绍。

5.4 航迹关联与估计融合

在分布式融合系统中,融合中心的一个重要任务是进行航迹-航迹关联,为此,本节介绍几种常用的航迹关联算法。经过关联处理后,确认属于同一目标的多个点迹通常是不重合的,这就需要通过融合处理得到统一的目标状态估计。本节介绍几种简单实用的估计融合算法。

5.4.1 航迹关联

航迹关联用来确定不同传感器的局部航迹是否为同一目标,实际上是解决传感器空间覆盖区域中的重复跟踪问题,因而,航迹关联也称为去重复。

用于航迹关联的算法通常分为两类:一类是基于统计的方法;另一类是基于模糊数学的方法。其中基于统计的方法包括加权法、修正法、独立序贯法、经典分配法、相关序贯法、统计双门限法等。考虑到在航迹关联判决中存在着较大的模糊性,而这种模糊性可以用模糊数学中的隶属度函数表示,因此,出现了一系列的模糊航迹关联算法,常用的有模糊双门限航迹关联算法、模糊经典分配法、基于模糊综合函数的航迹关联算法。

下面介绍几种基于统计的航迹关联算法,其他方法可参阅有关文献。

1. 加权航迹关联算法

如 5.3 节所述,设分布式融合系统有 m 个传感器,各自获得 $n_i(i=1,2,\cdots,m)$个目标,在各传感器采用 Kalman 滤波的情况下,令 $\boldsymbol{X}_{ij}(k)(i=1,2,\cdots,m)$代表传感器 i 第 j 个目标的真实状态;$\hat{\boldsymbol{X}}_{ij}(k|k)$,$\boldsymbol{P}_{ij}(k|k)(i=1,2,\cdots,m)$分别代表传感器 i 对第 j 个目标的状

态估计及其协方差矩阵。

记 $\widetilde{\boldsymbol{X}}_{ij}(k)$ 为传感器 i 对航迹 j 的状态估计误差,有

$$\widetilde{\boldsymbol{X}}_{ij}(k)=\boldsymbol{X}_{ij}(k)-\hat{\boldsymbol{X}}_{ij}(k|k)$$

引入

$$\hat{\boldsymbol{t}}_{ijqr}(k)=\hat{\boldsymbol{X}}_{ij}(k|k)-\hat{\boldsymbol{X}}_{qr}(k|k) \tag{5-21}$$

作为下式的估计

$$\boldsymbol{t}_{ijqr}(k)=\boldsymbol{X}_{ij}(k)-\boldsymbol{X}_{qr}(k)$$

有

$$\tilde{\boldsymbol{t}}_{ijqr}(k)=\boldsymbol{t}_{ijqr}(k)-\hat{\boldsymbol{t}}_{ijqr}(k)=\widetilde{\boldsymbol{X}}_{ij}(k)-\widetilde{\boldsymbol{X}}_{qr}(k)$$

加权航迹关联算法将航迹关联问题转化为如下假设检验问题。

H_0:传感器 i 的航迹 j 和传感器 q 的航迹 r 关联(即 $\hat{\boldsymbol{X}}_{ij}(k|k)$ 和 $\hat{\boldsymbol{X}}_{qr}(k|k)$ 是同一目标的状态估计)。

H_1:传感器 i 的航迹 j 和传感器 q 的航迹 r 无关联。

加权法的基本假设:即假设局部节点间对同一目标的状态估计误差 $\widetilde{\boldsymbol{X}}_{ij}(k)$ 和 $\widetilde{\boldsymbol{X}}_{qr}(k)$ 是独立的。此假设意味着,当 $\boldsymbol{X}_{ij}(k)=\boldsymbol{X}_{qr}(k)$(目标的真实状态)时,估计误差是统计独立的随机向量。此假设成立的前提下,式(5-21)的协方差为

$$\begin{aligned}\boldsymbol{C}_{ijqr}(k)&=E\{\tilde{\boldsymbol{t}}_{ijqr}(k)[\tilde{\boldsymbol{t}}_{ijqr}(k)]^{\mathrm{T}}\}\\&=E\{[\widetilde{\boldsymbol{X}}_{ij}(k)-\widetilde{\boldsymbol{X}}_{qr}(k)][\widetilde{\boldsymbol{X}}_{ij}(k)-\widetilde{\boldsymbol{X}}_{qr}(k)]^{\mathrm{T}}\}\\&=\boldsymbol{P}_{ij}(k|k)+\boldsymbol{P}_{qr}(k|k)\end{aligned} \tag{5-22}$$

而描述传感器 i 的航迹 j 和传感器 q 的航迹 r 的相似性的充分统计量为

$$\alpha_{ijqr}(k)=(\hat{\boldsymbol{t}}_{ijqr}(k))^{\mathrm{T}}[\boldsymbol{C}_{ijqr}(k)]^{-1}\hat{\boldsymbol{t}}_{ijqr}(k)$$

若假设 H_0成立,$\alpha_{ijqr}(k)$服从自由度为 n_x 的χ^2 分布。这里,n_x 是状态估计向量的维数。如果 $\alpha_{ijqr}(k)$低于使用χ^2 分布获得的某一门限,接受假设 H_0,则判定传感器 i 的航迹 j 和传感器 q 的航迹 r 有关联;否则,接受假设 H_1,判决二者无关联。

2. 修正航迹关联算法

在加权法中,基本假设是局部节点间对同一目标的状态估计误差相互独立,但是,由于共同的过程噪声,导致来自两个航迹文件的估计误差间并不总是独立的。

考虑到共同的过程噪声的影响,修正的加权法被提出来了。其与加权法的根本区别就在于修正法考虑了其中的相关性。此时,有

$$\begin{aligned}\boldsymbol{B}_{ijqr}(k)&=E\{[\widetilde{\boldsymbol{X}}_{ij}(k)-\widetilde{\boldsymbol{X}}_{qr}(k)][\widetilde{\boldsymbol{X}}_{ij}(k)-\widetilde{\boldsymbol{X}}_{qr}(k)]^{\mathrm{T}}\}\\&=\boldsymbol{P}_{ij}(k|k)+\boldsymbol{P}_{qr}(k|k)-\boldsymbol{P}_{ijqr}(k|k)-(\boldsymbol{P}_{ijqr}(k|k))^{\mathrm{T}}\end{aligned} \tag{5-23}$$

式中:$\boldsymbol{P}_{ijqr}(k|k)$表示传感器 i 对目标 j 与传感器 q 对目标 r 状态估计之间的互协方差。于是,修正法的检验统计量为

$$\begin{aligned}\beta_{ijqr}(k)&=[\hat{\boldsymbol{t}}_{ijqr}(k)]^{\mathrm{T}}[\boldsymbol{B}_{ijqr}(k)]^{-1}\hat{\boldsymbol{t}}_{ijqr}(k)\\&=[\hat{\boldsymbol{X}}_{ij}(k)-\hat{\boldsymbol{X}}_{qr}(k)]^{\mathrm{T}}[\boldsymbol{P}_{ij}(k|k)+\boldsymbol{P}_{qr}(k|k)-\boldsymbol{P}_{ijqr}(k|k)-(\boldsymbol{P}_{ijqr}(k|k))^{\mathrm{T}}]^{-1}[\hat{\boldsymbol{X}}_{ij}(k)-\hat{\boldsymbol{X}}_{qr}(k)]\end{aligned}$$

如果 $\beta_{ijqr}(k)$低于使用χ^2 分布获得的某一门限,接受假设 H_0,则判定传感器 i 的航迹 j 和传感器 q 的航迹 r 有关联;否则,接受假设 H_1,判决二者无关联。当过程噪声较大时,修正

法较加权法的性能有所改善。

3. 序贯法航迹关联算法

前面介绍的加权法和修正法在密集目标环境下交叉、分叉航迹较多的场合下,其关联性能严重降低,出现了大量的错、漏关联航迹。有学者借用雷达信号检测中的序贯思想,提出了序贯航迹关联方法。该方法把航迹当前时刻的关联与其历史联系起来,并赋予良好的航迹关联质量与多义性处理技术,从而使其关联性能较加权法和修正法有很大的改善。

设两个局部传感器(传感器 i 和 q)直到 k 时刻对目标 j 和 r 状态估计之差的历史为

$$\{\hat{\boldsymbol{t}}_{ijqr}(1),\hat{\boldsymbol{t}}_{ijqr}(2),\cdots,\hat{\boldsymbol{t}}_{ijqr}(k)\}$$

序贯航迹关联使用的统计量为

$$\boldsymbol{\lambda}_{ijqr}(k)=\sum_{n=1}^{k}(\hat{\boldsymbol{t}}_{ijqr}(n))^{\mathrm{T}}[\boldsymbol{C}_{ijqr}(n)]^{-1}\hat{\boldsymbol{t}}_{ijqr}(n) \tag{5-24}$$

显然,有

$$\boldsymbol{\lambda}_{ijqr}(k)=\boldsymbol{\lambda}_{ijqr}(k-1)+(\hat{\boldsymbol{t}}_{ijqr}(k))^{\mathrm{T}}[\boldsymbol{C}_{ijqr}(k)]^{-1}\hat{\boldsymbol{t}}_{ijqr}(k) \tag{5-25}$$

按照高斯分布假设,随机量$(\hat{\boldsymbol{t}}_{ijqr}(n))^{\mathrm{T}}[\boldsymbol{C}_{ijqr}(n)]^{-1}\hat{\boldsymbol{t}}_{ijqr}(n)$满足自由度为 n_x 的χ^2 分布,于是,$\boldsymbol{\lambda}_{ijqr}(k)$便是具有 kn_x 自由度的χ^2 分布随机量。这样,便可对 H_0 和 H_1 进行假设检验。如果满足

$$\boldsymbol{\lambda}_{ijqr}(k)\leqslant\delta(k)$$

则接受 H_0,否则接受 H_1,其中阈值满足

$$P(\boldsymbol{\lambda}_{ijqr}(k)>\delta(k)\,|\,H_0)=\alpha$$

式中:α 是检验的显著水平,通常取 0.05、0.01 或 0.1 等。

上述是所谓的独立序贯法。当式(5-24)中的 $\boldsymbol{C}_{ijqr}(k)$ 取值为 $\boldsymbol{B}_{ijqr}(k)$(由式(5-23)定义)时,是所谓的相关序贯法。如果令式(5-25)中 $\boldsymbol{\lambda}_{ijqr}(k-1)=0$,则此时的序贯法变成前面提到的加权法或修正法。从式(5-25)的表达上看出,序贯航迹关联方法是一种递推算法,它没有明显增加计算负担和存储量,并且可获得比加权法和修正法更好的效果。

4. 航迹关联验证技术

为解决密集目标环境下交叉、分叉航迹较多,易出现错、漏关联航迹的问题,除采用上述序贯航迹关联方法外,还可以采用更简单的航迹关联验证技术,该方法对两条航迹的关联情况进行连续统计,以验证其关联质量。航迹关联验证,对于不同的多传感器系统可能有不同的处理准则和处理方法。下面介绍几种常用的方法。

1) 相关质量计数法

相关质量计数法是航迹关联验证最简单的一种方法。为了进行相关验证,应为每条多雷达(多传感器)航迹设置一个能指示连续各点相关情况的标志,称为相关质量标志。这些标志随同目标航迹的其他数据一起构成目标数据块,在该数据块中指定若干位作为相关质量计数器。计数时可规定,当两条航迹经粗、精相关(核对)处理后确认为同一目标时,就给计数器加 2;以后每判定两条航迹的同一时刻当前点相关时,就给计数器加 1,分数累计到 4 时,为航迹相关质量的最高分数,以后两条航迹相关时计数器的分数保持 4 不变;如果两条航迹不相关,要在计数器的分数中减去 1,当计数器分数减至零时,则不再认为该两条航迹是同一目标。

按照上述积分规定,在两条航迹粗、精相关的条件下,若以后接着两次航迹不相关则将撤销两条航迹相关;当以后接着一次航迹相关,相关质量积分增加到3,若接着三次航迹不相关,则将撤销相关;当以后接着二次航迹相关,相关质量积分增加到4,若接着四次航迹不相关,也将撤销相关。

从上述中可以看出,这种航迹关联验证方法是非常简单的,在计算机中很容易实现。可根据雷达情报质量的不同,定出不同的计数规则。

2) 滑窗计数法

这种方法类似目标检测中的滑窗检测思想,即在每一条多雷达航迹数据块中设置一个滑窗检测器和一个航迹延伸的相关计数器。这里所谓滑窗检测器,实际上是在计算机内存中设置的 n 个位置的位寄存器(也就是说,滑窗宽度为 n)。这个窗口中的 n 次相关信息按照这样的规律更新:每当两条航迹相关一次,它就抛掉一位最老的相关信息,以便接纳本次新的相关信息,当本次航迹相关时,相应的新的相关信息位为“1”,否则为“0”;这样,窗中实际上保留着前 $n-1$ 个航迹点的相关信息,并且,当两条航迹 n 次不相关时,窗中基本是“0”,当 n 次连续相关时,窗中基本是“1”。可以想象,这个滑动窗随多雷达航迹点的移动而同步滑动着,每来一个新航迹点,滑窗就滑动一步。航迹延伸的相关计数器用来对滑窗相关情况进行计数,计数规则与相关质量计数法基本相同,其不同点是:每当滑窗中两条航迹的相关信息满足 m/n 准则时,计数器加1,否则减1。

在使用这种方法时,要周密确定滑窗的相关准则和计数准则,如果确定的不合适,将会影响两条不是同一目标航迹的撤销速度。

3) 相关状态转移法

这是一种比较复杂的航迹关联验证的处理方法,它不但考虑了正常相关情况和不相关情况,而且还考虑了模糊相关的情况,并把航迹关联质量分成若干个状态等级,再按不同的情况进行相关状态转移。下面以图5-18为例说明这种航迹关联验证方法。

例2　在图5-18中,把航迹关联质量分成 $Q_0, Q_1, \cdots, Q_5$,共6个状态等级,并依次遵循以下规则:①正常相关;②模糊相关;③第一次不相关;④第二次不相关;⑤第三次不相关;⑥第四次不相关,相关撤消。

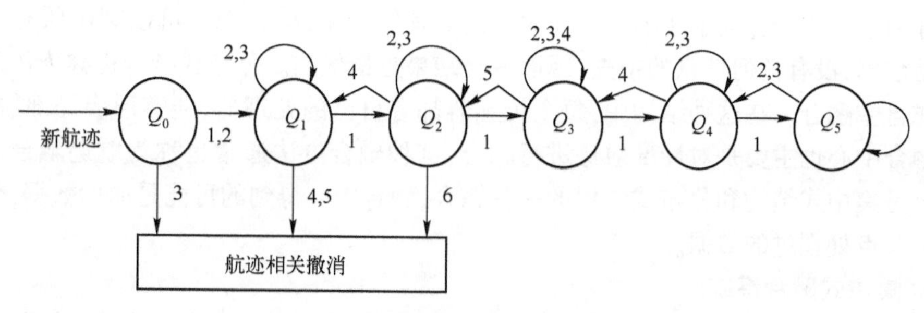

图5-18　航迹关联质量的状态转移

Q_0:新航迹首次相关。如果一条新航迹首次和一条系统航迹相关,则质量升为 Q_1;如果不相关,则予以撤销。

Q_1:如果新航迹下一周期目标航迹点与系统航迹正常相关,则质量升为 Q_2;如果发生模糊相关,质量仍为 Q_1。如果发生不相关,质量也保留不变。但如果第二次不相关,则两条航迹相关予以撤销。

Q_2:如果下一周期目标航迹点与系统航迹正常相关,则质量升为 Q_3。如果发生模糊相关,保留 Q_2;如果两次不相关,质量降为 Q_1;第三次还是不相关,则两条航迹相关予以撤销。

Q_3:如果下一周期目标航迹点与系统航迹正常相关,质量升为 Q_4;如果发生模糊相关,一次不相关或两次不相关,质量均保持不变;如果第三次不相关,质量降为 Q_2;如果第四次不相关,则两条航迹相关予以撤销。

Q_4:如果下一周期目标航迹点与系统航迹正常相关,则质量升为 Q_5;如果发生模糊相关或一次不相关,质量不变;如果两次不相关,质量降为 Q_3;如果三次不相关,则质量降为 Q_2;如果四次不相关,则两条航迹相关予以撤销。

Q_5:这是航迹相关质量的最高级。如果两条航迹发生正常相关,则质量保持不变;如果发生模糊相关或一次不相关,则质量降为 Q_4;如果两次不相关,则质量降为 Q_3;如果三次不相关,则质量降为 Q_2;如果四次不相关,则两条航迹相关予以撤销。

上例说明了航迹关联质量的转移过程。按照这个流程,可以编制出相应的航迹关联验证程序。但必须指出,对于不同的系统,所考虑的状态和等级的划分是不同的。随着系统对航迹关联质量的管理严格程度不同,等级的划分和所考虑的状态的复杂程度也将不同。

以上几种航迹关联验证方法的思想是一致的,即连续统计多个处理周期的航迹关联情况,以提高正确关联的概率。这些方法的关键是如何选择确认相关和撤销相关的逻辑,以保证在足够正确相关概率的基础上,尽量缩短给出相关和不相关结论的延迟时间。

5.4.2 估计融合

所谓估计融合,是指在各传感器本地已经完成局部估计的基础上,实现对各局部估计结果的综合,以期获得更为准确可靠的全局性估计结果。

估计融合算法与融合结构密切相关,融合结构大致分为三类:集中式、分布式和混合式。所谓集中式融合,就是所有传感器数据都传送到一个中心处理器进行处理和融合,所以也称为中心式融合或量测融合。在集中式处理结构中,融合中心可以利用所有传感器的原始数据,没有任何信息的损失,因而融合结果是最优的。分布式融合也称为传感器级融合或自主融合。在这种结构中,每个传感器都有自己的处理器,能够形成局部航迹,所以在融合中心也主要是对局部航迹进行融合,这种融合方法通常也称为航迹融合。混合式融合是集中式结构和分布式结构的一种综合,融合中心得到的可能是原始数据,也可能是局部节点处理过的数据。

1. 集中式融合系统

在集中式融合结构下,融合中心可以得到所有传感器传送来的原始数据,数据量最大、最完整,所以往往可以提供最优的融合性能,可作为各种分布式和混合式融合算法性能比较的参照。

假设有 m 个传感器对同一目标运动独立进行量测,根据式(3-42)可得相应的量测方程为

$$\boldsymbol{Z}_i(k+1)=\boldsymbol{H}_i(k+1)\boldsymbol{X}(k+1)+\boldsymbol{V}_i(k+1)$$

式中：$i=1,2,\cdots,m$；$\boldsymbol{Z}_i(k+1)$、$\boldsymbol{H}_i(k+1)$、$\boldsymbol{V}_i(k+1)$分别为 i 传感器的量测值、量测矩阵、量测噪声。

采用 Kalman 滤波时，集中式结构的融合估计表达式为

$$\hat{\boldsymbol{X}}(k+1|k+1)=\hat{\boldsymbol{X}}(k+1|k)+\sum_{i=1}^{m}\boldsymbol{K}_i(k+1)[\boldsymbol{Z}_i(k+1)-\boldsymbol{H}_i(k+1)\hat{\boldsymbol{X}}(k+1|k)]$$

式中：$\boldsymbol{K}_i(k+1)$为滤波增益。

2. 分布式估计融合

假定对于同一目标，不同传感器分别得到两条航迹 i 和 j，它们分别有状态估计 $\hat{\boldsymbol{X}}_i$ 和 $\hat{\boldsymbol{X}}_j$，误差协方差 $\boldsymbol{P}_i$ 和 $\boldsymbol{P}_j$。估计融合问题就是寻找最好的融合估计 $\hat{\boldsymbol{X}}$ 和协方差矩阵 $\boldsymbol{P}$。

1）简单航迹融合

在各传感器局部估计误差互不相关的假设下，融合中心对任意两个传感器之间的航迹融合结果为

$$\hat{\boldsymbol{X}}=\boldsymbol{P}_j(\boldsymbol{P}_i+\boldsymbol{P}_j)^{-1}\hat{\boldsymbol{X}}_i+\boldsymbol{P}_i(\boldsymbol{P}_i+\boldsymbol{P}_j)^{-1}\hat{\boldsymbol{X}}_j$$

相应的航迹融合估计误差的协方差阵为

$$\boldsymbol{P}=\boldsymbol{P}_i-\boldsymbol{P}_i(\boldsymbol{P}_i+\boldsymbol{P}_j)^{-1}\boldsymbol{P}_i=\boldsymbol{P}_i(\boldsymbol{P}_i+\boldsymbol{P}_j)^{-1}\boldsymbol{P}_j$$

以上两式还可以改写为

$$\hat{\boldsymbol{X}}=\boldsymbol{P}(\boldsymbol{P}_i^{-1}\hat{\boldsymbol{X}}_i+\boldsymbol{P}_j^{-1}\hat{\boldsymbol{X}}_j)$$

$$\boldsymbol{P}=(\boldsymbol{P}_i^{-1}+\boldsymbol{P}_j^{-1})^{-1}$$

上述方法因为简单，所以称为简单航迹融合或简单凸组合融合算法，被广泛采用。该方法也很容易推广到传感器数目 $n>2$ 的情况，假设 n 个传感器的估计误差之间互不相关，则融合方程分别为

$$\hat{\boldsymbol{X}}=\boldsymbol{P}(\boldsymbol{P}_1^{-1}\hat{\boldsymbol{X}}_1+\boldsymbol{P}_2^{-1}\hat{\boldsymbol{X}}_2+\cdots+\boldsymbol{P}_n^{-1}\hat{\boldsymbol{X}}_n)=\boldsymbol{P}\sum_{i=1}^{n}\boldsymbol{P}_i^{-1}\hat{\boldsymbol{X}}_i$$

$$\boldsymbol{P}=(\boldsymbol{P}_1^{-1}+\boldsymbol{P}_2^{-1}+\cdots+\boldsymbol{P}_n^{-1})^{-1}=\left(\sum_{i=1}^{n}\boldsymbol{P}_i^{-1}\right)^{-1}$$

2）协方差加权航迹融合

当两条航迹 i 和 j 估计的互协方差不能忽略，即 $\boldsymbol{P}_{ij}\neq 0$ 时，融合中心的航迹融合结果和相应的协方差阵分别为

$$\hat{\boldsymbol{X}}=\hat{\boldsymbol{X}}_i+(\boldsymbol{P}_i-\boldsymbol{P}_{ij})(\boldsymbol{P}_i+\boldsymbol{P}_j-\boldsymbol{P}_{ij}-\boldsymbol{P}_{ji})^{-1}(\hat{\boldsymbol{X}}_j-\hat{\boldsymbol{X}}_i)$$

$$\boldsymbol{P}=\boldsymbol{P}_i+(\boldsymbol{P}_i-\boldsymbol{P}_{ij})(\boldsymbol{P}_i+\boldsymbol{P}_j-\boldsymbol{P}_{ij}-\boldsymbol{P}_{ji})^{-1}(\boldsymbol{P}_i-\boldsymbol{P}_{ji})$$

这种方法由 Bar-Shalom 等提出，因此也称为 Bar-Shalom-Campo 融合算法。这一算法的优点是考虑了各传感器估计误差之间的相关性，主要缺点是为了计算各传感器估计误差之间的互协方差阵需要大量的信息。另外，这种融合方法只在最大似然意义下最优，而不是最小均方误差意义下最优。

3. 估计融合的工程化方法

上述几种估计融合算法都是以 Kalman 滤波为基础的，而且计算比较复杂；为使计算简单，并且有更广泛的适应性，工程上常采用一些简化的方法估计融合后的目标坐标，下

面介绍其中几种。

1）加权平均法

用该方法通过加权求和来计算目标位置坐标，考虑每个信息源的加权系数，公式为

$$\begin{cases} \bar{x} = \dfrac{\sum_{i=1}^{m} \delta_{x_i} x_i}{\sum_{i=1}^{m} \delta_{x_i}} \\ \bar{y} = \dfrac{\sum_{i=1}^{m} \delta_{y_i} y_i}{\sum_{i=1}^{m} \delta_{y_i}} \\ \bar{z} = \dfrac{\sum_{i=1}^{m} \delta_{z_i} z_i}{\sum_{i=1}^{m} \delta_{z_i}} \end{cases} \tag{5-26}$$

式中：$\bar{x}$、$\bar{y}$、$\bar{z}$ 为坐标平均值；m 为点数；所选的权系数 δ_i 与第 i 个雷达站的坐标测量方差成反比，即

$$\delta_i = \frac{1}{\sigma_i^2}$$

加权平均法相对复杂，因此，只有当信息源的精度不相等时才使用。如果各信息源的精度特性一样，则它们的权近似相等，式(5-26)变成了数学平均形式：

$$\bar{x} = \frac{\sum_{i=1}^{m} x_i}{m}$$

这时，综合坐标的均方差是单个点的误差的 $1/\sqrt{m}$ 倍，即

$$\sigma_{\bar{x}} = \frac{\sigma_{x_i}}{\sqrt{m}}$$

2）选主站

有时，为进一步简化，放弃详细的计算，而使用选择最好点的方法，即从参与融合的航迹点中选择一个点，而放弃其他航迹点。当然，这种方法给出的是粗略的结果，因为没有加权平均的过程，所以误差值也没减小。但当信息源中有一个的精度比其他好时，就选这个信息源为主站，其测量的点就认为是最好的点。当一个信息源的权系数比其他的大得多时，对应式(5-26)，有

$$\bar{x} = \frac{\sum_{i=1}^{m} x_i \delta_i}{\sum_{i=1}^{m} \delta_i} \approx x_1,\ \delta_1 \gg \delta_i$$

3）选最新点

用这种方法假设的条件是：到得最晚，即最新的消息是最可靠的。因此，根据这一规

则，估计融合坐标取为

$$\bar{x}=x_{ie},\ t_{ie}=\min$$

选最新点的方法适合于机动目标的信息处理，因为此时它与其他方法相比，获得的坐标估计精度最高。输出坐标的随机误差由单个雷达确定，而系统误差取决于信息到来的速度、雷达数量和跟踪的目标数。

5.5　三次处理的算法流程

雷达信息三次处理的信息综合任务通常用下述两种方法完成。

(1) 按周期处理法。

(2) 连续处理法。

下面分别介绍这两种方法的思路及相应的算法流程。

5.5.1　按周期处理的信息综合算法

这种方法的实质是：在某一时间间隔 T_0 内进行信息积累，然后外推到同一个时间点并进行综合。每一步的信息综合都不考虑以前的综合结果。

这种方法可获得较好的结果，但计算机存储器要存储一个综合周期内获得的一次雷达信息，以及关于每一个目标的数个综合信息。这增加了对机器存储容量的要求。

下面分析如图 5-19 所示的按周期处理的信息综合算法流程图。

接收完当前信息后，进行坐标变换，并外推到当前的综合时间点（图 5-19 中所示的步骤 1、2、3），这些步骤完成情报核对前的预备工作。下一步开始当前的综合工作。根据允许偏差准则形成情报组 A（步骤 4）。接下来对形成的组按规则 a～d 进行分析，以确定

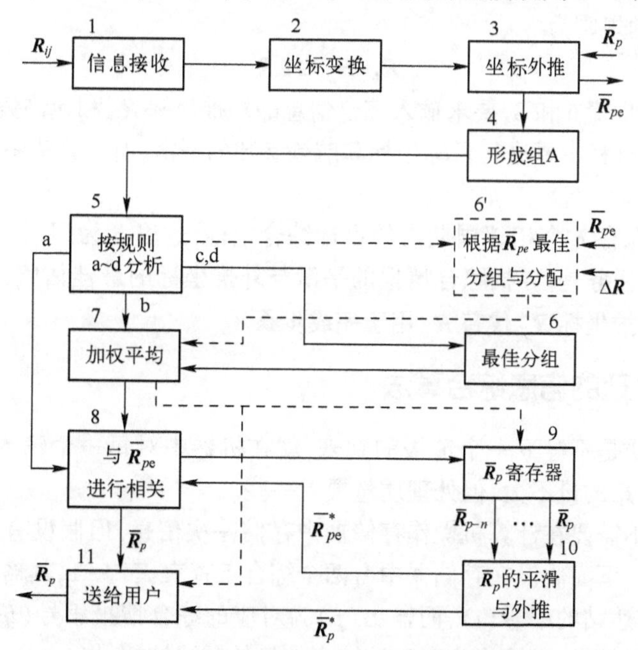

图 5-19　按周期处理的信息综合算法流程图

组内的目标数和按目标的一次信息分配方案(步骤 5)。

如果组 A 满足规则 a,则组内的每一个情报属于不同的目标。接下来这些情报应与相应的综合航迹 $\overline{\boldsymbol{R}}_{pe}$ 进行相关(步骤 8),然后送到用户。

如果组 A 的情报满足规则 b,则认为它们属于同一目标,下面的处理是根据组内一次信息的坐标,计算综合情报的加权平均坐标(步骤 7),并对综合情报与相应的综合航迹进行相关(步骤 8)。

当组 A 满足条件 c 或 d 时,说明组内有两个或更多的目标,对该组信息的进一步处理有两条途径:

第一条途径是:首先解决情报最佳分组的问题,此时,要把已有的综合航迹分到各组(步骤 6'),然后计算新的综合情报的加权平均坐标(步骤 7),并把综合信息送给用户(步骤 11)。沿该路径的处理质量最好,但很笨重且对计算机要求高。

第二条路径依次完成下述操作:

选择最佳的一次信息分组方案(步骤 6),在该过程中根据所确定的组 A 内目标数,把组 A 分成更小的组,但暂不确定它们具体属于哪个目标。

计算每一个小组的加权平均坐标(步骤 7),这样得到了与组 A 内目标数相符的新的综合情报;按已有航迹分配新的综合情报,并对新的综合情报进行编号(步骤 8)。

把综合信息送到用户。

完成步骤 6'时,对组 A 中一次信息的外推坐标与已有的综合信息的外推坐标进行比较。因此,在这一步中根据下式选择外推综合信息:

$$(\boldsymbol{R}_{ije}-\overline{\boldsymbol{R}}_{pe})\leqslant\Delta\boldsymbol{R}$$

式中:$\Delta\boldsymbol{R}$ 为一次信息与综合信息之间坐标允许偏差。

同样,在完成步骤 8 时,新的综合情报坐标(表示为 $\overline{\boldsymbol{R}}_k$)与已有综合情报的外推坐标进行比较。比较的规则为

$$\overline{\boldsymbol{R}}_k-\overline{\boldsymbol{R}}_{pe}\leqslant\Delta\boldsymbol{R}$$

因此,为完成步骤 6'和 8,要求输入综合信息的外推坐标 $\overline{\boldsymbol{R}}_{pe}$ 和允许偏差 $\Delta\boldsymbol{R}$。

这样,在综合过程中要进行目标坐标和航迹参数的平滑,所以算法中应增加步骤 9 和步骤 10。

在步骤 9 中保存 n 个相邻周期内的目标综合坐标,这里 n 为用来平滑的航迹点数。步骤 10 要完成的任务是:寻找综合情报的平滑与外推坐标的最佳估值,平滑坐标 $\overline{\boldsymbol{R}}_p^*$ 送到信息用户,而外推坐标 $\overline{\boldsymbol{R}}_{pe}^*$ 代替 $\overline{\boldsymbol{R}}_{pe}$ 用于完成步骤 8。

5.5.2 连续处理的信息综合算法

该方法的实质是不等下一个情报的到来,就在机器中对每一个输入情报进行处理。这种方法,保存信息的量不大,但处理质量要差一些。

连续综合法不需要在计算机操作存储器中存储一次信息,但假设有用于分析以前综合结果的备查表。下面假设在存储器中有两个综合备查表:表 5-1,其输入为雷达站编号(i)和目标在该雷达站的编号(j),而输出(p)为对应的综合情报编号($ij\rightarrow p$);表 5-2,它的输入为综合信息编号,而输出为产生该综合信息的雷达站编号($p\rightarrow i$)。

表 5-1　综合备查表(一)

j	i			
	1	2	3	4
1	6	3	2	1
2	1	5	3	4
3	3	4	1	2
4	5	1	4	3
5	2	2	—	—
6	4	—	—	—

表 5-2　综合备查表(二)

p	i			
	1	2	3	4
1	×	×	×	×
2	×	×	×	×
3	×	×	×	×
4	×	×	×	×
5	×	×	—	—
6	×	—	—	—

表 5-1 用于缩短已有综合结果的情报(编号为 ij)的处理时间,表 5-2 用于作为新情报 $\boldsymbol{R}_{ij}$ 与一个综合情报 $\overline{\boldsymbol{R}}_p$ 相关的判决。

算法基本步骤(序号见图 5-20 中方框上方的数字)和完成顺序如图 5-20 所示。所完成步骤的实质如下。

(1) 对新收到信息 $\boldsymbol{R}_{ij}$ 的处理从分析其丢点特性 Π_{nij} 开始(步骤 2)。这个特性在二次处理过程中形成,如果在当前扫描周期内雷达站没有收到来自目标的回波,而代之发送的是外推点数据,那么丢点特性此时等于 1。如果丢点特征等于 1($\Pi_{nij}=1$),则对 $\boldsymbol{R}_{ij}$ 的下一

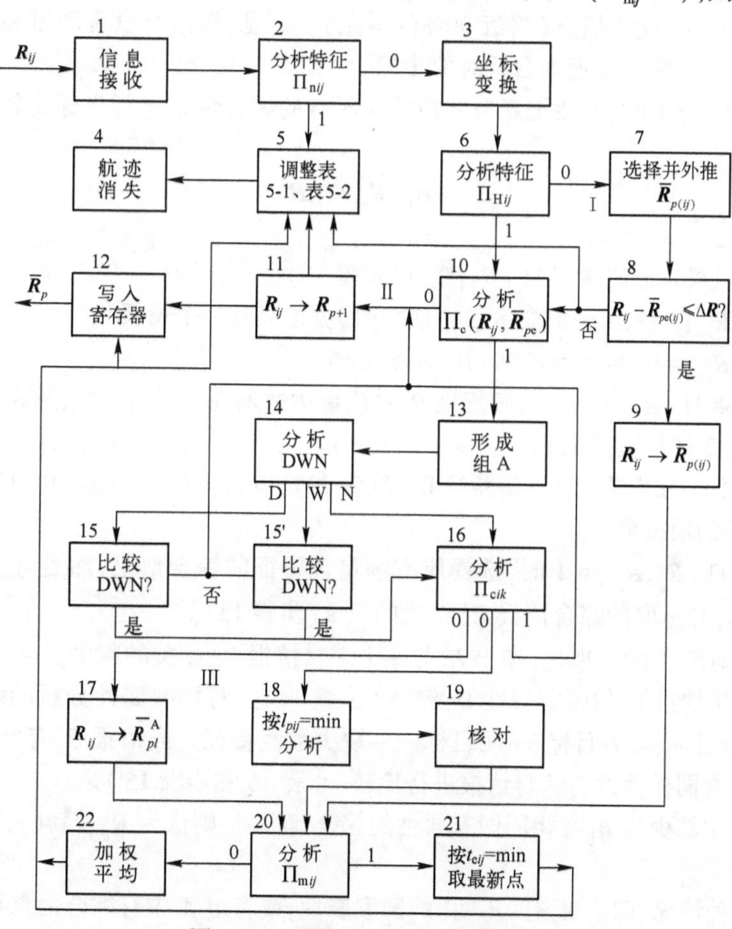

图 5-20　连续处理的算法流程图

步处理是调整表 5-1 和表 5-2,以去掉相应的情报编号。如果综合情报只是由一个编号为 ij 的一次信息产生的,则该综合情报被擦掉(步骤 5 和步骤 4)。当 $\Pi_{nij}=0$ 时,对坐标进行变换(步骤 3),变换到情报接收站所在的点。

(2) 接下来分析新目标特征 Π_{Hij}(步骤 6)。如果是雷达第一次获得的情报,并被给予新的编号,则 $\Pi_{Hij}=1$。如果雷达已发送过该编号的情报(老目标),则新目标特征为 0 ($\Pi_{Hij}=0$)。根据 Π_{Hij},接下来的处理过程有两条质量不同的途径。

(3) $\Pi_{Hij}=0$,说明编号为 ij 的情报以前发送过,在表 5-1 中有关于它的数据。表 5-1 中有综合情报 $\overline{\boldsymbol{R}}_p$ 的编号,它的组成中有以前的编号为 ij 的情报(步骤 7)。然后,比较新情报 $\boldsymbol{R}_{ij}$和所选的综合情报 $\overline{\boldsymbol{R}}_{p(ij)}$ 的坐标。$\overline{\boldsymbol{R}}_{p(ij)}$ 的坐标预先被外推到了 $\boldsymbol{R}_{ij}$到来的时刻。比较坐标时检查不等式(步骤 8)

$$\boldsymbol{R}_{ij}-\overline{\boldsymbol{R}}_{pe(ij)} \leqslant \Delta \boldsymbol{R} \tag{5-27}$$

式中:$\overline{\boldsymbol{R}}_{pe(ij)}$ 为信息 $\overline{\boldsymbol{R}}_{p(ij)}$ 的外推坐标;$\Delta \boldsymbol{R}$ 为坐标允许偏差。

当不等式(5-27)成立时,综合情报用 $\boldsymbol{R}_{ij}$进行更新(步骤 9)。当不等式不成立时,必须相应地对备查表进行调整,情报 $\boldsymbol{R}_{ij}$将沿更复杂的路径进行处理,即把其坐标与所有的综合情报的坐标进行比较(步骤 10)。

相关路径(I),包括步骤 1、2、3、6、7、8、9,是最短的路径。沿该路径处理绝大多数进入稳定工作状态的输入信息(将近 90%的信息)。可见,根据有没有新目标特征,对处理进行的分支,可以减少处理老目标时的步骤。

(4) 当 $\Pi_{Hij}=1$ 时,开始把新来的情报与所有的综合情报进行坐标比较,比较的过程是检验不等式

$$\boldsymbol{R}_{ij}-\overline{\boldsymbol{R}}_{pe} \leqslant \Delta \boldsymbol{R} \tag{5-28}$$

其中 $i,p=1,2,3,\cdots$

比较的结果是形成特征 $\Pi_c(\boldsymbol{R}_{ij},\overline{\boldsymbol{R}}_{pe})$(步骤 10):

$\Pi_c(\boldsymbol{R}_{ij},\overline{\boldsymbol{R}}_{pe})=1$,当不等式(5-28)成立时(哪怕只有一个情报);

$\Pi_c(\boldsymbol{R}_{ij},\overline{\boldsymbol{R}}_{pe})=0$,当不等式(5-28)不成立时。

(5) 如果 $\Pi_c(\boldsymbol{R}_{ij},\overline{\boldsymbol{R}}_{pe})=0$,则情报 $\boldsymbol{R}_{ij}$对该雷达站来说是新的,对信息收集站来说也是新的。因此,该情报被授予下一个编号 $P=P+1$。它作为新的综合情报输出,该处理过程结束(见步骤 11 和步骤 12)。沿路径Ⅱ(图 5-20),包括步骤 1~3、6、10~12,在稳定工作状态,该路径的情报最少。

(6) 当 $\Pi_c(\boldsymbol{R}_{ij},\overline{\boldsymbol{R}}_{pe})=1$ 时,选择所有满足该特征的综合情报,然后进行进一步的分析,产生由 $\boldsymbol{R}_{ij}$和选取的综合情报 $\overline{\boldsymbol{R}}_{pe}^{A}$组成的组 A(步骤 13)。

接下来对组 A 的处理是,作出 $\boldsymbol{R}_{ij}$与一个综合情报 $\overline{\boldsymbol{R}}_{pe}^{A}$相关的判决。

(7) 分析情报 $\boldsymbol{R}_{ij}$的国家属性 D、W、N(步骤 14)。对国家属性分析的结果是获得以下特征:我方目标、敌方目标、不明目标——缺少敌我特征。当情报 $\boldsymbol{R}_{ij}$有"敌我"属性时,它与组 A 中有同样属性的综合情报进行比较(步骤 15 和步骤 15')。

当组 A 中缺少与 $\boldsymbol{R}_{ij}$有相同国家属性的综合情报时,则认为 $\boldsymbol{R}_{ij}$是新的,下面将沿路径Ⅱ进行处理。

另外一种情况,即当 $\boldsymbol{R}_{ij}$有"不明"的国家属性,或者组 A 中有综合信息与 $\boldsymbol{R}_{ij}$的国家属性或"不明"属性相符,则对组 A 的信息进行进一步的分析。

(8) 为分析组 A,作一个原始的假设,即组 A 中不可能有一个雷达站来的关于同一目标的两次情报。作出这样的假设是因为 $\Pi_{Hij}=1$,以及采用了以前综合结果是正确的假设,这说明前面不可能把一个雷达的两个情报综合到一起(规则 a)。

因此,下一步的处理规则如下。

把组 A 中获得综合情报数据的雷达站编号(k),与获得最新情报 $\boldsymbol{R}_{ij}$ 的雷达站编号 i 进行比较,即分析特殊特征(步骤 16):

$$\Pi_{cik}=\begin{cases}0, & \text{如果某综合情报中对任何一个 } k \text{ 都有 } i\neq k\\ 1, & \text{在某综合情报的所有 } k \text{ 中只要有 } i=k\end{cases}$$

式中:k 为雷达站编号,根据其数据产生了综合情报 $\overline{\boldsymbol{R}}_p^{A}$。

对组 A 中的所有情报,依次分析特征 Π_{cik} 可得出以下结果。

① 对所有的 $\overline{\boldsymbol{R}}_p^{A}$ 有 $\Pi_{cik}=1$。这表明,在组 A 中每一个综合情报的组成中,都有来自 i 信息源的部分。这样,情报 $\boldsymbol{R}_{ij}$ 不可能与组 A 中的任何一个综合情报相关。情报 $\boldsymbol{R}_{ij}$ 确定为新的,其处理将沿路径Ⅱ继续。

② $\Pi_{cik}=0$,组 A 中只有一个综合情报 $\overline{\boldsymbol{R}}_{pl}^{A}$ 满足该条件。这时,$\boldsymbol{R}_{ij}$ 与 $\overline{\boldsymbol{R}}_{pl}^{A}$ 相关(步骤 17)。

③ $\Pi_{cik}=0$,组 A 中有几个综合情报满足该条件。这时,在原则上,$\boldsymbol{R}_{ij}$ 可与任何一个满足 $\Pi_{cik}=0$ 的综合情报相关。

(9) 为解决情报相关问题,必须对它的坐标和按特征 $\Pi_{cik}=0$ 选出的综合情报进行比较分析。情报 $\boldsymbol{R}_{ij}$ 与综合情报 $\overline{\boldsymbol{R}}_p^{A}$ 的相关准则为

$$l_{pij}=\min$$

即情报 $\boldsymbol{R}_{ij}$ 与按特征 Π_{cik} 选择的每个综合情报之间的距离是最小的(步骤 18 和步骤 19)。

情报 $\boldsymbol{R}_{ij}$ 的处理路径Ⅲ(图 5-20),包括步骤 1、2、3、6、10、13~19 是最长的,也是最难的。但沿该路径处理的情报数不大。

(10) 在信息综合算法中,在完成相关任务后,要分析目标机动特性 Π_{mij}(步骤 20),它和其他特性一样在二次处理过程中形成。如果目标机动($\Pi_{mij}=1$),则取 $\boldsymbol{R}_{ij}$ 的坐标作为新的平均坐标(步骤 21),此后,调整关于综合情报的坐标记录(步骤 12),并转入对新情报的处理(步骤 1)。如果目标不机动($\Pi_{mij}=0$),则新的综合情报坐标为 $\boldsymbol{R}_{ij}$ 和 $\overline{\boldsymbol{R}}_{pe}^{A}$ 的坐标加权平均(步骤 22)。

从计算机实现简单这一点来看,连续综合算法在实际中是最好的。但本算法在质量上要差一些。

这样,上面讨论了三次处理要解决的主要任务,并给出能获得目标综合信息的算法流程。信息经三次处理后送到用户。

5.6 复杂电磁环境下的信息处理

现代战争中,电子战贯穿于整个作战行动中,敌对双方将持续进行着电子侦察与反侦察、电子干扰与反干扰、电子摧毁与反摧毁、电子隐身与反隐身等活动。防空反导作战在如此复杂的电磁环境下,将导致传统的信息获取手段、信息处理方法失效,必须采用新的信息获取手段,改进信息处理方法和信息融合策略。

5.6.1 概述

为应对复杂电磁环境,催生了新的信息处理技术和信息融合方法。如隐身技术的发展导致目标的 RCS 大幅减少,加上多杂波和严重的电磁干扰环境,使连续稳定地探测和跟踪弱小目标成为迫切需求,因此出现了检测前跟踪、协同检测与跟踪等技术。如反辐射导弹对雷达等有源探测设备自身安全构成了严重的威胁,因此产生了无源定位技术。

1. 检测前跟踪技术

传统的目标检测与跟踪方法是检测后跟踪技术(Track After Detect, TAD),其针对单帧测量独立进行检测,单帧检测对帧内每个波束上的距离单元进行,此时,假设目标稳定驻留在某波束的某个距离单元上。TAD 对每一帧数据处理后即宣布检测结果,如果有目标则测量目标点迹数据。TAD 中的信号检测与后续的目标航迹起始和跟踪是两个独立的过程。检测后跟踪技术适用于信噪比较高的情况。

在低信噪比情况下,人们设法考虑目标特别是弱小目标在帧内波束之间和逐帧之间发生的状态变化,这就使得检测与跟踪之间的界限越来越不明显,当弱小目标无法被传统的 TAD 方法有效检测出来时,人们试图在检测之前采用跟踪思想,通过对弱小目标连续出现的信号进行逐帧相关积累来估计目标的可能轨迹,然后对估计的可能轨迹进行检测判决,这就是检测前跟踪技术(Track Before Detect, TBD)的基本思想。与 TAD 技术相比,TBD 技术在单帧数据处理后并不立即宣布检测结果,而是将多帧数据与假设的目标路径轨迹逐帧进行几乎没有信息损失的关联处理,经过数次扫描积累处理之后,根据一定的判定准则同时宣布检测结果和产生的目标航迹,这就使目标点迹检测与航迹跟踪融为一体。

2. 协同检测与跟踪技术

前述章节介绍的多传感器信息处理技术,先是由单传感器完成目标检测,并根据检测结果实现单传感器的目标跟踪,再进行多传感器的航迹关联与航迹融合。但在目标采用隐身技术和电磁干扰的环境下,使回波信号变弱,导致单传感器的目标检测困难、目标航迹难以形成和连续,由此催生了协同检测与跟踪技术。

协同检测,是指单传感器不直接做出检测目标的结论,而是将多个传感器各自接收到的回波信号在经过初步处理后直接送到融合系统,在融合系统进行信号级关联,即完成信号配准、信号关联、信号融合,在此基础上完成目标检测和点迹测量,最终完成多传感器航迹起始与目标跟踪。在协同检测过程中,信号配准是实现信号级关联的前提,即将传感器测量信号进行时间配准(统一时间基准和时间同步)和空间配准(统一坐标系),以及信号特征配准(将目标的 RCS、信号幅度变换到统一基准下);信号关联将产生源于同一目标或杂波的测量信号集合;信号融合是对源于同一目标或杂波的测量信号集合中的诸元素进行融合,以生成目标的测量点迹(含杂波)和属性特征。融合的点迹和特征能使单一传感器目标测量信号大大增强,有利于后续进行的目标点迹检测、属性识别和杂波滤除。

雷达网信息处理的集中式结构中,单个雷达站不进行目标跟踪,而是直接将检测到的目标点迹送到融合系统,由融合系统完成点迹配准、点迹/数据关联、点迹融合,在此基础上完成多传感器航迹起始和目标跟踪,这种处理方式也称为点迹级融合。点迹/数据时空配准(统一时间基准和时间同步,统一空间坐标系并进行测量误差消除)是点迹关联的前提条件;点迹/数据关联包含点迹-点迹关联和点迹-航迹关联两种情况。

协同跟踪是点迹级融合方式的应用升级，是网络化作战系统的一项重要功能。在网络化系统中，各传感器不仅将各自测量结果送到融合系统，而且可以共享网内其他传感器的测量结果，融合系统还可以对各传感器的资源进行调度。正常情况下，单传感器可以利用自己的检测结果完成对目标的跟踪，但当传感器检测不到正在跟踪的某一目标时，可通过共享网内其他传感器提供的该目标点迹，继续跟踪该目标，使目标航迹得以延续。这样，通过多传感器的协同与信息共享，可实现对目标的连续跟踪。

3. 无源定位技术

无源定位与跟踪技术是指利用被动探测设备获得的目标信息，估计目标位置或运动轨迹的一种技术。无源雷达是一类重要的被动探测设备，它通过天线接收来自目标辐射源的直射波或外部辐射源照射目标后形成的反射波或散射波，实现对目标的定位与跟踪。

有源雷达（简称为雷达）是利用自身发射的电磁波来发现目标并探测其位置的电子设备，其优点是对目标定位精度较高，但缺点是很容易被敌方侦察设备侦察到，并受到干扰和攻击。现代雷达虽然采取了许多先进措施来对抗电子干扰、隐身技术、反辐射导弹攻击、低空和超低空突防等几大威胁，但仍没有很好地解决这个问题。由于无源雷达本身并不辐射电磁波，不易被敌方电子侦察系统探测到，从而具有抗干扰、抗反辐射导弹攻击等潜在优势，因而，系统生存能力较强；无源雷达系统还可以有效地探测、跟踪隐身目标和低空目标，具有较强的反隐身和抗低空目标的能力，无源雷达已成为一种重要的探测手段。

无源定位只能利用纯方位角信息，单次观测无法获得目标的距离信息。为解决这一问题，一是单传感器平台机动，即传感器与目标之间有相对加速度，通过对多次观测的处理，估计目标位置；二是多个传感器同时对目标进行观测，利用多个方位角信息解算出目标位置。纯方位定位与跟踪是信息融合领域的研究热点之一，已形成了多种单平台、多平台的纯方位定位算法，感兴趣的读者可以参考有关文献，本节只介绍多平台纯方位定位中最常用的三角定位算法。

5.6.2　三角定位算法

如果目标施放有源干扰，而且雷达不能有效对抗这些干扰，则雷达无法正常进行目标检测和坐标测定。这时，可以利用目标本身施放的主动干扰信号，进行被动探测。该方法的特点是：没有雷达（接收站）接收信号相对于干扰机辐射信号的延时信息。这时，如果只有一个站接收辐射，则无法测定干扰机的距离。但干扰机的角坐标是可以确定的，称其为干扰机方位线，简称方位线或干扰机；能测得包括距离在内 3 个坐标的目标，称为开放目标，简称目标。

当有两个或两个以上的辐射接收站，并且它们之间能进行信息交换时，借助对方位信息的处理，就可确定干扰机的全部坐标。有多种方位信息的处理方法，在雷达网信息处理系统中，常使用三角定位算法处理干扰机方位信息。

三角定位的基础是至少有两个接收站测出的方位角，接收站的分布有一定的距离。

首先讨论最简单的情况，设辐射源（干扰机）和接收站都位于同一平面（水平面）上，如图 5-21 所示。这时，要确定干扰机（点 P）的坐标，只要知道在站 O 和 A 的方位角 β_1 和 β_2 就可以。目标的位置由两直线（OP 和 AP）的交点确定。为确定 P 点的直角坐标，需要知道直线 OP 和 AP 的方程，并联之求解。根据图 5-21，可写出方程的表达式

$$\begin{cases} y=y_O+(x-x_O)\cot\beta_1 \\ y=y_A+(x-x_A)\cot\beta_2 \end{cases}$$

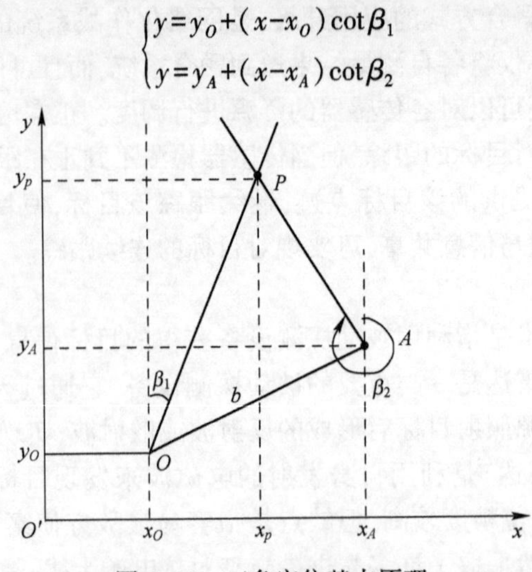

图 5-21　三角定位基本原理

计算干扰机的坐标在一个接收站进行，这个接收站称为基准站，另有一个称为邻站。另外，坐标原点也常与基准站重合，如图 5-22 所示。这样就可根据图 5-22 的关系曲线计算方位线的交点。

已知量：

x_A、y_A——邻站的坐标；

b——两接收站之间的距离；

β_1——由基准站确定的干扰机方位角；

β_2——由邻站确定的方位角。

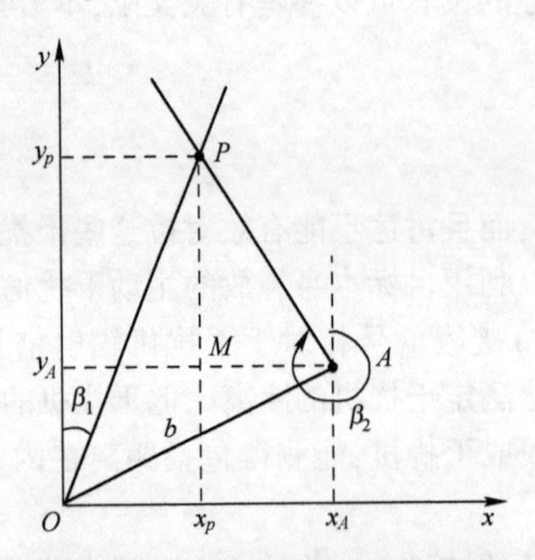

图 5-22　基准站与坐标原点重合

根据这些数据确定 P 点的坐标。由图 5-22 得

$$x_p=y_p\cdot\tan\beta_1 \tag{5-29}$$

$$y_p=y_A+MP \tag{5-30}$$

$$MP=(x_A-x_P)\tan(\beta_2-270°)=(x_p-x_A)\cot\beta_2 \tag{5-31}$$

把 x_p 值代入式(5-31)，得

$$MP=y_p\tan\beta_1\cot\beta_2-x_A\cot\beta_2 \tag{5-32}$$

把式(5-32)代入式(5-30),得

$$y_p=\frac{y_A\sin\beta_2-X_A\cos\beta_2}{\sin(\beta_2-\beta_1)}\cos\beta_1$$

把 y_p 值代入式(5-29),得

$$x_p=\frac{y_A\sin\beta_2-x_A\cos\beta_2}{\sin(\beta_2-\beta_1)}\sin\beta_1$$

知道直角坐标 x_p、y_p,就可以确定水平距离

$$D_r=\sqrt{x_p^2+y_p^2}$$

通常,为确定干扰机的空间坐标,必须知道高低角 ε,可以是一个接收站测得的,如图 5-23 所示。这时,计算斜距和高度的表达式为

$$D=\frac{D_r}{\cos\varepsilon}$$

$$H=D\cdot\sin\varepsilon+\frac{D^2}{2R_e}$$

式中出现的第二项是考虑地球曲率的修正项。

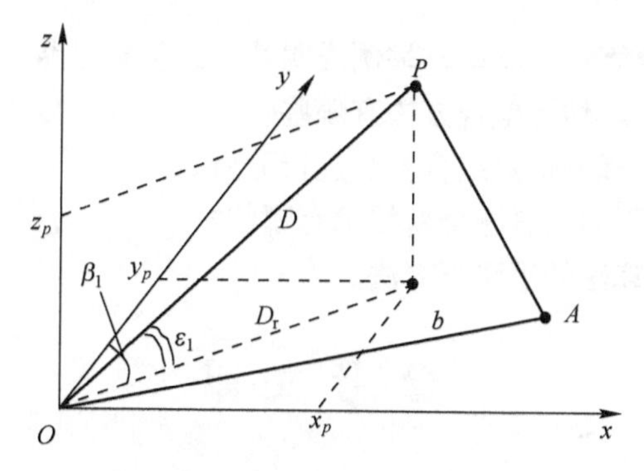

图 5-23　确定干扰机的空间坐标

为了确定干扰机的坐标,常产生有 3 个接收站的三角网。如前所述,当前坐标由两个站的方位算出。第三个接收站用来完成方位核对任务(消除假交点,分出真的)。

这是因为交点数为干扰机数的平方(图 5-24),有 3 个干扰机(1、2、3),则产生 9 个方位线交点。假交点数 N_f 等于

$$N_f=N_n^2-N_n$$

式中:N_n 为干扰机数。

这里的 9 个交点中有 6 个是假的。利用辅助的(第三个)接收站,以及通过高度选择,可以消除假交点。因此,干扰机方位信息处理的主要阶段如下。

(1) 接收来自基准站和邻站的干扰机信息。

(2) 计算方位线交点(干扰机坐标)。

(3) 通过检查是否与第三条方位线相符和高度选择,核对方位信息。

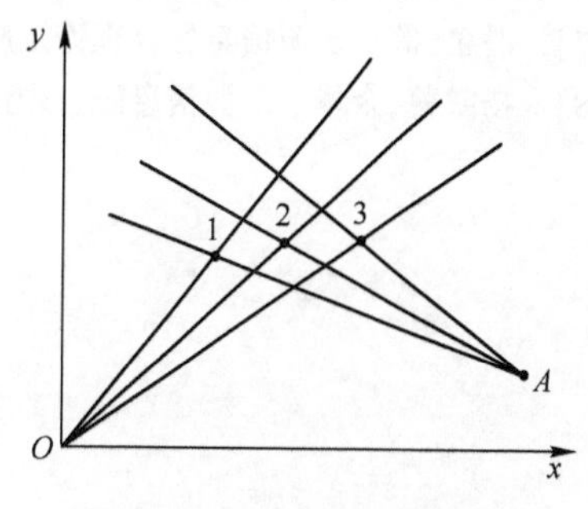

图 5-24　假交点的确定

(4) 跟踪干扰机并把其坐标送到用户。

思 考 题

1. 简述三次处理的任务与实质。
2. 简述雷达信息的分布式处理和集中式处理的特点。
3. 简述粗核对的过程与方法。
4. 简述精核对过程中的逻辑规则。
5. 简述精核对的过程与方法。
6. 经过粗核对后的组 A 中有两个同类型雷达站来的 4 个情报：

$$R_{11}=(x_{11}=100\text{km},\ y_{11}=71\text{km},\ z_{11}=9\text{km})$$
$$R_{12}=(x_{12}=101\text{km},\ y_{12}=72\text{km},\ z_{12}=8\text{km})$$
$$R_{21}=(x_{21}=100.5\text{km},\ y_{21}=71.4\text{km},\ z_{21}=8.5\text{km})$$
$$R_{22}=(x_{22}=100.2\text{km},\ y_{22}=71.5\text{km},\ z_{22}=8.5\text{km})$$

(1) 写出分组方案；
(2) 用最小距离法做出分组决定。

7. 航迹关联的主要算法有哪些？举例说明算法的基本思路。
8. 什么是估计融合？估计融合方法有哪些？
9. 试对两种三次处理的信息综合算法进行分析。
10. 复杂电磁环境下的信息融合新技术有哪些？
11. 简述三角定位算法的思路与方法。

参 考 文 献

[1] 贺正洪，吕辉，王睿．防空指挥自动化信息处理[M]．西安：西北工业大学出版社，2006.
[2] 彭冬亮，文成林，薛安克．多传感器信息源信息融合理论及应用[M]．北京：科学出版社，2010.
[3] 叶其孝，沈永欢．实用数学手册[M]．北京：科学出版社，2008.
[4] 赵宗贵，刁联旺，李君灵，等．信息融合工程实践——技术与方法[M]．北京：国防工业出版社，2015.
[5] 韩崇昭，朱洪艳，段战胜，等．多源信息融合[M]．2 版．北京：清华大学出版社，2010.
[6] 何友，修建娟，张晶炜，等．雷达数据处理及应用[M]．3 版．北京：电子工业出版社，2013.
[7] 潘泉，等．多源信息融合理论及应用[M]．北京：清华大学出版社，2013.
[8] 杨露菁，余华．多源信息融合理论与应用[M]．北京：北京邮电大学出版社，2006.

第 6 章　弹道目标信息处理

与空气动力目标不同,弹道导弹的轨迹有一大段是在大气层外无动力自由飞行,因此,弹道目标的信息处理有其自身的特点。弹道目标信息处理是进行弹道导弹防御的基础和前提,主要完成弹道目标综合态势生成和弹道特征信息处理。本章在分析弹道导弹目标的运动特性和受力特性的基础上,主要分析了弹道目标信息处理中的弹道预测和弹道目标识别的基本原理与方法。

6.1　弹道导弹运动特性分析

弹道式导弹的飞行过程一般由垂直起飞、程序转弯、发动机关机、头体分离、自由段飞行、再入段飞行和击中目标等几个阶段构成。根据弹道导弹的运动规律,可以将弹道导弹的运动阶段(弹道)分成垂直上升段(AB)、程序转弯段(BC)、自由段(CD)、再入段(DE)共 4 个阶段,如图 6-1 所示(图中的 x-y-z 坐标系为发射坐标系)。其中,垂直上升段和程序转弯段一般统称为主动段,自由段和再入段统称为被动段。

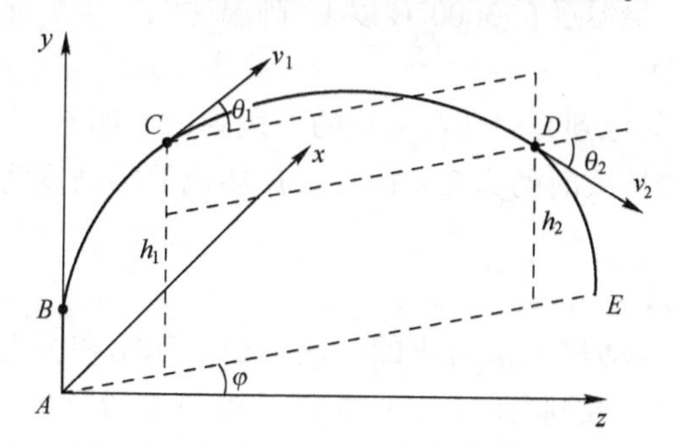

图 6-1　弹道导弹的运动阶段示意图

弹道导弹发射后,当其推力超过导弹所受的重力后,导弹离开发射台缓缓垂直起飞,作垂直上升运动,弹上各种控制仪器同时进入正常工作状态。当导弹飞行 1s 左右时,发动机推力达到额定值,而当垂直上升累计时间约几秒时,导弹在控制系统作用下逐渐向目标方向转动,弹道也开始向目标方向弯曲,开始程序段飞行。随着时间的增长,导弹的飞行速度、飞行高度及飞行距离逐渐增大,而速度方向与发射点处地平面的夹角(弹道倾角)θ 逐渐减小。当导弹的飞行速度、质心空间位置和射击精度等参数达到预设关机的要求时,控制系统就适时发出关机指令,发动机关机,即到主动段终点,此时导弹的速度达到最大。在自由段的升弧段飞行高度继续增大,飞行速度下降,当到达弹道最高点时,飞行速度为自由段的最小值。此后,弹道开始下降,飞行速度开始增大,当到达再入点 D 时,飞行速度最高可达到 7000m/s 以上。进入大气层后,由于空气阻力的作用,飞行速度又开始下降,直到落地。

典型弹道目标的飞行轨迹和飞行速度曲线如图 6-2 所示。

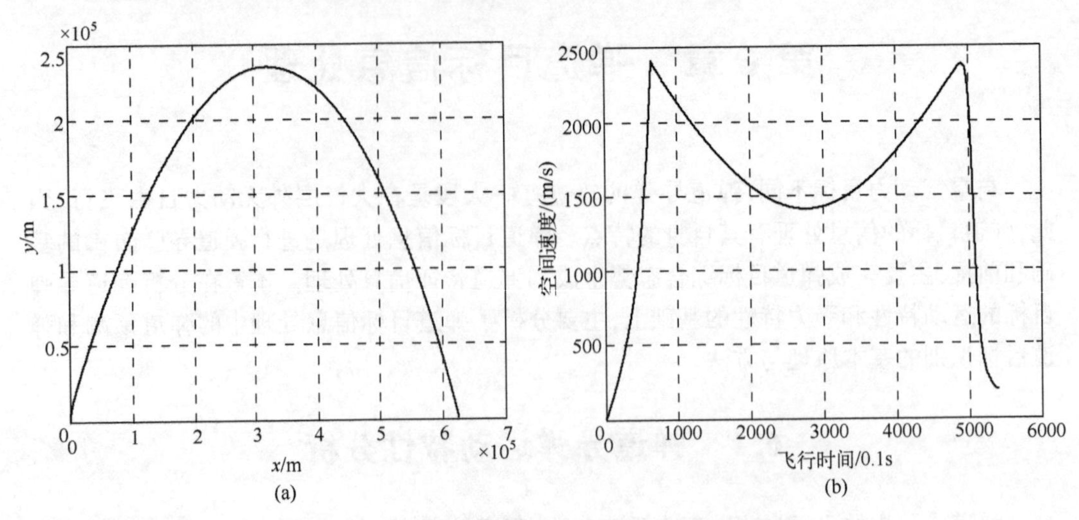

图 6-2 典型弹道目标的飞行轨迹和飞行速度曲线

(a) 弹道目标的飞行轨迹;(b) 弹道目标的飞行速度曲线。

1. 主动段(*AC*)

这是从导弹离开发射台到导弹关机为止的一段弹道。在这段弹道上,发动机和控制系统一直工作,发动机燃烧温度在 3000°C 以上,高温尾焰产生极强的红外辐射。

1) 垂直上升段(*AB*)

这是从导弹离开发射台到开始转弯为止的一段弹道。图 6-1 中,*A* 为导弹发射点,*B* 为转弯点,垂直上升段的持续时间为 8~10s,此时,离地面的高度为 160~200m,速度约为 40m/s。

2) 程序转弯段(*BC*)

这是从导弹转弯到发动机关机为止的一段弹道。作用在弹上的力和力矩有地球引力、空气阻力、发动机推力、控制力以及它们相对导弹质心所产生的相应力矩。推力主要用来克服地球引力和空气阻力并使导弹作加速运动;控制力则主要产生控制力矩,以便导弹在控制系统作用下按给定的飞行程序飞行。在控制力矩的作用下,弹道制导系统通过不断测量导弹相对于目标的位置和速度,计算实际弹道与预设弹道之间的偏差,形成制导指令,引导导弹调整姿态,确保弹道导弹按预定的弹道稳定地飞向目标,当导弹的运动参数符合命中目标的参数时,适时关闭发动机。主动段飞行时间一般约在几十秒到几百秒之间,如一般远程弹道导弹主动段飞行时间为 180~360s,战术弹道导弹主动段飞行时间约为 120s。弹道导弹关机后的速度最高可达 7000m/s,离地面高度为 80~200km,离发射点的水平距离为 200~700km,θ_1 为关机点的弹道倾角,通常为 34°~54°。在导弹主动段关机点对应的弹道参数(包括速度、速度倾角、位置)称为关机点弹道参数,实践表明,关机点弹道参数对导弹的被动段飞行至关重要,在理想情况下,导弹能否达到预定的射程以及能否准确命中目标,主要取决于关机点的弹道参数。不同射程弹道导弹的典型弹道参数如表 6-1 所列。

表6-1　不同射程弹道导弹的典型弹道参数

射程/km	助推时间/s	关机点高度/km	关机点速度/(m/s)	关机点倾角/(°)
120	16	25	1100	47
500	36	60	2000	47
1000	55	65	2900	46
2000	85	70	3900	45
3000	122	75	4700	44
4000	136	80	5200	41
5000	152	85	5700	38
6000	164	90	6000	35
8000	182	95	6500	29
10000	200	100	6900	24

2. 被动段(*CE*)

这是从导弹关机到落地的一段弹道。在无控制的情况下,导弹依靠在主动段终点所获得的能量作惯性飞行。虽然在此段不对导弹进行控制,但作用在它上的力是可以精确计算的,因而,基本上可较为准确地掌握目标的运动,以保证其在一定的射击精度下命中目标。若在导弹上安装姿态控制系统,即有末制导时,则导弹的射击精度可大大提高。在被动段,根据导弹在运动中所受的空气动力大小,又可分为不计大气影响的自由飞行段和计及大气影响的再入段两部分,但由于空气密度随高度的增加而连续地减小,因而要想截然地划分出一条有、无空气的大气层边界是不可能的。一般来说,对于中近程弹道导弹通常以主动段关机点高度作为划分自由段和再入段的标准高度,为50~70km;对远程弹道导弹而言,则通常以高度80~100km作为划分标准。

1) 自由段(*CD*)

这是从导弹关机到再进入稠密大气层间的一段弹道。导弹按照在主动段终点速度和弹道倾角作惯性飞行,对于射程1000km以内的弹道导弹,可将该段看作只受地球重力影响的抛物线段;超过1000km则近似为椭圆弹道。由于主动段终点高度较高,而大气密度又随着高度的增加而迅速降低,因而,可认为自由段上导弹是在相当稀薄的大气中飞行。进入自由段,弹道导弹飞行速度下降,当到达弹道最高点(最高可达1000km)时,飞行速度为自由段的最小值。此后,弹道开始下降,飞行速度开始增大。自由段为椭圆弹道的一部分,并且弹道占全部弹道的80%~90%以上。在这一阶段中,导弹红外辐射信号基本消失,弹头母舱投放的多弹头、诱饵以及突防装置等同时飞行,呈现出“群目标”的特性。

2) 再入段(*DE*)

这是从导弹重新进入稠密大气层到落地间的一段弹道。当导弹高速进入稠密大气层后,由于大气对导弹的作用不仅使导弹承受强烈的气动加热,出现高温,也将使导弹受到巨大的气动阻力。导弹受到迅速增大的空气阻力影响,一般来讲,弹头为轴对称形状,相对气流的攻角为零,它只受到重力和沿速度向量反方向上的阻力作用。弹头速度开始迅速增大,而后加速度逐渐减小,当阻力与重力沿速度向量方向的分力达到平衡后,速度不再变化。再入点高度一般为70~80km,再入点飞行速度最高可达7000m/s以上。在这一阶段，弹头由于大气层的摩擦，弹头呈火球状，红外特征明显，诱饵目标会因为摩擦产生的高温而烧毁或降低速度而被大气层“过滤”掉。

弹道导弹的主动段和再入段较短，自由段很长，决定了弹道导弹的射程。典型中程弹道导弹的弹道主要参数取值范围如表 6-2 所列。

表 6-2　中程弹道导弹的弹道主要参数取值范围

垂直发射到转弯的时间/s	8~10
发动机关机时间/s	55~152
转弯点高度/m	160~200
转弯点速度/(m/s)	40 左右
关机点高度/km	40~80
关机点马赫数	9~12
关机点弹道倾角/(°)	34~54
再入点高度/km	70~80
再入点马赫数	9~12
再入点弹道倾角/(°)	34~54

表 6-3 描述了不同射程弹道导弹的典型特征参数。

表 6-3　不同射程弹道导弹的典型特征参数

射程/km	3500	3000	2500	2000	1500	1000
最大高度/km	687	595	486	338	259	180
最大速度/(km/s)	4.9	4.6	4.2	3.6	3.2	2.8
自由段飞行时间/min	14.2	12.7	10.8	8.9	7.3	5.8

6.2　弹道导弹受力特性分析

弹道导弹在飞行过程中，会受到多种力的作用，包括地球引力、发动机推力和控制力、空气动力及其力矩等。当考虑地球旋转时，导弹还受到因其旋转而产生的牵连惯性力和柯氏惯性力的作用。表 6-4 描述了弹道导弹在不同飞行阶段的主要受力特性。

表 6-4　弹道导弹在不同飞行阶段的主要受力特性

主动段	自由段	再入段
发动机推力 空气动力 地球引力	地球引力 空气动力	地球引力 空气动力 控制力

1. 地球引力

地球引力是作用于导弹上的主要力，对导弹的运动影响很大。在主动段，它始终使导弹飞行速度减小，有时可使其主动段终点速度相对理想速度减少达 30%左右。尤其是在被动段，除经过再入段有一部分空气动力之外，其余部分只受地球引力的作用。正常椭球

形地球引力向量在导弹发射坐标系各轴上的投影为

$$\begin{bmatrix} g_x \\ g_y \\ g_z \end{bmatrix} = \frac{g_r}{r}\begin{bmatrix} r_x \\ r_y \\ r_z \end{bmatrix} + \frac{g_\omega}{\omega}\begin{bmatrix} \omega_x \\ \omega_y \\ \omega_z \end{bmatrix} \tag{6-1}$$

其中

$$\begin{cases} g_r = -\dfrac{fM}{r^2} + \dfrac{\mu}{r^4}(5\sin^2\varphi_s - 1) \\ g_\omega = -\dfrac{2\mu}{r^4}\sin\varphi_s \end{cases} \tag{6-2}$$

$$\begin{cases} \varphi_s = \arcsin\left(\dfrac{r_x\omega_x + r_y\omega_y + r_z\omega_z}{\omega r}\right) \\ r^2 = r_x^2 + r_y^2 + r_z^2 \end{cases} \tag{6-3}$$

$$\begin{bmatrix} r_x \\ r_y \\ r_z \end{bmatrix} = \begin{bmatrix} R_{0x} + x \\ R_{0y} + y \\ R_{0z} + z \end{bmatrix} \tag{6-4}$$

$$\begin{bmatrix} R_{0x} \\ R_{0y} \\ R_{0z} \end{bmatrix} = R_0 \begin{bmatrix} -\sin\mu_0 \cos A_{mz} \\ \cos\mu_0 \\ \sin\mu_0 \sin A_{mz} \end{bmatrix} \tag{6-5}$$

$$\begin{cases} R_0 = \dfrac{a}{(1 + e^2 \sin^2\varphi_{s0})^{1/2}} + H_0 \\ \mu_0 = B_0 - \varphi_{s0} \end{cases} \tag{6-6}$$

$$\begin{bmatrix} \omega_x \\ \omega_y \\ \omega_z \end{bmatrix} = \omega \begin{bmatrix} \cos B_0 \cos A_{mz} \\ \sin B_0 \\ -\cos B_0 \sin A_{mz} \end{bmatrix} \tag{6-7}$$

式中：φ_s、r 分别为弹道目标的地心纬度（地心纬度也是纬度的一种，为参考椭球上观测点和椭球中心的连线与赤道平面间的夹角）、地心距离；fM 为地心引力常数（典型值为 $3.986005\times10^{14}\text{m}^3/\text{s}^2$）；$\mu$ 为地球扁率常数（典型值为 $26.33281\times10^{24}\ \text{m}^5/\text{s}^2$）；$\omega_x$、$\omega_y$、$\omega_z$ 为地球自转角速度向量 $\boldsymbol{\omega}$ 在发射坐标系各轴上的分量；R_{0x}、R_{0y}、R_{0z} 为发射点地心向量 $\boldsymbol{R}_0$ 在发射坐标系各轴上的分量；r_x、r_y、r_z 为 $\boldsymbol{r}$ 在发射坐标系各轴上的分量；φ_{s0}、B_0、A_{mz}、H_0 分别为发射点地心纬度、大地纬度、瞄准方位角和高程；a、e、α_e 为椭球体半长轴、偏心率和扁率。

2. 发动机推力及其控制力

从力的观点看，火箭发动机工作时所能够产生推动导弹向前运动的力，就在于其向后的高速喷流动量变化而引起冲量的反作用力的结果。在弹道计算时，常常认为导弹飞行中的发动机推力是由地面额定条件下试车时的实测推力和因推进剂秒流量、混合比和比推力变化而产生的推力修正量等部分组成的，其推力计算公式为

$$P = m_s \mu_e + S_a(p_0 - p_h) + \frac{\partial P}{\partial \dot{G}}\delta\dot{G} + \frac{\partial P}{\partial K}\delta F_{\varphi C} + \dot{G}\Delta P_b \tag{6-8}$$

式中：m_s 为单位时间内的燃料消耗量；μ_e 为燃气介质相对弹体的喷出速度；p_0 为发动机喷管出口处燃气流的压强；p_h 为导弹所处高度的大气压强；S_a 为发动机喷管横截面积；$\frac{\partial P}{\partial \dot{G}}\delta\dot{G}$ 为推进剂重量秒消耗量偏差对推力的修正量；$\frac{\partial P}{\partial K}\delta F_{\varphi C}$ 为推进剂混合比偏差对推力的修正量；$\dot{G}\Delta P_b$ 为比推力偏差对推力的修正量；$F_{\varphi C}$ 为发动机的工作效率；$\frac{\partial P}{\partial \dot{G}}$、$\frac{\partial P}{\partial K}$ 均为常系数。

导弹发动机推力的大小主要取决于发动机的性能参数，也与导弹的飞行高度有关，而与导弹的飞行速度无关。发动机推力 P 的作用方向一般情况下是沿弹体纵轴并通过质心的。

导弹在飞行过程中，通过控制方案不断地改变导弹质心速度大小和方向，从而实现导弹按程序飞行。作用于导弹上的力主要有空气动力 $\boldsymbol{R}$、推力 $\boldsymbol{P}$ 和重力 $\boldsymbol{G}$，由于重力 $\boldsymbol{G}$ 始终指向地心，其大小和方向也不能随意改变，因此，控制导弹飞行只能依靠改变空气动力和推力，其合力称为控制力 $\boldsymbol{N}$，即

$$\boldsymbol{N}=\boldsymbol{P}+\boldsymbol{R} \tag{6-9}$$

控制力 $\boldsymbol{N}$ 可分解为沿速度方向和垂直于速度方向的两个分量，分别称为切向控制力（$\boldsymbol{N}_\tau$）和法向控制力（$\boldsymbol{N}_n$），即

$$\boldsymbol{N}=\boldsymbol{N}_\tau+\boldsymbol{N}_n \tag{6-10}$$

切向控制力主要通过推力控制来实现，用于改变速度大小；法向控制力主要通过改变空气动力的法向力（升力和侧力）来实现，用于改变速度的方向。

3. 空气动力

弹道导弹的主动段和再入段都是在地球大气层中飞行，因而受到空气动力的作用。空气动力主要包括空气阻力 X、升力 Y、侧力 Z、轴向力 R_{x_1}、法向力 R_{y_1}、侧向力 R_{z_1}，其计算公式如下：

$$\begin{cases} X=C_x q S_m \\ Y=C_y^\alpha q S_m \alpha \\ Z=-C_z^\beta q S_m \beta \\ q=\dfrac{1}{2}\rho V^2 \end{cases} \tag{6-11}$$

$$\begin{bmatrix} R_{x_1} \\ R_{y_1} \\ R_{z1} \end{bmatrix}=\begin{bmatrix} \cos\alpha\cos\beta & \sin\alpha & -\sin\beta\cos\alpha \\ -\sin\alpha\cos\beta & \cos\alpha & \sin\alpha\sin\beta \\ \sin\beta & 0 & \cos\beta \end{bmatrix}\begin{bmatrix} -X \\ Y \\ Z \end{bmatrix} \tag{6-12}$$

式中：C_x、C_y^α、C_z^β 分别为阻力系数、升力系数梯度和侧力系数梯度；q 为速度头；V 为飞行器速度；ρ 为空气密度；α、β 分别为攻角和侧滑角；S_m 为飞行器最大横截面积。

6.3　弹道预测基本原理

弹道导弹在被动段飞行时，如果把弹道目标与地球看作是二体问题（所谓二体问题，

就是把弹道目标视为一个质点,地球视为一个密度均匀的球体来研究弹道目标在地球引力下的运动规律),则在万有引力的作用下,弹道目标在被动段的飞行轨迹是条椭圆轨道,其运动规律符合开普勒定律。

6.3.1　开普勒轨道理论

开普勒定律描述了行星运动的基本规律,对于弹道目标,其运动规律可由开普勒定律描述如下。

(1) 弹道目标的运行轨道是一个椭圆,并且椭圆的一个焦点和地球的质心重合,其反映了弹道目标运行轨道的基本形状及其与地心的关系。

(2) 在相同时间内,弹道目标的地心向径扫过的面积相等,其反映了弹道目标运动的动能和势能间能量转换关系。

(3) 弹道目标运行周期的平方与其运行轨道的椭圆半长轴的立方成正比(其比值等于 $4\pi^2/fM$),这表明,当弹道目标运行轨道的椭圆半长轴确定后,弹道目标运行的平均角速度为一定值并保持不变。

根据开普勒定律,在二体运动条件下,弹道目标的运行轨道是一个平面,并且可以用 6 个基本参数完全确定弹道目标在任何时刻的轨道位置,这 6 个基本参数即为开普勒轨道根数,如图 6-3 所示。

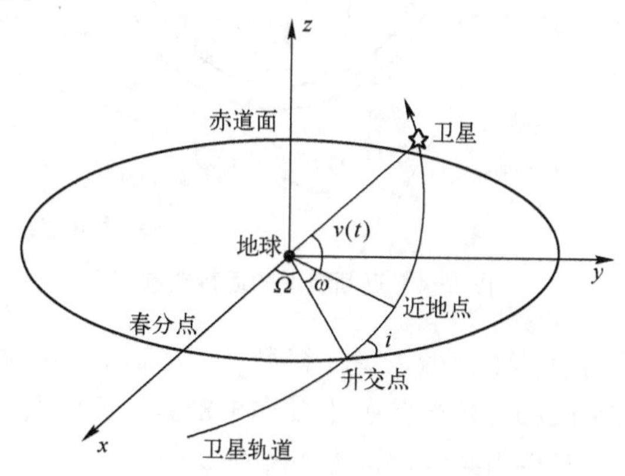

图 6-3　开普勒轨道根数示意图

6 个开普勒轨道根数的定义如下。

(1) 半长轴 a。椭圆轨道长轴的 1/2,大小决定了目标运行轨道的周期。

(2) 轨道偏心率 e。椭圆轨道两焦点间的距离与长轴的比值($e=0$ 时,轨道为圆轨道;$0<e<1$ 时,轨道为椭圆轨道;$e=1$ 时,轨道为抛物线轨道; $e>1$ 时,轨道为双曲线轨道)。

(3) 轨道倾角 i 。地球赤道平面和轨道平面间的夹角,其变化范围为 0°~180°。

(4) 升交点赤经 Ω。从平春分点沿地球赤道逆时针方向到升交点 N 的夹角,其变化范围为 0°~360°。

(5) 近地点幅角 ω。轨道近地点和轨道升交点 N 间的夹角,其变化范围为 0°~360°。

(6) 过近地点的时刻 t_p。弹道目标飞行轨道经过近地点的时刻。

在上述 6 个轨道根数中,半长轴 a 和偏心率 e 决定了轨道的大小和形状;轨道倾角 i 和升交点赤经 Ω 决定了椭圆轨道平面在空间的位置;近地点幅角 ω 决定弹道目标飞行轨道相对赤道平面的取向;过近地点时刻 t_p 确定了弹道目标经过近地点的时刻,由于半长轴已经决定了弹道目标运行的周期,所以只要知道 t_p,就可确定任意时刻弹道目标所在位置到近地点的角度,该角定义为平近点角 M,表示目标在辅助圆轨道(与目标运行轨道相切的圆)上的位置与轨道中心的连线相对于近地点转过的角度,该角度与时间的关系是线性的。因此,只要已知一组开普勒轨道根数,就可以确定任意时刻弹道目标的运行轨迹。

下面给定两组轨道根数进行仿真说明。

(1) 一组为近圆轨道(小偏心率)根数,半长轴 $a=6996.137\text{km}$,偏心率 $e=0.001102$,轨道倾角 $i=25.0285°$,升交点赤经 $\Omega=15.8344°$,近地点幅角 $\omega=160.7827°$,平近点角 $M=120.3666°$,仿真得出其运行轨迹如图 6-4 所示。

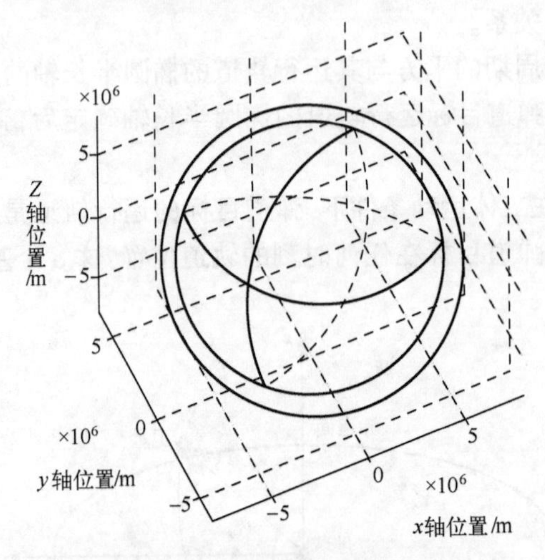

图 6-4　近圆轨道的运行轨迹

(2) 另一组为椭圆轨道(大偏心率)根数,半长轴 $a=4996.137\text{km}$,偏心率 $e=0.81102$,轨道倾角 $i=25.0285°$,升交点赤经 $\Omega=15.8344°$,近地点幅角 $\omega=160.7827°$,平近点角 $M=120.3666°$,仿真得出其运行轨迹如图 6-5 所示。

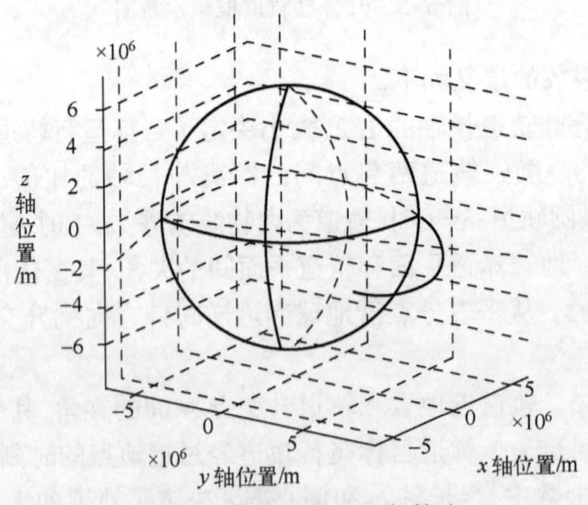

图 6-5　椭圆轨道的运行轨迹

对于卫星、探测器等高空目标，其运行轨道大部分如图 6-4 所示，而弹道目标基本如图 6-5 所示，它与地球表面有两个交点，可以理解为发射点和落点，高于地面的部分为弹道目标的运行轨道。

6.3.2 弹道目标初轨确定

所谓初轨确定，就是根据较少的雷达站观测数据，采用二体运动公式，计算出 t_0 时刻的弹道目标轨道根数或位置、速度状态向量信息。初轨确定主要依赖于部分观测数据和相应的测站坐标，其计算方法主要有两大类：一类是根据某时刻 t_0 的位置 $\boldsymbol{r}_0$、速度信息 $\boldsymbol{v}_0$ 计算出弹道目标的 6 个轨道根数；另一类是由弹道目标某两个时刻 t_1、t_2 的位置信息 $\boldsymbol{r}_1$、$\boldsymbol{r}_2$ 计算出 6 个轨道根数。

采用第一种计算方法，如果已知运动物体在 t_0 的位置 $\boldsymbol{r}_0$、速度信息 $\boldsymbol{v}_0$，则 6 个轨道根数的计算过程包括以下步骤。

1. 计算椭圆轨道半通径 p 和半长轴 a

利用已知的目标位置 $\boldsymbol{r}_0$、速度 $\boldsymbol{v}_0$ 信息，计算角动量向量 $\boldsymbol{h}$，即

$$\boldsymbol{h}=\boldsymbol{r}_0\times\boldsymbol{v}_0 \tag{6-13}$$

计算半通径 p，即

$$p=h^2/fM \tag{6-14}$$

式中：h 为标量。

计算半长轴，即

$$a=\left(\frac{2}{r_0}-\frac{v_0^2}{fM}\right)^{-1} \tag{6-15}$$

2. 计算偏心率 e

偏心率为

$$e=\sqrt{1-\frac{p}{a}} \tag{6-16}$$

3. 计算轨道倾角 i

轨道倾角为

$$i=\arccos\frac{\boldsymbol{h}\cdot\boldsymbol{i}_z}{h},\quad 0\leqslant i\leqslant\pi \tag{6-17}$$

式中：$\boldsymbol{i}_z=(0,0,1)^{\mathrm{T}}$ 为惯性坐标系中 z 方向的单位向量。

4. 计算升交点赤经 Ω

升交点赤经为

$$\Omega=\arccos\left(-\frac{\boldsymbol{h}_{\mathrm{p}}\cdot\boldsymbol{i}_y}{h_{\mathrm{p}}}\right),\quad 0\leqslant\Omega\leqslant\pi,\sin\Omega\geqslant 0,h_{\mathrm{p}}\neq 0 \tag{6-18}$$

$$\Omega=2\pi-\arccos\left(-\frac{\boldsymbol{h}_{\mathrm{p}}\cdot\boldsymbol{i}_y}{h_{\mathrm{p}}}\right),\quad \pi\leqslant\Omega\leqslant 2\pi,\sin\Omega<0,h_{\mathrm{p}}\neq 0 \tag{6-19}$$

式中：$\boldsymbol{h}_{\mathrm{p}}$ 为角动量向量 $\boldsymbol{h}$ 在惯性基准平面上的投影，即 $\boldsymbol{h}_{\mathrm{p}}=\boldsymbol{h}-(\boldsymbol{h}\cdot\boldsymbol{i}_z)\boldsymbol{i}_z$，$h_{\mathrm{p}}$ 为反映 $\boldsymbol{h}_{\mathrm{p}}$ 大小的标量。如果 $h_{\mathrm{p}}=0$，则 $\Omega=0°$ 或 $\Omega=180°$，但一般按习惯取 $\Omega=0°$。

5. 计算近地点幅角 ω

在飞行轨道平面内,运动物体的位置和速度向量在 i_h 方向的分量始终为零。利用相关公式进行推导,可得目标的位置分量和速度分量为

$$\begin{cases}x_0=l_1\xi_0+l_2\eta_0\\ y_0=m_1\xi_0+m_2\eta_0\\ z_0=n_1\xi_0+n_2\eta_0\end{cases}\begin{cases}\dot{x}_0=l_1\dot{\xi}_0+l_2\dot{\eta}_0\\ \dot{y}_0=m_1\dot{\xi}_0+m_2\dot{\eta}_0\\ \dot{z}_0=n_1\dot{\xi}_0+n_2\dot{\eta}_0\end{cases} \tag{6-20}$$

其中

$$l_1=\cos\Omega\cos\omega-\sin\Omega\sin\omega\cos i,\ l_2=-\cos\Omega\sin\omega-\sin\Omega\cos\omega\cos i,\ l_3=\sin\Omega\sin i$$

$$m_1=\sin\Omega\cos\omega+\cos\Omega\sin\omega\cos i,\ m_2=-\sin\Omega\sin\omega+\cos\Omega\cos\omega\cos i,\ m_3=-\cos\Omega\sin i$$

$$n_1=\sin\omega\sin i,\ n_2=\cos\omega\sin i,\ n_3=\cos i$$

利用 z_0 和 $\dot{z}_0$ 的表达式,可解出 n_1 和 n_2,即

$$\begin{aligned}n_1=\sin\omega\sin i=\frac{z_0\dot{\eta}_0-\dot{z}_0\eta_0}{\xi_0\dot{\eta}_0-\dot{\xi}_0\eta_0}\\ n_2=\cos\omega\sin i=\frac{\dot{z}_0\xi_0-z_0\dot{\xi}_0}{\xi_0\dot{\eta}_0-\dot{\xi}_0\eta_0}\end{aligned} \tag{6-21}$$

若 $h_p\neq0$,即 $i\neq0°$ 且 $i\neq180°$,并令 $A=n_1$,$B=n_2$,可得

$$\sin\omega=A/\sin i,\ \cos\omega=B/\sin i \tag{6-22}$$

若 $h_p=0$,即 $i=0°$ 或 $180°$,$\Omega=0°$。由式(6-20)中 l_1、l_2 的表达式,可得

$$\sin\omega=-l_2,\ \cos\omega=l_1 \tag{6-23}$$

其中,l_1、l_2 可由式(6-20)中 x_0 和 $\dot{x}_0$ 的表达式求出,即

$$l_1=\frac{x_0\dot{\eta}_0-\dot{x}_0\eta_0}{\xi_0\dot{\eta}_0-\dot{\xi}_0\eta_0},\ l_2=\frac{\dot{x}_0\xi_0-x_0\dot{\xi}_0}{\xi_0\dot{\eta}_0-\dot{\xi}_0\eta_0} \tag{6-24}$$

可得

$$\begin{cases}\xi_0=r_0\cos f_0\\ \eta_0=r_0\sin f_0\end{cases},\ \begin{cases}\dot{\xi}_0=-\dfrac{fM}{h}\sin f_0\\ \dot{\eta}_0=\dfrac{fM}{h}(e+\cos f_0)\end{cases} \tag{6-25}$$

式中:f_0 为 t_0 时刻的真近点角(表示目标在运行轨道上的位置与轨道焦点的连线相对近地点转过的角度)。

如果 $e=0$(圆轨道),则 $f_0=0°$,$\cos f_0=1$,$\sin f_0=0$;如果 $e\neq0$,则

$$\cos f_0=\frac{1}{e}\left(\frac{p}{r_0}-1\right),\ \sin f_0=\sqrt{\frac{p}{fM}}\frac{\boldsymbol{r}_0\cdot\boldsymbol{v}_0}{er_0} \tag{6-26}$$

将式(6-25)、式(6-26)代入式(6-21),可得 A 和 B,再代入式(6-22),可以得到 $h_p\neq0$ 情况下的近地点幅角 ω。将式(6-26)~式(6-23)依次回代,可得 $h_p=0$ 情况下的近地点幅角 ω。

6. 计算过近地点的时间 t_p

仅在假定物体的运动为椭圆轨道情况下考虑时间 t_p 的求解。假设 $0 \leqslant e<1$ 并且 $a>0$，如果 $e=0$，运动物体为圆轨道：

如果 $e=0$，有 $t_p=t_0$；

如果 $e\neq0$，则

$$\cos E_0=\frac{e+\cos f_0}{1+e\cos f_0},\ \sin E_0=\frac{\sqrt{1-e^2}\sin f_0}{1+e\cos f_0} \tag{6-27}$$

则有

$$t_p=t_0-\sqrt{\frac{a^3}{fM}}(E_0-e\sin E_0) \tag{6-28}$$

式中：E_0 为 t_0 时刻对应的偏近点角（表示目标在运行轨道上的位置投影在辅助圆轨道上的位置与轨道中心的连线相对于近地点转过的角度）。

6.3.3 典型弹道预测算法

弹道导弹在被预警探测系统发现时，基本上处于无动力飞行阶段，其中一个是在近似真空中的自由飞行段，另一个是在再入大气层后的飞行阶段，前者仅有重力作用，其轨道为椭圆曲线，后者由于受大气的影响较为复杂，暂时不予考虑。弹道导弹处于自由飞行段时，其运动轨迹可认为是椭圆曲线的一部分，从而可根据椭圆弹道法计算，利用弹道目标的椭圆曲线飞行特性进行弹道预测是一种比较典型的弹道预测方法，简称为椭圆弹道预测法。

椭圆弹道预测法的基本思想是：根据目标的运动参数确定其弹道椭圆参数及当时目标在椭圆弹道中的位置，进而明确目标的落地时间，还可以根据地球自转规律确定落点。严格地说，弹道目标的飞行弹道是一条空间曲线，在北半球向右偏，在南半球向左偏，但这种偏差量较小，可以忽略，因而弹道被假定为平面曲线。运用椭圆弹道预测法进行弹道预测的处理流程如图 6-6 所示。

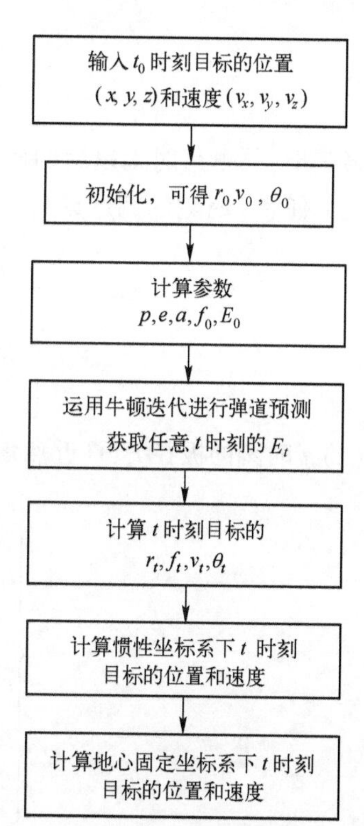

图 6-6 椭圆弹道预测法的处理流程图

弹道预测算法的基本过程大致分 3 步，具体如下。

第一步：获取弹道目标基本位置信息、速度信息。

假设雷达可以探测到弹道导弹的方位角、仰角和距离信息，利用单站雷达的目标跟踪处理，并利用多站雷达的融合处理，可以得到目标在惯性地心直角坐标系下的位置 $\boldsymbol{r}=\{x,y,z\}$ 和速度 $\boldsymbol{v}=\{v_x,v_y,v_z\}$。

第二步：计算弹道目标的初始状态信息，假设

t_0 时刻为初始时刻。

(1) t_0 时刻,目标的极径 r_0、速度 v_0 和速度倾角 θ_0 分别为

$$r_0=\sqrt{x_{G0}^2+y_{G0}^2+z_{G0}^2} \tag{6-29}$$

$$v_0=\sqrt{v_{xG0}^2+v_{yG0}^2+v_{zG0}^2} \tag{6-30}$$

$$\theta_0=\arccos\left(\frac{x_{G0}v_{xG0}+y_{G0}v_{yG0}+z_{G0}v_{zG0}}{r_0v_0}\right) \tag{6-31}$$

式中:x_{G0}、y_{G0}、z_{G0} 和 v_{xG0}、v_{yG0}、v_{zG0} 为目标在地心惯性直角坐标系中的位置分量与速度分量,均可通过雷达测量坐标系和地心直角坐标系之间的转换进行获取。θ_0 实际为目标的位置向量和速度向量之间的夹角,取值在[0,π]区间。

(2) 计算椭圆弹道所需的轨道根数,即半通径 p、偏心率 e 和半长轴 a 为

$$p=r_0V\cos^2\theta_0 \tag{6-32}$$

$$a=\left(\frac{2}{r_0}-\frac{v_0^2}{fM}\right)^{-1} \tag{6-33}$$

$$e=\sqrt{1-\frac{p}{a}} \tag{6-34}$$

式中:$V=(v_0^2r_0)/fM$ 为能量参数。

(3) 计算 t_0 时刻点的真近点角 f_0 和偏近点角 E_0,即

$$f_0=\arccos\left(\frac{p-r_0}{r_0e}\right) \tag{6-35}$$

$$E_0=\arccos\left(\frac{r_0-a}{ae}\right) \tag{6-36}$$

第三步:预测 t_0 时刻以后的任意 t 时刻的状态。

(1) 任意 t 时刻的偏近点角 E_t,由下式通过牛顿迭代法求得

$$\begin{cases}\sqrt{\dfrac{fM}{a^3}}\cdot(t_0-t_p)=E_0-e\sin E_0\\ \sqrt{\dfrac{fM}{a^3}}\cdot(t-t_p)=E_t-e\sin E_t\end{cases} \tag{6-37}$$

(2) t 时刻的极径 r_t、真近点角 f_t、速度 v_t 和速度倾角 θ_t 为

$$\begin{cases}r_t=a(1-e\cos E_t)\\ f_t=\arccos\left(\dfrac{p-r_t}{r_te}\right)\\ v_t=\sqrt{\dfrac{fM}{a}}\cdot\dfrac{\sqrt{1-e^2\cos^2E_t}}{1-e\cos E_t}\\ \theta_t=\arctan\left(\dfrac{e\sin E_t}{\sqrt{1-e^2}}\right)\end{cases} \tag{6-38}$$

(3) 计算惯性坐标系下的预测状态

$$\begin{cases} x_t=\left[1-(1-\cos(E_t-E_0))\cdot\dfrac{a}{R}\right]\cdot x_{G0}+\left[\Delta t-\sqrt{\dfrac{a^3}{fM}}\cdot(E_t-E_0-\sin(E_t-E_0))\right]\cdot v_{xG0} \\ y_t=\left[1-(1-\cos(E_t-E_0))\cdot\dfrac{a}{R}\right]\cdot y_{G0}+\left[\Delta t-\sqrt{\dfrac{a^3}{fM}}\cdot(E_t-E_0-\sin(E_t-E_0))\right]\cdot v_{yG0} \\ z_t=\left[1-(1-\cos(E_t-E_0))\cdot\dfrac{a}{R}\right]\cdot z_{G0}+\left[\Delta t-\sqrt{\dfrac{a^3}{fM}}\cdot(E_t-E_0-\sin(E_t-E_0))\right]\cdot v_{zG0} \end{cases} \tag{6-39}$$

式中：$\Delta t=t-t_0$ 为预测的时间差。

(4) 计算地心固定坐标系下的位置分量，其中 z_t 保持不变，即

$$\begin{cases} x_{Gt}=x_t\cdot\cos(w\Delta t)+y_t\cdot\sin(w\Delta t) \\ y_{Gt}=-x_t\cdot\sin(w\Delta t)+y_t\cdot\cos(w\Delta t) \\ z_{Gt}=z_t \end{cases} \tag{6-40}$$

式中：w 为地球自转角速度。

至此，整个弹道预测过程结束。Δt 的取值直接决定预测时间的长短。传统的弹道预测方法经常采用逐次外推方式进行长轨道椭圆预测，直接预测落点。

利用椭圆弹道预测法，能够预测出目标中段的标准椭圆弹道，如果在绝对理想的情况下，即初值的选取与实际弹道导弹的运动一致，基本没有偏差，是绝对可行的，而且节省了计算时间和计算过程。但在实际情况下，由于不可能确切地知道弹道目标的位置和速度信息，而只能通过预警探测系统来获得关于目标的粗糙信息，因而，采用一般的椭圆弹道预测法，必然存在较大的预测误差。鉴于基本椭圆弹道法的整个预测过程，为了提高预测的精度及落点的估算精度，可以从两方面进行预测算法的改进：一方面是初始值的准确选取；另一方面是预测过程的方法改进。

6.4 弹道目标识别基本原理

弹道目标识别是弹道导弹防御系统的关键环节，主要任务是从大量的诱饵、弹体碎片等构成的“群目标”中准确识别出真弹头。弹道目标识别主要分为两个层面，即单装备的目标识别、系统级目标识别。目前，地基多功能雷达可以提供多种目标识别的特征数据，主要包括 RCS 特征数据、一维距离像特征数据、ISAR 成像特征数据、极化特征数据、弹道运动特征数据、微动特征数据等，每一个特征数据都提供了关于弹道目标的某个识别特征量，因而，单部雷达可以实现弹道目标的识别。利用多部雷达得到的目标识别特征数据更丰富，通过融合进行系统级目标识别将获得更可靠的识别结果。

6.4.1 单雷达弹道目标识别

弹道导弹的雷达目标识别，主要根据目标的回波来鉴别目标，相关技术涉及雷达目标特性、目标特征提取方法和分类识别技术。识别的基本过程就是从目标的幅度、频率、相位、极化等回波参数中，分析回波的幅度特性、频谱特性、时间特性、极化特性等，以获取目标的运动参数、形状、尺寸等信息，从而达到辨别真伪、识别目标的目的。某些目标特性测

量雷达均具有窄带和宽带信号形式,窄带信号用于目标搜索、截获和跟踪,宽带信号用于目标特性测量和高分辨率成像。

对于弹道导弹目标的识别大致有三个途径:一是特征识别,通过辨认信号特征来推演目标的特征信息,如利用回波信号的幅度、相位、极化等特征及其变化来估计目标的飞行姿态、结构特征、材料特征等;二是成像识别,通过高分辨率雷达成像,确定目标的尺寸、形状等;三是再入识别,通过获取目标的弹道参数(质阻比),确定质量特性。

1. 弹道导弹运动特征提取及识别

弹道导弹通过助推段、中段和再入段的飞行到达地面目标区。助推段又称为主动段,这时导弹在发动机的推动作用下加速升空,其尾部有一个较长的火焰区,可以通过相应的光学探测器对主动段飞行的弹道导弹进行观测,利用目标的光学特征进行识别。天基预警卫星和超视距雷达可以观测到导弹的发射,并提供预警。地基远程预警雷达可以观测到弹体和助推火箭飞行过程中回波强度的变化,并利用其统计特征进行识别。

中段称为自由飞行段,此时,弹头与弹体分离,弹头常常携带诱饵,诱饵可分为重诱饵和轻诱饵两种,由于诱饵在外形、红外辐射特性和电磁散射特性、运动特性等方面不可能与真实弹头完全相同,因此,在该段可以应用多种传感器对飞行的弹头、诱饵和碎片进行探测,从而区分真假目标,并估计出真目标的运动参数等特征。

再入段是指弹头返回大气层至弹头到达目标区的阶段,在该阶段,碎片、轻诱饵由于大气过滤作用而分离,弹头和重诱饵在大气层中高速飞行,它们与周围气体间产生非常复杂的物理、化学和电离反应。产生的烧蚀产物以及高温条件下被电离的空气会形成很长的等离子尾迹,尾迹长度可达再入体底部直径的数百倍。此时,雷达观测到再入体及其尾迹总的回波,从中可以分析再入体及其尾迹的散射特性。同时,弹头或重诱饵的运动特性发生变化,可以提取目标质阻比、目标的振动、再入体的加速度和再入轨迹等特征参量。这些特征是区分重诱饵和弹头的重要依据。

(1) 早期的轨道特征识别。在主动段和中段早期,识别任务是从飞机、卫星等空中、空间目标中识别出弹道导弹,迅速实现正确预警。弹道导弹在大气层内飞行时,可利用弹道导弹与飞机目标之间的运动特性,如速度、高度、纵向加速度及弹道倾角等差异来识别;在大气层外飞行时主要实现弹道导弹与卫星的区分。弹道导弹与卫星基本上都是沿椭圆轨迹飞行,但弹道导弹由于要返回地面,其最小矢径(即椭圆近地点与地心的距离)小于地球半径,而卫星的最小矢径大于地球半径,因此,可利用雷达、预警卫星跟踪经目标定轨后估计最小矢径来实现区分。

(2) RCS 特征提取及识别。目标的雷达截面积(RCS)反映了目标对雷达信号的散射能力。空间目标沿轨道运动时其姿态相对于雷达视线不断发生变化,从而可获得其 RCS 随视角变化的数据,其中的变化规律反映了目标形体结构的物理特性。为了突防,弹头在飞行过程中均采用姿态修正技术,该技术的采用可以使得弹头与敌方雷达保持一定的姿态范围,使得弹头在此姿态角度范围中 RCS 尽可能小。助推火箭和诱饵一般不具备姿态控制功能,这就为目标识别提供了可能。因为在这种情况下,弹头的 RCS 较小且变化幅度稳定,而其他的具有翻滚等不规则运动的目标,RCS 的变化很大。通过对各个目标的 RCS 序列进行分析,提取合理特征,就可以对目标进行区分。基于目标的 RCS 数据提取目标的相关信息可用于目标识别,可提取的目标 RCS 信息主要有 RCS 的大小、起伏程度及随时间的变化规律等。

(3) 中段的微动特征提取及识别。微动主要是指目标群中各个部分(弹头、弹体、诱饵等)相对于各自质心的运动,称为"微运动",包括活动部件的调制、自旋、进动、章动等。微动和微多普勒中的"微",其含义包括两方面:一是微动产生的速度相对于目标质心的速度非常小,弹道导弹的飞行速度达每秒数千米,而微动仅仅是导弹飞行中各个部分本身相对于自身质心的姿态变化;二是目标微动产生的多普勒与平动产生的多普勒相比非常小。弹道导弹或者卫星的飞行速度可达10km/s,在X波段产生的多普勒约600kHz,而微动的频率,如自旋,仅仅在10Hz左右或者更低。

目标微动特征反映了目标的电磁散射特性、几何结构特性和运动特性。进动是自旋目标的自旋轴线环绕某一中心轴缓慢转动。中心轴线与自旋时产生的自旋轴线的夹角称为进动角。若目标的进动角随时间波动,则进动变为章动。目标的这种运动特性可以为真假目标识别提供重要的依据。

来袭弹道导弹为确保其弹头与助推器分离后弹头能稳定、安全、有效地命中目标,必须在释放完突防设备后,在弹头上施以自旋转技术及其姿态控制技术,使其进入自身旋转稳定状态;否则,弹头在近似真空的中段会出现发散式翻滚,这不仅会导致自身的RCS大大增加,而且对弹头突防极为不利。但对于轻、重诱饵或外投式电子干扰机的载体等假目标不存在这种自我调整能力,故一旦发生由进动趋向摆动或翻滚现象时,就只能听之任之,无法挽救。

从以上分析可知,弹头由于具有姿态控制系统,其飞行相对稳定。虽然有进动角及进动现象伴随,但其进动角一般不大,因而,其目标回波受进动的调制度小。但是假目标或其他诱饵由于存在翻滚、进动角大或摆动,其目标回波受进动的调制度必然很大,这种由调制引起的回波起伏,是识别真假目标很好的信息和依据。

基于弹头微动特性识别弹头的关键是对微多普勒的精确估计和提取。一种思路是利用激光雷达得到的目标ISAR(逆合成孔径雷达)像序列,进行进动参数的估计,在某些特殊情况下也可以利用RCS序列估计进动参数;另一种思路是建立目标回波信号与章动角、进动周期的关系,通过周期信号检测得到调制周期,并估计章动角。另外,目标的进动特性与其运动惯量相联系,弹头和锥体气球的进动特性不同,导致运动惯量存在差异,因此,通过目标运动惯量的比较也可以进行弹头目标的识别。

2. 成像特征提取及识别

雷达成像的基本原理是提高雷达分辨率,使得距离分辨单元的尺寸远小于目标,分离出目标的散射中心,描述目标的结构特性。在高频区目标总的电磁散射,可以认为是某些局部位置上电磁散射的相干合成,这些局部性的散射源通常被称为等效散射中心,或简称散射中心。一般情况下,成像雷达通过发射宽带信号获取高的径向分辨率,利用大型实孔径或合成孔径技术获得方位(以及俯仰)高分辨,实现雷达目标高分辨成像。

(1) 一维距离像。目标的一维距离像是在照射时刻,目标散射中心在雷达视线下的投影。目标的一维距离像(或一维散射中心)是光学区雷达目标识别的重要特征,与目标实际外形之间有着紧密的对应关系,可以作为识别真假弹头的依据,在弹道导弹目标识别中具有十分重要的意义。

利用一维距离像对目标进行识别的过程中,必须首先解决以下3个问题:平移敏感性、姿态敏感性和幅度敏感性。直接利用目标一维距离像作为特征具有较大的随机性,但只要对目标一维距离像进行适当处理,如在时域、频域或时频域提取目标强散射中心位置和幅度特征,可得到反映目标内在特性的特征。

弹道导弹飞行速度较快,会使宽带一维距离像产生展宽、畸变,对目标一维散射中心的位置、形状和分辨率均有一定影响。目标的自旋运动也会造成各散射中心位置在雷达视线上的投影发生变化,引起目标一维距离像的畸变。弹头与弹体分离后,它们各自的运动特点又有所不同,需精确估计出目标运动速度,进行速度补偿,校正距离像畸变。

(2) ISAR成像。雷达目标ISAR成像是电磁散射的一个逆问题,其实质是利用目标回波信息估计目标反射系数在二维平面上的分布。目标的二维ISAR像是散射中心在目标旋转平面上的投影分布。ISAR成像识别方法不但有很高的测量精度,而且能观察目标结构上的微小细节,从而分辨出假目标,是比较可靠的目标识别方法。

弹道目标的ISAR成像有别于一般的目标成像,弹头、诱饵及碎片等组成的"群目标"具有运动速度高、自身运动形式复杂(常伴有自旋、进动等自身运动以及机动等)、多目标等特点,给二维成像处理造成困难,在成像过程中需综合考虑这些运动特点,才能得到较为满意的图像,从而进行分类识别处理。

对于二维ISAR像,其分辨率越高,从图像中获取的关于目标的信息就越丰富,后续的目标检测和识别性能就越好。由于ISAR像距离向和方位向理论分辨率分别受限于系统的带宽和成像积累角,而且在探测和处理过程中存在一些非理想因素也会造成ISAR像的模糊、散焦等,从而降低图像的分辨率。

改善图像分辨率的手段主要有两种:一是提高系统带宽和成像积累角,但是该方法周期长、成本高,且受技术水平的限制;二是采用数据处理方法,主要采用运动补偿、自聚焦等技术,使得ISAR像分辨率接近或者达到理论分辨率。

3. 极化特征提取及识别

极化特性是雷达目标电磁散射的基本属性之一,为雷达系统削弱恶劣电磁环境影响、对抗有源干扰、目标分类与识别等方面提供了颇具潜力的技术途径。如何准确获取目标的极化特性信息,并加以有效利用,长期以来一直是雷达探测技术领域备受关注的问题。

导弹目标的极化识别主要基于极化检测技术、目标极化散射矩阵、极化不变量、全极化技术等方面。利用不同目标与有源干扰的极化散射矩阵之间的差异,提取各自对应的极化不变量和极化散射中心分布,从而对导弹和诱饵等目标实现分类识别。

4. 弹道导弹再入特征提取及识别

由于大气过滤作用,只有导弹弹头和重诱饵进入再入段,重诱饵和弹头表现出不同的质阻比。质阻比主要取决于其质量与迎风面积的比值,一定程度上可认为是质量的面分布量纲。因此,再入段目标识别的关键问题是在较高的高度上快速准确地估计出再入目标的质阻比。

再入目标质阻比估计主要有两种方法:一是利用公式法,直接利用雷达测量信息和多项式拟合等方法,根据再入运动方程计算质阻比;另一种方法为滤波法,是基于再入运动方程将质阻比作为状态向量的一个元素,利用非线性滤波方法实时估计质阻比。

6.4.2　系统级弹道目标识别

弹道导弹防御系统包括预警探测系统、拦截武器系统和指挥控制/作战管理通信系统(C^2BMC)3个部分。其中,预警探测系统是弹道导弹防御系统的感知系统和决策依据,主要由天基预警卫星、海基雷达、超视距雷达、地基远程预警雷达、地基多功能雷达等不同平台、不同类型的传感器组成。弹道导弹防御系统要求对来袭弹道目标的全程监视、逐层交替探测、跟踪,并能够防御带有突防措施的来袭弹道导弹。

根据弹道导弹防御系统的传感器配置和工作流程可知:信息融合是弹道导弹防御系统目标识别流程中的重要组成部分。以美国的国家导弹防御系统为例,其天基、地基和拦截弹上的各传感器可以获得目标的光、热、电等信息,这些信息都传送到作战管理中心进行融合处理,从而得到对"目标群"一致完整的描述,进而确定下一步作战指令。在导弹防御系统级的目标识别方法主要包括特征级融合识别和决策级融合识别两大类。

1. 系统级目标识别的要求

根据作战流程,弹道导弹防御系统对目标识别的要求有以下4个方面。

(1) 实时性。对于中程弹道导弹,整个导弹飞行时间不到20min,在20 min内要完成目标检测、跟踪、识别、拦截、打击评估、再次打击等一系列动作,对雷达和目标识别的实时处理能力要求非常高。

(2) 准确性和可靠性。由于弹道导弹的破坏力非常大,在导弹防御中的任何失误都会造成无法估量的损失。因此,要求能够可靠、准确地识别目标,并对目标威胁程度进行排序。

(3) 融合识别。由于弹道导弹的突防手段越来越多,单靠一种识别方法很难进行有效识别,需要进行融合识别,包括一部雷达的多特征融合、多部雷达的融合、雷达与其他传感器的融合、陆海空天的多平台融合等,利用多种手段,进行识别验证。

(4) 多层识别。成熟的弹道导弹防御系统应该是多层结构,至少两层才能提高对弹道目标的命中概率,并在目标逃脱了第一层的攻击时进行二次打击。一般来说,上层系统覆盖相对广阔区域,低层系统(即终端防御)防卫较小点目标。识别时,需要根据传感器的信息进行分层识别,不断更新识别结果,为拦截器提供可信的识别结果。

2. 特征级融合识别

特征级融合是中等层次的融合识别方法,各传感器先在本地进行预处理、特征提取,融合中心对各传感器提供的目标特征向量进行融合。特征级融合识别处理过程如图6-7所示。

特征级融合识别不要求数据来自同类和同一时刻的数据源,地基多功能雷达根据测量数据,提取出目标特征,融合处理中心将目标特征向量数据关联处理后进行融合,并将融合后获得的融合特征向量进行分类得到目标识别结果。

特征级融合识别保留了足够数量的特征信息,实现了信息压缩。对雷达部署无要求,对数据配准、时空一致性、计算能力、信息传输能力的要求介于数据级和决策级融合之间,也可以是异质传感器识别结果融合。缺点是丢失了部分信息,需要融合特征矢量维数比较高,量纲不统一,精度比数据级融合识别差。

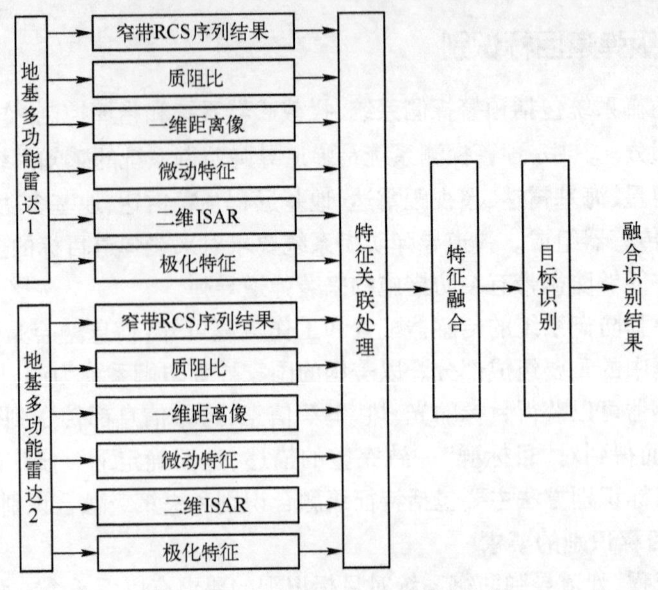

图 6-7　特征级融合识别处理过程

3. 决策级融合识别

决策级融合识别是高层次的融合识别方法，各传感器先在本地进行预处理、特征提取和综合目标识别，融合中心对各传感器输出的综合识别结果再进行关联和决策融合处理。决策级融合识别处理过程如图 6-8 所示。

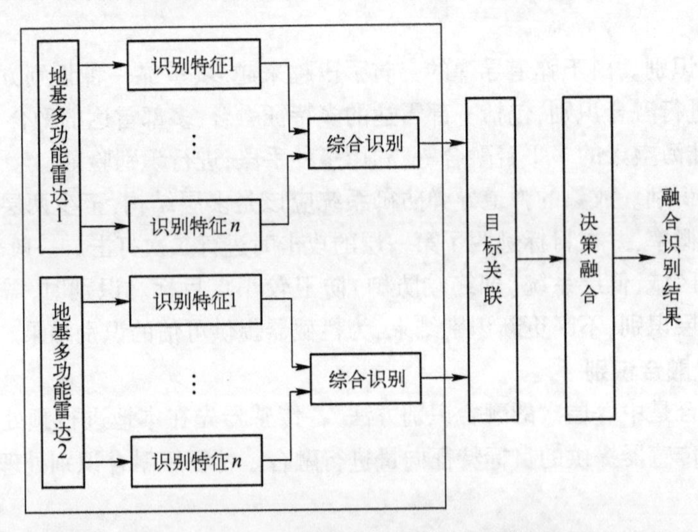

图 6-8　决策级融合识别处理过程

决策级融合识别也不要求数据来自同类和同一时刻的数据源，地基多功能雷达经过特征提取、模式分类和综合识别后，输出关于弹道目标的识别结果和度量值（如识别概率、可信度等）。在融合处理中心，利用其他多功能雷达输出弹道目标的识别结果和度量值，先对目标进行关联处理，对同一目标进行决策级融合处理，得到目标的综合识别结果。目前，决策级融合处理的常用方法有 Bayes 推理、神经网络、D-S 证据理论、模糊逻辑等。

决策级融合易于实现，数据量小，但信息损失量大，对多功能雷达部署、观测数据配准、时空一致性、计算能力、信息传输能力要求较低，也可以是异质传感器识别结果的融合。

思考题

1. 简述弹道导弹的运动特性。
2. 简述弹道导弹在不同飞行过程中的受力特性。
3. 简述开普勒轨道根数的含义。
4. 简述开普勒轨道根数的计算过程。
5. 分析和思考弹道预测的一般原理。
6. 单雷达弹道目标识别的主要途径有哪些？
7. 简述系统级弹道目标识别的要求和主要方法。

参考文献

[1] 张毅，杨辉耀，李俊莉．弹道导弹弹道学[M]．长沙：国防科技大学出版社，1999.
[2] 张守信．外弹道测量与卫星轨道测量基础[M]．北京：国防工业出版社，1992.
[3] 高洪月．弹道导弹的弹道设计与仿真[D]．哈尔滨：哈尔滨工业大学，2010.
[4] 刘利生，吴斌，杨萍．航天器精确定轨与自校准技术[M]．北京：国防工业出版社，2005.
[5] 周万幸．弹道导弹雷达目标识别技术[M]．北京：电子工业出版社，2011.
[6] 周旋．弹道目标轨道确定方法研究[D]．西安：西安电子科技大学，2014.

第7章　指挥决策信息处理

雷达信息经过一、二、三次处理后,获得目标的综合航迹信息,综合航迹提供给指挥决策模块进行指挥信息处理,最终形成指挥信息流送往下级执行单元。本章在介绍指挥决策基本概念的基础上,主要介绍目标识别、态势评估与威胁估计、目标分配等指挥信息处理的原理与方法,并简要介绍武器控制方法。

7.1　指挥决策基本概念

指挥决策是对指挥活动做出科学的决定。具体地说,是对指挥活动的方向、目标、原则和方法等做出决定。就作战指挥而言,决策就是指挥者对作战目标、力量、方法及保障进行筹划与决断的思维过程。它是作战指挥活动的核心内容,决策正确与否,对作战进程和结局具有重大影响。

7.1.1　指挥决策的内容

指挥决策的内容,即指挥员在决策中所要回答的问题。决策所要回答的问题很多,不同的作战类型、样式,执行不同的作战任务,决策的具体内容是各不相同的。但是,通过对若干次作战指挥中的决策内容加以抽象,就不难发现,无论何种作战,其决策的内容都不外乎4个方面,即作战目标、使用的力量、作战方法及各种保障措施。

1. 作战目标

作战目标有广义与狭义之分,此处所说的是广义的作战目标,即作战要实现的企图,或者说作战期望达到的结果。作战目标是决策者首先要解决的问题,因为它决定着兵力的使用、战法的运用等其他各个方面的内容。作战目标不确定,兵力的使用、战法的运用就无法确定。作战目标是个具有层次结构的体系,包括总目标与分目标、当前目标与尔后目标等。

2. 使用的力量

这里所说的力量,主要指作战部队和各种保障部(分)队,并包括武器装备和作战物资。指挥者在决策时,必须回答3个方面的问题:一是使用力量的规模,即使用多大的力量;二是使用哪些力量;三是力量如何组合。为了留有后劲,还要考虑控制多大的预备力量。使用力量的规模取决于作战目标。作战目标有高低大小之分,目标不同,使用力量的规模也不一样。使用力量的种类主要根据任务的性质和部队的编制、装备、训练水平和作战特点来决定,它要回答使用哪些军种、兵种部队。

力量组合主要考虑4个方面的问题。一是针对特定的作战任务。例如,要完成空降作战任务,就要运用运输航空兵和空降兵;要完成火力封锁作战任务,就要使用航空兵、炮兵和导弹部队。二是着眼于优势互补,发挥不同专业部队和不同兵器的特长,使作战系统发挥出最大的整体力量。三是要突出高技术兵器的作用,形成质量优势。四是要符合控制规律,保持适当的指挥跨度。

3. 作战方法

作战方法是决策必须回答的重要内容。作战方法的选择是否得当,对作战的效果影响很大。要想充分发挥作战力量的效能,以小的代价完成作战任务,必须讲究作战方法的选择与运用。

作战方法主要是指战法,但它又不限于战法范畴,内容十分丰富。指挥者在确定作战方法时,要着眼以下几点:利于实现作战目标;利于以劣胜优;利于充分发挥自己的作战潜能;利于改变敌对双方之间的力量差、时间差、空间差。

4. 保障措施

作战行动的保障,对于作战的顺利进行十分重要。保障可分为作战保障、后勤保障、技术保障,其中作战保障又包括侦察保障、通信保障、火力保障、工程保障、防化保障、警戒保障、运动保障等。

7.1.2 指挥决策的程序

指挥决策是一个过程,具有内在的程序性。决策者只有按照科学的决策程序进行,才能使决策活动有条不紊地进行,从而提高决策的时效和质量。决策程序由以下4个步骤组成。

1. 确定决策目标

决策目标不同于作战目标。它是指挥者在做出决策时的基本着眼点,是评价决策优劣的宏观标准。对一个决策做出评价,可以有多个标准。以进攻作战为例,从歼灭敌人数量的角度,可以做出这样的评价,从恢复失地的角度,又可以做出那样的评价。以歼灭敌人数量为决策着眼点,还是以恢复失地为决策着眼点,直接影响到决策方案的提出和最后的决断。如果不首先把决策目标确定下来,决策就没有正确的方向。所以,决策目标是决策时必须首先加以确定的。

由于作战指挥所要考虑的因素很多,既要考虑到对敌人的打击,又要考虑到自己的伤亡,还要考虑到尔后的战场态势,甚至考虑到对政治、外交的影响。因此,决策目标可以是一个,也可以是多个。前者为单目标决策,后者为多目标决策。

2. 拟订各种被选方案

拟订方案主要是寻找达到目标的有效途径。拟订方案的原则有两条。

(1) 整体详尽性。整体详尽性是指所拟定的全部备选方案应当包括所有可能方案,即不要漏掉某些可能的方案。

(2) 相互排斥性。相互排斥性是指不同的备择方案之间相互排斥,执行了甲方案就不能同时执行乙方案。

拟订方案是在确定决策目标之后,根据预想的敌情和应采取的对策草拟而成的,它是对作战进程与打法的设想,是形成决心的蓝本。方案的内容主要是指作战目标、行动方法和保障等。其中作战目标的确定是重中之重,一定要慎之又慎,不可草率。为了正确地提出作战目标,决策者应注意以下几点。

(1) 由于作战目标具有从属性,所确定的目标一定要符合上级意图。众所周知,除了战略目标是由国家最高决策者确定外,战役作战目标,大都受上级总意图的制约,从而使战役作战目标带有从属性。因此,决策者在确定作战目标时,一定要弄清上级的作战意图,根据上级的作战意图,确定本级的作战目标,做到局部服从全局。

(2) 由于作战目标具有明确的目的性,确定目标时一定要量力而行。特别是对付装备精良之敌,确定的目标不可过高。一般说来,所确定的作战目标应留有余地,以便有实现的把握。这对激励士气,树立信心,连战连捷,都大有益处。

(3) 由于作战目标具有显著的客观性,宜由环境确定目标。因为从政治环境中可以看出人心之向背;从经济环境中可以看出实力之强弱;从自然环境中可以看出天时地利之归属;所以,由环境确定目标,才便于从客观实际出发,少犯主观片面性的错误。

作战目标确定以后,力量的使用和行动的方法要综合考虑,最后考虑保障措施。由于作战规模大小不一,决策方案的详简程度也不一样。归纳起来,主要有以下三种。

第一种是简要提出数个方案,每案只说明概略打法及主要理由,供决策者决断。

第二种比第一种详细得多,不仅提出几个方案,而且每案都说明战役的目的,兵力使用的重点方向或地区,主要战法与利弊条件,有时还说明在作战中遇到不同情况时的处置措施。

第三种形式的内容接近完整的作战方案,包括敌人的企图和可能的行动,己方作战目标和基本打法,各部队的任务与行动方式,主要保障措施,指挥组织等。

以上三种形式中,只要时间允许,应尽量使用第三种形式,即使决策方案的内容应尽量详细一些,以便对其进行分析评估。

3. 评估优选方案

备选方案形成以后,决策者要通过评估优选,从各种方案中选出一个较为理想的方案作为行动案。

为了选出理想的决策方案,决策者要注意以下两点。

首先,要有衡量优劣的统一标准。好的方案,需具备5条标准。

(1) 成功率高。制约成功率的主要因素有4种,即己方综合作战能力、敌方综合作战能力、地利条件、天时条件。一般说来,成功率与己方综合能力成正比,与敌方综合作战能力成反比。在敌我综合作战能力未变的情况下,我所占天时、地利系数越大,成功率越高,反之越低。在天时、地利系数不变的情况下,越便于发挥我综合作战能力,越便于抑制敌综合作战能力,成功率越高,反之越低。

(2) 作战效益好。作战效益通常与作战效能(己方作战潜能的发挥程度与效率)、作战中人财物的获取量成正比,而与人财物耗损量成反比。一般说来,在作战效能无法改变的情况下,战中耗费越少、获取越多的方案越好;在获取量有限有情况下,作战效能越高、耗费越低的方案越好;在耗费可以控制在一定数额内的情况下,作战效能与获取量越大的方案越好。

(3) 风险度小。作战方案风险度的大小,不仅与这个方案成功的把握性之大小有关,而且与作战中己方投入与所取之比值有关。一般说来,在投入相同的情况下,成功率越高、获取量越大的方案风险度越小;在获取量与投入量比值不变的情况下,成功率越高的方案风险度越小;在成功率或获取量为零的情况下,表明此作战方案无意义,不应列入备选方案之列。

（4）应变性强。关于应变性强弱的衡量方法，现在还没有找到一个科学的公式。从实践检验的结果看，哪个作战方案预想的敌情准确度越高，对策越缜密，对作战环境越适应，它的应变性就越强；反之，作战目标强度越大，兵力使用的局限性越大，弹性越小，方案应变性就越差。

（5）实施难度低。作战方案实施难度的大小，是受多个因素制约的。实践证明，一个作战方案的目标期望值越高，实现作战目标的能力越弱，实施该方案的难度就越大，相比而言该方案也就越差；一个作战方案的作战环境限制因素越多、越大，而改造这些作战环境的能力越低，实现该作战方案的难度就越大；同样，在某个作战方案中，敌方的作战潜能发挥得越好，己方作战潜能发挥越差，此方案实施难度也就越大。

通过上述分析不难看出，评估方案优劣的诸项因素中，有的现在可以量化，有的将来可以量化，有的恐怕永远不能量化。可以量化与不可以量化的东西，是不可比的，因此，不能奢望立即找到一些公式，来求出成功率、作战效益、风险度、应变性、实施难度的大小。但随着科学的发展，人们总会找到一些切实可行的方法来解决这些问题的。

其次，要采取多种优选方法。在明确了衡量诸方案好与坏的标准之后，应采取不同的衡量方法，综合分析比较，尔后决定对各种方案的取舍。常用的优选方法有以下几种。

（1）经验识别法。该方法主要是采取直觉判断方式。决策者常以存储在自己记忆中的经验与教训，作为尺度，然后用它去衡量诸方案的优劣，决定取舍。这种方法来得快，不易贻误战机，但科学性差，有时难以冲破思维定式的束缚，易带主观随意性。

（2）标准评估法。标准评估法是指将前面提及的5条优选标准尽量量化，使决策者有一定可比的参照值，然后将诸方案中的对应项一一进行分析比较，并将比较的结果综合起来，根据综合标准利弊值的大小，将诸方案依次排队，分出优劣。此法虽然耗时长些，但能把定量、定性分析方法有机地结合起来，使优选的结果更准确可信。

（3）计算机模拟法。该方法是指通过计算机模拟来判别诸方案的优劣，常用方法有3种。其一是对抗比较法。即将诸方案中敌对双方可能采取的行动和对策，按作战的程序输入到计算机中，尔后进行机上对抗，根据对抗的结果，比较各个作战方案的好坏。这是计算机模拟的最理想方法。但由于敌对双方有许多难以量化的因素，加上软件程序编制与建模上也有许多技术难题尚未解决，使得此法的研究、开发和实际应用，都需要一定的时间。其二是对应项比较法。即将诸作战方案的对应项尽量量化，并将量化的诸项一一对应，尔后通过计算、分析、比较、择优汰劣，评出最佳方案。其三是人-机结合评估法。即将诸作战方案中可以量化的项，先逐一对应，由计算机分析比较。不能量化且计算机也不能分析比较的诸项，则由决策者定性分析。而后，将计算机模拟结果和人工分析结果合并，逐案进行综合分析比较，权衡优劣，选出最佳方案。

4. 方案执行

在各种被选方案按优劣排好顺序后，决策者应进行最后决断，决定哪一方案为首选方案，哪一方案为备用方案。在通常情况下，最佳方案都应为首选方案。但在战场透明度愈来愈高的情况下，往往己方所选的最佳方案，正是对方预有准备的方案。此时就不应抱着最佳方案不放，而应坚决舍弃最佳方案，把良好方案或可行方案作为首选方案。

选定要执行的方案后，就要实施该方案，这是决策程序的最终阶段。在实施的过程中可能会发生偏离目标的情况。因此，加强反馈工作，要有一套追踪检查的办法，即制定规章制度、用规章制度来衡量执行情况、随时纠正偏差。

7.1.3 防空反导作战指挥决策

1. 防空反导作战指挥中的决策活动

防空反导的任务是防备、抵御敌方的空中入侵，保障国家要地、军队和重要物体的对空安全。防空反导作战使用的武器系统主要包括歼击机、地空导弹、高射炮等，这些防空反导武器系统主要用来拦截各种航空器、导弹等空袭兵器。

随着科学技术的发展，特别是高技术的应用，各种空袭兵器的速度是越来越快、空袭密度越来越大、低空突防的高度越来越低；各种防空反导武器越来越复杂，控制难度越来越大。这些对防空反导作战指挥提出了更高的要求，要求指挥员实时做出决策，并保证决策的科学性。为满足这一要求，必须借助计算机、人工智能等新技术辅助指挥员进行决策。

要进行决策，首先应大量收集敌、我双方和环境等各种情报，对于防空反导作战指挥而言，最重要的是收集、处理各种雷达情报。雷达情报经过3次处理后，获得关于目标的综合航迹信息，这些信息通过通信系统被送到指挥中心。在指挥中心，指挥员根据综合的航迹信息和其他敌、我双方的情报，并借助计算机的辅助决策功能，完成目标识别、威胁估计、诸元计算、目标分配等任务。

2. 空袭兵器及空袭特点

空袭兵器可分为空宇突袭兵器和空气动力空袭兵器。空宇突袭兵器包括弹道导弹、宇航器、飞艇、气球等，用于摧毁军事、经济潜力目标，破坏指挥系统，夺取制空权；空气动力兵器包括轰炸机、攻击机、歼击机、反潜机、无人机和巡航导弹等。

1）轰炸机

轰炸机是专门用来对地面、水面（水下）目标实施轰炸的飞机。轰炸机分为重型战略轰炸机、中型战略轰炸机和轻型（战术）轰炸机。

重型战略轰炸机，航程远（达18000km），能在高、中、低空活动，可载弹30余t，配有可摧毁目标和防空反导系统的各种武器、侦察设备和电子战用的各种电子对抗设备，这种飞机主要用于核战争和局部战争。

中型战略轰炸机，依其活动半径大小，可摧毁2000~4000km的目标。为增大航程，这种轰炸机可在空中进行补充加油。该型飞机有多种载弹方案，如可载核弹、普通炸弹、空地导弹、施放积极干扰和消极干扰的装置。导航设备可保证轰炸机低空飞行。这种飞机用来执行核战争和局部战争的各项任务。

轻型（战术）轰炸机，装备的武器有普通炸弹、核弹、导弹、火箭弹，以及电子对抗设备和侦察仪器，用来攻击战役战术纵深内的目标。

2）攻击机

攻击机又称为强击机，主要是用于从低空、超低空突击敌战术和接近战役纵深内的小型目标，直接支援地面部队（水面舰艇部队）作战的飞机。攻击机低空性能好，并配备较多的对地攻击武器。

目前，随着航空科学技术的发展，歼击机也被赋予对地攻击的能力，有的歼击机则改装成为对空地两用的战斗机。此外，武装直升在近距对地攻击中发挥越来越大的作用。

3）反潜机

反潜机主要用来搜索和攻击敌方的潜艇。这种飞机具有视野很好的观察窗,以便观察海面上潜艇的踪迹。岸基反潜机的最大起飞质量为40~80t,它们一般以600~900km/h的速度迅速到达作战海域,然后沿海面以低空、300km/h左右的低速进行巡航搜索,活动半径达数千公里,留空时间一般都在10h以上。

4）无人机

无人机是指由遥控设备或自备程序控制装置操纵的不载人的飞机,它用地面发射架和飞机均能发射。这种飞机可用来对防空反导体系的雷达施放无线电干扰,进行空中侦察以及对目标实施突击和制造复杂的空中情况。

5）巡航导弹

巡航导弹是指依靠喷气发动机的推力和弹翼的升力,主要以巡航速度在大气层内飞行的飞航式导弹。它可从车辆、飞机或潜艇上发射。巡航导弹飞行高度低,低空突防能力强;命中精度高,威力大;射程远,战略巡航导弹达到数千公里,战术巡航导弹也可达几十至数百公里。

随着技术的进步,飞机速度越来越高,机载武器越来越先进,巡航导弹和战术弹道导弹大量使用,当今及未来空袭威胁的主要特点如下。

（1）远程奔袭、低空和超低空突袭。为了增加战争的突然性,进攻方往往使用远程轰炸机和空中加油的方法,进行远程奔袭;为了尽可能长时间避开防御方的探测,进攻者实施低空或超低空逼近,使防御方措手不及。

（2）多批多方向空袭。随着空袭兵器性能的提高,采用全方位、全空域、大密度、高强度空袭作为空袭作战的一种典型形式。这种饱和型空袭,使防御方火力分散,增大指挥抗击难度,减少进攻方自身的损失。

（3）使用精确制导武器进行远距离打击。空地导弹、巡航导弹和激光制导炸弹等精确制导武器在现代空袭中大量使用,成为空袭作战的主攻火力,实现了所谓“外科手术式”的精确打击,这些武器往往可以在防区外发射,进行远距离打击。

（4）空袭与电子战相结合。空袭的同时伴随着电子战手段,如电子侦察与反侦察、电子干扰、电子隐身与电子摧毁等,另外,各种以削弱或摧毁防空反导武器及其指挥系统为作战目标的高技术兵器也被广泛采用。

3. 防空反导武器及其协同

防空反导作战使用的武器包括具有不同结构和火力的各种类型的歼击机、地空导弹和高炮。

1）歼击机

歼击机主要用来歼灭空中敌机和飞航式空袭兵器,又称为战斗机。机上装备有空空导弹和火炮,以及搜索空中目标、瞄准和控制武器的机载雷达系统,指挥和引导设备。在防空反导系统中,它主要用于击毁距保卫目标远的空袭目标。在这种情况下,歼击机可能以单机和编队进行活动。

歼击机射击空袭目标,需要地面指挥引导系统进行保障,即引导歼击机进入与空袭目标相遇。引导歼击机进入与空中目标相遇的必要条件是不间断地或间断地指挥歼击机的飞行,方法是给飞行员发出相应的指令,这些指令是根据有关歼击机和目标的实时位置及其相对运动的运动特性曲线信息产生的。

歼击机为了有效地遂行歼灭空中目标的战斗任务,它必须具有一系列性能,因而,在设计和构造时对它提出某些战术、技术要求。战术要求包括战斗准备程度、飞行的速度和高度、机动性、航程和续航时间、起飞着陆性能,以及武器系统、设备、行动的自主性等;技术要求包括结构、发动机、部件和设备的强度、硬度、可靠性和寿命等。不同类型的歼击机,其战术技术性能是不同的。

2) 地空导弹武器系统

地空导弹武器系统是指地空导弹和保证射击诸元准备、发射、将导弹导向目标并杀伤目标的设备和装置的综合体。据此,地空导弹武器系统应包括目标探测和跟踪装置、指令形成和传输装置、发射装置(发射架)和将战斗装药送至目标的导弹。

地空导弹武器系统的技术基础是地空导弹的制导系统。所谓制导系统,是指导弹飞向目标时用以控制导弹运动的全套装置。制导系统有多种多样,它的差异不是看它使用什么技术,而是看它观测设备放在哪里,观测设备放在地面上(也就是观测点在地上),称为遥控制导系统;观测设备在导弹上,称为寻的制导系统。遥控制导又分为指令制导和波束制导;寻的制导又分为主动寻的制导、被动寻的制导和半主动寻的制导。

地空导弹武器系统作战时,一般由目标指示雷达或指挥信息系统提供粗略的目标信息,制导雷达据此对目标进行精确的跟踪与测量,同时计算目标的射击参数,当满足射击条件时,控制发射系统发射导弹。导弹升空后由制导雷达截获并跟踪,同时制导雷达根据目标、导弹坐标计算对导弹的控制指令,并以无线电指令的形式发往导弹,控制导弹飞向目标并与目标遭遇,当导弹与目标遭遇时,战斗部起爆。在主动雷达寻的制导或被动红外寻的制导时,导弹根据目标反射的雷达信号或红外辐射完成对目标的瞄准,不需要地面雷达的控制。

3) 高炮武器系统

高炮武器系统主要由火力系统、火力控制系统和保障系统三大部分组成。

高炮的用途是用弹头杀伤给定高度和速度范围内的空中目标,如飞机、巡航导弹、直升机和伞降目标,在现代防空反导系统中,高炮作为杀伤低空目标的一种武器,防御低空目标对己方航空兵基地、机场、弹药库、油库、桥梁、指挥所和其他地面目标的攻击。

高炮武器的作战工作过程是由火控系统收集、分析、处理来自上级、友邻和下级的各类情报,搜索、识别、跟踪目标,进行目标识别和火力分配,连续测量多批目标的坐标,计算射击诸元,并将其中一批目标的射击诸元不断地传递给火炮的随动装置,随动装置驱动并控制火炮跟踪瞄准,适时射击。

为了充分发挥以上各种防空反导武器的整体效能,它们必须进行协同。防空反导武器的协同是指协调一致地使用各种兵器,以获取共同作战空域的最好效果;为每种兵器提供最大限度的自由,保证己方飞机在高射兵器火力范围内的安全。防空反导武器之间的协同方法,常以区分空域和方向协同为主,区分目标协同和区分高度协同为辅。

(1) 按区分空域协同。按区分空域协同是指将共同作战空域划分成一定的小空域,各种防空反导兵器分别负责歼灭在自己的作战空域内的目标(图 7-1),划分空域时,应根据兵器装备的战术技术性能和战斗部署的情况,以保卫目标为中心,按高射炮、地空导弹、歼击机的顺序由内向外地划分。

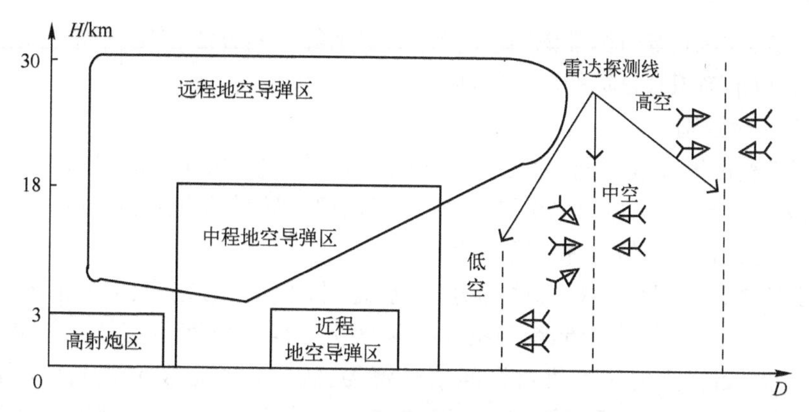

图7-1　按区分空域协同示意图

当按空域协同时,歼击机不进入地空导弹的发射区,一般在地空导弹发射阵地外 $r$km 完全退出战斗,以免地空导弹误伤我机。但是,当歼击机处于优势地位确有把握歼灭敌机时,或者当某一方向上的地空导弹兵器由于特殊原因(如导弹用完、兵器故障、遭受严重干扰等)无法射击时,经指挥系统协调后,歼击机可以进入地空导弹的作战空域。

(2) 按区分方向协同。按区分方向协同是指当地空导弹兵器对保卫目标因兵器数量少或受地形条件限制而不能构成环形部署时,给地空导弹和歼击机分别规定作战方向。

(3) 按区分目标协同。按区分目标协同是指歼击机和地空导弹在同一个空域内共同作战,分别负责歼灭不同批次或不同性质的空中目标。这种协同方法,通常在敌人以多批多方向连续入侵,地空导弹不能全歼进入自己作战空域内的空中目标时采用。

按区分目标协同,组织配合比较复杂,为了既不贻误战机,又不误伤我机,充分发挥整体威力,必须具有极为精确的指挥保障,保证无差错地识别我机与敌机。

(4) 按区分高度协同。按区分高度协同是指歼击机与地空导弹在同一空域内分别负责歼灭不同高度的目标。高度的划分,应根据装备的歼击机和地空导弹的作战性能来确定。

7.2　目 标 识 别

目标识别是对目标的属性进行分类,也就是对目标身份进行估计。目标识别包括区分真假、敌我、机型等几个方面。目标真假的识别,是指区分目标是飞行器,还是地物、云团、鸟群等干扰;目标敌我属性的识别是对目标的国家属性进行判别,即分清目标是敌机、我机、友机还是不明机;目标机型的识别主要是查清飞行器的类型,如飞机、导弹等,假如是飞机,最好能分清是轰炸机、歼击机、直升机等类型。

目标识别是防空反导作战中非常重要而且复杂的任务,贯穿作战的全过程,不同的传感器、不同的目标、不同的应用环境,就有不同的识别方法。目标真假的识别属于目标检测范畴,是一次处理的内容,不在本节讨论范围之内;本节主要介绍敌我识别和机型识别。

7.2.1　敌我属性识别

敌我属性识别是目标识别中最重要的,也是首先应解决的问题。对目标敌我属性的识别有二次雷达识别、专门标准识别、飞行计划识别等不同方法，实践中常将这些方法加以综合利用，以准确识别目标的敌我属性。

1. 二次雷达识别

早在第二次世界大战期间，就已有了敌我识别系统(Identification Friend or Foe System)，简记为IFF系统，也称为二次雷达，它是用以识别被雷达发现的目标敌我属性的电子技术装备，是识别敌我的一种重要手段。

二次雷达由询问机和应答机两部分组成，通过问与答的方式，获得目标的识别信息。当雷达发现目标后，即控制询问机向目标发出一组密码询问信号。如果属于我方(或友方)目标，目标上的应答机对询问信号解码，然后自动地发回密码应答信号。询问机对应答信号进行解码后，输出一个识别信号给雷达显示器，与该目标回波一起显示出来，从而确认为我方目标。如属敌方目标或非合作目标(指没有安装本系统应答机的目标)，则解不出密码，雷达显示器上只有目标回波而没有识别信号，据此就判为不是我方目标，如图7-2所示。

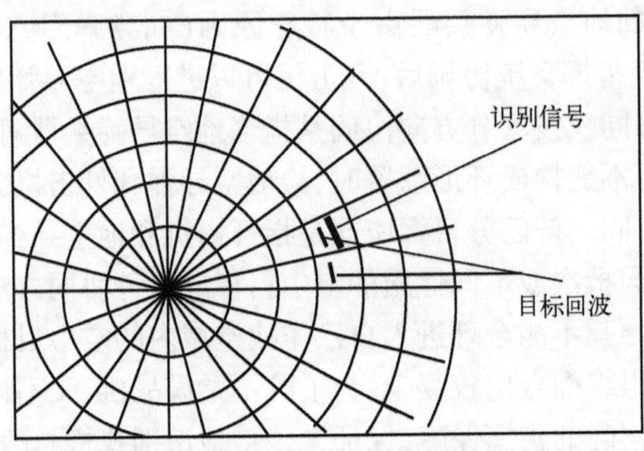

图7-2 雷达显示器上识别信号示意图

现代的二次雷达，地面询问站的标准频率是1030MHz，应答机的标准频率是1090MHz，所以地面接收站的工作频率也是1090MHz。由于发射和接收使用两个不同的载波频率，因此不存在杂波的干扰，这是二次雷达和一次雷达相比一个突出的优点。

询问信号由一个对脉冲(P_1,P_3)组成，工作的模式不同，P_1和P_3的时间间隔不同，如表7-1所列。其中模式D是供民用的备用询问信号，模式C是高度询问信号，其他的都是识别模式。通常，二次雷达交替地用识别模式和测高模式进行询问，所以地面上得到的目标批号数据和高度数据的比例是1:1。

表7-1 询问工作的模式

模式	脉冲间隔/μs	应用
1	3.0±0.1	军用识别
2	5.0±0.2	军用识别
3/A	8.0±0.2	军民合用识别
B	17.0±0.2	民用识别
C	21.0±0.2	测高(军民合用)
D	25.0±0.2	民用识别(备用)

飞机上的应答信号由两个相隔20.3μs的框架脉冲F_1和F_2以及12个码元脉冲组成，另外还有一个脉冲X，通常情况下是不用的。每个应答脉冲之间的间隔是1.45μs。12个码元脉冲分成A、B、C、D 4组，每组有3个脉冲。应答脉冲的时序关系如图7-3所示。实际使用时，除了框架脉冲F_1和F_2一定要有以外，其他位置上有没有脉冲，要按应答码来决定。A、B、C、D这4组码都以二进制加权，如$A_1=1$，$A_2=2$，$A_4=4$；其他依此类推。如果某一飞机的批号是1357，则码元脉冲的分配情况如下：

$A=1,(A_1=1,A_2=0,A_4=0)$

$B=3,(B_1=1,B_2=1,B_4=0)$

$C=5,(C_1=1,C_2=0,C_4=1)$

$D=7,(D_1=1,D_2=1,D_4=1)$

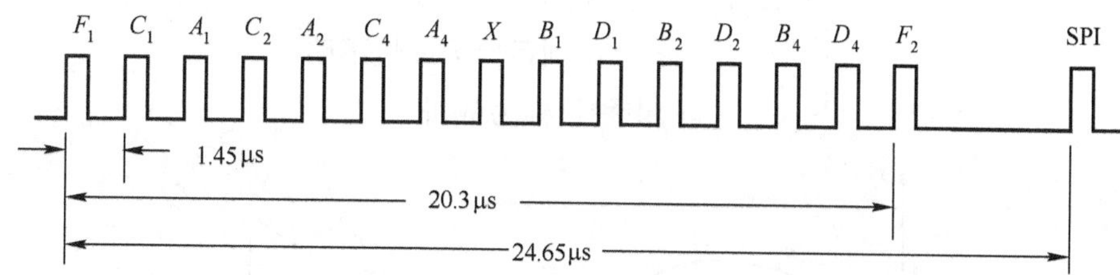

图7-3　应答脉冲的时序关系

1表示有脉冲，0表示没有脉冲。由于码元总共有12个，每个码元有1和0两种可能的取法，所以总共有$2^{12}=4096$种不同的码子可供使用。图7-3中在F_2以后4.35μs处的SPI脉冲，称为特殊识别码，一般情况下是不用的。如果有两架飞机回答的码相同时，调度人员分不清楚，这时，他可以选择其中一架飞机，要求要原来回答的识别码之外，还要加上特殊的识别码SPI，以示区别。码元X通常取0值，是备用的，必要时，用它传递特殊的信息。此外，还有3种特殊的码：

(1) 7700，表示飞机出现故障，危急求救；

(2) 7600，表示无线电通信出现故障；

(3) 3100，表示飞机被劫持。

由于二次雷达采用有源问答的工作原理，因此能用较小的发射功率获得较远的作用距离，并且不受目标反射面积大小的影响。询问信号和应答信号采用两种不同的频率传输，避免了地物、海浪和云雨等杂波所产生的干扰。此外，还能传输目标的呼救信号、编号和高度数据等其他信息。由于还能利用应答信号探测和跟踪我方目标，所以敌我识别系统也称为二次雷达或雷达信标，但它不能探测非合作目标。

2. 专门标准识别

根据各种属性目标的活动位置及规律而确定的识别方法，称为专门标准识别。使用专门标准自动识别目标属性有3种方法：飞行活动区域识别，指定飞行区域识别，空中走廊识别。

1) 飞行活动区域识别

飞行活动区域识别，是指根据地理位置及相邻国家的飞机经常活动范围进行目标属性识别的一种方法。对一个领土辽阔的国家，相邻的有友好国家，也有敌对国家。正常情况下，各国的军用飞机均在各自的领土和领海(或公海)上空飞行。于是，若雷达发现的目标出现在友好国家领土或领海上空,该目标可识别为友机;若目标出现敌对国家领土或领海上空,可识别为敌机;若目标出现在公海或边境线上空,可识别为属性不明。

采用目标飞行活动区域识别方法时,首先要根据不同属性目标平时的活动规律,确定识别区域范围;然后根据识别区域在统一直角坐标系中的位置,确定识别坐标数据存入计算机。

例如,某一防空反导指挥信息系统进行飞行活动区域识别的区域设置如图 7-4 所示。根据该地区相邻国家的情况及目标活动规律,在图中给出了敌机活动区域、属性不明(这里指敌机或友机)区域和友机活动区域。根据上述给定区域在雷达情报统一直角坐标系中的位置(图中已标出),若雷发现目标坐标位置为 x、y,可用下式识别该目标的属性,即

$$\begin{cases} x_1<x, y_2<y<y_1, \text{识别目标为友机} \\ x_2<x, y_3<y<y_2, \text{识别目标为属性不明} \\ x_4<x, y_4>y, \text{识别目标为敌机} \end{cases} \tag{7-1}$$

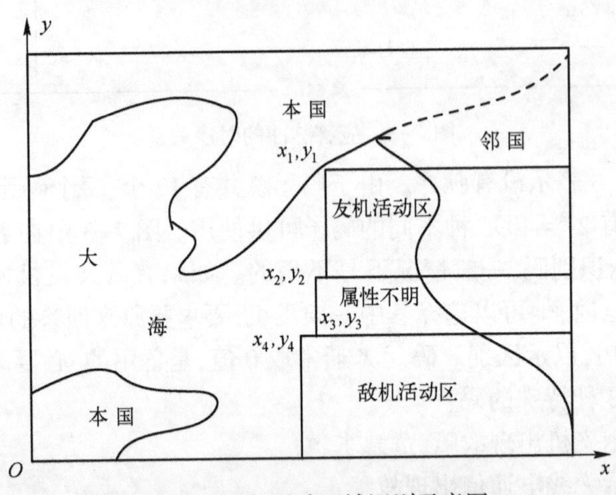

图 7-4 飞行活动区域识别示意图

2) 指定飞行区域识别

指定飞行区域识别是根据我机训练空域进行目标识别的一种方法。平时,我机常在指定飞行区域中训练。所谓指定飞行区域,是指在 x 和 y 方向上排列的边长为一定长度的正方柱形或长方柱形区域,它在水平面上的投影一般为一正方形或长方形,如图 7-5 所示。每个指定飞行区域有指定的上、下高度限,并且有指定的飞行和停止飞行时间。

假如一条航迹和一个指定飞行区域相关,就暂时假定此航迹为“我”。若该条航迹在一特定时间内(此时间为一常数,其大小与区域的边长和目标飞行速度有关,该常数对所有相关航迹都一样)继续和同一指定飞行区域相关,则该条航迹自动识别为“我”。

有的指定飞行区域,除指定高度范围和活动时间外,还指定目标进入指定飞行区域的方向和最大飞行速度。因此,利用方向、高度和速度选择能够提供在指定飞行区域内自动识别目标属性的方法。例如,图 7-5 所示的 2 号指定飞行区域,从图中可以看出,这一指定区域为一矩形区域,它由(x_{21},y_{21})、(x_{22},y_{21})、(x_{22},y_{22})、(x_{21},y_{22})4 点的连线所构成。在这一指定区域内,假定我机的飞行数据为:起止飞行时间分别是 T_{21} 和 T_{22};飞行高度的

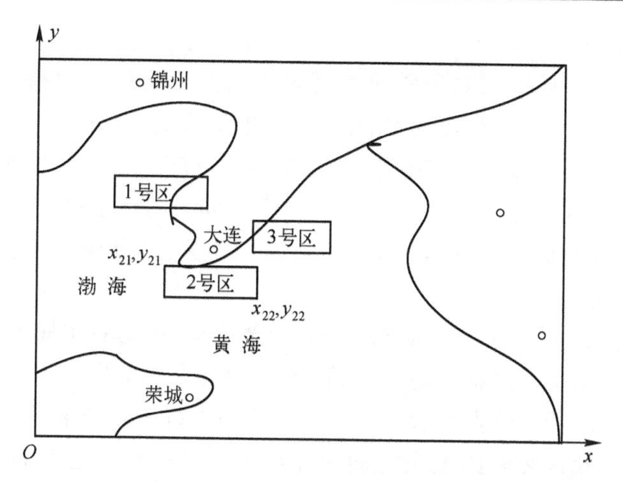

图 7-5　指定飞机区域识别示意图

上下限分别是 H_{21} 和 H_{22}，飞行速度是 v_{21} 和 v_{22}，目标从西方进入。若雷达发现一批目标航迹的各不同时刻的坐标位置分别为 (x_1,y_1,t_1)、(x_2,y_2,t_2)、…、(x_n,y_n,t_n)，高度为 H，速度为 v 那么对于这批目标与 2 号指定飞行区域进行比较时，为了提高识别速度，可按分步识别方法进行。

首先进行位置相关，若目标飞行的航迹在该指定飞行区域之内，即

$$\begin{cases} x_{21}<x_i<x_{22} \\ y_{22}<y_i<y_{21} \end{cases} \tag{7-2}$$

式中：$i=1,2,\cdots,j$，(x_i,y_i) 表示目标航迹的第 i 点坐标位置，在进行位置相关时，要从目标航迹第一点坐标至第 $j(j<n)$ 点坐标依次判定，每点都满足式(7-2)要求时，才认为该批目标满足位置相关。j 的大小，与该指定区域时间常数 Δt_2 有关，通常要求 $t_j-t_i \geqslant \Delta t_2$。例如，若 $t_4-t_1 \geqslant \Delta t_2$ 时，只要该批目标航迹的前四点坐标位置满足式(7-2)要求，就可认为位置相关。

当一批目标航迹位置相关的条件满足后，再进行时间相关。所谓时间相关，就是判目标在指定飞行区域活动的时间是否在起止飞行时间之内，即

$$T_{21}<t_i<T_{22},\quad i=1,2,\cdots,j \tag{7-3}$$

若该批目标飞行时间满足式(7-3)要求，就认为时间相关；否则，识别该批目标为属性不明或敌机。

在一批目标航迹的时间相关条件满足后，最后进行目标飞行高度、速度和进入方向的相关，即

$$\begin{cases} H_{21}<H<H_{22} \\ v_{21}<v<v_{22} \\ x_{i+1}-x_i>0, i=1,2,\cdots,j \end{cases} \tag{7-4}$$

若该批目标的飞行高度、速度和进入方向满足式(7-4)要求，可将该批目标识别为“我”；否则，识别为属性不明或敌机。在实际应用式(7-4)时，对目标的高度和速度识别应考虑测量误差和计算误差；对目标进入方向的判别即可用式中简易判别法，也可通过计算目标的飞行航向进行判别。

3）空中走廊识别

空中走廊是指某一地区来往民航机及转场飞机必经空域。它是一个长矩形箱状空域，在水平面上的投影为一长宽比较大的矩形，标准宽度为10km以上；它有上下高度限，同时有活动和停止时间。每一个空中走廊，都是由飞过该走廊飞机的飞行诸元确定的。

完全在空中走廊误差范围内并且按空中走廊方向飞行的航迹，暂时识别为“我”，假如在指定时间内这些目标航迹继续和同一空中走廊相关，就自动识别这些航迹为“我”。

3. 飞行计划识别

飞行计划是指预先或临时确定的有关飞机（含民航、转场的作战飞机等）的飞行航线和飞行诸元（含目标的飞行航向、速度、高度、时间等参数）的总和，对雷达发现目标航迹与飞行计划进行比较，若雷达发现的目标航迹位置和飞行诸元与某一飞行计划完全相关，可判为我机或友机（指国际航路上飞行的国际航班），这一识别过程称为飞行计划识别。飞行计划识别是目标识别最常用的一种方法。

1）飞行计划

飞行计划包括飞行预报和飞报。飞行预报是预先（提前几小时或几十小时）制定的飞行计划；飞报是临时制定的飞行计划或已起飞后目标的飞行通报。无论预报或飞报，对于每一批目标的飞行计划通常由以下几项内容构成。

P：批号或机号××××（×）。

JN：机型架数D/×、××架。

T：起飞时间××日××时××分。

v：飞行速度×××km/h。

H：飞行高度×××（百米）。

Q：起始坐标××××××（方格）。

Z：终止坐标××××××（方格）。

但必须指出，随着每一批目标飞行航线长短不同，飞行计划的内容长短也不尽相同。对于短途飞行的飞机，由于飞机起飞到降落机场前，通常是按一定的速度、高度和航向飞行，其飞行计划内容仅为上述的内容。对于长途飞行的飞机，飞机从起飞至降落机场前，途中要飞过几个必经地点的上空，这些必经地点的连线，不是一条直线，而是一条折线。在每一条直线上，有时目标的飞行高度、速度、航向也不相同。如图7-6所示的一批从烟台至沈阳的飞机，飞行途中必须经大连和鞍山，而在每一条直线上飞行诸元是不同的。因此，对于这种类型的飞行计划内容的长短是不同的。图7-6所示的一批目标的飞行计划的内容为P、JN、T、v_1、H_1、Q_1、v_2、H_2、Q_2、v_3、H_3、Q_3、Z。

2）飞行计划相关

飞行计划相关是指将雷达掌握的目标航迹与预先存入计算机内的己方飞行计划进行比较，若目标飞行航迹与飞行计划相符，识别为“我”。为了使相关简单起见，飞行计划相关过程可分为两步：首先进行粗相关，然后进行细相关。

粗相关是指根据飞行计划预测位置产生一个相关框，并将目标航迹的当前点位置与飞行计划预测位置进行比较，只要目标航迹的当前点落在此相关框内，就认为目标航迹在位置上与飞行计划相关。相关框的形状如图7-7所示，它是一个长方形，其边长与飞行计划所指目标的行进方向平行，短边与行进方向成正交，Δa和Δb为相关框的尺寸。Δa

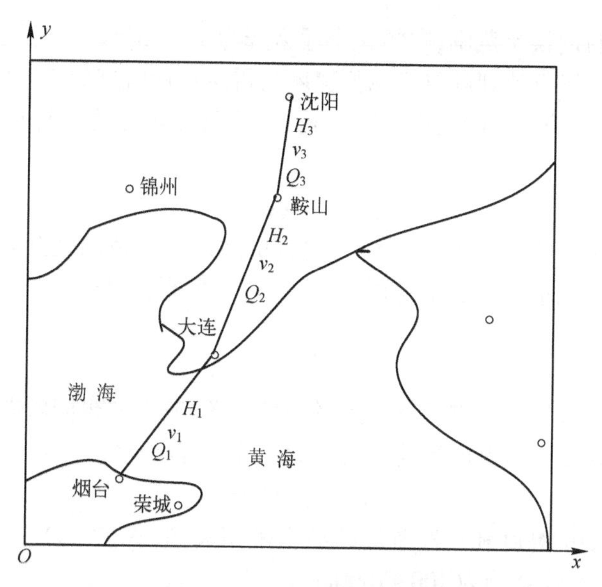

图7-6 飞机计划识别示意图

的大小主要与目标速度和预测时间有关。通常，飞机不是按飞行计划准时起飞，有时可能超前几分钟，有时可能迟后几分钟，因此，在确定 Δa 的尺寸时，要重点考虑这一因素。一般情况下，超前和迟后时间选择5～10min。Δb 的大小主要与目标偏离飞行航线多少和雷达测量误差等因素有关。通常情况下，Δb 的尺寸为5～10km。另外，在确定相关框尺寸时，还应考虑这种情况：如果未掌握该批飞行计划目标的位置（如按起飞时间推算得出预测位置），相关框尺寸应该大一些；如已具体掌握该批计划飞机位置（如从其他雷达系统或自动化飞行管制系统引入），相关框尺寸可以相对小一些。

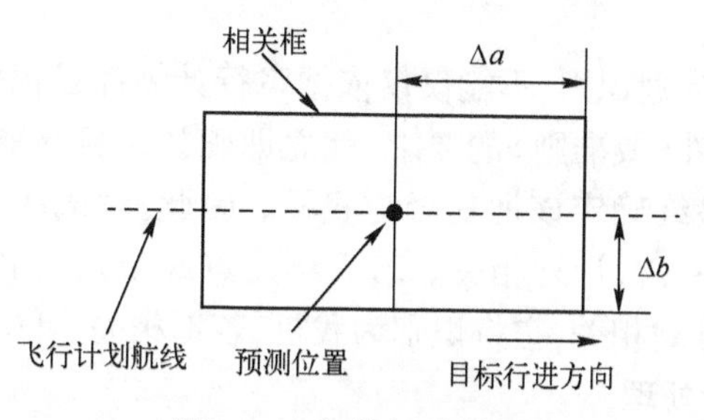

图7-7 相关框示意图

所有通过粗相关验证的航迹（指落在相关框内的目标航迹），进行进一步细相关验证。所谓细相关，就是将落在相关框内的每一批目标航迹的航向、高度、速度、机型架数依次与飞行计划进行比较，测试目标航迹是否在允许相关误差范围内。

（1）航向相关。从图7-7中可以看出，按飞行计划飞行的飞机的航向是可以预测的，若雷达掌握的一批目标航迹的航向是在飞行计划的预测航向的允许误差范围内，就认为航向相同，或者说是航向相关的。设飞行计划的预测航向为 K_A，雷达发现的一批目标航迹的航向为 K_B，于是，测试航向相关的条件为

$$|K_B-K_A| \leqslant \Delta K \tag{7-5}$$

式中：ΔK 为允许的航向误差范围，它的大小通常选为 15°~30°。

(2) 速度相关。飞行计划的目标飞行速度与雷达目标航迹的速度相关和航向相关方法相似，即设飞行计划的飞机的当前速度为 v_A，雷达目标航迹的当前速度为 v_B，如果满足条件

$$|v_B - v_A| \leqslant \Delta v \tag{7-6}$$

就可以认为速度相关。式(7-6)中的 Δv 为允许的速度误差范围，它的大小通常选为 150~300km/h。由于 v_B 是估算得到的，有时 Δv 可通过计算得到，即

$$\Delta v = \frac{1}{2} v_B \tag{7-7}$$

(3) 高度相关。飞行计划与目标航迹的高度相关，其方法也同航向相关相似，即设飞行计划的高度为 H_A，目标航迹的当前高度为 H_B，若能满足条件

$$|H_B - H_A| \leqslant \Delta H \tag{7-8}$$

就可以认为飞行计划的高度和目标航迹的高度是相关的，式(7-8)中的 ΔH 为允许的高度误差范围，它的大小通常选为 100~1000m。

(4) 性质相关。目标的性质是指目标的机型和架数。判断性质相关的方法是：设飞行计划的机型代码为 J_A、架数为 N_A，目标航迹的机型为 J_B，架数为 N_B，如果能满足

$$\begin{cases} J_B - J_A = 0 \\ N_B - N_A = 0 \end{cases} \tag{7-9}$$

则认为飞行计划和飞行目标航迹的目标性质相关，否则为不相关。由于目前识别目标的机型和架数较为困难，性质相关一般较少采用。

雷达目标航迹经过粗、精相关测试后，当有一批目标航迹与飞行计划唯一相关时，则试认为我机；当有两批或多批航迹与飞行计划相关时，进行报警并将相关情况显示出来，由识别军官进一步处理。

为了严格进行飞行计划识别，不能仅仅依据飞行计划和目标航迹在某一时刻的一个当前点能满足各相关条件(或准则)的要求，就立即确认该目标航迹为我机，还必须进行连续多点的测试，才能最终确定该批是否为我机。因此，对试认为是我机的雷达目标航迹，还需对它继续和同一飞行计划相关。若后续几点或预先确定的时间(该时间为一常数)内继续和同一飞行计划相关，它将识别为我机；若不相关，可认为不明。

4. 敌我识别的综合处理

在防空反导指挥信息系统中，计算机可在识别军官的干预和辅助下，按一定程序和规则自动识别空中目标的敌我属性。上面介绍目标识别的几种方法，实质上是计算机自动识别空中目标敌我属性过程中所使用的几种规则。计算机进行自动敌我识别的综合处理流程如图 7-8 所示。

计算机首先找到目标数据存储区(指用于记录每一批目标数据的存储单元的集合)，取出一批目标航迹的属性标志进行判别，若该批航迹已有确定的属性，就不再进行目标识别处理，否则，进行以下的目标识别过程。

首先，计算机从该批航迹数据中寻找雷达敌我识别码，如果找到二次雷达的应答信号(密码信号)，则进行解码处理并判别是否与规定的密码相符，若两者相符，则识别为我机；如果没有应答信号或密码不符，则取目标航迹数据与预先存入的活动区域比较。计算

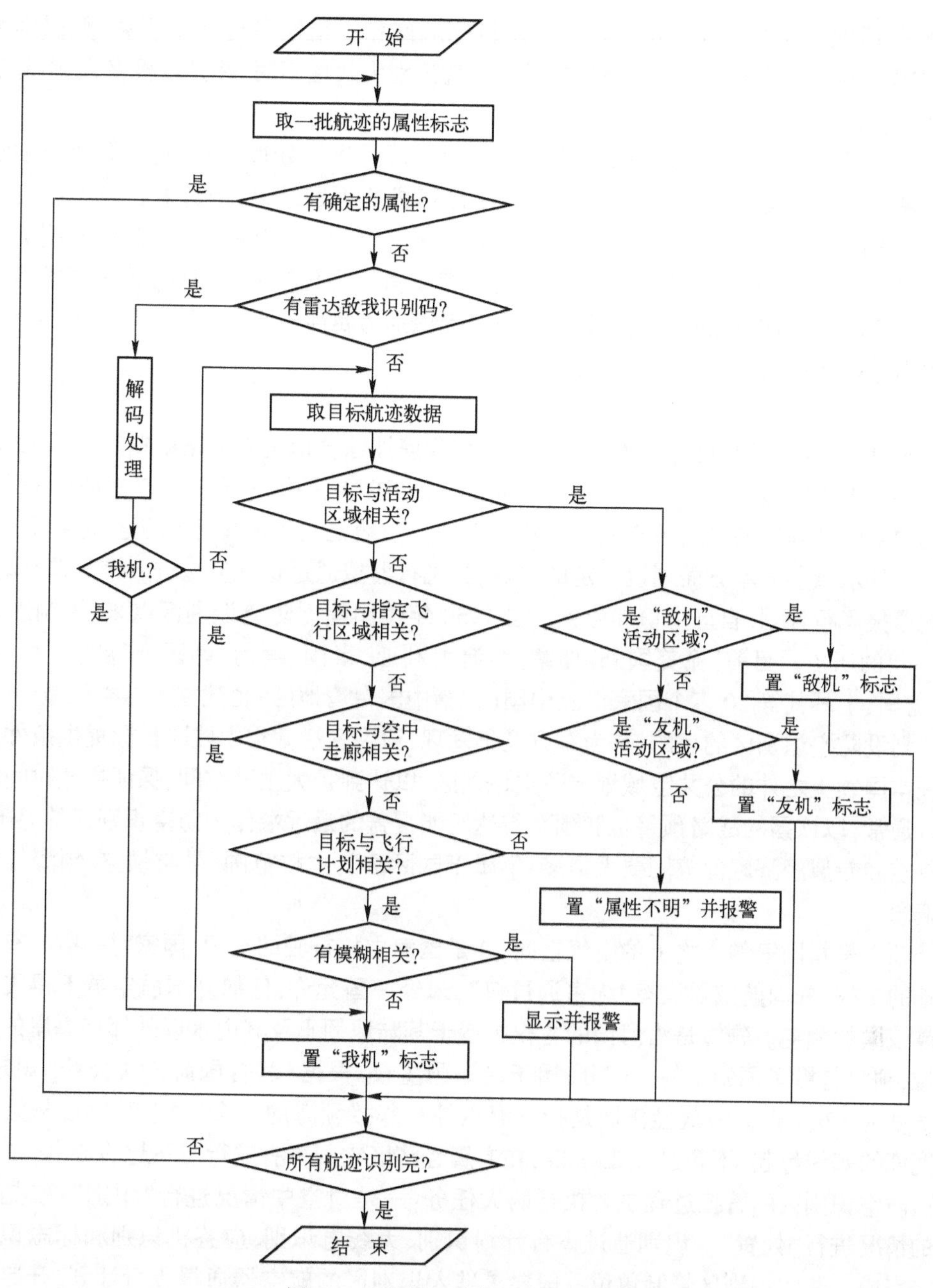

图 7-8　敌我识别综合处理流程图

机将搜索目标活动区域存储表(指用于记录目标活动区域数据的存储区),以便找到目标活动区域的有关识别数据,如果目标航迹与一个指定敌机活动区域相关,就识别为敌机;如果目标航迹与一个指定友机活动区域相关,就识别为友机;如果目标航迹与一个指定属性不明活动区域相关,就识别为属性不明。如果目标航迹和所有目标活动区域都不相关,则与预先存入的指定飞行区域比较。如果目标航迹和一个指定飞行区域相关,就识别为我机;如果目标航迹和所有指定飞行区域都不相关,则与预先存入的空中走廊比较。如果目标航迹和一指定空中走廊相关,就识别为我机;如果目标航迹和所有空中走廊都不相关,则与预先存入的飞行计划比较。如果目标航迹和一指定飞行计划相关,就识别为我机;如果目标航迹和所有飞行计划都不相关,就识别为属性不明,并显示报警,以引起识别军官注意。

识别军官通过显示器进一步对目标航迹识别情况进行处理:一是对计算机自动识别的结果进行确认或监察(识别军官可以更改计算机的识别结果,但计算机将不改变识别军官识别出的目标属性);二是对模糊的识别结果进行处理;三是对所有属性不明的目标航迹进行处理。如果目标航迹的属性一直未能被确认为我机或友机时,识别军官将报告上级指挥员,说明识别处理方法,并同时将目标识别为属性不明,必要时,申请起飞作战飞机识别,然后将识别结果送入计算机。

5. 防空识别区

对沿海地区来说,还有一种常用的目标敌我属性综合识别方法是设置防空识别区。

防空识别区(Air Defense Identification Zone, ADIZ),是指一国基于空中防御的需要,在其领空以外划定的与其领空毗连的特定空域。一般是指沿海国家出于空防需要,在其领海以外水域上方单方面划设一定的空域,当飞行器拟通过这一空域进入该国领空时,需要先通报飞行计划、自己身份和位置。自1950年美国建立防空识别区以来,该制度已有60多年的历史。目前,除美国外,加拿大、澳大利亚、泰国、缅甸、韩国、印度、日本、意大利、德国、土耳其等20多个国家以及中国(包括中国台湾地区)也建立了这类区域。

划设防空识别区的目的,是为军方及早发现、识别和拦截空中威胁目标提供条件。通过在本国领土之外的公共空域划定防空识别区,以达到扩大预警空间、保证拦截时间的目的。通常,以该国的战略预警机和预警雷达所能覆盖的最远端作为防空识别区的界限,它比领空和专属经济区的范围要大得多,不属于国际法的主权范围,是与领空、领海等不同的概念。

领空是指国家领土之上的空气空间,亦是国家主权行驶的空间,国家对领空享有完全排他的主权,外国航空器没有"无害通过权",未经一国允许,任何外国航空器不得飞入或飞越该国的领空。领海是沿海国的主权扩展于其陆地领土及其内水以外邻接海岸的一带海域,领海是沿岸国领土的一部分,属于沿海国主权,根据《联合国海洋法公约》规定,领海宽度为12n mile。专属经济区是指领海以外并邻接领海的一个区域,其宽度从测算领海宽度的基线量起,不超过200n mile,在专属经济区它国享有航行与飞越的自由。

防空识别区的管控过程主要执行两大任务:一是对空中情况进行"识别";二是对空中的情况进行"处置"。识别通过飞行计划识别、无线电识别、应答机识别和标志识别等方式完成。防空识别区管制单位一般要求进入识别区的航空器通报飞行计划、开启无线电通信和二次雷达应答机,以便于其判明航空器的属性,当通过这些方式无法完成识别时,防空识别区管制单位将派出军用飞机抵近飞行,对空中目标上的识别标志进行最后的目视识别。经过识别后,根据识别结果及空中目标的反应采取相应的处置,处置措施包括监视、跟踪飞行、驱离等。

2013年11月,中国国防部发布公告,宣布建立东海防空识别区,其具体范围为以下6点连线与中国领海之间空域范围:北纬33度11分、东经121度47分,北纬33度11分、东经125度00分,北纬31度00分、东经128度20分,北纬25度38分、东经125度00分,北纬24度45分、东经123度00分,北纬26度44分、东经120度58分。公告要求位于东海防空识别区内的航空器必须提供以下识别方式。

(1) 飞行计划识别。位于东海防空识别区飞行的航空器,应当向中华人民共和国外交部或民用航空局通报飞行计划。

(2) 无线电识别。位于东海防空识别区飞行的航空器,必须开启并保持双向无线电通信联系,及时准确地回答东海防空识别区管理机构或其授权单位的识别询问。

(3) 应答机识别。位于东海防空识别区飞行的航空器,配有二次雷达应答机的应当全程开启。

(4) 标志识别。位于东海防空识别区飞行的航空器,必须按照有关国际公约规定,明晰标示国籍和登记识别标志。

公告还明确,位于东海防空识别区飞行的航空器,应当服从东海防空识别区管理机构或其授权单位的指令。对不配合识别或者拒不服从指令的航空器,中国武装力量将采取防御性紧急处置措施。

7.2.2　目标机型识别

在防空反导作战中,识别机型可以判断来袭目标的性能、威胁程度等,便于采取对策。目标机型识别目前还没有非常成熟实用的方法,而防空反导作战指挥对机型识别的需求越来越迫切,因此,机型识别已成为目标识别领域的研究热点。

1. 机型识别概述

识别机型目前还没有成熟的电子设备可以直接解决问题,往往主要依靠观测员来判断。因为机型不同,回波的宽度、强度、波形的起伏等情况都不相同,在显示器上的图像变化而有所不同,有经验的观测人员通过显示器上的图像变化情况,常常能够比较准确地判断机型。

用机器来识别机型目前较成熟的是间接办法,这就是通过录取和计算目标的高度、速度、机动方式等运动参数进行判断。机型不同,上述的这些变化范围常常是很大的,用机器比较的结果有时就可能与实际情况有较大的出入,因此,指挥员对机型的判断,要根据多方面的情报,而机器的识别结果仅作为其中的一种依据。

随着雷达技术和现代信号处理技术的发展,通过对空中目标回波进行特征分析,由机器实时或准实时辨识目标机型属性的自动目标识别已成为可能。目前,雷达仍然是防空反导系统最主要的探测器,也是目标机型识别的主要信息源。雷达目标识别方法主要分为两大类:第一类是基于特征量的目标识别方法,其核心内容是用回波信号中的特征量来表示目标,并按照模式识别中描述贴近程度的距离及相关性度量设计目标的分类判决器;第二类是基于成像的目标识别方法,其核心内容是各种成像算法,目标的识别过程就是对其表征图像的理解过程。

2. 基于特征量的雷达目标识别方法

基于特征量的雷达目标识别过程,实际上是利用从雷达回波中提取各类目标特征信息之间的差异性进行目标分类,主要完成目标特征分析和提取,以及基于目标特征的分类,识别系统的一般组成如图7-9所示。预处理部分主要完成信号空间的降噪、消干扰、去不稳定、归一化和自动截取等处理,是减少环境影响的必要部分。特征提取器提取目标回波中明显的特征信息,是目标识别系统的关键,特征提取的好坏将直接影响分类结果,适当的特征提取可以使分类简单、误识率低。分类器主要是对有明显含义的特征空间实现分类,它是特征空间到目标空间之间的一个变换。基于特征量分析的雷达目标识别通常有以下4个步骤。

(1) 从已知目标回波中提取特征。

(2) 对所有提取的已知目标特征建立数据库。

(3) 用实际雷达信号处理器提取未知目标的特征。

(4) 将提取的未知目标特征在数据库中与已知目标进行比较,判决未知目标的类型与性质。

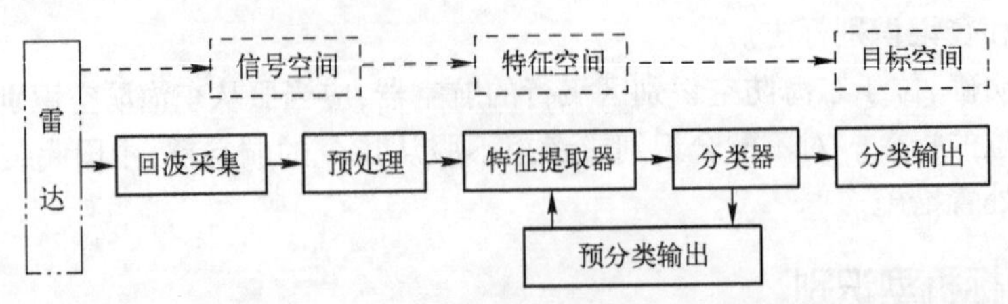

图7-9 雷达目标识别系统组成框图

从目标回波中提取代表目标类别和型别的不变特征信息,是解决目标识别问题的关键步骤。一种识别方法性能的优劣很大程度上取决于特征抽取算法。识别特征可能是雷达目标的特征信号之一,也可能是多个特征信号的组合或多个特征信号的多元函数。好的特征提取器应该保证信息损失较少而特征仍能有效用于识别。对不同的雷达信号、不同的目标,其回波信号中的特征是不同的,研究回波特征的模型也各不相同,由此产生了多种特征提取方法和识别方法。不同特征分析方法实际是对回波信号进行多种变换,使回波中特征在特征空间表现得更加清晰、更便于提取、更加独立、更加有鲁棒性和更加有效。从雷达回波信号中提取的特征有幅度特征、相位特征、极化特征、频谱特征、尺度特征等等。

雷达目标识别有多种分类方法。例如,根据发射信号不同,可分为窄带信号识别、多频信号识别、宽带信号识别和超宽带信号识别,如图7-10所示。根据雷达回波特征的不同,可分为RCS特征识别、谱特征识别、极化特征识别、系统响应特征识别、成像特征识别、轨道特征识别等,如图7-11所示。根据所使用的方法和技术不同,可分为近邻或最近邻识别、统计模式识别、模糊模式识别、双谱算法识别、模糊逻辑识别、神经网络模式识别、遗传算法识别、多传感器信息融合识别等。在实际的目标识别应用中,往往需要将几种特征提取方法和模式分类方法穿插渗透,综合利用,以达到更好的识别效果。

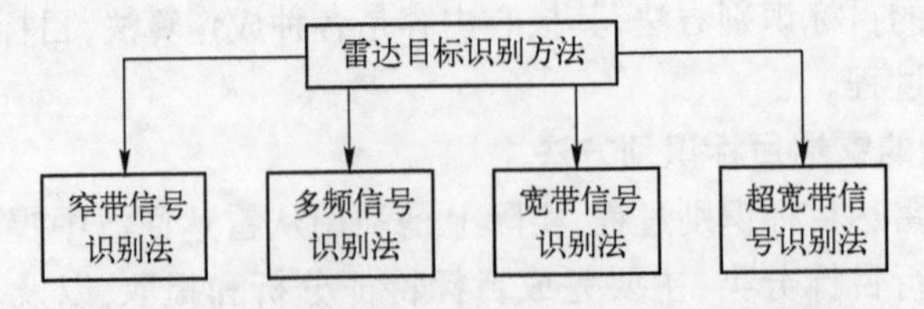

图7-10 按发射信号分类的雷达目标识别方法

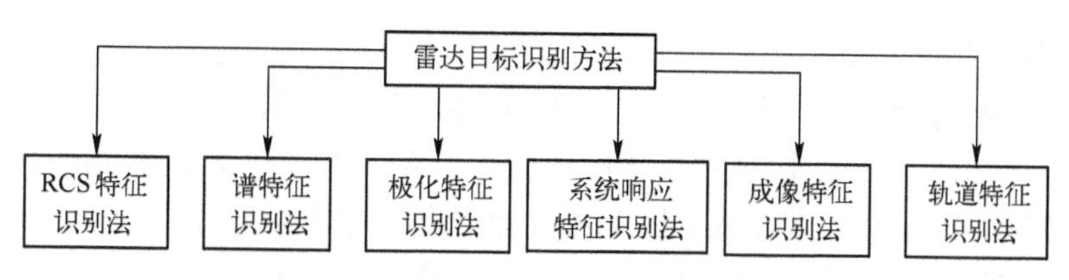

图7-11　按回波特征分类的雷达目标识别方法

3. 目标识别技术发展方向

随着信息融合、模式识别等技术的不断发展,再加上雷达信息获取能力逐渐提高,当前雷达目标识别技术发展迅速。概括起来,主要朝以下几个方向发展。

一是大力丰富信息获取技术。准确、充分的信息获取技术是雷达目标识别的前提和基础。随着硬件性能的不断提高,雷达信息获取能力不断增强。日渐丰富的信息获取手段是雷达目标识别发展的重要方向。

二是深入挖掘有效特征。有效、稳健的特征提取是雷达目标识别的关键技术环节。随着研究的深入,人们认识到,采用先进的信号处理技术,可以从回波中获得更多的运动信息和结构信息。

三是采用稳健的模式识别技术。快速、高效的模式识别技术是雷达目标识别的中心环节。雷达目标识别是模式识别技术的一个具体应用领域,因此也受益于模式识别技术的快速发展。雷达目标识别算法的多样性有利于选择高效、稳健的识别器。

四是努力采用先进的信息融合技术。多层次、多传感器的信息融合技术是改善雷达目标识别性能的重要手段。单传感器提取的特征往往是待识别目标的不完全描述,而利用多个传感器提取独立、互补的特征有利于提高正确识别率,降低错误率。由于信息融合技术的特有优势,可以预见,这将是目标识别中一个极具魅力的发展方向。

7.3　态势评估与威胁估计

威胁估计(Threat Assessment)是关于敌方兵力的杀伤能力和对我方威胁程度的估计。威胁估计是在态势评估(Situation Assessment)的基础上,综合敌方的破坏力、机动能力、运动模式及行为企图的先验知识,得到敌方的战术含义,估计出作战事件出现的程度或严重性,并对敌作战意图做出指示与警告。

态势评估和威胁估计分别属于JDL信息融合模型的二级和三级处理,都是决策级融合,在系统实现中二者的界限往往不是十分清楚,常将它们作为一个整体称为态势与威胁评估(Situation and Threat Assessment,STA)。STA作为战场信息提取和处理的最高形式,是指挥员了解战场敌我双方兵力对比、兵力部署、武器配备、战场环境、后勤保障以及敌方对我方哪些阵地、重点保护目标的威胁程度和威胁等级的重要途径,不仅是指挥员决策的信息源,也是用于战术、战略决策有力的辅助手段。

7.3.1　态势评估

1. 态势评估的定义

态势评估,是对战场上敌、我、友(中)三方战斗力分配情况的综合评价过程,这个过程应当涵盖以下几个方面。

(1) 通过信息获取、分析和判断,综合战场上敌、我、友三方兵力、兵器、平台等位置、强度、机动和作战活动与地理、气象环境的匹配等因素,将表面上所观察到的战斗力分布、活动和战场周围环境,与敌方作战意图和机动能力有机地联系起来。

(2) 分析并确定事件发生的深层次原因,将得到的敌方兵力结构、使用情况和特点与敌方的作战意图联系起来。

(3) 预测 $T+1, T+2, \cdots, T+n$ 时刻,敌人兵力、平台的位置、行动及一切可能发生的事件。

(4) 形成战场上敌、我、友三方战斗力与战场环境匹配的态势图。

2. 态势评估元素

态势元素的评估结果实际上是提供给指挥员的战场综合视图,包括:

(1) 蓝色视图——敌方态势;

(2) 红色视图——我方态势;

(3) 白色视图——地理、气象等战场环境态势。

将它们综合在一起便是战场综合态势图,它为威胁估计提供依据。态势评估元素如图 7-12 所示。

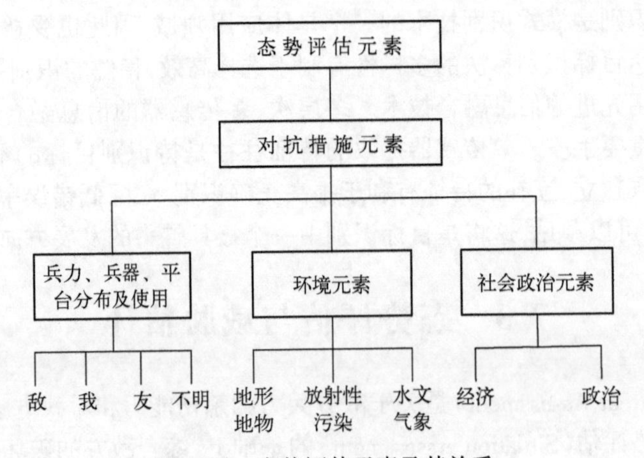

图 7-12 态势评估元素及其关系

图 7-12 只是粗略地表示其相互关系,实际上每一项都包含许多内容。例如敌方,除图中标出的敌兵力、兵器、平台分布和使用之外,敌军士气、心理状态、训练水平、民族特点和意志力等,都对战场有重要影响。

3. 态势评估的主要内容

态势评估主要包括 3 部分内容。

(1) 态势元素提取,包括战场信息的获取和输入。所获取的信息包括图形、图像、数据和报告;对平台数据要完成简单处理、相关、变换和动态信息的实时更新,为态势推理做准备。

(2) 态势分析,包括对目标的合批、分批计算。所谓合批,是将执行同一任务或有同一活动规律的实体进行分类与合并。分批是由于战术等原因,把同一批目标在运动的过程中分成几批,以便执行不同的任务。态势分析进行协同关系推理和敌方企图判断。

防空反导作战中，敌方企图判断是指判定敌性活动目标对我防区的保卫目标进行侵袭的可能性。企图判定是一项十分复杂的工作，需考虑很多的因素，如当前国际关系，敌方近期活动情况，敌机起飞基地、技侦情况、目标态势、保卫目标位置等。敌机活动企图判断准则的确定，要根据本防空区域所处地理位置、作战任务、所保卫目标的重要程度、敌性目标的活动特点、可能来袭方向和空袭的主要目标等来判断。但是在和平时期与战争时期的企图判定准则应是有所不同的。下面简要给出两种用于和平时期的企图判断方法。

第一种，敌意线法。该方法是指根据敌性目标平时活动规律，在我防空区域外围一定的距离上确定一条线，这条线就称为敌意线，当敌机越过该条线时，判有侵袭企图；否则，判无侵袭企图。在确定敌意线时，将敌性目标正常活动确定在敌意线之外条件下，使该线距防空区域外围越远越好，这种方法适合于沿海防空区域。

第二种，航向距离判定法。根据敌性目标平时活动规律，确定判定准则 D_{max}、D_{min}、α，如果敌性目标飞向围绕且离防空区域内保卫目标大于 D_{max} 时，或者离保卫目标的距离小于 D_{max} 而大于 D_{min}，并且敌机航向与保卫目标连线的夹角大于 α 时，则判该批目标无敌意；否则，有敌意。

(3) 态势预测，包括敌兵力、平台等在未来某个时刻位置的预测和计算。

态势评估的过程是一个动态过程，在不断分析和不断预测计算的同时，要不断地对态势事件进行检测。如敌、我增援部队的出现，新的战斗机群或轰炸机的参战，均会改变当前的态势，改变敌我双方兵力的对比。应当把以上三方面的内容看成一个整体。态势评估结构示意图如图 7-13 所示。

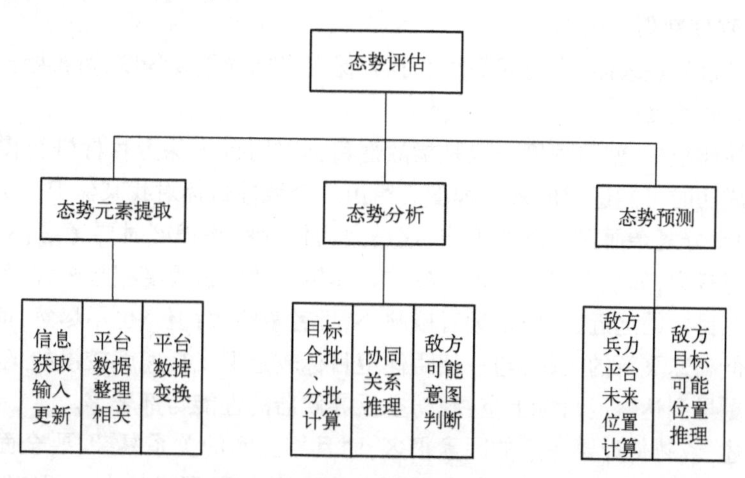

图 7-13　态势评估结构示意图

7.3.2　威胁估计方法

威胁估计的重点是定量表示敌方作战能力和对我方威胁程度。威胁估计是一个多层视图的处理过程，包括对我方薄弱环节的估计。防空反导作战中，威胁估计主要任务是查明或预测敌机可能攻击的目标，到达的时间，以及各批敌机威胁程度的高低，为合理地区分兵力兵器提供基本依据。

1. 威胁估计元素

在威胁估计中涉及的因素非常复杂,包括敌、我、友各方的力量配备,以及各方的意图等。所谓力量配备,就是人数的多少、布局等;意图则包括文件或活动的运动模式、平台模型分析、作战的准备元素、通信情报信息量元素、关键模式分析等。威胁估计元素示意图如图 7-14 所示。

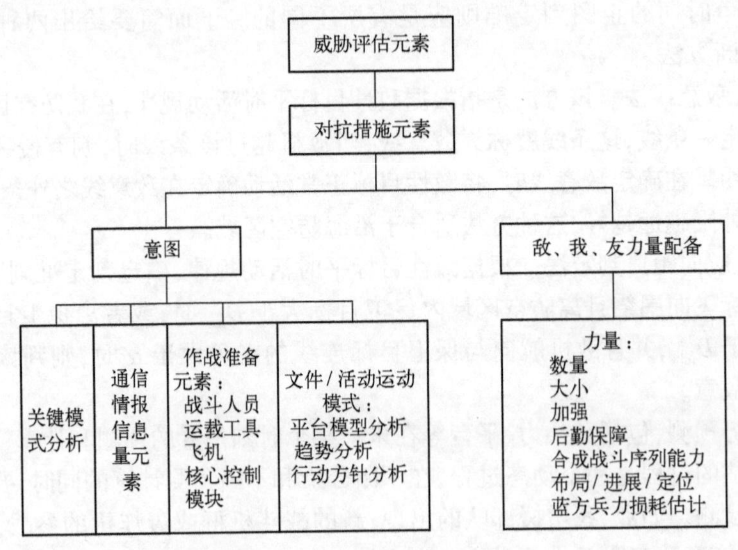

图 7-14 威胁估计元素示意图

2. 威胁程度判断

根据敌平台的进攻能力、时间等级和我方保卫目标的重要程度,可推断出敌平台对我保卫目标的威胁程度。

防空反导作战中,威胁程度一般是指敌性目标对防区内保卫目标进行侵袭成功的可能性及侵袭成功时可能造成的破坏程度。给出一个敌性目标对我某保卫目标威胁程度的估计,是一项十分复杂而又困难的工作,这是因为估计威胁程度时要考虑:敌目标的机载武器的性能与威力,如侦察机与带核武器的轰炸机显然威胁程度相差极大;敌目标现所处位置距离保卫目标的远近,一般是远者威胁小,近者威胁大;但是也不尽然,如一架距离保卫目标较远但高速飞行的飞机,与一架距保卫目标较近但飞行速度较慢的飞机相比,可能高速飞机会更早到达保卫目标上空;我防空反导武器的性能与部署等。

综上所述,威胁估计要考虑的因素很多,而且相互间的关系复杂,要全面合理地考虑各种因素,定出一个威胁程度等级与各种因素的函数关系,困难很大。即使能定出这一标准,在实战中有不少因素也往往不能确切知道,如敌机是否带有核武器,攻击目标、作战任务不可能完全明确,即带有一定的模糊度(灰度),有时在严重干扰环境下空中情况不可能完全查清,要解决这些问题还要用到其他数学方法(如模糊数学、灰色系统),建立更为复杂、严谨的数学模型。所以在进行威胁程度估计时,为提高判断的实时性,往往不得不忽略一些因素和采用一些简便的估计方法。防空反导指挥信息系统中,通常使用的简便方法包括到达时间判断法、相对距离判断法、相对方位判定法、预定截击线判定法、线性加权求和法等。

1）到达时间判定法

根据警戒雷达探测目标信息，计算得到的目标到达时间，是一种比较好的威胁程度告警参数。所谓目标到达时间，是指从该目标被发现起到它到达保卫目标需要的飞行时间；敌机到达时间越短，威胁程度越高。

雷达发现目标的径向距离 R 是一个时间的函数，它的变化率 $\dot{R}$ 可用径向距离微分求得，空中目标的到达时间可以表示为

$$t_D=\frac{R}{\dot{R}}=\frac{R}{v} \tag{7-10}$$

式(7-10)能比较准确地描述以等速直线运动接近保卫目标的到达时间。但对于变速度和变高度飞行的目标就不适用了，需要采用其他更合适的计算公式。

式(7-10)所计算的到达时间 t_D 可以作为威胁程度告警参数。防空反导作战指挥有效性与时间是紧密相连的，如果时间太短，就可能达不到所要求的效果，防空反导指挥所用的时间 T_z 为一和数，即

$$T_z=T_c+T_p+T_l \tag{7-11}$$

式中：T_c 表示收集和处理情报的时间；T_p 表示了解情况和提供决心的时间；T_l 表示拟制并向执行者传达指挥信息的时间。

如果实行指挥措施容许时间，能满足条件

$$T_z< t_D-T_x \tag{7-12}$$

那么，指挥即可认为是相当有效的，式(7-12)中 T_x 为执行者活动所消耗的时间。

如果实行指挥措施容许时间，能满足条件

$$T_z=t_D-T_x \tag{7-13}$$

则称为指挥临界时间，在这种情况下，指挥可达到所要求的效果。

如果实行指挥措施容许时间，符合条件

$$T_z>t_D-T_x \tag{7-14}$$

则防空反导指挥系统和防空反导部队（即执行者）实现定下决心（系指符合情况的决心）的整个行动，就得不到所要求的效果。

威胁程度通常划分为三级，即一级、二级、三级。级数越小，威胁越大。根据以上讨论的结果，利用到达时间确定威胁等级如下：

$$\begin{cases} t_D-T_x<T_z & \text{一级} \\ t_D-T_x=T_z & \text{二级} \\ t_D-T_x>T_z & \text{三级} \end{cases} \tag{7-15}$$

2）相对距离判定法

当出现敌性目标时，根据目标与保卫目标或防空区域的相对距离，计算机自动计算出对我保卫目标或防空区域的威胁等级。

采用相对距离判定准则，第一要把重点保卫目标或重点保卫区域的位置坐标存入计算机；第二要把确定威胁等级的相对距离准则存入计算机，确定威胁等级的相对距离，可随该系统所担负的防空区域的任务、防空区域所处的地理位置和环境等方面的不同而不同。现假设根据某防空区域的情况，确定威胁等级的相对距离如下：

一级：相对距离≤100km；

二级：100km<相对距离≤200km；

三级：200km<相对距离≤285km。

根据上述假定，就可以计算目标威胁等级。

3）相对方位判定法

相对方位判定法是指根据敌机当前的航向与假设它直飞保卫目标的航向之间的夹角大小确定威胁等级。

敌机相对于我保卫目标的方位计算公式为

$$\alpha = \arctan\frac{x_m - x_w}{y_m - y_w} - K_m \tag{7-16}$$

式中：(x_w, y_w)为保卫目标位置坐标；(x_m, y_m)和K_m分别为敌性目标当前的位置坐标和航向。

关于相对方位的判定准则，事先可根据需要确定一个最大相对方位α_{max}和一个最小相对方位α_{min}。于是，根据计算得到的敌机相对于我保卫目标的方位，可按下面判断式进行威胁等级的判定：

$$\begin{cases} \alpha < \alpha_{min} & \text{一级} \\ \alpha_{min} \leqslant \alpha \leqslant \alpha_{max} & \text{二级} \\ \alpha > \alpha_{max} & \text{三级} \end{cases} \tag{7-17}$$

4）预定截击线判定法

预定截击线判定法是首先依据敌目标现在位置以及飞行速度、高度，计算出我方歼击机首次对其进行截击时的截击线。再依据首次截击线距预定截击线的距离，定出以下威胁等级：若敌机能被首次截击在预定截击线之外，威胁等级为三级；若首次截击线在预定截击线之内不足R_m km时，威胁等级为二级；若首次截击线深入预定截击线超过R_m km时，威胁等级为一级。图7-15所示为计算首次截击线的示意图。

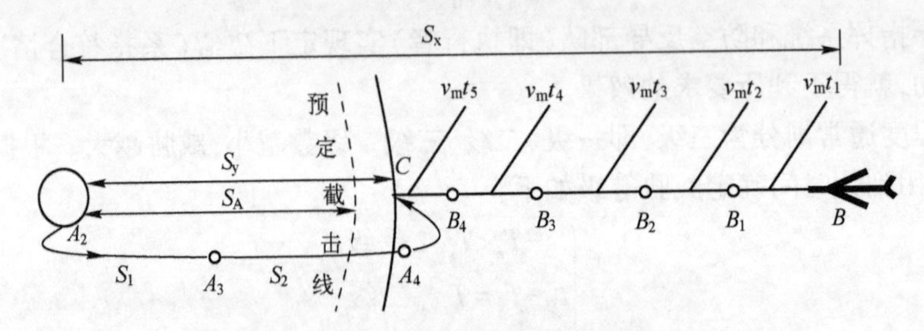

图7-15 计算首次截击线示意图

预定截击线是指为保障保卫目标的安全，要求我机在保卫目标外围预定一条线上开始攻击敌机，这条预定开始攻击敌机的界线称为预定截击线，如图7-15所示。截击线距保卫目标越远，歼灭敌机的可能性越大，保卫目标的安全就越有保障。但是，由于雷达的探测范围，空地通信的联络距离、歼击机的航程以及其他条件的限制，使截击线只限于机场周围的一定范围之内。

首次截击线是指我机在机场待战的情况下，经过起飞、引导出航，可能同敌机遭遇并开始攻击的最远界线，也称为可能截击线。这条线至起飞机场的距离称为可能截击距离。计算可能截击线，实质上是计算从指挥系统命令我机转入一等战斗准备，尔后从机场出动，经过上升、平飞、转弯接敌，直到同敌机遭遇并实施攻击的全过程中，我机可能前进的距离，如图7-15所示。当雷达发现目标（B点）后，令我机转入一等战斗准备。敌机到达B_1点，下令我机起飞（A_2点）；起飞完毕后，敌机到达B_2点。我机上升到A_3点，到达预定的高度改为平飞，此时敌机到达B_3点。我机平飞到A_4点，敌机相应飞到B_4点。我机自A_4点，经转弯接敌到达C点；敌机在同一时间内，由B_4点到达C点。此时，我机同敌机遭遇开始攻击，C点为截击点。

从图7-15中可以看出，可能截击距离（S_y）是我机上升过程中前进的距离（S_1）同我机平飞的距离（S_2）之和。我机上升过程中前进的距离，可从有关的资料手册中查出；平飞距离则按我机速度和平飞时间求得。从图7-15中可知，我机平飞时间（t_4）等于敌我机迎向飞过$A_3A_4+B_3B_4$的距离所需的时间。由于

$$A_3A_4+B_3B_4=S_x-S_1-v_m(t_1+t_2+t_3+t_5)$$

因此

$$t_4=\frac{S_x-S_1-v_m(t_1+t_2+t_3+t_5)}{v_m+v_w} \tag{7-18}$$

式中：S_x表示警戒雷达发现敌机时，敌机距我机场的距离；t_1表示我机转入一等战斗准备所需的时间；t_2表示我机起飞所需时间；t_3表示我机上升到预定高度所需时间；t_5表示我机进行接敌机动所需时间；v_m表示敌机速度；v_w表示我机速度。

有了平飞时间，便可以求出可能截击距离，即

$$S_y=S_1+S_2=S_1+v_wt_4 \tag{7-19}$$

知道了可能截击距离，在显示器上，以机场为圆心，以可能截击距离为半径，向敌机来袭方向产生一个弧线，这条线便是首次截击线。

在进行威胁估计时，可利用预定截机距离和可能截击距离进行判断。若设预定截击距离为S_A，则预定截击线判别敌机威胁等级的判别式如下：

$$\begin{cases} S_y \leqslant S_A-R_m & \text{一级} \\ S_y>S_A-R_m & \text{二级} \\ S_y>S_A & \text{三级} \end{cases} \tag{7-20}$$

5）线性加权求和法

在以上介绍的几种威胁程度的判定方法中，均是以某一种因素进行威胁等级的判定。对于较严格的判定，必须要考虑多种因素。这些因素通常包括到达时间、敌性目标作战性能和攻击火力、相对距离、相对方位、首次截击位置和保卫目标的重要性等。显然，对于这种多因素的情况，需要统筹考虑综合评价。常用综合评价方法是线性加权求和法，即

$$W=K_1\tau+K_2\rho+K_3\delta+K_4\gamma \tag{7-21}$$

式中：要求$\sum_{i=1}^{4}K_i=1$；τ表示用到达时间计算出的威胁等级；ρ表示用相对距离计算得出的威胁等级；δ表示用相对方位计算得出的威胁等级；γ表示用预定截击线计算得出的威胁等级。

各种因素计算得出的威胁等级的加权系数K_i，是根据各种因素的重要程度来确定，

若该因素是重点考虑因素，K_i就大；否则应小一些。通常情况下，K_i由用户确定。

用式(7-21)计算得出敌性目标威胁等级，虽然考虑了较多的因素，但有些因素还未考虑进去。如敌性目标作战性能和攻击火力，保卫目标的重要性。为此，对计算得出的威胁等级，必须按一定的准则进行修正。对敌性目标作战能力和攻击火力，常根据敌机的性质、架数修正 W：若敌机是小型机，则威胁程度降低半级($W+0.5$)；若一批敌机的架数超过3架，则威胁程度提高半级($W-0.5$)。对保卫目标的重要性，根据保卫目标的等级修正 W：若是三级保卫目标，则威胁程度降低半级；若是一级保卫目标，则威胁程度提高半级。

7.4 指挥算法流程基础

前两节介绍的目标识别、态势评估与威胁估计仍可归结为情报信息处理的延续，只有目标分配才是防空反导指挥信息处理最核心的任务。本节介绍以目标分配为主的指挥算法流程及地空导弹武器性能。

7.4.1 地空导弹指挥算法流程

地空导弹部队通常由多个导弹营组成一个战术单位，其指挥算法用于指挥所属导弹营的战斗行动。算法的主要输入信息为来自雷达信息源的(经过三次处理后的)信息、来自导弹营的信息、来自控制台的信息。主要输出信息为送到导弹营的信息和显示器的信息。

整个指挥算法主要由以下算法模块组成。

(1) 信息预处理算法。

(2) 开放目标分配与目标指示算法。

(3) 干扰机分配与指示算法。

(4) 导弹营反馈坐标信息处理算法。

(5) 导弹营有关战斗进程报告处理算法。

(6) 控制台输入命令处理算法。

以上各算法相互联系，构成的算法流程如图7-16所示。

从雷达信息源获得空情信息后，算法调度将其转入信息接收模块。经过接收模块处理后，如果是干扰机方位信息将转入干扰机分配与指示算法，如果是开放目标信息将根据敌我属性转入信息预处理算法或送显示处理。转入信息预处理算法的信息，包括两种情况：一是敌方目标；二是我方目标，但之前错误地认定为敌方目标。

信息预处理算法处理敌方目标或属性由敌方变为我方的目标，完成以下任务。

(1) 如果导弹营开始对属性为“我”的目标采取行动，则令其停止行动。

(2) 如果为目标指定了导弹营，但送来的信息有目标丢失特征，并且导弹营尚未跟踪目标，则解除导弹营对该目标的行动。

(3) 如果为目标指定了导弹营，但送来的信息有目标丢失特征，而导弹营正跟踪该目标，则导弹营(有条件时)转入自主工作状态。

(4) 对没有丢失特征的敌方目标，计算其速度分量的平滑值。

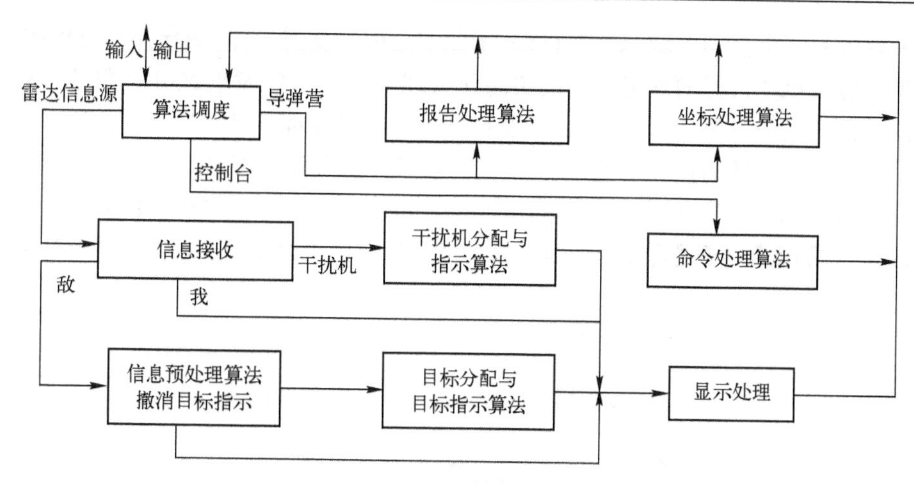

图7-16 地空导弹指挥算法流程

(5) 计算对目标采取行动的营数和目标组成架数之间的差值。

解除导弹营对我方目标和丢失目标的行动,由撤消目标指示算法完成,该算法产生和向导弹营发送撤消目标指示的指令。其他情况下,转入显示处理。经过预处理的敌方目标转入目标分配算法。目标分配算法产生导弹营对所讨论目标采取行动的建议,有关建议送去显示。当满足一定条件时,将根据目标分配建议自动为目标指定导弹营,目标指示算法为指定的导弹营产生与发送目标指示信息。

如果从雷达信息源来的是干扰机方位信息,则转入干扰机分配算法。当必要时,形成对该干扰机采取行动的建议。这些建议送去显示。如果满足一定条件,分配算法自动为干扰机指定导弹营,干扰机指示算法为指定的导弹营产生与送去目标指示信息。

来自导弹营有关战斗进程的报告信息送到报告处理算法,而目标坐标信息送坐标处理算法。当收到来自导弹营的跟踪目标信息后,算法调度将其转入坐标处理算法,该算法主要用于判断导弹营跟踪的目标是否正确。

来自控制台的输入信息送到命令处理算法。

本章后面几节将详细介绍开放目标与干扰机方位的分配算法。其他内容不作更多的论述,因为对雷达信息源或导弹营输入的目标坐标信息处理原理与前几章介绍的一样;命令处理、营报告信息的处理与具体的硬件设备密切相关。

7.4.2 地空导弹武器性能

一个战术单位对地空导弹营的指挥流程主要是围绕目标分配进行的,而了解地空导弹武器的有关性能并计算目标飞行诸元与射击诸元是完成目标分配的基础。

1. 地空导弹的杀伤区与发射区

杀伤区是地空导弹武器系统战术、技术性能的集中表现,发射区是在杀伤区的基础上确定的。发射时机的确定与杀伤区、发射区密切相关。

地空导弹武器系统的杀伤范围通常用杀伤区表示。杀伤区是指杀伤目标概率不低于给定数值的一个空间区域。杀伤区是地空导弹武器系统重要的战斗性能之一。杀伤区的大小与形状与武器系统性能、引导方法、目标特性和杀伤概率的给定值有关。

发射区是一个空间区域,如果目标处于此空域内时发射导弹,则导弹与目标在杀伤区内遭遇。射击机动目标的发射区与射击匀速直线运动目标的发射区并不重叠。此时,应该根据目标的运动参数和运动特性,以及机动的类型与强度来计算。

杀伤区和发射区的计算与表示都在地面参数坐标系 $OSPH$ 内进行,$OSPH$ 坐标系的原点为火力单元所在位置,航路距离轴 OS 位于水平面,并且与目标速度向量在水平面上的投影平行,高度轴 OH 垂直向上,航路捷径轴 OP 垂直于 OSH 平面,如图 7-17 所示。

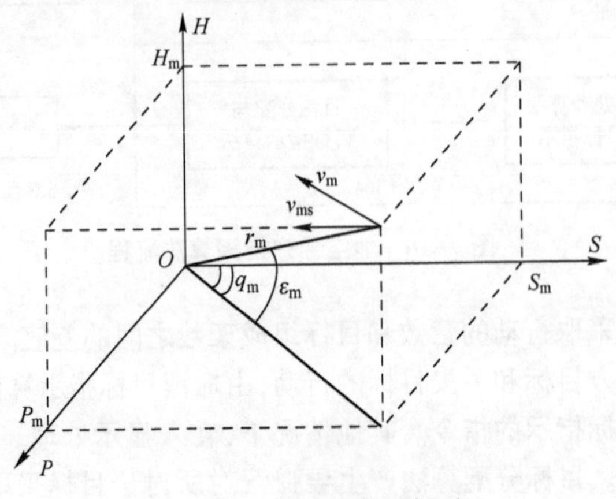

图 7-17　地面参数坐标系

当目标匀速直线运动时,用地面参数坐标系特别合适,因为此时只改变航路距离 S,即

$$H=\text{常数}$$
$$P=\text{常数}$$
$$S=S_0-v_m t$$

而用别的坐标系则所有坐标都变化。

杀伤区有较复杂的空间形状,如图 7-18 所示。常用高度上下界(H_{max}、H_{min})、距离远近界(S_{max}、S_{min})、航路捷径极值 P_{max}、高低角极值 ε_{max}、航路角极值 q_{max} 表示杀伤区的边界极值。

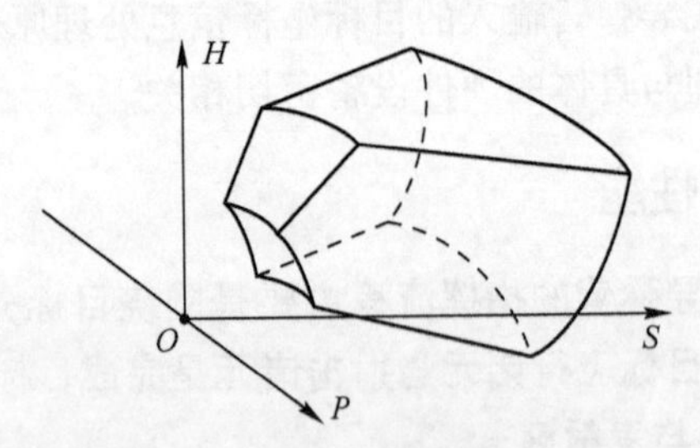

图 7-18　杀伤区空间形状示意图

实践中常讨论平面杀伤区,并可根据使用需要进行简化。$P=P_0$ 特别是 $P=0$ 的垂直截面和 $H=H_0$ 的水平截面,分别称为垂直杀伤区和水平杀伤区。图 7-19(a)、图 7-19(b)分别为简化后的垂直杀伤区与水平杀伤区。

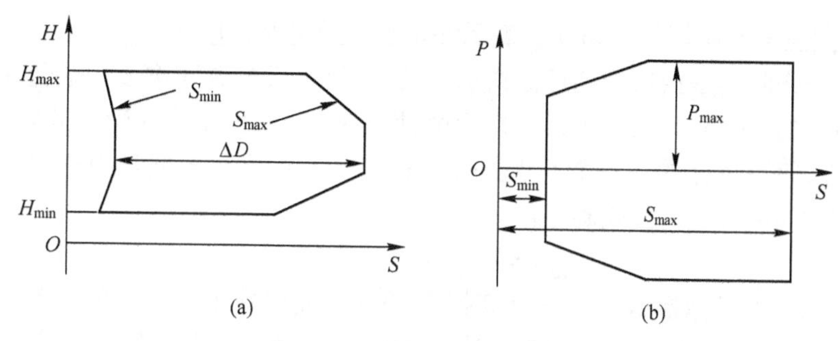

图7-19 简化的平面杀伤区

(a) 垂直杀伤区;(b) 水平杀伤区。

迎击时,杀伤区的表征参数为极限高度 H_{max} 和 H_{min},杀伤区远界 S_{max} 和近界 S_{min},航路捷径极值 P_{max},目标极限速度 v_{max}。H_{max}、H_{min}、v_{max} 值为常数,根据地空导弹的类型、目标速度和导弹制导方法选取。沿目标航向的杀伤区近、远界之间的距离(航向距离差)称为杀伤区纵深 ΔD。

$$\Delta D = S_{max} - S_{min} \tag{7-22}$$

那么,目标在杀伤区内的持续时间为

$$T = (S_{max} - S_{min}) / v_m$$

在目标分配算法中还使用保险杀伤区(机动杀伤区)。保险杀伤区是杀伤区的一部分,用于对机动目标的射击计算。射击过程中,当计算遭遇点位于保险杀伤区时发射导弹,无论目标采取何种形式的机动,都能保证导弹与目标在杀伤区内遭遇。对非机动目标射击的杀伤区称为基本杀伤区。保险杀伤区的表征参数为 S'_{max}、H'_{max}、P'_{max} 等。

当不可能在迎击杀伤区内射击目标时,则考虑包括尾追射击在内的尾追杀伤区。该杀伤的表征参数为 H''_{max}、S''_{min}、P''_{max} 等。

垂直面上包括保险杀伤区、尾追杀伤区在内的完整杀伤区形状如图7-20所示。

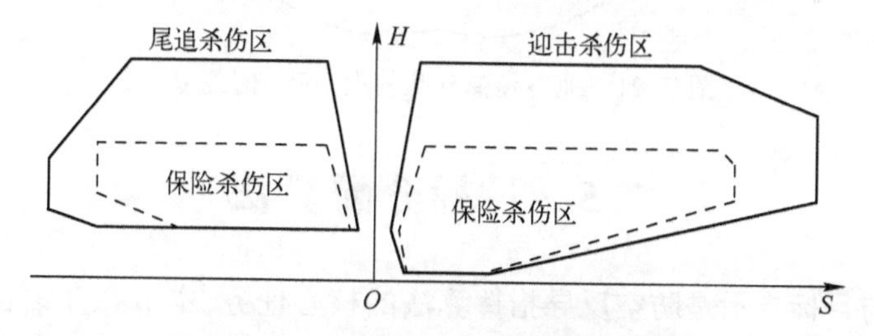

图7-20 保险杀伤区与尾追杀伤区

2. 导弹营射击周期与工作时间

射击周期是确定地空导弹营射击能力的重要性能之一。对于指挥信息系统来说,地空导弹武器系统的射击周期($T_{射击}$)是指一个射击通道对一批目标进行一次射击所必须占用的时间,可表示为

$$T_{射击} = t_{目指} + t_{营工作} + (n-1) t_{间隔} + t_{弹飞} + t_{判断} \tag{7-23}$$

式中:$t_{目指}$ 表示输入目标指示的时间(指挥所与导弹营信息交换时间);$t_{营工作}$ 表示营工作时间,或称为营反应时间;n 表示一次射击所用的导弹数;$t_{间隔}$ 表示导弹发射间隔;$t_{弹飞}$ 表示第

n 发导弹飞到遭遇点所用的时间；$t_{判断}$ 表示评定射击效果所占用的时间。

导弹营工作时间是指从接到目标指示开始，到第一发导弹飞离发射装置为止的这段时间。导弹营的工作时间取决于目标指示源、目标指示精度、全体战勤人员的操作熟练程度、射击条件、跟踪目标的通道数（对多通道地空导弹）、同时导向被射击目标的导弹数等。营工作时间由下面的公式确定：

$$t_{营工作}=t_{跟踪}+t_{识别}+t_{决心}+t_{飞离} \tag{7-24}$$

式中：$t_{跟踪}$ 表示接到目标指示后进行补充搜索、发现、截获并跟踪目标的时间；$t_{识别}$ 表示确定目标国家属性的时间；$t_{决心}$ 表示定下射击决心的时间；$t_{飞离}$ 表示导弹飞离发射装置的时间。

3. 地空导弹的火力范围

地空导弹的火力范围，是指已展开战斗队形的分队能歼灭空中目标的那部分空域。火力范围的大小，可以由各地空导弹武器系统杀伤区的大小及其相互位置进行确定。

部队（分队）建立杀伤区的能力取决于战斗配置的构成、空中敌人所采用的攻击方法和杀伤兵器。对于重要保卫目标，地空导弹分队部署在保卫目标的周围，按一定间隔展开，火力相互衔接，形成一定的配置以覆盖必要的火力范围（图 7-21），保证对从任何方向来袭的目标，都可以使用地空导弹实施射击。

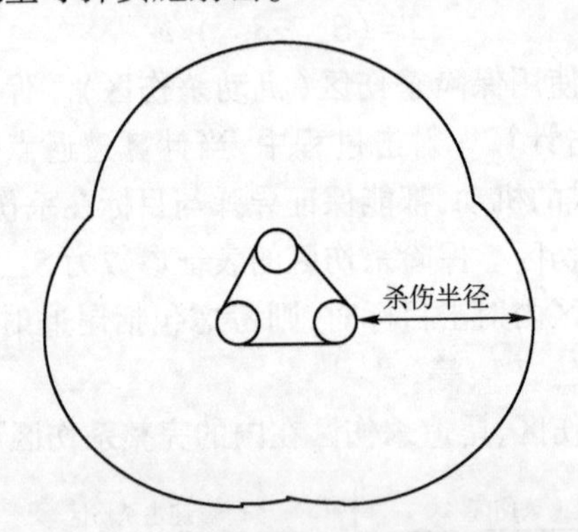

图 7-21　地空导弹分队的火力范围示意图

7.5　目标分配算法

目标分配与目标指示是防空反导指挥算法的核心任务，本节在介绍目标分配基本概念的基础上，重点分析目标分配过程，并简要介绍多通道地空导弹目标分配的特点。

7.5.1　目标分配基本概念

目标分配又称为火力分配，是指对多批空中目标分别选择最有效的防空反导兵器型号和数最进行拦截，形成最佳兵力兵器使用方案。

1. 目标分配的依据

在防空反导指挥信息系统中，计算机可根据空中目标的数量、威胁等级、飞行诸元、已方防空反导兵器的数量、配置、作战范围（火力范围）、对各种敌机的作战效能，以及指挥人员的预先决心，运用最优数学规划模型或人工智能的专家系统模型，对作战信息进行处理,提供若干种兵力兵器分配方案,同时给出各种方案的拦截预案、拦截点和拦截时间以及可能的作战效果,供指挥人员选定。

防空反导武器拦截空中目标的目的是使防空区域或防空区域内的保卫目标不遭受损失。所以,目标分配应考虑各目标的威胁程度、各防御武器系统的可利用性、各防御武器系统的有效性。防御武器系统的可利用性指的是它在目标分配时的状态,在武器系统是完好的和没有指派任务时,该武器系统是可以利用的。另外,对于地空导弹来说,发射装置应该已装填导弹,或导弹库中有导弹可供装填。因此,在目标分配时,若有武器系统可供利用,则进行分配;若没有武器系统可供利用,则至少要等一个武器系统从执行任务中解脱出来后,才能分配给另外的目标。防御武器的有效性是指武器的有效作用距离、精度、发射率、弹丸飞行速度等特性。

2. 目标分配的方法

对于不同层次的防空反导指挥信息系统,根据不同的要求和空袭目标态势,采用不同的目标分配方法。但是,若按进袭目标的批次多少来划分,可能有两种分配的方法:单批目标的火力分配和多批目标的火力分配。单批目标是指在某一时间范围内仅有一批目标进袭防空区域,对入侵的目标,可以利用某种防空武器进行截击,但究竟选用何种武器、使用多少兵力以及使用哪个阵地的兵力,才能使作战效果最好呢?这就是目标分配的主要任务。

选择拦截武器,可以采用简单适用的优选法,根据武器的性能和拦截目标的时间,选择拦截武器的最优方案。在条件允许的情况下,拦截目标的时间越早,防空反导作战的效果越好,为此,分配火力的基本方法如下。

(1) 根据当前可使用的防空反导武器最大作战距离,选择有效的拦截武器。

(2) 计算有效拦截武器的拦截时间,选择拦截时间短的三种拦截武器。

(3) 根据预定的消灭空中目标的概率指标,计算所需的火力数量。

3. 目标分配的原则

战术单位在给地空导弹营进行目标分配时应遵从以下原则。

(1) 在选择导弹营用于消灭不施放干扰的目标时,用最少飞临时间原则。即根据对目标运动参数 v_m、H_m、P_m 和时间的分析结果,若导弹营可以射击目标,则计算目标到导弹营杀伤区边界的飞临时间,并选择飞临时间最短的导弹营射击目标。

(2) 当目标飞过自动目标指示界线后,自动地为目标指定导弹营,并把目标指示数据送往导弹营。

(3) 选择对付干扰机的导弹营时,使用综合准则。即考虑在导弹营阵地对干扰机方位线的能见段最长,在方位线上搜索干扰机的时间最短,从能见段起点到战勤人员选择的搜索起点的距离最短。

(4) 计算机对目标分配的建议显示在分配显示器上。根据飞临时间显示的最大范围为两个最大射击周期($2T_{max}$)。

(5) 保证战勤人员的决策比计算机优先级高。

计算机根据目标分配的逻辑算法,提供关于目标分配的建议。开放目标分配算法的基本准则如下。

(1) 地空导弹武器系统的垂直和水平杀伤区由直线段和圆弧作近似。这时,通常要考虑地空导弹武器系统的类型、导弹型号、目标速度、制导方法、目标机动可能性和目标类型。

(2) 算法为导弹营自动分配目标和发送目标指示。

(3) 当从雷达信息源或自主工作的导弹营送来具体的目标信息时,对该目标进行有关目标分配和目标指示的计算。

(4) 在进行目标分配计算时,应该依次分析每一个导弹营能否对所讨论的目标采取战斗行动。

(5) 通过算法分析,若导弹营可以对目标采取战斗行动,并且当目标已飞越该营的目标分配界线,则算法建议该营对目标采取行动,并将分配建议显示在显示器上。

(6) 目标飞越导弹营的目标指示线后,算法自动地把目标指定给该营。为一批目标自动指定的导弹营数,通常等于目标的架数,但不超过某一最大值(如3个)。如果单目标机动,且为其指定的导弹营不能在保险杀伤区进行射击,那么可为该目标指定第二个导弹营。

(7) 当处理来自导弹营的目标时,不进行自动分配。

(8) 对于已指定导弹营的目标,每当其数据从信息源送来时,就把目标指示送到被指定的导弹营。

(9) 当对开放目标进行分配计算时,使用到杀伤区近界的飞临时间为分配准则。该时间还要附加某一数值,该数值取决于目标航路捷径、导弹营被占用来射击其他目标所需要的时间、在机动杀伤区射击目标的可能性等。这样得到的时间称为虚拟飞临时间。其他条件相同时,该时间越短的导弹营,分配时优先级越高。

(10) 前面提出的分配建议可能被新的目标所改变,为目标指定导弹营后,才不再变化。

7.5.2 目标分配过程分析

地空导弹的目标分配与指示算法完成下列任务。

(1) 产生分配建议。

(2) 完成自动分配任务。

(3) 转入目标指示算法,向导弹营发送目标指示。

目标分配算法依次讨论所有的导弹营,分析它们能否对所讨论的目标采取行动。首先分析目标有无机动特征,并进行确认,后面的计算将用到。然后转入循环周期讨论每一个导弹营,从第一个开始。这里的工作过程要看所讨论的导弹营是否已对所讨论的目标采取行动。如果导弹营尚未对目标采取行动,则分析该导弹营是否可以射击该目标。如果导弹营已对目标采取行动,则计算时间特征参数(飞临时间 t_{ij}、射击目标的占用时间 t_z 和目标进入发射区的时间 t_{BX}),然后形成送往导弹营的目标指示数据,并立刻把目标指示数据送往导弹营。

讨论完全部导弹营后,从循环内退出。这一步的结果是为目标选择最多达4个导弹营,它们能射击该目标,并且目标过了分配线,虚拟飞临时间最短。这几个导弹营的飞临时间存入专门的存储单元,并按虚拟飞临时间排队。然后算法依次分析飞临时间存储区单元里的导弹营,如果导弹营能被自动指定给目标,并且目标飞越了该导弹营的目标指示线,则自动地把该目标指定给导弹营;最后算法转入形成目标指示数据,并向导弹营发送目标指示。为目标自动指定的导弹营数等于目标架数,但不超过3个;可为单机动目标自动指定2个导弹营。

尚未对所讨论目标采取行动的导弹营的分析过程如下。

1. 目标进入杀伤区的检查

只考虑处于战斗准备状态的导弹营对目标的作用。开始根据目标的机动,确定每个导弹营的杀伤区类型:保险杀伤区或基本杀伤区。

确定杀伤区之后,相应地选择表示杀伤区的常数。把目标在导弹阵地坐标系内的坐标变换到参数坐标系(P、S),如图7-22所示。变换公式为

$$y_{ij}=y_j+K_{4i}$$

$$x_{ij}=x_j+K_{8i}$$

$$P_{ij}=(y_{ij}v_{xj}-x_{ij}v_{yj})/v_j$$

$$S_{ij}=(y_{ij}v_{yj}+x_{ij}v_{xj})/v_j$$

$$H_{ij}=H_j-\Delta h_{ij}$$

系数 K_{4i}、K_{8i} 和导弹营阵地与指挥所阵地的高度差 Δh_{ij} 都是常数。

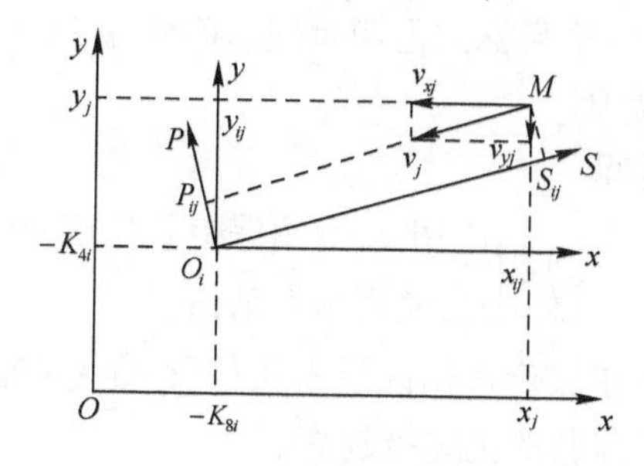

图7-22 坐标变换到参数坐标系

接下来检查目标航迹是否与杀伤区相交。为此,检查以下不等式:

$$H_{min}\leqslant H_{ij}\leqslant H_{max}$$

$$P_{ij}<P_{max}$$

此外,根据速度检查导弹营是否可以射击目标,即 $v_j<v_{max}$ 是否满足。

如果上面的条件有一个不满足,就得转去分析所讨论的杀伤区类型。如果讨论的是基本杀伤区,则该导弹营不能对目标进行射击,并转入讨论下一个导弹营。如果讨论的是保险杀伤区,则换用基本杀伤区重新检查上面的条件。

2. 计算时间参数

先计算到杀伤区近界的飞临时间,即

$$t_{ij}=\frac{S_{ij}-S_{min}}{v_j}$$

然后计算用于排队的虚拟飞临时间 t_{ij}^{M}。为此,先计算

$$t_{ij}(D)=(D_{ij}-S_{min})/v_j$$

式中:D_{ij} 表示到目标的水平距离。

$t_{ij}(D)$ 比 t_{ij} 增加的值与目标航路捷径成正比(图7-23),即

$$\Delta = D_{ij} - S_{ij} = D_{ij}(1-\cos\alpha) = \frac{P_{ij}}{\sin\alpha}(1-\cos\alpha) = P_{ij}\tan\frac{\alpha}{2}$$

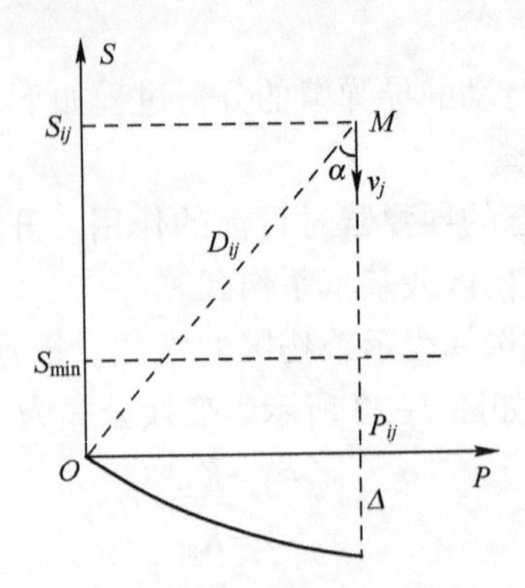

图 7-23　计算 $t_{ij}(D)$ 的说明

然后计算

$$t'_{ij} = t_{ij}(D) + t_z$$

式中：t_z 表示导弹营射击上一个目标的占用时间。因此，t'_{ij} 比 $t_{ij}(D)$ 增加的值越多，导弹营需要经过更长的时间才能空闲。

最后，计算虚拟飞临时间：

$$t_{ij}^{\mathrm{M}} = \begin{cases} t'_{ij} - 60\mathrm{s}, 使用保险杀伤区 \\ t'_{ij}, 使用基本杀伤区 \end{cases}$$

可见，若导弹营有能力在保险杀伤区射击目标，t'_{ij} 减去 60s。虚拟飞临时间用于导弹营的排队，该时间越短的导弹营的优先级越高。

计算完虚拟飞临时间后，应该计算最大与最小射击周期 $T_{\max}$ 和 $T_{\min}$。为此，先计算导弹到杀伤区远界与近界的飞行时间 $\tau_{\max}$ 与 $\tau_{\min}$：

$$\tau_{\max} = \frac{\sqrt{S_{\max}^2 + P_{ij}^2 + H_{ij}^2}}{v_{\mathrm{p}}}$$

$$\tau_{\min} = \frac{\sqrt{S_{\min}^2 + P_{ij}^2 + H_{ij}^2}}{v_{\mathrm{p}}}$$

式中：v_{p} 为导弹的平均速度，是常数。

然后计算

$$T_{\max} = \tau_{\max} + T'$$

$$T_{\min} = \tau_{\min} + T'$$

式中：T' 为除最后一发导弹飞行时间以外，导弹营进行一次射击必须消耗的全部时间，为常数。

3. 根据时间特性检查导弹营射击目标的可能性

按时间特性检查导弹营射击目标的可能性，就是分析不等式

$$t_{ij} > T_{\min} + t_z$$

当满足上式时，在时间上射击目标是可能的。如果上式不满足，则不能进行射击。

此时，应分析杀伤区类型和是否尾追射击。一般首先分析的是迎击，所以不管在什么杀伤区，这时再分析尾追射击的可能性。为此，检查下列不等式

$$H''_{min} \leqslant H_{ij} \leqslant H''_{max}$$

$$P_{ij} < P''_{max}$$

若所有不等式满足，则可以对目标进行尾追射击。然后再重新计算 t_{ij}、t_{ij}^{M}、T_{max}、T_{min} 等时间参数，并重新检查不等式 $t_{ij} > T_{min} + t_z$ 是否成立。

如果通过以上分析，不能对目标进行尾追射击，则分析杀伤区类型。如果原来用的是保险杀伤区，则换用基本杀伤区，重复在基本杀伤区迎击射击的计算。如果原来用的是基本杀伤区，说明该导弹营不能迎击也不可能尾追射击目标。此后，转入讨论下一个导弹营。

4. 分析目标是否通过分配线、目标指示线

如果根据时间特征，可以射击目标，则检查目标是否通过该营的目标分配界线 S_p，即

$$S_{ij} < S_p$$

目标分配界线是指开始解决自动分配问题的界限，并在显示器上出现计算机对该目标的分配建议。目标分配界线（图7-24）的计算公式为

$$S_p = \Delta 1 \cdot T_{max} \cdot v_j + S_{max}$$

式中：$\Delta 1$ 为1~2的常数，计算机初始化时取 $\Delta 1 = 2$，该值可以通过控制台改变。分配线到杀伤区远界的距离为 $\Delta 1 \cdot T_{max} \cdot v_j$。如果 $\Delta 1 = 1$，则分配问题解决的起始线保证在杀伤区远界射击目标。如果 $\Delta 1 = 2$，则在保证杀伤区远界射击目标的前提下，考虑到火力转移的时间。因此，袭击密度越大，系数 $\Delta 1$ 也应越大。

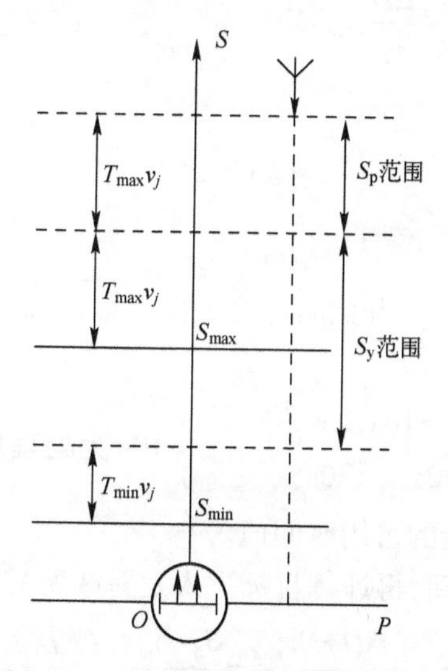

图7-24　目标分配时的几种界线范围

如果目标没有过分配线，则分析是否可以对该目标选下一个导弹营。

如果目标已过分配线，则再检查目标是否通过自动指定线（目标指示线），为此，检查不等式 $S_{ij} \leqslant S_y$。目标指示线的计算公式为

$$S_y = \Delta 3 \cdot (S_{min} + T_{min} v_j) + (1 - \Delta 3)(S_{max} + T_{max} v_j)$$

$\Delta3$ 的变化范围为 0~1,计算机初始化时取 $\Delta3=0$,在战斗过程中可以通过控制台改变 $\Delta3$。

当目标通过导弹营的目标指示线时,该导弹营就被自动指定给所讨论的目标,并开始往该导弹营送目标指示。如果 $\Delta3=0$,则目标指示线的表达式为

$$S_y=S_{\max}+T_{\max}v_j$$

即与 $\Delta1=1$ 时的 S_p 相同。这样保证在杀伤区远界射击目标。

如果 $\Delta3=1$,则

$$S_y=S_{\min}+T_{\min}v_j$$

这样就能保证在杀伤区近界射击目标。

可见,$\Delta3$ 值越大,就在越靠近导弹营的位置射击目标,实际射击周期也越短。

如果导弹营已对目标采取行动,则读取杀伤区特征,选择相应的常数。把目标坐标从阵地坐标变换到参数坐标,计算 $S_{\max}$、$S_{\min}$、$P_{\max}$、t_{ij},检查不等式 $t_{ij}\geqslant 20\text{s}$ 是否满足。如果不等式不满足,则检查是否尾追射击。若原为迎击,则检查能否改为尾追射击,即重新计算 $S_{\max}$ 和飞临时间 t_{ij},再检查是否满足不等式 $t_{ij}\geqslant 20\text{s}$。

计算最小与最大射击周期 $T_{\max}$ 和 $T_{\min}$。

此后,计算导弹营射击目标的占用时间 t_z,计算公式如下:

$$t_z=\begin{cases}t_{ij}, t_{ij}<T_{\min}\\ T_{\min}+\dfrac{(t_{ij}-T_{\min})(T_{\max}-T_{\min})}{K-T_{\min}}, T_{\min}<t_{ij}<K\\ t_{ij}-\dfrac{\Delta D}{v_j}, t_{ij}>K\end{cases}$$

其中

$$K=T_{\max}+\frac{\Delta D}{v_j}$$

$$\Delta D=S_{\max}-S_{\min}$$

上面的占用时间公式只需在开始时计算一次。第一次计算完后,在后面的处理中,进行调整即可:

$$t'_z=\begin{cases}t_z-10\text{s}, t_z\geqslant 30\text{s}\\ 20\text{s}, t_z<30\text{s}\end{cases}\quad (10\text{s 为处理周期})$$

式中:t'_z 和 t_z 分别为新的和老的占用时间值。

计算完导弹营的占用时间,再计算目标进入发射区所需要的时间,公式为

$$t_{\text{BX}}=t_{ij}-\frac{\Delta D+v_j\tau_{\max}}{v_j}=\frac{S_{ij}-S_{\min}}{v_j}-\left(\frac{\Delta D}{v_j}+\tau_{\max}\right)$$

完成上述计算并把必要的信息送去显示后,形成目标指示并向导弹营发送。此后,转入讨论下一个导弹营。

7.5.3 多通道地空导弹目标分配特点

进行目标分配时,多通道地空导弹武器系统的每一个目标通道可以当成一个单通道

地空导弹武器系统处理，并且两者的分配原理没有什么本质区别。但多通道地空导弹武器系统的所有目标通道使用的是同一个照射制导雷达天线，照射制导雷达为相控阵雷达，其扫描扇区有一定的范围，所以各通道所跟踪的目标必须同时位于该扇区范围内。正因为如此，多通道地空导弹武器系统在目标分配时有其特别之处。

分配的第一阶段选择射击扇区的空间位置，第二阶段才对射击通道进行目标分配。下面叙述其分配算法的工作过程。

首先根据所讨论的目标通道使用的杀伤区，选择有关常数。把目标坐标转换到导弹营的坐标系内，接下来计算参数坐标 P_{ij} 和 S_{ij}，并确定杀伤区远界 $S_{\max}$、杀伤区近界 $S_{\min}$ 和航路捷径极值 $P_{\max}$。

此后，根据高度、速度和航路捷径检查是否能对目标进行射击。若得出能进行射击的结论，则计算时间参数。先计算到杀伤区近界的飞临时间 t_{ij}，再计算导弹到杀伤区远界的飞行时间 $\tau_{\max}$ 和到杀伤区近界的飞行时间 $\tau_{\min}$，由此算出最大射击周期 $T_{\max}$ 和最小射击周期 $T_{\min}$。

按时间特征检查能否射击目标，即 $t_{ij} \geqslant T_{\min}$ 成立与否。如果 t_{ij} 小于最小射击周期 $T_{\min}$，则检查所使用的杀伤区类型，若原为迎击，则检查能否对目标进行尾追射击。若能进行尾追射击，则选用尾追射击时的杀伤区常数重新计算有关数据，最后检查 $t_{ij} \geqslant T_{\min}$ 成立与否。

如果上述射击条件都能满足，则计算目标分配界线 S_{p}。

到此为止，整个处理过程和单通道武器系统一样，所用公式也相同。

在目标过了分配线后，则计算目标指示线 S_{y}，在到达目标指示线之前，计算第 j 个目标相对于第 i 个导弹营的方位角为

$$\beta_{ij} = \arctan \frac{X_{ij} + v_{xj} \cdot \Delta t}{y_{ij} + v_{yj} \cdot \Delta t}$$

在该公式中目标位置的前置点是 30s 以后的（$\Delta t = 30\mathrm{s}$）。检查该前置点是否位于导弹营的扫描扇区内。如果不位于扫描扇区，则该导弹营不被建议用来对付该目标。如果前置点位于当前扇区，则可选择该导弹营对付该目标。然后进行后续分析。

照射制导雷达的天线方向在战斗过程中是可以转动的，但在转动时必须考虑已跟踪的目标，不能使已跟踪目标超出扫描扇区范围。

7.6 干扰机分配算法

从雷达信息源送来干扰机方位信息时，启动干扰机分配算法，形成对干扰机行动的建议。满足条件时，分配算法自动为干扰机指定导弹营，指示算法为指定的导弹营产生并发送目标指示信息。

7.6.1 干扰机分配的基本原则

当出现以指挥所为中心的干扰机方位线时，指挥人员对空情进行评估。评估的结果是如何指定导弹营去沿干扰方位线搜索目标。当空情不复杂且干扰机不多时，用人工参与的半自动化方法；对抗大规模打击时，用全自动的方法指定导弹营对付干扰机。

在任何情况下，指挥人员都应选用在方位线上搜索时间最短的方法。为此，使干扰方位线在显示器上显示时比例化，即它不再是一条射线，而是有一定距离范围的一段，其显示长度将随显示比例尺而改变。方位线的比例化，可以按距离和高度，或按最大高度和速度。方位线比例化后，指挥员确定相对于指挥所的搜索起点与终点位置。它们的值在40~240km的范围内，可以从控制台输入。

当从雷达信息源获得干扰机方位信息后，转入干扰机分配算法。

如果控制台没有输入禁止自动分配干扰机的命令，则算法对干扰机进行半自动分配。此时，产生干扰机分配建议，选择3个最好的营对干扰机作用。在分析这些建议后，指挥人员可以为干扰机指定一个或几个导弹营进行搜索，搜索的范围也可以指定。通常，在导弹营的能见段内进行搜索。若在全距离范围内搜索目标，则根据导弹营类型，搜索起点在20~50km范围内选取。

如果控制台输入全自动分配的命令，则对干扰机的分配全自动地进行。算法此时选择3个导弹营，建议它们对干扰机作用，其中最好的一个营被自动指定对付干扰机。指挥人员还可为干扰机再指定一个导弹营。

如果已为干扰机指定了导弹营，在完成分配任务后，则转入干扰机目标指示算法。如果没有为干扰机指定导弹营，则在分配计算后转入显示处理。

目标指示算法为每个已对干扰机采取行动的导弹营形成目标指示信息。可为导弹营发送滑动目标指示，所谓滑动目标指示，是指目标指示点以一定的速度沿干扰机方位线移动，以保证导弹营能发现目标。

观察完搜索段后，目标指示算法做出决策，或者停止导弹营对干扰机的作用，或者继续观察这一段。如果决定继续搜索，则转入分配算法，分析该导弹营还能否对该干扰机采取行动。如果不能，则停止导弹营对干扰机的作用。如果可以，则计算搜索所需要的数据。上述分析结束后，重新转入干扰机目标指示算法；最后转入显示处理。

7.6.2 选择对付干扰机的导弹营

在干扰机分配算法中，选择导弹营的原则是，所选的导弹营能以最好的方式对干扰机进行补充探测并对其进行射击。

1. 界点与能见段

选择导弹营的一个基本要素是能见段。能见段是指干扰方位线水平投影上的一段，在该段上导弹营有能力发现干扰机并对其进行射击。导弹营的能见段越长，用它对付干扰机就越有利。能见段的概念与另外两个概念紧密相连，即全距离范围和界点。

全距离范围$[R_{min}, R_{max}]$的计算起点为提供干扰机信息的源，它是干扰方位线的水平投影上的一段，在该段可以控制导弹营对干扰机采取行动。

界点确定从哪个水平距离开始在干扰方位线上搜索目标比较合适，用r_0表示。

导弹营的能见段由下述方法确定。

（1）能见段总处于方位线的正端，即能见段上的点不可以位于方位线的镜像显示段。

（2）能见段被限制在全距离范围$[R_{min}, R_{max}]$内，即不去考虑在这个范围外可以发现目标。

（3）能见段的起点取决于两个点（界点r_0以及方位线和以营阵地为中心、d_{min}为半径

的圆的交点 r_1）的相对位置。r_0 为营搜索的起点，可从控制台输入，不从控制台输入时等于 R_{min}。d_{min} 的物理意义是：导弹营发现目标并对其进行射击的最短距离。不同的导弹武器系统有不同的 d_{min} 值。

当上面所说的圆与方位线有两个交点时，取到信息源距离更远的一个点，如图7-25所示。如果导弹营到方位线距离大于 d_{min}，则把导弹营在水平方位线上的投影点当成交点 r_1。

先计算导弹营到方位线的距离 P 和导弹营在方位线上投影点到指挥所的距离 l_p：

$$P=K_8\cos\beta-K_4\sin\beta$$

$$l_p=K_4\cos\beta+K_8\sin\beta$$

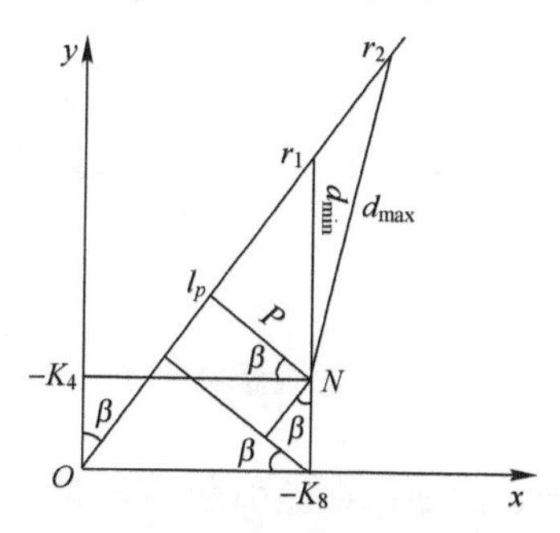

图7-25 能见段的计算说明

接下来计算 r_1 点的位置：

$$r_1=\begin{cases}l_p, d_{min}\leqslant P\\ l_p+\sqrt{d_{min}^2-P^2}, d_{min}>P\end{cases}$$

最后选择能见段的起点：$l_0=\max(r_1, r_0)$。很自然应该满足 $l_0<R_{max}$ 才行。如果不满足该条件，则能见段为0。

要确定能见段的终点，看以导弹营为圆心、d_{max} 为半径的圆与方位线的交点，它到指挥所的距离为

$$r_2'=l_p+\sqrt{d_{max}^2-P^2}, d_{max}\geqslant P$$

d_{max} 的物理意义是：导弹营能可靠发现目标的距离远界。能见段的终点取为

$$r_2=\min(r_2', R_{max})$$

自然应该满足条件 $r_2>r_0$。如果该不等式不满足，则能见段等于0。

能见段长度等于 $\Delta l=r_2-l_0$。图7-26显示了几种情况下 Δl 的计算。

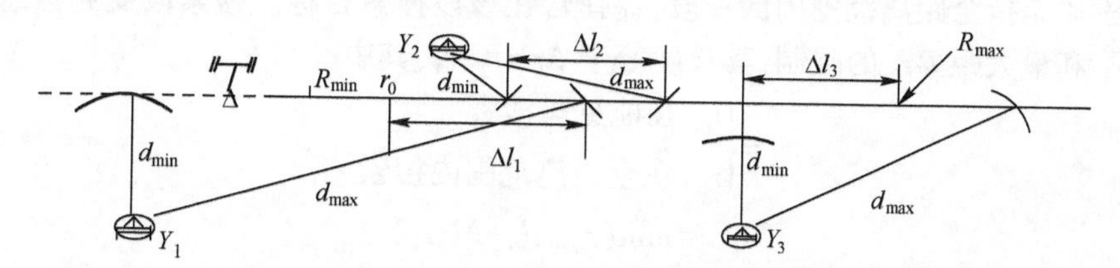

图7-26 能见段计算举例

应该注意,不要把能见段与搜索段混淆起来。能见段用来选择导弹营,而搜索段用来在方位线上搜索目标。

2. 计算到干扰机的最大距离

根据干扰机方位线的高低角和旋转角速度,可以估计干扰机到信息源的最大可能距离。

为此,先考虑 $\varepsilon>1°$ 时,由已知的方位线高低角所得到的最大距离(图 7-27(a)):

$$r_{\varepsilon}=\frac{H_{\max}}{\tan(\varepsilon-1°)}=\frac{40\text{km}}{\tan(\varepsilon-1°)}$$

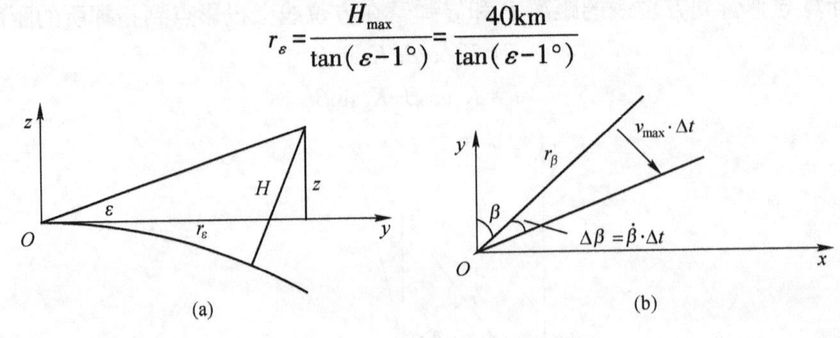

图 7-27 最大距离计算说明

ε 减少 1°是为了补偿由于 ε 的随机误差引起的 r_ε 减少。当 $\varepsilon<1°$ 时,不计算 r_ε 值。

再根据已知的方位线旋转角速度和目标可能的最大速度,计算干扰机的最大距离(图 7-27(b)):

$$\tan\Delta\beta=\tan(\dot{\beta}\cdot\Delta t)=\frac{v_{\max}\cdot\Delta t}{r_\beta}$$

由此可得

$$r_\beta=\frac{v_{\max}\cdot\Delta t}{\tan(\dot{\beta}\cdot\Delta t)}\approx\frac{v_{\max}\cdot\Delta t}{\dot{\beta}\cdot\Delta t}=\frac{v_{\max}}{\dot{\beta}}=\frac{1.2\text{km/s}}{\dot{\beta}}$$

不考虑 $\dot{\beta}$ 的符号,得

$$r_\beta=\frac{1.2\text{km/s}}{|\dot{\beta}|}$$

最后,从 3 个值中取最小的作为到干扰机的最大距离,即

$$r_{\max}=\min(r_\beta,r_\varepsilon,300\text{km})$$

3. 搜索段

搜索段是指全距离范围内的一段,导弹营在该段搜索目标。搜索段受到信息源的最小距离 $\bar{r}_1$ 和最大距离 $\bar{r}_2$ 的限制,其长度等于 $\Delta r=\bar{r}_2-\bar{r}_1$,其中

$$\bar{r}_1=\begin{cases}l_0,\text{在能见段搜索}\\ r_0,\text{在全距离范围内搜索}\end{cases}$$

$$\bar{r}_2=\min(r_{\max},l_0+\Delta l,r_{\text{k}})$$

式中:r_{k} 从控制台输入,若没输入则不考虑。

因此,在能见段搜索的搜索段是能见段的一部分。这种减少的可能是因为 $r_{\max}$ 或 r_{k} 有可能比 $l_0+\Delta l$ 小。在能见段内搜索时,能见段与搜索段的起点相同。

当在全距离范围内搜索时,搜索段起点可能比能见段起点更靠近信息源。当满足条件 $r_0<r_1$ 时(因为 $l_0=\max(r_1,r_0)$),会出现这种情况。在全距离范围内搜索的搜索段终点,也会出现在能见段内相同的情况,即从控制台输入的搜索终点可能会更靠近信息源。

4. 导弹营的允许分布区域

为选择导弹营,引入一个附加坐标系(ξ,η),在该坐标系内确定导弹营相对于方位线的位置,如图7-28所示。该直角坐标系的原点与方位线上的界点 r_0 重合,r_0 为导弹营在方位线上搜索的起点,可由控制台输入,否则等于 $R_{\min}$。ξ 轴在方位线上,但指向反端。η 轴由两个半轴组成,垂直于 ξ 轴,并指向两边,即总有 $\eta>0$。这样,任何导弹营在$(\xi、\eta)$坐标系内的坐标为 $\xi=r_0-l_p,\eta=p$。

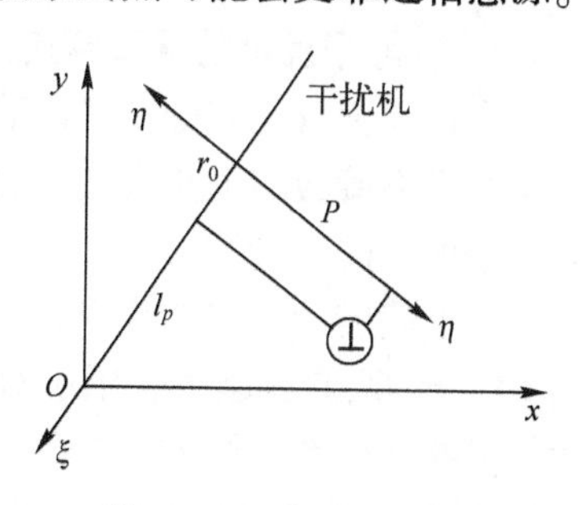

图7-28　(ξ,η)坐标系

用于对付干扰机的导弹营,允许分布在干扰方位线附近一定区域内,如图7-29所示。该区域的形状取决于地空导弹武器系统类型。此外,还受以下两种因素的影响。

(1) 干扰方位线相对于信息源旋转与否($|\dot{\beta}|>0.1(°)/s$)。

(2) 是否从控制台输入所有导弹营的搜索起始点 r_0。

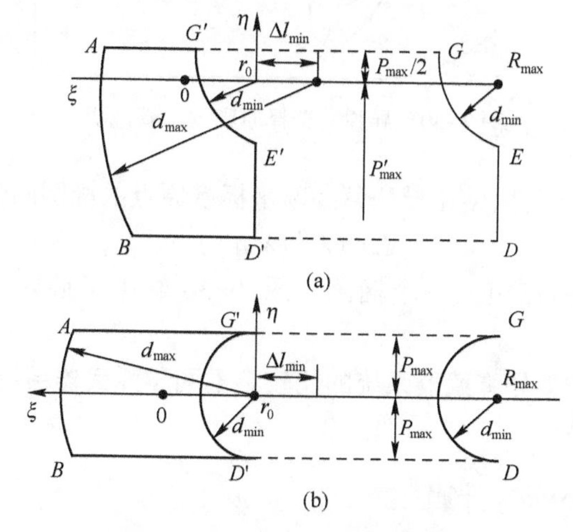

图7-29　导弹营的允许分布区域

(a) 方位线旋转;(b) 方位线不旋转。

如果方位线旋转,则允许分布区如图7-29(a)所示。如果输入了搜索起点,则该区域为 *ABD′E′G′*;如果没输入搜索起点,则该区域为 *ABDEG*。

如果方位线不旋转,则允许分布区如图7-29(b)所示。*ABDG* 区域对应于没有输入搜索起点情况,而 *ABD′G′* 为输入了搜索起点的情况。

图中,$P_{\max}$、$P'_{\max}$ 为取决于地空导弹武器系统类型的参数,如 $P_{\max}=35\text{km}$,$P'_{\max}=117\text{km}$。图中,$\Delta l_{\min}$的物理意义是:界点 r_0 在导弹营的能见段上,并且能见段 Δl 的长度应超出该点 $\Delta l_{\min}$ 长,$\Delta l_{\min}$ 也为常数,如16km。另外,对不动的方位线,导弹营到方位线的距离不应超过航路捷径的极值。对旋转的方位线,旋转的反方向,导弹营到方位线的距离不应当超过航路捷径极值的1/2;旋转的正方向,导弹营到方位线的距离受常数 P'_{max} 限制。

以上是输入了搜索起点的情况。如果没有输入搜索起点,则对导弹营能见段的长度和界点位置没有要求。对能见段的要求是,只要它有点在(r_0,r_{max})范围内就行。

5. 对付干扰机的导弹营选择原则

先在导弹营允许分布区内确定一个点 O'。位于该点的导弹营最适合对付该干扰机。

对于不旋转的干扰方位线,这个最适合的点位于方位线上,离 r_0 点的距离为 d_{min},在靠近指挥所的一端。

对于旋转的干扰方位线,该点将向旋转方向有所偏移(图 7-30)。导弹营离上面所选的 O' 点越近,它就越适合用于对付干扰机。此时,用导弹营相对于 O' 的偏移表示合适程度。但导弹营在不同方向上的偏移是不等价的。为此,选择一个以 O' 点为原点的新坐标系(ξ',η')。对于旋转的方位线,η' 和 ξ' 轴应相对于 η 和 ξ 轴旋转角度 $\delta=17°$。

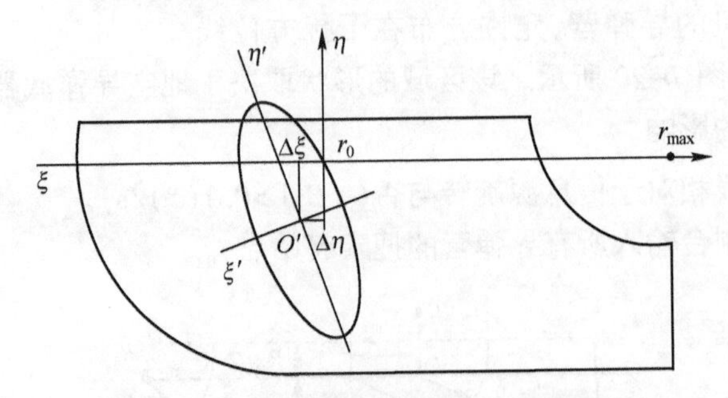

图 7-30 导弹营选择原则的计算说明

为估计导弹营的合适性,使用导弹营到新坐标系原点的椭圆间隔,即

$$\Omega=(\xi'^2+\lambda^2\eta'^2)$$

该函数有相同值的点组成一个椭圆。图 7-30 给出了旋转方位线时的这样一个椭圆。

Ω 准则只用于同类型导弹武器系统的比较。不同导弹武器系统在对付干扰机时有不同的优先级。

7.6.3 目标指示坐标的计算

目标指示算法的一项重要任务是形成目标指示数据(即计算坐标)并向导弹营发送这些数据。为完成此项任务先要计算 d_T、r_T。这里 d_T 为地空导弹营到目标指示起点的距离,而 r_T 为信息源到目标指示起点的距离。

距离 d_T 的计算公式为(图 7-31)

$$d_T=\sqrt{P^2+(\bar{r}_1-l_p)^2}$$

而 $r_T=\bar{r}_1$。用 r_T 作为目标指示的原始值,则可以计算目标指示点坐标,即

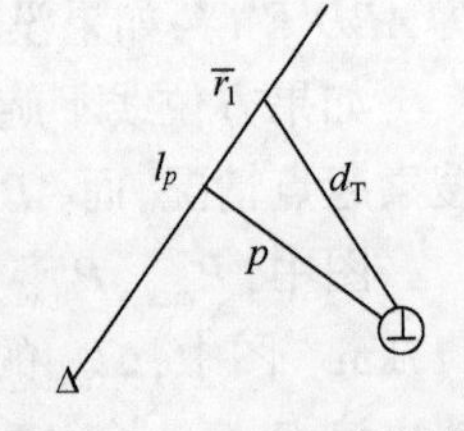

图 7-31 d_T 的计算说明

$$\begin{cases}x=r_T\cdot\sin\beta\\y=r_T\cdot\cos\beta\end{cases}$$

下一个目标指示点的位置用下式确定:

$$r_{T_1}=\sqrt{(y+v_y\cdot\Delta t)^2+(x+v_x\cdot\Delta t)^2}$$

式中：v_x、v_y 为目标指示点移动速度分量；Δt 为从上一次目标指示发出后经过的时间。

为计算 r_{T_1} 必须事先计算出速度分量 v_x、v_y。目标指示在水平面上的移动速度由两个部分组成(图 7-32)。

(1) 目标指示点沿方位线水平投影的移动速度 v_P。

(2) 方位线本身在水平面上移动的切向速度 v_T。

很明显

$$v=\sqrt{v_P^2+v_T^2}$$

值 v_T 由方位线的旋转速度确定，即

$$v_T=\dot{\beta}\, r_{T_1}$$

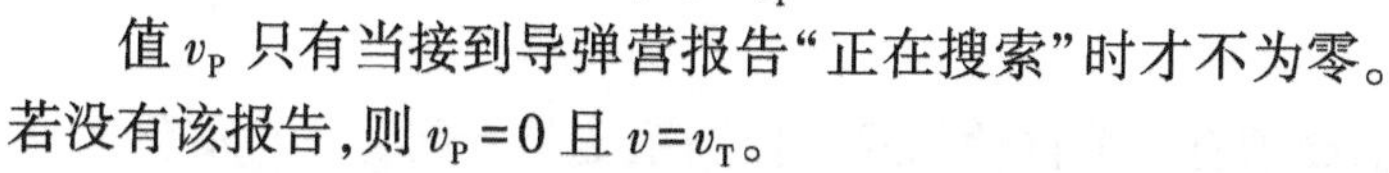

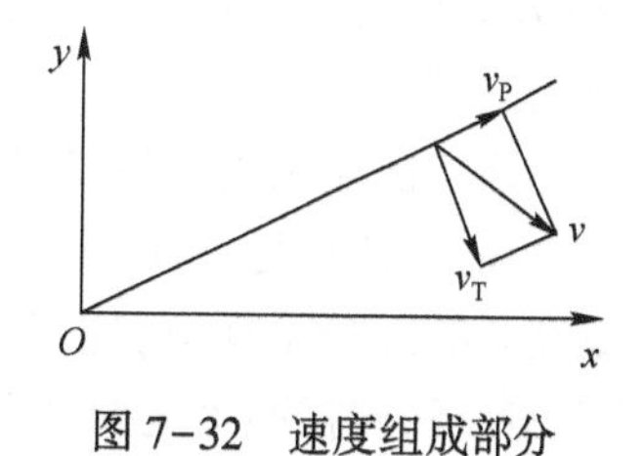

图 7-32　速度组成部分

值 v_P 只有当接到导弹营报告“正在搜索”时才不为零。若没有该报告，则 $v_P=0$ 且 $v=v_T$。

如果有“正在搜索”的报告，选择 v_P 值保证 $v\leqslant v_{max}$，即

$$v_P\leqslant\sqrt{v_{max}^2-v_T^2}$$

算出 r_{T_1}、$\bar{r}_2$ 后，可以计算出新的目标指示点的坐标。下一个点的目标指示也以同样方法进行，并依此类推。直到 $r_{T_1}>\bar{r}_2$，才停止本次搜索。根据情况，导弹营或停止对该干扰方位线的行动，或重复进行搜索。搜索的最终结果可能会出现以下情况：某导弹营在干扰方位线上没有搜索到目标，此时，可改用别的导弹营继续进行搜索；导弹营在搜干扰方位线发现开放目标，若该营具备射击条件，则令该营自主射击目标，若不具备射击条件，则令其他有条件的营进行射击；导弹营在干扰方位线上发现的也是对导弹营的干扰机，指挥所则进行三角定位，然后把目标分配给最近的营。

7.7　信息施效-武器控制

指挥控制中的“控制”是指将作战指令下达给部队，监督其执行，并及时进行调控，包括对人员的控制和武器的控制。其中，武器控制是信息的施效过程，是将信息优势转变为作战行动优势，实现指挥决策意图的关键环节。要实现武器控制的自动化，必须有一个自动化武器控制系统与之配合。

7.7.1　自动化武器控制的概念

根据军队的编制体制和指挥体系，各级指挥信息系统构成上下级关系，从控制论的观点看，下一级指挥信息系统是上一级指挥信息系统的被控对象，上一级指挥信息系统是下一级指挥信息系统的控制装置。随着各种先进武器的不断出现和作战打击力不断提高，往往借助于武器控制系统来实现武器控制的自动化。武器控制系统自身往往是一类指挥信息系统，也包括信息获取、信息处理、信息传输、作战方案选择和指挥决策、引导控制等环节，构成一个相对独立的指挥信息系统，嵌套在上一级指挥信息系统之中。

1. 自动化武器控制的含义

武器控制是指挥信息系统的一项重要功能，其目的是充分发挥己方武器的威力，削弱

敌方武器的威胁。现代武器不仅威力强，而且速度快，往往要求在几秒内确定或修改指挥方案，因此，必须提高指挥控制的速度和质量。武器控制是军队指挥信息系统发展较早、较成熟的功能之一，它可分为自动化控制系统和自动控制系统。两者的区别在于，前者需要人参与决策，而后者完全是按照预定程序工作的。因为战场环境纷繁复杂，实战中完全不要人参与的自动武器控制是不现实的，而应当是由人决策或由机器辅助人决策的自动化武器控制。

所以，自动化武器控制是指由人-技术设备-武器所形成的自动化控制。自动化武器控制的主要特点是：人的主导作用体现在决策上，一切技术性处理工作均由技术设备自动（或在人的部分干预下）完成，武器则在指令控制下发射并摧毁目标。自动化武器控制系统由施控和被控两个主要部分组成。施控部分指指挥控制（人和指挥控制设备），被控部分指武器本身。

2. 自动化武器控制系统

要实现武器控制的自动化，必须有一个自动化武器控制系统与之配合。自动化武器控制系统是指挥信息系统的一个重要组成部分，是实现指挥信息系统与武器系统一体化的重要环节。自动化武器控制系统不仅能控制单个武器，而且能控制包括警戒设备、目标分配设备、引导设备和杀伤破坏性武器在内的整套武器系统，使指挥控制的各个阶段——从了解情况到判明打击效果都实现自动化，并且整个过程可在极短的时间内完成。

通常按作战使用将武器控制系统分为战略和战术武器控制系统两大类。

（1）战略武器控制系统。战略武器控制系统是用于完成战略任务的武器控制系统，如战略导弹控制系统、反导武器控制系统及空间武器控制系统等，通常由国家最高当局指挥控制。战略武器控制系统设备庞大、复杂，精度要求高，一旦出现差错，后果不堪设想。为此，要求战略武器控制系统绝对可靠，通常都有多级保险和可靠的信息传输系统。

（2）战术武器控制系统。战术武器控制系统是用于完成战术任务的武器控制系统，如地空导弹控制系统、反坦克导弹控制系统、战术射击控制系统等。这些武器控制系统的突出特点是自动化程度高、反应时间短、需要人的干预有限。整个系统综合性强，它可以把情报、作战、火力以及作战勤务的数据处理综合于一体，大大提高了系统的整体效能。

3. 武器控制的过程

为了达到摧毁目标的目的，武器控制系统要逐步完成的工作，称为武器控制过程。由于不同的武器系统担负的任务及目标性质等差别，控制过程不尽相同，对防空反导武器的控制过程主要包括下面几步。

（1）目标探测与识别。警戒雷达搜索整个空域，发现空中目标并提取目标坐标，坐标数据送计算机进行处理，形成航迹，计算目标的航向、航速，并识别目标的敌我属性。

（2）威胁估计。根据目标到达的时间以及目标的性质（即该目标是什么类型的武器或拥有什么类型武器）判断目标的威胁程度，并查明或预测敌机可能攻击的我保卫目标。若同时有多个目标来袭，则按威胁等级顺序进行排队，分配武器时，应优先对付威胁大的目标。

（3）目标分配与目标指示。根据目标的性质、威胁程度以及我方武器的性能、状态，拟定作战方案，分配武器，并给指定的武器送出目标指示参数。

（4）目标跟踪。武器系统接到目标参数后，由所属的跟踪装置迅速跟踪所指定的目标,并将跟踪所得到的数据连续送给武器系统计算机进行解算。

(5) 射击诸元解算与实施攻击。根据输入的目标数据、武器性能、气象条件等,计算射击诸元,将所得到的数据不断提供给武器,使武器一直处于准备攻击状态,一旦得到指挥员的射击指令,即可对目标进行攻击。

(6) 效果观察。武器发射后,通过各种手段获得射击效果,以判断目标被摧毁的程度。根据射击效果的判断,决定继续射击或停止射击或转移火力。

现代很多武器系统都是武器控制系统与武器的综合体,这类武器控制系统通常称为火力控制系统,简称火控系统。如地空导弹武器系统是地空导弹、制导系统等组成的综合体,制导系统不但能控制导弹,它配备的制导雷达也能发现和跟踪目标,只是其搜索目标的能力和探测距离有限,需要指挥信息系统为其提供目标指示,以增长预警时间。

上述武器控制过程的几个步骤中,后3个步骤主要由武器系统本身完成,而前3个步骤一般由上一级指挥信息系统完成。所以,指挥信息系统在武器控制过程中,主要是进行目标探测、目标识别和威胁估计,并对多套武器系统进行指挥协调和目标分配,最终把目标指示数据和有关指令送到武器系统。为实现对武器系统的有效控制,武器系统必须把所跟踪的目标数据和战斗过程中的有关情况及时反馈给指挥信息系统。

对地空导弹武器系统来说,指挥信息系统产生的目标指示数据和有关命令信息经过通信系统送来,其中的目标指示数据用来引导制导雷达指向目标并及时发现目标,而有关命令信息由显示设备显示出来,便于指挥员正确理解上级的作战意图,及时定下射击决心,消灭目标。制导雷达所跟踪目标的数据和武器系统的工作状态信息,也通过通信系统返回到指挥信息系统。

7.7.2 地空导弹武器控制的实现

地空导弹武器系统的出现早于指挥信息系统。单个地空导弹武器系统虽然可完成目标探测与跟踪、射击诸元准备与发射、制导导弹并杀伤目标等全部任务,但拦截目标的能力有限、效率偏低。为提高多个地空导弹武器系统的整体作战效能,发挥体系对抗的优势,必须由指挥信息系统进行统一指挥、协同控制。因此,需要解决指挥信息系统与地空导弹武器系统的铰链问题,实现指挥信息系统的指挥控制功能与武器系统的火力控制功能的一体化。

地空导弹武器系统已经经历了3个发展时期,即形成了所谓的三代地空导弹。早期的第一代、第二代地空导弹武器系统大多采用模拟控制电路,其本身也没有考虑和指挥信息系统的连接,需要重新解决铰链问题,通过增加数/模和模/数转换电路、接口处理设备等来实现。随着数字技术的发展,地空导弹武器系统广泛采用数字电路,由计算机进行控制,特别是第三代地空导弹武器系统与指挥信息系统是一体化设计的,本身就有和指挥信息系统的接口。

第三代等新型地空导弹武器系统通过和指挥信息系统的一体化设计,设有专门的信息交换通道,以连接上级指挥信息系统与制导系统的计算机。只要按一定格式和速度把目标指示数据和命令信息等由通信系统传输,并通过交换通道送到制导系统的计算机,制导雷达就会自动根据目标指示数据对目标进行补充搜索,尽快发现目标,并自动控制天线方位的变化,有关命令信息也会显示在武器系统指控设备相应显示面板上。地空导弹武器系统跟踪的目标坐标和工作状态、战斗行动等反馈信息自动形成，并以一定的信息格式和传输速度通过交换通道送出，最后通过通信系统送到上级指挥信息系统。

但是有些指挥信息系统并不是单独为某种地空导弹武器系统设计的，它接收和发送的信息，在格式、传输速度、交换周期等方面，往往和武器系统计算机交换通道的不一样。所以需要增加铰链控制设备进行相应的变换，才能实现指挥信息系统与武器系统之间的信息交换，铰链控制设备的连接关系如图 7-33 所示。图 7-34 为铰链控制设备的结构图。

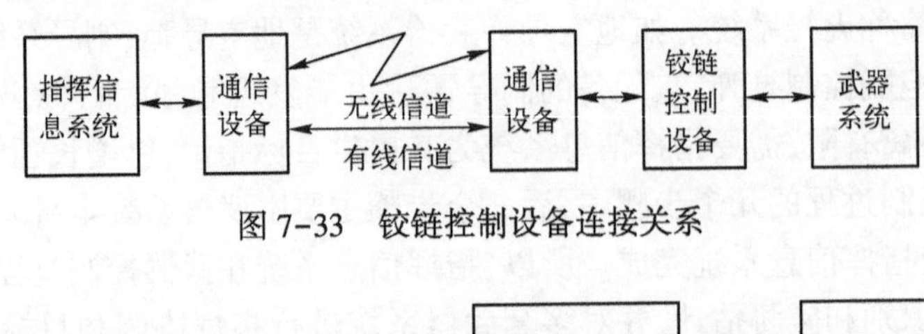

图 7-33 铰链控制设备连接关系

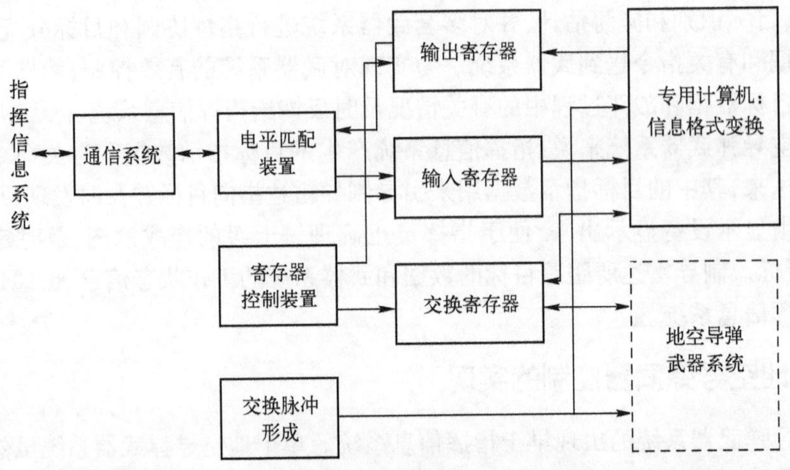

图 7-34 铰链控制设备结构图

铰链控制设备主要由一台专用计算机和一组寄存器组成。专用计算机主要用来进行信息格式的变换，即把从上级指挥信息系统接收来的信息包处理成地空导弹武器系统所要求的信息包，以及进行相反的处理；并在指挥信息系统与地空导弹武器系统交换周期不一致时，对目标坐标进行外推。寄存器用于专用计算机与通信系统、武器系统进行信息交换时的信息暂存和串并转换，寄存器控制装置控制寄存器的同步。交换脉冲形成器产生专用计算机与武器系统信息交换的控制脉冲。

铰链控制设备实现了指挥信息系统对地空导弹武器系统的自动化控制，它完成下列任务。

（1）接收从指挥信息系统送来的目标指示和命令信息，并对它们进行变换后送往地空导弹制导系统。

（2）接收来自地空导弹制导系统的跟踪目标信息和关于武器系统准备状况及战斗行动的报告信息，对它们进行变换后送往指挥信息系统。

思　考　题

1. 简述指挥决策的内容和程序。
2. 简述现代空袭的特点。
3. 简述防空反导武器的协同方法。
4. 目标敌我属性识别方法有哪些?
5. 什么是防空识别区?
6. 简述目标机型识别的主要方法。
7. 简述态势评估的主要内容。
8. 简述威胁程度判断的各种方法。
9. 简要分析地空导弹的指挥算法流程。
10. 什么是地空导弹杀伤区、发射区? 杀伤区的表示参数有哪些?
11. 什么是地空导弹营的射击周期和工作时间?
12. 简述目标分配的定义及目标分配的依据和方法。
13. 给导弹营进行目标分配时应遵循的原则有哪些?
14. 简述目标分配的过程,每个步骤的主要工作。
15. 简述多通道地空导弹武器系统目标分配的特点。
16. 简述选择对付干扰机的导弹营的过程与原则。
17. 简述武器控制的概念与实现方法。

参 考 文 献

[1] 贺正洪,吕辉,王睿. 防空指挥自动化信息处理[M]. 西安:西北工业大学出版社,2006.
[2] 陈杰生,王鹏. 防空识别区是什么[J]. 生命与灾害,2016(09):40-41.
[3] 唐珊珊. 简述防空识别区[J]. 现代妇女(下旬),2014(06):31-32.
[4] 李大光. 什么是"防空识别区"[J]. 生命与灾害,2013,2,32-33.
[5] 丁建江. 防空雷达目标识别技术[M]. 北京:国防工业出版社,2008.
[6] 周万幸. 弹道导弹雷达目标识别技术[M]. 北京:电子工业出版社,2011.
[7] 韩崇昭,朱洪艳,段战胜. 多源信息融合[M]. 2版. 北京:清华大学出版社,2010.
[8] 杨万海. 多传感器数据融合及其应用[M]. 西安:西安电子科技大学出版社,2004.